"十二五"职业教育国家规划教材
经全国职业教育教材审定委员会审定

U0875441

传感器原理及应用

第3版

主　编　于　彤
副主编　赵　丽　徐美德
参　编　王　娟　张冰川　周海君

机械工业出版社
CHINA MACHINE PRESS

本书是“十二五”职业教育国家规划教材，是根据《教育部关于“十二五”职业教育教材建设的若干意见》及教育部新颁布的《高等职业学校专业教学标准（试行）》，同时参考维修电工、家电维修工等职业资格标准编写的。

本书系统地介绍了传感器及其应用的基本知识，全面涉及工业领域中的各类传感器，在内容选取和编写体例上，立足于技能培养，以工业生产中的检测任务为主线，采用项目教学形式编写。为突出应用，本书采用大量实训指导材料和测控电路小制作的素材，以实训或动手制作的形式编写，便于指导实训。本书分为十个项目，分别是：认识传感器、温度及环境量的检测、力和压力的检测、液位与流量的检测、位置检测、位移检测、新型传感器的应用、传感器信号的处理、常用显示与调节仪表的应用、传感器的综合应用。本书内容丰富新颖、适应性广、循序渐进；采用了大量实物照片和插图以增强直观性和真实感，便于读者学习和实践；每个项目都设有项目描述、技能要点、知识要点、项目小结、思考与训练和课后作业，方便教学和学生自修。

为便于教学，本书配套有电子课件等教学资源，选择本书作为教材的教师可通过 QQ（2607947860）索取，或登录 www. cmpedu. com 网站，注册、免费下载。

本书可作为高等职业院校机电类、电气类、信息技术类及其他相关专业教材，也可作为有关专业职业培训或成人教育的岗位培训教材。

图书在版编目（CIP）数据

传感器原理及应用/于彤主编．—3 版．—北京：机械工业出版社，2015. 11（2021. 8 重印）

“十二五”职业教育国家规划教材

ISBN 978-7-111-48930-6

Ⅰ. ①传…　Ⅱ. ①于…　Ⅲ. ①传感器—高等职业教育教材　Ⅳ. ①TP212

中国版本图书馆 CIP 数据核字（2015）第 221968 号

机械工业出版社（北京市百万庄大街 22 号　邮政编码 100037）

策划编辑：赵红梅　责任编辑：赵红梅

责任校对：佟瑞鑫　封面设计：张　静

责任印制：郜　敏

三河市宏达印刷有限公司印刷

2021 年 8 月第 3 版第 15 次印刷

184mm×260mm · 15. 75 印张 · 388 千字

标准书号：ISBN 978-7-111-48930-6

定价:49. 00 元

电话服务　　网络服务

客服电话：010-88361066　　机　工　官　网：www. cmpbook. com

010-88379833　　机　工　官　博：weibo. com/cmp1952

010-68326294　　金　书　网：www. golden-book. com

封底无防伪标均为盗版　　机工教育服务网：www. cmpedu. com

前　言

本书是按照教育部《关于开展“十二五”职业教育国家规划教材选题立项工作的通知》，经过出版社初评、申报，由教育部专家组评审确定的“十二五”职业教育国家规划教材，是根据《教育部关于“十二五”职业教育教材建设的若干意见》及教育部新颁布的《高等职业学校专业教学标准（试行）》，同时参考维修电工、家电维修工等国家职业资格标准，在第2版的基础上修订而成的。

本书主要介绍常用传感器的原理和应用，包括温度及环境量、力与压力、液位与流量、位置、位移等物理量检测所用的传感器，以及传感器信号处理及常用仪表。本书采用项目教学的形式编写，在编写过程中力求体现以工程任务为主线、基础知识宽泛、多方位实践的特色。此次修订，在项目中引入较多实例说明传感器的作用，充实了传感器信号处理的内容，增加了检测仪表、智能传感器及传感器网络等内容，更全面地涵盖了传感器的应用领域。本书突出技能培养，各单元都安排了大量实践操作训练，如测控电路制作、传感器与处理电路实训、查阅和分析资料等。在项目十中，引入了典型应用领域的传感器系统设计理念、规范，介绍了传感器检测系统的典型分析与设计方法。附录中安排了常用的传感器数据、典型实训设备介绍等内容。

本书在内容处理上主要有以下几点说明：①教学学时安排建议为64学时；②根据条件可以对各项目或单元的内容灵活取舍；③实训及实践内容可以根据学校条件增删。

全书共十个项目，由北京电子科技职业学院于彤任主编，新疆兵团兴新职业技术学院赵丽和北京电子科技职业学院徐美德任副主编。具体编写分工如下：吉林化工大学王娟编写项目一和项目三，新疆兵团兴新职业技术学院赵丽编写项目四，北京普汇恒达材料测试中心张冰川编写项目六，北京电子科技职业学院周海君、徐美德编写项目五、项目七和项目八的单元一，于彤编写项目二、九、十和项目八的单元二、三。本书经全国职业教育教材审定委员会审定。教育部专家在评审过程中对本书提出了很多宝贵的建议，在此对他们表示衷心的感谢！

编写过程中，编者参阅了国内外出版的有关教材和资料，得到了谢维高级工程师、王为教授、杨富民博士的有益指导，在校生于梓涵也参与了本书校对工作，在此一并表示衷心感谢！

由于编者水平有限，书中不妥之处在所难免，恳请读者批评指正。

编　者

目录

前言

项目一 认识传感器 …… 1
任务一 认识机电设备中的传感器 …… 1
任务二 了解常用传感器的作用和基本构成 …… 3
任务三 了解传感器的分类、发展和主要性能指标 …… 6
项目一小结 …… 13
课后作业一 …… 13

项目二 温度及环境量的检测 …… 14
单元一 金属热电阻测温 …… 15
任务一 认识热电阻 …… 15
任务二 热电阻应用训练 …… 16
单元二 热敏电阻测量温度 …… 17
任务一 认识热敏电阻 …… 17
任务二 了解家用电器中的热敏电阻 …… 20
任务三 热敏电阻应用训练 …… 22
单元三 热电偶及其应用 …… 30
任务一 认识热电偶 …… 31
任务二 热电偶应用训练 …… 34
单元四 气敏和湿敏传感器 …… 36
任务一 了解气敏传感器 …… 36
任务二 了解湿敏传感器 …… 41
项目二小结 …… 46
课后作业二 …… 47

项目三 力和压力的检测 …… 48
单元一 电阻应变式传感器测力 …… 49
任务一 认识电阻应变式传感器及电阻应变片 …… 49
任务二 制作简易电子秤 …… 55
单元二 压电式传感器测力 …… 57
任务一 认识压电式传感器 …… 57
任务二 制作简易压电式力传感器 …… 65
单元三 差动变压器式传感器 …… 66
单元四 集成压力传感器 …… 71
任务一 了解压阻效应及压阻传感器 …… 71
任务二 了解压阻式传感器的应用 …… 72
项目三小结 …… 73
课后作业三 …… 73

项目四 液位与流量的检测 …… 74
单元一 电容式传感器测量液位 …… 75
任务一 认识电容式传感器 …… 76
任务二 电容式传感器的液位检测应用训练 …… 79
单元二 超声波传感器 …… 84
任务一 认识超声波传感器 …… 84
任务二 使用超声波传感器检测距离 …… 87
单元三 流量的检测方法 …… 90
任务 了解流量检测的意义及常见方法 …… 90
项目四小结 …… 95
课后作业四 …… 95

项目五 位置检测 …… 96
单元一 金属物位置检测 …… 97
任务一 了解电感式接近开关 …… 97
任务二 测量近距离物位置 …… 100

单元二 磁性物位置检测 …………… 103
任务一 霍尔接近开关检测磁性物体 …………… 103
任务二 干簧管接近开关检测磁性物体 …………… 106
单元三 光电式接近开关 …………… 107
任务一 了解光电器件特性 …………… 107
任务二 制作光电亮通和暗通控制电路 …………… 113
任务三 用光电接近开关测量物体位置 …………… 115
任务四 分辨颜色 …………… 118
任务五 使用热释电传感器 …………… 120
单元四 其他位置检测方法 …………… 121
任务 了解电容接近开关的特性和使用方法 …………… 121
单元五 位置检测应用实验 …………… 126

项目六 位移检测 …………… 130
单元一 机械位移传感器检测位移 …… 130
任务一 电位器式传感器应用训练 …………… 130
任务二 差动变压器式传感器应用实训 …………… 133
单元二 光栅位移传感器 …………… 135
任务一 认识光栅位移传感器 …… 135
任务二 光栅位移传感器的使用训练 …………… 139
单元三 其他数字式位移传感器 …… 143
任务一 认识旋转编码器 …………… 143
任务二 了解磁栅传感器 …………… 147
任务三 了解容栅传感器 …………… 148
项目六小结 …………… 149
课后作业六 …………… 149

项目七 新型传感器的应用 …………… 151
单元一 光纤与激光传感器 …………… 151
任务一 了解光纤的结构和原理 …… 152
任务二 查询光纤传感器的应用实例 …………… 153
任务三 了解激光传感器及其应用 …… 154
单元二 图像传感器 …………… 156
任务一 了解 CCD 元件 …………… 156
任务二 了解 CMOS 图像传感器 …… 157
单元三 红外线传感器及应用 …………… 160
任务一 了解红外线传感器的特征 …………… 160
任务二 描述热释电式传感器的应用 …………… 160
任务三 制作红外式照明灯自动开关 …………… 163
单元四 机器人传感器 …………… 165
任务一 了解机器人的发展 …………… 165
任务二 认识机器人传感器 …………… 165
单元五 智能传感器与传感器网络 …… 169
任务一 了解智能传感器的应用 …… 170
任务二 解读微机电系统 …………… 174
任务三 了解传感器网络 …………… 176
项目七小结 …………… 180
课后作业七 …………… 181

项目八 传感器信号的处理 …………… 182
单元一 传感器信号的处理方法 …… 183
任务一 归纳传感器信号的特点 …… 183
任务二 了解输出信号的处理方法 …………… 183
单元二 传感器信号处理电路 …………… 184
任务一 熟悉和使用电桥电路 …… 184
任务二 分析传感器放大电路 …… 184
任务三 了解调制与解调电路 …… 186
任务四 掌握滤波器特点 …………… 190
任务五 了解检测系统的抗干扰问题 …………… 191
单元三 传感器与计算机的连接 …… 193
任务一 了解信号的预处理 …………… 194
任务二 解释模－数转换电路的作用 …………… 195
任务三 了解 V/F 转换器 …………… 195
任务四 讨论传感器接口电路实例…… 195
项目八小结 …………… 197
课后作业八 …………… 197

项目九 常用显示与调节仪表的应用 …………… 198
单元一 模拟式仪表 …………… 199

任务一　学习动圈指示与调节仪的原理和使用 ······ 199
任务二　分析自动平衡显示仪表的原理 ······ 202
任务三　了解电动单元组合仪表及其应用 ······ 204
单元二　数字式仪表 ······ 207
任务一　了解数字式仪表的分类和组成 ······ 207
任务二　了解数字面板表 ······ 208
任务三　学习数字显示调节仪的使用 ······ 209
项目九小结 ······ 213
课后作业九 ······ 213

项目十　传感器的综合应用 ······ 214
单元一　家用电器中的传感器 ······ 214
单元二　汽车中的传感器 ······ 217
单元三　自动生产线中的传感器 ······ 221
单元四　传感器测量系统的设计 ······ 226
任务一　了解传感器测量系统的设计流程 ······ 226
任务二　检测生产线上的工件尺寸 ······ 227
任务三　检测容器内液体的液位 ··· 229
任务四　汽车 ABS 中转速的测量 ··· 230
项目十小结 ······ 232
课后作业十 ······ 232

附录 ······ 233
附录 A　常用传感器的性能比较 ······ 233
附录 B　热电偶分度表 ······ 234
附录 C　热电阻分度表 ······ 235
附录 D　传感器综合实验设备简介 ··· 235

参考文献 ······ 245

项目一　认识传感器

项目描述

本项目要学习传感器的基本知识，特点、作用和组成，传感器在机电设备和其他设备中的主要应用，传感器的发展方向以及有关仪表和测量误差的知识。

技能要点

认识机电设备及其他设备中的最常见传感器。

知识要点

了解什么是传感器，掌握传感器的作用和基本构成，了解传感器的分类、主要性能指标和发展趋势。熟悉测量误差的基本概念和相关计算。

任务一　认识机电设备中的传感器

[学习知识]

日常生产生活中，我们大量地使用着传感器。图 1-1a 所示为电视机遥控器利用红外光（红外线）接收、发射传感器控制电视机。传声器（俗称麦克风，话筒）就是一种将声音信号转换为电信号的传感器（见图 1-1b）。

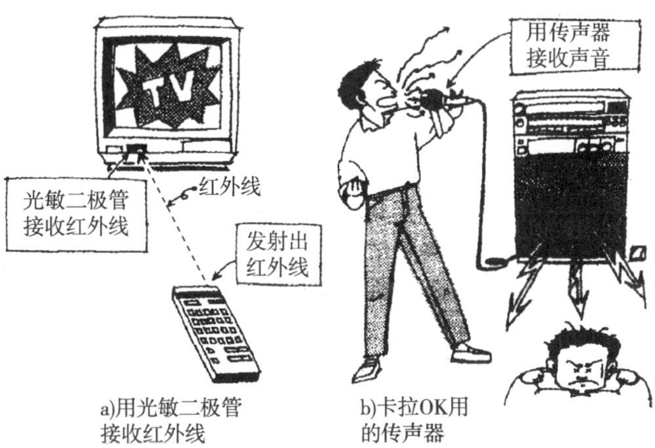

图 1-1　日常生活中使用的部分传感器

传感器是利用各种物理、化学效应以及生物效应实现非电量到电量转换的装置或器件。

传感器在现代科学技术、工农业生产和日常生活中都起着不可替代的作用，是衡量一个国家科学技术发展水平的重要标志之一，有极其重要的地位。

传感器可以是一些单个的装置，也可以是多个装置的复杂组合体。但是无论怎么样构成，传感器的作用都是感受外界信息，并将外界信息转换成电信号。传感器感受外界信息的过程称为检测过程，检测过程也是传感器将各种物理量转换为电学量的过程，如图1-2所示。

图1-2 传感器将物理量转换为电学量

在自动检测和控制系统中，传感器对系统各项功能指标的实现起着重要的作用。系统的自动化程度越高，对传感器的依赖性就越强。

传感器遍布各行各业、各个领域，如工业生产、科学研究、现代医学，现代农业、国防科技、家用电器，甚至儿童玩具中也少不了传感器。

1959年，人们就发明了世界上第一台工业机器人，接着又发明了数控机床和汽车电子燃料喷射装置等自动化产品和设备。这些自动化产品和设备都是将机与电有机地结合在一起，是典型的机电一体化设备，它们都离不开传感器对信号的检测。在图1-3所示机器人的手中，为了使机器人的手具有触觉，在手掌和手指上都装有带有弹性触点的触敏元件（即传感器，如果要感知冷暖，还可以装上热敏元件）。当触及物体时，触敏元件发出接触信号。在各指节的连接轴上装有精巧的电位器，它能把手指的弯曲角度转换成“外形弯曲信息”。外形弯曲信息和各指节产生的“接触信息”一起送入计算机，通过计算就能迅速判断机械手所抓物体的形状和大小。

图1-3 机器人的手

在日常生活中，机电一体化产品也大量地使用各种传感器，如全自动照相机、全自动洗衣机、音响设备、计算机、打印机等。例如全自动照相机可以自动根据现场光线的强弱、对象的远近选择适当的光圈、焦距和速度进行曝光，这些功能是由其中的电路（处理器）根据传感器感受到的信息作出判断，然后由调节器进行自动调节而实现的。

传感器的种类繁多，从外观上看更是千差万别。图1-4所示为部分传感器的外观，这只是成千上万种传感器中的极小一部分。

［**观察现象**］通过观察，想一想在我们的生活中还存在哪些带有传感器的设备或电器？

图 1-4　各种不同形状的传感器

举几个例子。

[**实践操作**] 从工业控制的技术资料或家用电器的说明书中搜集传感器使用的相关知识。

任务二　了解常用传感器的作用和基本构成

[**学习知识**]

一、传感器的作用

在工业控制领域中，只有准确的检测才能有精确的控制，这句话生动地反映了工业生产中传感器的重要地位。

机电一体化系统一般由机械本体、传感器、控制装置和执行机构四部分组成，如图 1-5 所示。

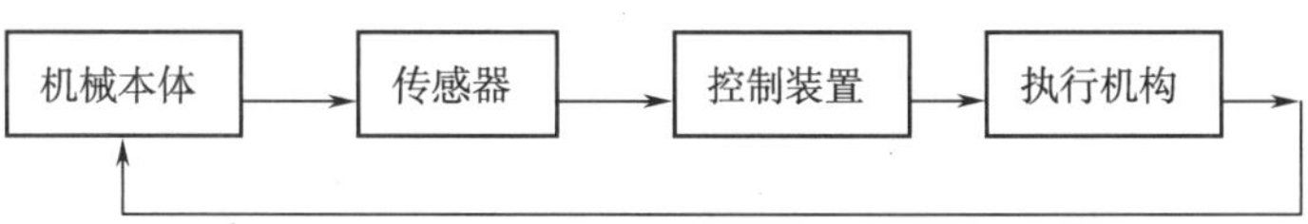

图 1-5　机电一体化系统的组成

传感器把代表机械本体的工作状态、生产过程等工业参数转换成电量，以便采用控制装置使控制对象按给定的规律变化，推动执行机构适时地调整机械本体的各种工业参数，使之处于自动运行状态，并实行自动监控和自动保护。显然，传感器是机械本体与控制装置的“纽带”和“桥梁”。

人类借助于感觉器官（耳、目、口、鼻和皮肤）从自然界获取信息，再将信息输入大脑进行分析判断（即人的思维）和处理，再由大脑指挥四肢作出相应的动作，这是人类认识和改造世界的最基本模式。现代科学技术使人类进入了信息时代，通过传感器的采集人类获取了更多自然界的信息。机器人是典型的机电一体化产品。图 1-6 形象地表示了人体与工业机器人各部分的对应关系：把控制器比作人的大脑，传感器比作人的五官，执行器比作人的四肢，它们共同协调机体根据不同情况做出反应。传感器的耐高温、高湿能力及高精度、超细微等特点是人的感觉器官所不能比拟的，它可以实现信息的收集、数据的交换和控制信息的采集等功能。

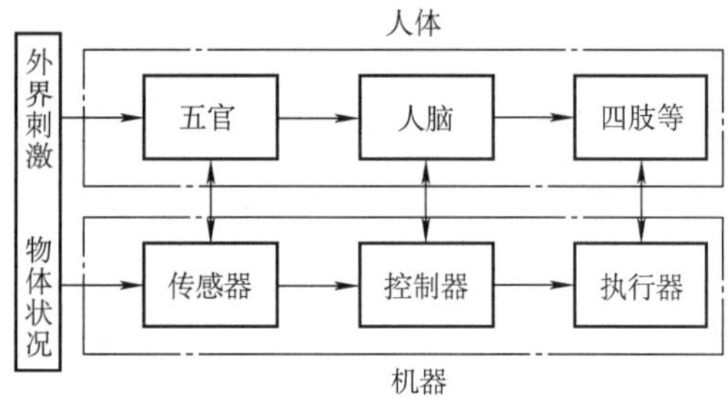

图 1-6　人体与工业机器人各功能部分的对应关系

随着自动化等新技术的发展，传感器的使用数量越来越大，一切现代化仪器、设备几乎都离不开传感器。传感器的应用领域大致有以下几个方面。

1）在机械制造业中，需要利用传感器来测量刀架、床身等有关部位的振动、机械阻抗等参数以检验系统的动态特性。在超精加工中，要求对零件尺寸在线检测与控制，只有具有“耳目”作用的传感器才能提供有关信息。

2）农业生产中，必须掌握农作物的分布情况，以此预防并判断灾情；掌握森林资源；观察海洋环境；农、林、渔产品的储藏、流通、病虫害诊断等。所有这些工作都离不开传感器。

3）在汽车工业中，传感器已经不仅限于测量车速、距离、转速等参数，在一些新设施如安全气囊、防滑系统、防抱死系统、电子燃料喷射、电子变速控制等装置中都安装了相应的传感器。有资料显示，美国某汽车生产厂曾在一辆汽车上安装了 90 余只传感器来测量不同的参数。

4）在家用电器中，电厨具、空调器、电冰箱、洗衣机、安全报警器、电熨斗、照相机、音像设备等都用到了传感器。

5）在机器人技术中，生产用的单能机器人用传感器检测位置、角度等；智能机器人用传感器感受视觉和触觉等。在日本，机器人成本的 1/2 是耗费在传感器上面的。

6）传感器还在医学、环境保护、航空航天、遥感技术和军事等方面得到越来越多的应用。

为了形象地了解传感器的应用，这里介绍一个典型的实例——液位自动控制系统，其工作原理如图 1-7a 所示。

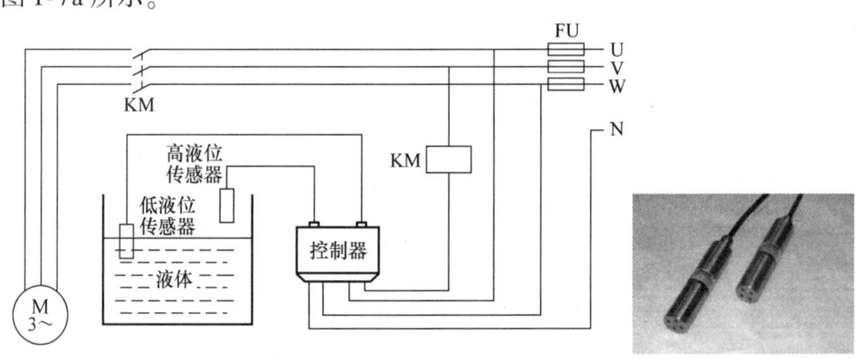

a)工作原理图　　b)传感器

图 1-7　液位自动控制系统

PROJECT 1

被控制的液体中放置两个传感器（见图 1-7b）分别作为高液位传感器和低液位传感器。当液体接近高液位或低液位传感器的感应面时，相应传感器就会发出一个信号到控制器，然后按照设定的程序断开或闭合接触器 KM，停止或起动水泵电动机 M，这样容器中液体储量就可以控制在一定的范围内，不用人去控制，整个系统便处于自动控制状态，降低了人的劳动强度。

二、传感器的基本构成

传感器通常由敏感元件、传感元件和测量转换电路构成，如图 1-8 所示。其中，敏感元件是指传感器中能直接感受被测量的部分，传感元件（也称转换元件）指传感器中能将敏感元件输出的非电量信号转换为适于传输和测量的电信号的元器件。由于传感器输出信号一般都很微弱，故需要有测量转换电路将其放大或转换为容易传输、处理、记录和显示的形式。

图 1-8　传感器的组成框图

传感器输出的信号有很多形式，如电压、电流、频率、脉冲等，输出信号的形式由传感器的原理确定。常见的信号调节与转换电路有放大器、电桥、振荡器、电荷放大器等，它们分别与相应的传感器相配合。

电容式压力传感器是常用的传感器之一，其外形和工作原理如图 1-9 所示。电容式压力传感器底侧为被测压力入口，左侧是信号电缆接口。待测压力作用于可动电极，使之（向上）变形，造成可动电极与固定电极的距离变化，从而使电容量发生变化。传感器输出电容的变化经处理电路进一步变换后得到与压力对应的输出电压信号。

实际上，有些传感器很简单，最简单的传感器由一个敏感元件（兼传感元件）组成，当它感受被测量时直接输出电量，图 1-10 所示热电偶就是这样。两种不同的金属材料 A 和 B，一端连接在一起，放在被测温度 T 中，另一端为参考温度 T_0，则在回路中将产生一个与温度 T、T_0 有关的电动势，从而进行温度测量。

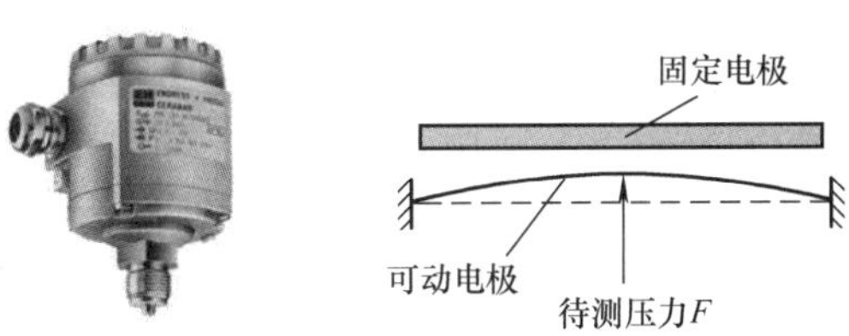

图 1-9　电容式压力传感器的外形和工作原理

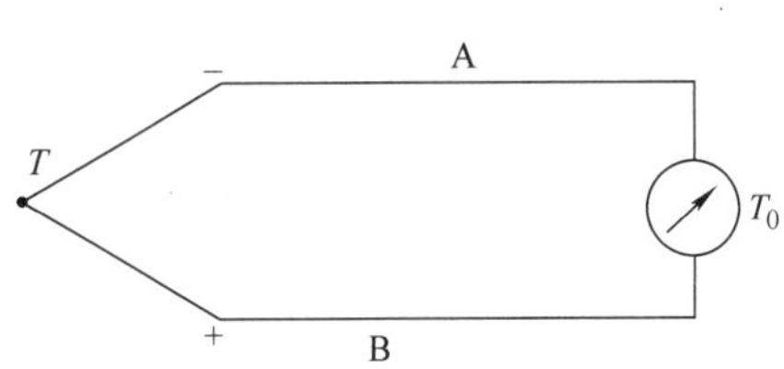

图 1-10　热电偶

在某些领域，将传感器称为变换器、检测器或探测器等。应该说明的是，并不是所有的传感器都能明确分为敏感元件、传感元件和测量转换电路三个部分，它们可能是三者合为一体。随着半导体器件与集成技术在传感器中的应用，传感器的测量转换电路可以安装在传感器的壳体里或与敏感元件一起集成在同一芯片上。例如半导体气体传感器、湿度传感器等，它们一般都是将感受的被测量直接转换为电信号，没有中间环节。

任务三 了解传感器的分类、发展和主要性能指标

[学习知识]

一、传感器的分类

传感器技术是一门知识密集型技术。传感器的原理多种多样，涉及许多学科交叉。传感器种类十分繁多，分类方法也五花八门，目前尚无一个统一的分类标准。比较常用的分类方法如下。

1. 按工作原理分类

按工作原理传感器可以分为参量传感器、发电传感器、脉冲传感器及特殊传感器。其中参量传感器有触点传感器、电阻传感器、电感传感器、电容传感器等；发电传感器有光电池、热电偶、压电式传感器、磁电式传感器等；脉冲传感器有光栅、磁栅、感应同步器、码盘等；特殊传感器是不属于以上三种类型的传感器，如超声波探测器、红外探测器、激光检测装置等。

这种分类方法的优点是可以把传感器按工作原理分门别类地归纳起来，避免名目过多，且较为系统。

2. 按被测量性质分类

按被测量性质传感器可以分为机械量传感器、热工量传感器、成分量传感器、状态量传感器、探伤传感器等。其中机械量传感器检测力、长度、位移、速度、加速度等；热工量传感器检测温度、压力、流量等；成分量传感器检测各种气体、液体、固体的化学成分，如检测可燃气泄漏的气敏传感器；状态量传感器检测设备运行状态，如由干簧管、霍尔元件做成的各种接近开关；探伤传感器检测金属制品内部的气泡和裂纹、人体内部器官的病灶等，如超声波探伤探头、CT 探测器等。

这种分类方法对使用者比较方便，容易根据测量对象的性质来选择所需用的传感器。本书就是采用这种分类方法。

3. 按输出量种类分类

按输出量性质传感器可分为模拟式传感器和数字式传感器。模拟式传感器输出与被测量成一定关系的模拟信号，如果需要与计算机配合或用数字显示，还必须经过模－数(A－D)转换电路。数字式传感器输出的是数字量，可直接与计算机连接或用数字显示，读取方便，抗干扰能力强。

传感器的命名常涵盖工作原理及被测量的性质两方面的信息。例如：电感式位移传感器、光电式转速计、压电式加速度计等。这种命名使被测量与传感器的工作原理一目了然，便于使用者正确选用。

二、传感器的发展

传感器在科学技术领域、工农业生产以及日常生活中发挥着越来越重要的作用，更高的自动化要求是传感器技术发展的动力，同时科技水平不断提高也为传感器的发展提供了条件。

传感器的发展方向主要有以下几方面。

1. 开发新型传感器

传感器的工作原理是基于各种理化效应，由此启发人们进一步探索具有新效应的敏感功

能材料，并以此研制出具有新原理的新型物性型传感器件，这是发展高性能、多功能、低成本和小型化传感器的重要途径。例如，利用量子力学效应研制的低灵敏阈传感器，用来检测微弱的信号；利用核磁共振吸收效应研制的磁敏传感器，可将灵敏阈提高到地磁强度的 10^{-7} 倍；利用约瑟夫逊效应研制的热噪声温度传感器，可测 10^{-6}K 的超低温；利用光子滞后效应做出了响应速度极快的红外传感器等。此外，利用化学效应和生物效应开发的、可供实用的化学传感器和生物传感器，更是有待开拓的新领域。研究发现，狗的嗅觉灵敏度是人的 10^6 倍、鸟的视觉能力是人的 8～50 倍，蝙蝠、飞蛾、海豚的听觉（主动型生物雷达——超声波传感器）也比人敏锐得多。这些动物的感官功能，超过了当今传感器技术所能实现的范围。通过研究它们的感官机理，开发仿生传感器，也是传感器引人注目的发展方向。

2. 开发新材料

近年来对传感器材料的开发研究有较大进展，主要的新型材料有半导体敏感材料、陶瓷材料、磁性材料、智能材料等。新材料的研制成功往往会催生新型传感器。

3. 采用新工艺

发展新型传感器离不开新工艺的采用。新工艺的含义范围很广，这里主要指与发展新兴传感器联系特别密切的微细加工技术。该技术又称微机械加工技术，是近年来随着集成电路工艺发展起来的，它包括离子束、电子束、分子束、激光束和化学刻蚀等用于微电子加工的技术，目前已越来越多地用于传感器领域。

4. 集成化、多功能化与智能化

传感器集成化包括两方面，一是同一功能的多元件并列化，就是将同一类型的多个传感元件用集成工艺在同一平面上排列起来，排成 2 维的为线性传感器，CCD 图像传感器就属于这种情况。集成化的另一个定义是多功能一体化，即将传感器与放大、运算以及温度补偿等电路一体化，组装成一个器件。集成化已经成为传感器技术发展的一个重要方向。

传感器的多功能化也是其发展方向之一。把多个功能不同的传感元件集成在一起，除可同时进行多种参数的测量外，还可对这些参数的测量结果进行综合处理和评价，反映出被测系统的整体状态。集成化给固态传感器带来了许多新的机会，同时它也是多功能化的基础。

传感器与微处理器相结合，使传感器不仅具有检测功能，还具有信息处理、逻辑判断、自诊断以及“思维”等人工智能，称为传感器的智能化。借助于半导体集成化技术把传感器部分与信号预处理电路、输入/输出接口、微处理器等制作在同一块芯片上，成为大规模集成智能传感器。这类传感器具有多功能、高性能、小体积、适宜大批量生产和使用方便等优点，是传感器重要的发展方向之一。

5. 微型化与网络化

随着微机电系统（Micro Electro－Mechanical System，MEMS）技术的迅速发展，微传感器得以快速发展。与传统传感器相比，微传感器的结构、材料、特性乃至所依据的变换原理都发生着变化。在过去的三十年间，传感器领域的专家始终关注微传感器的发展过程。在许多领域，特别是航空航天和兵器工业，微传感器都因其优越的性能而被广泛使用。

随着现场总线技术在测控领域的广泛应用和测控网与信息网融合的市场需求，传感器的网络化得到快速的发展。主要表现在两个方面：一是为了解决现场总线的多样性问题，建立了智能传感器接口模块标准，为传感器和各种网络的连接提供了条件；二是以 IEEE802.15.4 为基础的无线传感器网络技术得以迅速发展，它具有以数据为中心、极低的功耗、组网方式灵活、低成本等优点，在军事侦测、环境监测、智能家居、医疗健康、科学研究等众多领域具有广泛的应用前景。传感器的网络化是目前的一个研究和应用的热点，互联网加传感器技术在未来将会普遍应用。

三、传感器的主要性能指标

在生产过程和科学实验中，要对各种各样的参数进行检测和控制，就要求传感器能感受被测非电量的变化并不失真地变换成相应的电量，这个要求是否达到取决于传感器的基本特性，即输出输入特性。传感器的基本特性通常可以分为静态特性和动态特性。下面分析传感器特性的方法也同样适用于测量系统。

1. 传感器的静态特性

静态特性是指输入的被测量不随时间变化或随时间变化缓慢时，传感器的输出量与输入量的关系，主要有线性度、灵敏度、分辨力和迟滞等。

（1）线性度　线性度指传感器的输出与输入之间数量关系的线性程度。输出与输入关系可分为线性特性和非线性特性。从性能看，希望传感器具有线性关系，即理想输入输出关系。但实际传感器的输入输出关系大多为非线性。

在实际使用中，为了标定和数据处理的方便，希望得到线性的输入输出关系，因此引入各种非线性补偿环节来使传感器的输出与输入关系为线性或接近线性。但如果传感器非线性不明显，输入量变化范围较小时，可用一条直线近似地代表实际曲线的一段，使传感器输入输出特性线性化，所采用的直线称为拟合直线，如图1-11所示。

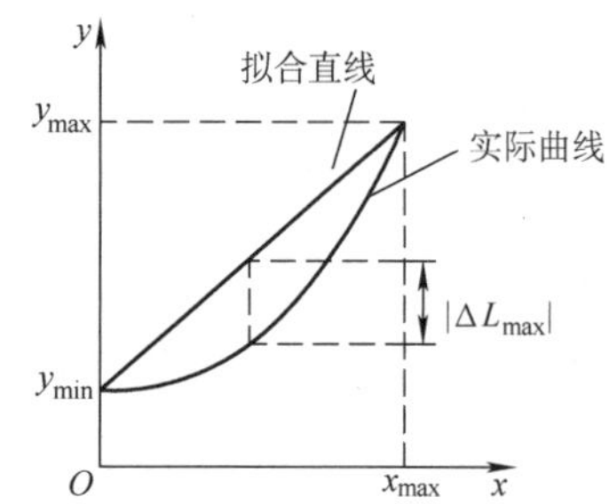

图 1-11　线性度示意图

传感器的线性度是指在全量程范围内实际特性曲线与拟合直线之间的最大偏差$|\Delta L_{max}|$与输出量程范围之比。线性度也称为非线性误差，用γ_L表示，即

$$\gamma_L = \frac{|\Delta L_{max}|}{y_{max} - y_{min}} \times 100\% \tag{1-1}$$

式中　$|\Delta L_{max}|$——最大非线性绝对误差；

$y_{max} - y_{min}$——输出量程范围。

（2）灵敏度（S）　灵敏度是指传感器在稳态工作情况下，传感器输出量增量Δy与被测量增量Δx的比值，即$S = \Delta y/\Delta x$。它是输出输入特性曲线的斜率。如果传感器的输出和输入之间呈线性关系，则灵敏度S是一个常数。灵敏度的量纲是输出、输入的量纲之比。例如，某位移传感器在位移变化1mm，输出电压变化为50mV时，则其灵敏度应表示为50mV/mm。当传感器的输出、输入的量纲相同时，灵敏度可理解为放大倍数。

（3）分辨力　分辨力是指传感器在规定测量范围内检测被测量最小变化量的能力。只有当输入量的变化超过了分辨力量值时，传感器的输出才会发生变化。分辨力越小，表明传感器检测非电量的能力越强。分辨力的高低从某一个侧面反映了传感器的精度。对于模拟（指针）式仪表，分辨力就是面板刻度盘上的最小分度（一格），而对于数字仪表，分辨力就是仪表最小显示数字的一个单位字。

（4）迟滞　迟滞是指传感器的正向特性与反向特性的不一致程度。产生迟滞的主要原因是传感器的机械部分不可避免地存在着间隙、摩擦及松动。

2. 传感器的动态特性

若要检测的输入信号是随时间而变化的，则传感器应能跟踪输入信号的变化，这样才可以获得准确的输出信号。如果输入信号变化得太快，传感器就可能跟踪不上。这种跟踪输入信号变化的特性就是响应特性，即为动态特性。动态特性是传感器的重要特性之一。

四、测量误差及其分类

任何测量都存在误差，只要误差在允许范围内即可认为符合标准。传感器也不例外，所谓传感器的误差，即传感器的实际输出值与理论输出值的差值。因此在设计与制造传感器时，允许有误差，但必须在规定的误差范围之内。

1. 传感器的误差

由传感器的定义可知，传感器可将未知的物理量转换成可知的电信号，其误差也就是测量误差。下面介绍有关测量的部分名词。

（1）真值　被测量本身所具有的真实量值称为真值。真值是一个理想的概念，一般是不知道的。但在某些特定情况下，真值又是可知的，例如一个整圆的圆周角为360°等。

（2）约定真值　由于真值往往是未知的，所以一般用基准器的量值来代替真值，称作约定真值，它与真值之间的误差可以忽略不计。

（3）实际值　误差理论指出，在排除了系统误差的前提下，对于等精度测量，当测量次数为无限多时，测量结果的算术平均值接近于真值，因而可将它视为被测量的真值。但是测量次数是有限的，故按有限测量次数得到的算术平均值只是统计平均值的近似值。而且由于系统误差不可能完全被排除掉，故通常只能把精度更高一级的标准器具所测得的值作为“真值”。为了强调它并非是真正的“真值”，故把它称为实际值。

（4）标称值　测量器具上所标出用来参考的数值。

（5）示值　由测量器具读数装置指示出来的被测量的数值。

（6）测量误差　用器具进行测量时，测量出来的数值与被测量的实际值之间的差值。

2. 误差的分类

在测量中由不同因素产生的误差是混合在一起同时出现的。为了便于分析和研究误差的性质、特点和消除方法，下面将对各种误差进行分类讨论。

（1）按表示方法分类　绝对误差：示值 A_x 与约定真值 A_0 的差值，即 $\Delta = A_x - A_0$。

绝对误差是有正、负并有量纲的。在实际测量中，有时要用到修正值，修正值是与绝对误差大小相等、符号相反的值，即 $\alpha = -\Delta$。只要得到修正 α、示值 A_x，便可得知约定真值 A_0。修正值通常用高一级的测量仪器或标准仪器获得。

采用绝对误差表示测量误差，不能很好地说明测量质量的好坏。例如，在温度测量时，绝对误差 $\Delta = 1℃$，对体温测量来说是不允许的，而对钢水温度来说是极好的测量结果，所以用相对误差可以比较客观地反映测量的准确性。

相对误差：针对绝对误差有时不足以反映示值偏离约定真值的大小程度而设定，在实际测量中相对误差有下列表示形式：

实际相对误差 γ_a——用绝对误差 Δ 与约定真值 A_0 的百分比表示，即

$$\gamma_a = \pm \frac{\Delta}{A_0} \times 100\% \qquad (1\text{-}2)$$

标称相对误差 γ_x——用绝对误差 Δ 与示值 A_x 的百分比表示，即

$$\gamma_x = \pm \frac{\Delta}{A_x} \times 100\% \tag{1-3}$$

满度（或引用）相对误差 γ_m——用绝对误差 Δ 与仪器满刻度值 A_m 百分比表示，即

$$\gamma_m = \pm \frac{\Delta}{A_m} \times 100\% \tag{1-4}$$

在式（1-4）中，当 Δ 取为最大值 Δ_m 时，满度（或引用）相对误差就被用来确定仪表的精度等级 S（如 0.5% < 满度相对误差 ≤1% 时，则称精度等级为 1 级），即

$$S = \frac{|\Delta_m|}{A_m} \times 100 \tag{1-5}$$

当仪表显示值下限不为零时，精度等级 S 应用式（1-6）表达：

$$S = \frac{|\Delta_m|}{A_{max} - A_{min}} \times 100 \tag{1-6}$$

其中 A_{max} 和 A_{min} 分别为仪表刻度盘上的上限和下限。

我国电工仪表等级分为七级，即 0.1、0.2、0.5、1.0、1.5、2.5、5.0 级。

【例 1-1】 现有 0.5 级的 0～300℃ 和 1.0 级的 0～100℃ 两个温度计，要测 100℃ 的温度，试问采用哪一个温度计好？

解：用 0.5 级仪表测量时，最大标称相对误差为

$$\gamma_{x_1} = \frac{\Delta_{m1}}{A_x} \times 100\% = \frac{300 \times (\pm 0.5\%)}{100} \times 100\% = \pm 1.5\%$$

用 1.0 级仪表测量时，最大标称相对误差为

$$\gamma_{x_2} = \frac{\Delta_{m2}}{A_x} \times 100\% = \frac{100 \times (\pm 1.0\%)}{100} \times 100\% = \pm 1.0\%$$

$$\gamma_{x_1} > \gamma_{x_2}$$

显然用 1.0 级仪表比用 0.5 级仪表更合适。因此在选用传感器时应兼顾精度等级和量程，不能单纯追求传感器的高精度等级。

（2）按误差出现的规律分类　系统误差：指误差的数值及符号都保持不变，或在条件改变时误差按某一确定规律变化的一类误差。系统误差主要由材料、零部件及工艺缺陷、环境温度和湿度、压力变化及其他外界干扰所引起。系统误差表明了一个测量结果偏离真值和实际值的程度。系统误差愈小，测量愈准确，系统误差是有规律的，它可以通过实验方法或引入修正值方法予以修正。

随机误差：由于偶然因素的影响而引起的误差，在同一条件下多次测量同一量时，误差的绝对值和符号随机变化。它的特点是具有随机性，时大时小，时正时负，不能预知。

由于随机误差具有偶然的性质，不能预先知道，因而也就无法从测量过程中予以修正或把它消除。但是随机误差在多次重复测量中服从统计规律，在一定条件下，可以用增加测量次数的方法加以控制。

过失误差（粗大误差）：明显歪曲测量结果的误差。这是由于测量者在测量和计算中方法不合理、粗心大意、记错数据等所引起的误差。只要实验者操作正确、态度认真，这种误差是可以避免的。

以上三种误差综合归纳成表 1-1。

表 1-1　三种误差比较

误差种类	产生原因	表现特征	解决方法
系统误差	测量设备自身原因或测量环境的干扰	误差值恒定或按一定规律变化	改进测量设备或引入修正值
随机误差	大量偶然因素	误差值不定、不可预测	多次测量、算术平均
过失误差	人为因素	测量值明显偏离实际值	避免过失和错误方法

需要说明的是，系统误差和随机误差是共同存在于测量数据中的。在处理数据时，可以先利用算数平均的方法对随机误差进行处理，再根据测量系统特征及环境因素去分析和处理系统误差。

3. 传感器和仪表的精度

精度一词可细分为精密度、准确度和精确度。

(1) 精密度　精密度表示一组测量值的偏离程度。多次测量时，精密度表示测得值重复性的高低。如果多次测量的值都互相接近，即随机误差小，则称这次测量精密度高。可见精密度与随机误差相联系。

(2) 准确度　准确度表示一组测量值与真值的接近程度。测量值与真值越接近，或者说系统误差越小，其准确度越高。准确度与系统误差相联系。

(3) 精确度　它反映系统误差与随机误差合成的大小程度。在实验测量中，精密度高的，准确度不一定高；准确度高的，精密度不一定高；但精确度高的，则精密度和准确度都高。

图 1-12 所示为用射击弹点表示精度。

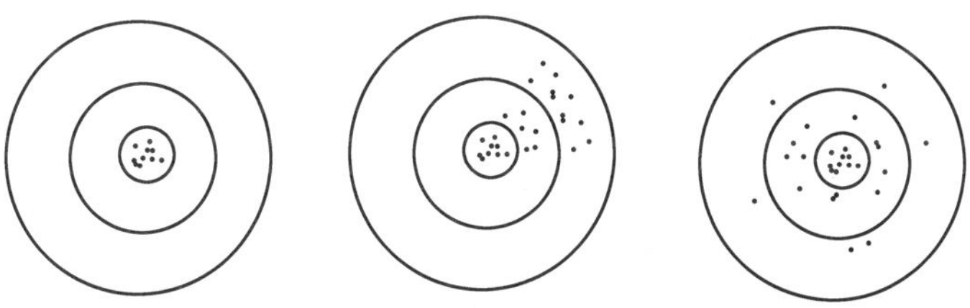

图 1-12　用射击弹点表示精度

[**拓展知识**] 测量的方法及传感器的输入量与输出量

一、测量的方法

为获得被测量的值而进行的操作称为测量。测量的过程就是将被测量与标准量进行比较，从而确定被测量对标准量的倍数。

实际测量中为了得到测量结果，可以采取不同方法，通常要根据被测量的性质和测量要求选择适当的测量方法。在测量过程中，按测量方法分为两类：直接测量和间接测量。

(1) 直接测量　用测量仪器与被测量进行比较，直接读取被测量的数据结果；或将测量值与同类标准量比较而得出结果。例如用刻度尺、游标卡尺、天平、电流表等进行的测量都属于直接测量。

(2) 间接测量　有些被测量不能直接用测量仪器得到数据，可以间接测出与被测量有确定函数关系的几个量，再根据函数关系换算出被测量的值。例如用单摆测量重力加速度、伏安法测量电阻等。

按照获取被测数据的方法可分为偏差式测量、零位式测量和微差式测量。

(1) 偏差式测量　用测量仪表示数相对于刻度起始点的位移（偏差）来表示被测量大小的测量方法称为偏差式测量。这种测量方法的特点是，仪表内部没有标准量具，只有与标准量校准过的标尺或刻度。测量时利用仪表指针在标尺或刻度盘上的相对偏差，读出被测量的大小。偏差式测量方法的优点是快捷方便，但测量精度较低。这种方法广泛应用于各种工程测量。

(2) 零位式测量　采用指零式机构指示测量系统平衡状态的测量方法称为零位式测量。测量时，当指示机构显示系统达到平衡时，用已知的标准量来确定被测量的大小。天平测量质量就是典型的实例。这种测量方法精度可以很高，但测量过程较长，且只适合于测量缓慢变化量。

(3) 微差式测量　综合了偏差式测量和零位式测量的优点，将被测量与标准量进行比较取出差值后，再用偏差式测量方法求出此偏差值，这种测量方法称为微差式测量。

设 N 为标准量，x 为被测量，Δ 为两者之差，$\Delta = x - N$，即 $x = N + \Delta$，被测量是标准量与误差之和。因为 N 是标准量，故误差很小，即 $\Delta << N$，因此可以选用高灵敏度的偏差式仪表进行测量。即使 Δ 的测量准确度较低，但因 $\Delta << N$，总的测量准确度仍然很高。

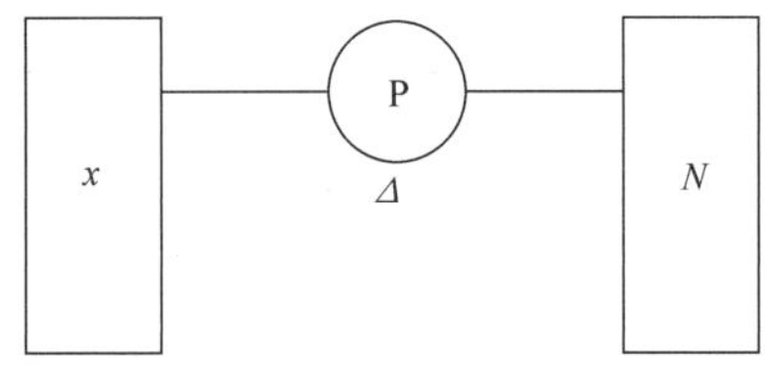

图 1-13　微差式测量示意图

微差式测量示意图如图 1-13 所示，P 是灵敏度很高的偏差式仪表，用于指示被测量与标准量的差值。可见，被测量 $x = N + \Delta$，只要偏差式仪表准确度高，Δ 足够小，则测量准确度基本上取决于 N 的准确度。

微差式测量速度快、准确度高，既避免了偏差式测量精度低的缺点，又避免了零位式测量反复调节标准量大小的麻烦，因此微差式测量常用于精密测量或生产线控制参数的测量。

二、传感器的输入量与输出量

在检测过程中，传感器能够感受外界信息，并将其转换成为电信号，即利用各种效应，把被测的物理量、化学量、生物量等非电量转换成电量。表 1-2 所示为部分传感器的输入量、输出量及其转换原理。

表 1-2　传感器的输入量、输出量及其转换原理

<table>
<tr><th colspan="4">输入量</th><th>转换原理</th><th>输出量</th></tr>
<tr><td rowspan="12">物理量</td><td rowspan="3">机械量</td><td>几何学量</td><td>长度、位移、应变、厚度、角度、角位移</td><td rowspan="12">物理定律或物理效应</td><td rowspan="14">电量（电压或电流）</td></tr>
<tr><td>运动学量</td><td>速度、角速度、加速度、振动、频率、时间</td></tr>
<tr><td>力学量</td><td>力、转矩、应力、质量、荷重</td></tr>
<tr><td colspan="2">流体量</td><td>压力、真空度、流速、流量、液位、黏度</td></tr>
<tr><td colspan="2">温度</td><td>温度、热量、比热</td></tr>
<tr><td colspan="2">湿度</td><td>湿度、露点、水分</td></tr>
<tr><td colspan="2">电量</td><td>电流、电压、功率、电场、电荷、电阻、电感、电容</td></tr>
<tr><td colspan="2">磁场</td><td>磁通、磁场强度、磁感应强度</td></tr>
<tr><td colspan="2">光</td><td>光度、照度、色、紫外光、红外光、可见光、光位移</td></tr>
<tr><td colspan="2">放射线</td><td>X、α、β、γ 射线</td></tr>
<tr><td colspan="3">化学量</td><td>气体、液体、固体分析、pH 值、浓度</td><td>化学效应</td></tr>
<tr><td colspan="3">生物量</td><td>酶、微生物、免疫抗原、抗体</td><td>生物效应</td></tr>
</table>

［项目一小结］

人们在日常生活中大量地使用各种传感器，传感器的种类繁多、外观与原理千差万别。

传感器可以用于检测各种物理量、采集信息、控制自动化系统，在很多方面是人的感觉器官所不能替代的。在工业控制领域中，只有准确的检测才能有精确的控制。

传感器大量应用在机械制造业、农业生产、汽车工业、家用电器、机器人技术等领域。传感器的发展方向有：开发新型传感器、开发新材料新工艺、集成化、多功能化、智能化。

传感器是利用各种效应，把被测非电量转换成电量的器件或装置。传感器通常由敏感元件、传感元件和测量转换电路组成。不同传感器的复杂程度各不相同。

由于传感器材料、结构和应用的多样性，传感器的分类方法也有很多：如按物理原理可分为电阻传感器、电容传感器等；按被测量可分为温度传感器、压力传感器等。

测量方法一般分为直接测量和间接测量两大类。测量误差分为绝对误差和相对误差。按误差出现的规律，误差还可分为系统误差和随机误差。

根据相对误差，将传感器及仪表分为不同的精度等级，仪表的精度等级表示该仪表的最大满度相对误差。

传感器的特性参数有静态参数和动态参数之分。灵敏度和分辨力是最重要的静态参数。

［课后作业一］

1-1　传感器有哪些作用？列举出 3 种以上的传感器分类方法。

1-2　简述传感器的应用领域。

1-3　从功能上说，传感器由哪几部分组成？

1-4　传感器的主要静态特性有哪些？有哪些特性指标？

1-5　什么是测量？测量有哪些方法？

1-6　什么是系统误差？系统误差有哪些检验方法？如何减小或消除系统误差？

1-7　随机误差的产生原因和特点是什么？如何减小随机误差对测量结果的影响？

1-8　用一台 0.5 级、测量范围是 0～1000℃的测温仪表，检测 500℃的温度，求仪表将会引起的最大绝对误差和相对误差。

1-9　有三台测温仪表量程均为 600℃，精度等级分别为 1.5 级、2.0 级和 2.5 级，现要测量 500℃的温度，允许的相对误差不超过 2.5%，计算说明应选用哪台仪表（从精度和经济性综合考虑）？

1-10　从误差的出现规律考虑，分析图 1-12 所示弹击点图中各存在哪种误差？

1-11　现有精度 0.5 级的 0～300V 和精度 1.0 级、0～100V 的两只电压表，要测量 80V 的电压，选用哪个电压表较好？为什么？

1-12　什么是随机误差？随机误差有什么特征？随机误差产生的原因是什么？

1-13　举例说明什么是传感器。

1-14　老式的自行车发电装置（俗称“摩电灯”），能够把自行车一个轮子的转动动能转换为电能，它是一个传感器吗？为什么？

1-15　机电一体化系统由哪几部分组成？各部分的作用是什么？举出一个实例说明。

1-16　怎样理解“系统的自动化程度越高，对传感器的依赖性就越强”这句话？举例说明你的观点。

1-17　思考和讨论：在常见的家用电器中，分别使用了什么功能的传感器？

项目二　温度及环境量的检测

项目描述

温度是一个基本的物理量，自然界中的一切过程无不与温度密切相关。各种工程实践及科学研究中，经常遇到必须精确测定温度的情况。从工业炉温、机械加工温度、环境气温到人体温度；从海洋、太空到家用电器，各个技术领域都离不开温度的测控。另外，湿度和气体成分等环境量的检测，也是工业生产和家庭生活中重要的一类技术。温度及环境量的检测技术已成为当今发展最快、应用最广的技术之一。

温度传感器和气体传感器的种类很多，表 2-1 所示为常用温度检测传感器。表 2-2 所示为常用气体传感器。

表 2-1　常用温度检测传感器

按测温方式分类	温度计种类		测温范围/℃	优　点	缺　点
接触式测温仪表	膨胀式	玻璃液体	-50～600	结构简单，使用方便，测量准确，价格低廉	测量上限和精度受玻璃质量限制，不能记录和远传
		双金属	-80～600	结构简单紧凑，牢固可靠	精度低，量程和使用范围有限
	压力式	液体	-30～600	抗振、坚固、防爆，价格低廉	精度低，测温距离短，滞后大
		气体	-20～350		
		蒸气	0～250		
	热电偶	铂铑—铂	0～1600	测温范围广，精度高，便于远距离、多点、集中测量和自动控制	需冷端温度补偿，低温段测量精度较低
		镍铬—镍铝	0～900		
		镍铬—考铜	0～600		
	热电阻	铂电阻	-200～500	测量精度高，便于远距离、多点、集中测量和自动控制	不能测量高温，需注意环境温度的影响
		铜电阻	-50～150		
		热敏电阻	-50～300		
非接触式测温仪表	辐射式	辐射式	400～2000	测温时不破坏被测温度场	低温段测量不准确，环境条件会影响测量准确度
		光学式	700～3200		
		比色式	900～1700		
	红外线	热敏探测	-50～3200	测温时不破坏被测温度场，响应快，测温范围大，适合测量温度分布	容易受外界干扰，标定困难
		光电探测	0～3500		
		热电探测	200～2000		

表 2-2　常用气体传感器

传感器种类	可检测的气体	特　点
半导体式	甲烷、酒精、一氧化碳、硫化氢、氨气等	成本低、灵敏度高、响应快、寿命长、电路简单。须在高温下工作、对气体的选择性差、元件参数分散、稳定性不理想
接触燃烧式	氢气、一氧化碳、甲烷等	结构简单、稳定性好、测量准确、响应快速、寿命较长。对可燃气体无选择性
固体电解质式	气体成分测量	灵敏度高、选择性强、响应时间长
电化学式	氧气、二氧化硫、氯气、一氧化碳、硫化氢等	响应快、测量准确、稳定性好、可定量检测、寿命较短、适用于毒性气体检测
红外线式	二氧化碳、甲烷等	可靠性高、选择性好、精度高、受环境干扰小、寿命长、造价高
磁式氧传感器	氧气	仅用于测量氧气成分量，响应快速、寿命较长，其他气体对气体传感器影响较大

本项目介绍常用的温度和湿度检测元件。通过实训制作温度、湿度测控装置，学习和了解工业生产中温度及环境量的检测方法，了解家用电器中的一些温度检测实例。

技能要点

通过本项目，学会识别一般温度、湿度检测元件和测温仪表，掌握选择测温仪表的基本原则。学会使用热电偶、热电阻及常见的气敏和湿敏元件，利用手册查阅测温元件的技术参数。能解决简单的温度检测问题。

知识要点

了解常用测温元件和环境检测元件的基本结构，熟知热电阻和热电偶的基本特征与工作原理。了解常用湿度和气体检测元件。学习温度和湿度测控在相关领域的应用。

单元一　金属热电阻测温

单元目标　通过本单元的训练，掌握工业常用的温度检测方法，熟悉常用热电阻温度检测组件的外形和基本原理。掌握热电阻与显示仪表的连接方法。能够判断热电阻温度检测系统的简单故障。

任务一　认识热电阻

[观察现象]

一、研究金属的热特性

在室温下使用万用表测量一段细铜导线的电阻值，然后分别在加热及冷却后再用万用表测量其电阻值，根据电阻值的变化得出结论。

[特别提示] 注意：可以用电炉烘烤的方法加热细铜导线，但需小心铜导线不能接触到加热用的电炉；可以用冰水方法冷却铜导线。将室温、加热、冷却三种情况下的温度与对应的铜导线阻值记录下来，可以看出金属导体的温度特征。

金属导体的电阻值随着温度的变化而变化，当导体温度上升时，由于内部电子热运动加剧，使导体的电阻值增加；反之，则电阻值减小。所以金属导体具有正的温度系数。热电阻测温就是利用金属导体的这种特性来实现的。

二、观察和了解热电阻

图 2-1 所示为热电阻的外形，直接观察到的是保护管和接线盒。图 2-2 所示为热电阻结构示意图。

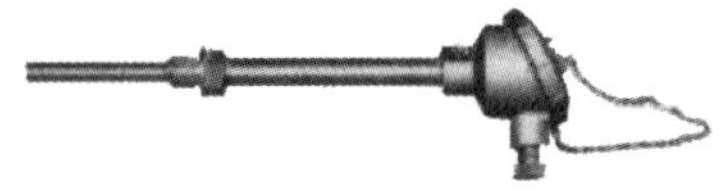

图 2-1　热电阻的外形

虽然大多数金属导体的电阻值会随温度的变化而变化，但是它们并不都能作为测温用热电阻。一般要求制作热电阻的材料具有较大的温度系数（即温度每变化单位值，电阻变化较大）和电阻率，物理化学性质稳定，复现性好。目前应用最多的是铂（Pt）电阻和铜（Cu）电阻。同一材料制作的热电阻，又用不同分度号的区别，例如分度号 Pt100 表示 0℃时电阻值为 100Ω 的铂热电阻；Cu50 代表 0℃时电阻值为 50Ω 的铜热电阻。常用热电阻的分度表见附录 C。

除了上述按材料区分热电阻以外，还可以按结构区分热电阻的类型。图 2-1 所示为普通型热电阻。此外还有铠装型、防爆型等不同的热电阻，图 2-3 所示为铠装型热电阻的外形。这种热电阻比普通型细且长，具有能弯曲、抗冲击、便于安装、寿命长等特点。

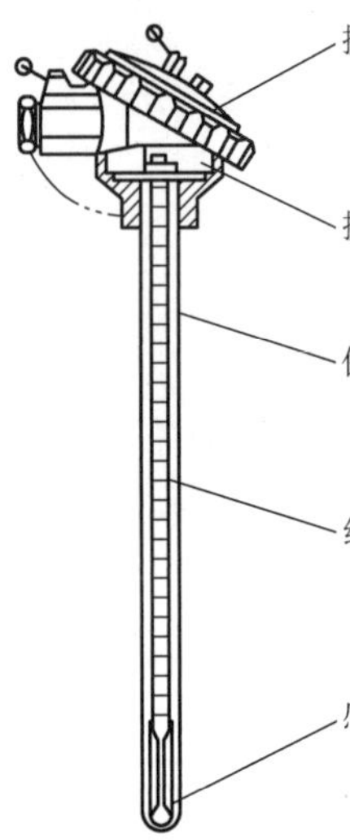

图 2-2　热电阻结构示意图

图 2-3　铠装型热电阻的外形

任务二　热电阻应用训练

[实践操作] 热电阻与温度显示仪表的连接

热电阻传感器的测量线路一般为电桥，如图 2-4 所示。电路中 R_1 为热电阻，当温度变化引起 R_1 变化时，电桥输出电压 U_o 会发生变化（U_i 一定）。

按照说明书，将热电阻与显示仪表连接，观察指示值与环境温度是否一致，并体会三线制接线的必要性。

因为热电阻体引出线的电阻会随温度变化而变化，从而影响温度的检测。所以一般热电阻与仪表连接都采用三线制或四线制，以消除引线电阻的影响。三线制是指在电阻体引线的一端做两根引线，按图2-5所示的方式接线，图中方框部分为温度变送器的接线端子。

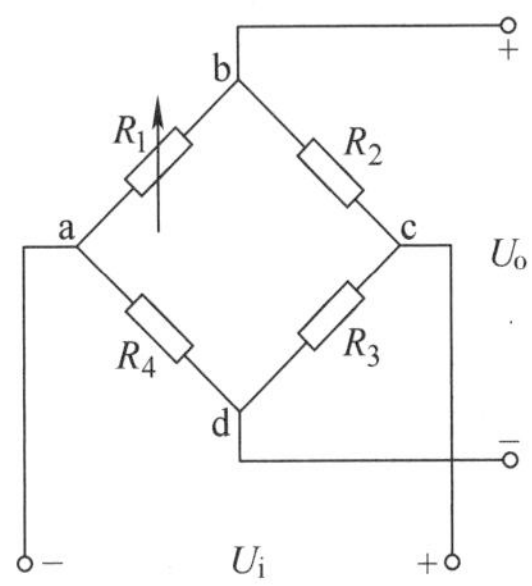

图2-4　热电阻测温电桥

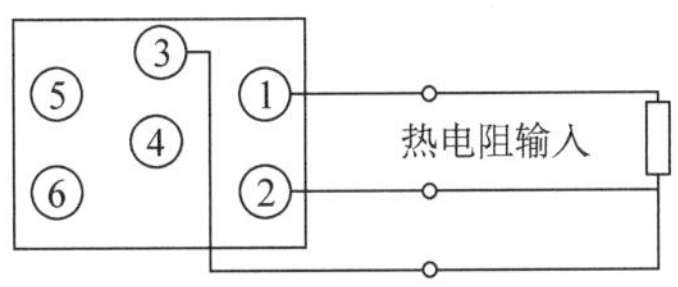

图2-5　热电阻的三线制接线

单元二　热敏电阻测量温度

单元目标　通过本单元的训练，了解热敏电阻的主要特性，掌握热敏电阻的应用，掌握利用热敏电阻检测温度的方法。

任务一　认识热敏电阻

[观察现象]

一、了解热敏电阻的温度特性

通过下面简单实验，可以了解热敏电阻的基本特点。

1. 准备器材

电子实训基本工具（尖嘴钳、螺钉旋具等），万用表，电烙铁（20～35W），热敏电阻（50kΩ、负温度系数），饮料吸管。

2. 实验方法

万用表拨至R×1kΩ（或R×100Ω）档，调节好机械零点和欧姆零点。若用数字式万用表，则使用电阻R×200kΩ档位。在室温下测量热敏电阻的阻值，并做记录。

将饮料吸管的一端夹扁，用热电烙铁封口，然后将焊好细软引出线的热敏电阻放入饮料吸管，直至吸管的封口底部。吸管的另一端与引线用不干胶封固或细线扎紧。

在室温下，测量热敏电阻的阻值，并读取室内水银温度计指示的室温。记录室温值和室温下热敏电阻的阻值。

将内置热敏电阻的吸管封口端放入口中舌下，一分钟以后测定其阻值并记录数据。假设体温是37℃。

将内置热敏电阻的吸管封口端放入沸水，过30s左右测定其阻值并记录数据，沸水温度为100℃。

3. 数据整理

根据实验，将三组数据（温度、电阻值）做成表格，根据数据画出热敏电阻的电阻温度特性曲线，如图2-6所示（若体温不正常或在高原实验，会有较大误差）。

状态	温度/°C	电阻值/Ω
室温		
体温	37	
沸水	100	

图 2-6　电阻温度特性曲线测试

进行以上实验测量热敏电阻值时，也可以用其他方式加热（如用手心握住热敏电阻）使其温度升高。还可用发热工具（如灯泡、电烙铁等）进行烘烤。当温度升高时，如果阻值增大，则该热敏电阻器是正温度系数的热敏电阻，如果阻值降低，则是负温度系数的热敏电阻器。

[**特别提示**] 在给热敏电阻加热时，宜用 20W 左右的小功率电烙铁，烙铁头距离器件 2～4mm。最好不要长时间将烙铁头放在热敏电阻上，以免损坏热敏电阻。

4. 思维训练

1）如果备有水银温度计的话，如何测量更多组温度与阻值的数据？

2）给你另一个未知特性的热敏电阻，是否可以参照上述方法进行测定？

3）你做出的电阻温度特性曲线有什么特点？

4）为什么实验用的元件被称做负温度系数热敏电阻？

二、认识各种类型的热敏电阻

观察实验室中的各种热敏电阻。常见热敏电阻外形如图 2-7 所示。

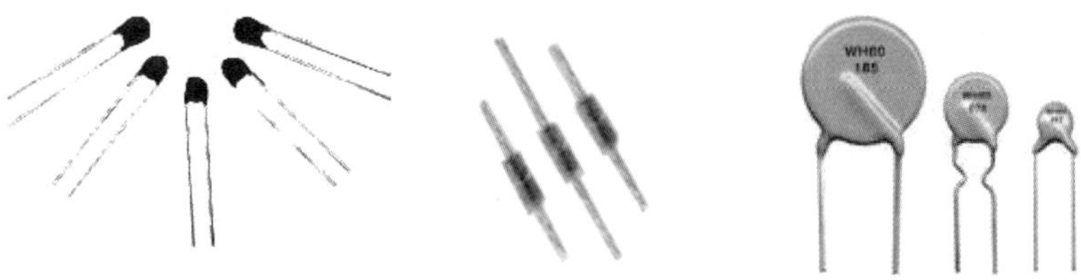

a)　　b)　　c)

图 2-7　常见热敏电阻外形

一般珠粒形热敏电阻（见图 2-7a）为玻璃封装，体积和热惯性都小，适合制造点温度计和表面温度计；圆柱形状热敏电阻（见图 2-7b）与普通二极管或普通电阻相似，可以是树脂封装，因价格低而应用普遍；还有一种圆片状热敏电阻（见图 2-7c），圆片大小有几种不同规格。

热敏电阻一般用金属氧化物陶瓷半导体材料或碳化硅材料制造，粉状材料经过成形、烧结等工艺制成热敏电阻。按照电阻值与温度变化的规律，热敏电阻分成两大类型：负温度系数型（NTC）和正温度系数型（PTC）。

[**学习知识**] 热敏电阻的特性

热敏电阻的电阻值与温度的关系可以用电阻温度特性曲线来表示，如图 2-8 所示。

负温度系数（NTC）热敏电阻的特性曲线如图 2-8 中线 1、线 2 所示。其中缓变形曲线特性（变化缓慢，线 1）的热敏电阻主要用于测量温度；而开关特性曲线（变化剧烈，线

2）的热敏电阻一般做无触点开关，因为当达到临界温度时，这种元件的阻值会发生急剧的转变。具有开关特性的负温度系数热敏电阻简称为CTR。

正温度系数（PTC）热敏电阻的特性曲线如图2-8中线3、线4所示。其中线3为突变型，线4为缓变型，前者用于恒温加热控制或温度开关，后者由于温度范围比较宽，可用于温度测量或温度补偿。

图2-8所示曲线的下方还给出了铂丝电阻的温度特性曲线。

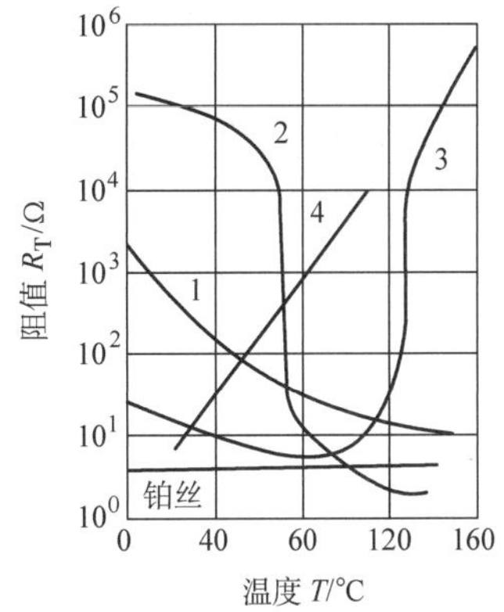

图2-8　热敏电阻的电阻温度特性曲线

1—NTC　2—CTR

3—突变型PTC　4—缓变型PTC

PTC和CTR型热敏电阻最适合于制造位式作用的温度传感器，只有NTC型热敏电阻才适合制造连续作用的温度传感器。PTC和CTR型热敏电阻的特性，对于检测温度是否超过某一规定值是非常有用的。例如电饭煲的恒温控制，就可以利用PTC热敏电阻特性，当温度超过规定值时，电阻变大，电流减小，发热降低，保持锅内温度基本不变。

各种热敏电阻的阻值在常温下很大，一般为几千欧以上，所以连接线的阻值（一般小于10Ω）几乎对测温没有影响，不必采用三线制接法，方便使用。

［**拓展知识**］热敏电阻器的型号与选用

热敏电阻器的种类和型号较多，选用哪一种热敏电阻器，应根据电路的具体要求而定。

（1）正温度系数（PTC）热敏电阻器　一般用于电冰箱压缩机起动电路、彩色显像管消磁电路、电动机过电流过热保护电路、限流电路及恒温电加热电路。

压缩机起动电路中常用的热敏电阻器有MZ-01～MZ-04系列、MZ81系列、MZ91系列、MZ92系列和MZ93系列等。可以根据不同类型压缩机来选用适合它起动的热敏电阻器，以达到最好的起动效果。

传统的彩色电视机、计算机显示器上使用的消磁热敏电阻器有MZ71～MZ75系列。可根据电视机、显示器的工作电压（220V或110V）、工作电流及消磁线圈的规格等，选用标称阻值、最大起始电流、最大工作电压等参数均符合要求的消磁热敏电阻器。

限流用小功率PTC热敏电阻器有MZ2A～MZ2D系列、MZ21系列，电动机过热保护用MZ61系列PTC热敏电阻器，应选用标称阻值、开关温度、工作电流及耗散功率等参数符合应用电路要求的型号。

（2）负温度系数（NTC）热敏电阻器　一般用于各种电子产品中做微波功率测量、温度检测、温度补偿、温度控制及稳压用，选用时应根据应用电路的需要选择合适的类型及型号。

一般作为温度检测用的NTC热敏电阻器有MF53系列和MF57系列，每个系列又有多种型号（同一类型、不同型号的NTC热敏电阻器，标准阻值也不相同）可供选择。

一般作为稳压用的NTC热敏电阻器有MF21系列、RR827系列等，可根据应用电路设计的基准电压值来选用热敏电阻器稳压值及工作电流。

一般作为温度补偿、温度控制用NTC热敏电阻器有MF11～MF17系列。一般作为测温及温度控制用NTC热敏电阻器有MF51系列、MF52系列、MF54系列、MF55系列、MF61系、MF91～MF96系列、MF111系列等多种。MF52系列、MF111系列的NTC热敏电阻器适用于－80～200℃温度范围内的测温与控温电路；MF51系列、MF91～MF96系列的NTC热敏电阻器适用于300℃以下的测温与控温电路；MF54系列、MF55系列的NTC热敏电阻器适用于125℃以下的测温与控温电路；MF61系列、MF92系列的NTC热敏电阻器适用于300℃以上的测温与控温电路。选用温度控制热敏电阻器时，应注意NTC热敏电阻器的温度控制范围是否符合应用电路的要求。

[思考与训练]

1. 从实验室找到某些型号的热敏电阻，观察其外形特点，使用万用表测量它在不同环境温度下的电阻值，从中体会电阻温度特性。

2. 怎样从实验数据上区分NTC和PTC？对NTC和CTR又该如何进行区分？

3. 使用热敏电阻与热电阻进行温度检测各有什么优点和缺点？

[实践操作]

1）如果实验室有温度传感器实验模块，请参照热敏电阻检测实验接线图，设计热敏电阻实验，并给出实验结果和数据分析。

2）通过查阅热敏电阻的技术数据，进一步掌握热敏电阻的主要特性参数。

任务二　了解家用电器中的热敏电阻

表2-3所示为部分家用电器中使用热敏电阻的情况。表中打点的地方表示家电设备使用热敏电阻，并完成相应功能。

表2-3　部分家用电器中使用热敏电阻的情况

元件功能 / 家电设备	传感器	温度补偿	过载保护	恒温加热	暖　风	自动消磁	电动机起动	延　时
彩电彩显		●	●			●		
节能灯								●
电热驱蚊器				●				
电冰箱							●	
空调器					●		●	
音响设备	●	●	●					
电扇							●	
电饭煲	●			●				
加湿器				●				
影碟机		●	●					
复印机	●			●				
汽车	●		●	●	●			●
计算机		●	●					
火灾报警器	●	●						
热风幕				●				
电子辉光启动器	●							●
电熨斗				●				
电热毯	●			●				

目前，PTC 热敏电阻在国内外已经得到了广泛的应用。由于新的品种不断涌现和热敏电阻器性能不断改进，使 PTC 热敏电阻不仅用于测温、控温、保护电路中，而且还大量用于彩色电视机、电冰箱、电熨斗以及计算机电源等家用电器。以下介绍热敏电阻在一些家用电器中的应用情况。

[学习知识]

1. 热敏电阻在电冰箱上的应用

如图 2-9 所示，在电冰箱压缩机的起动绕组上串接一只 PTC 热敏电阻，当温控器接通电源时，电源电流全部加在起动绕组上，此时，PTC 热敏电阻可将约 7A 左右的电流在 0.1 ~ 0.4s 之内衰减至 4A 左右，然后再经 3s 左右将电流降为 10 ~ 15mA，这样，起动绕组因 PTC 热敏电阻“关闭”而停止工作。而这时运行绕组已处于正常工作状态。这种起动装置的特点是性能可靠、寿命长，实现了无触点起动。而且这种方法还对低电压起动有较强的适应性。供电电压在 160V 时，只要输入电流稍大于 2A，电冰箱压缩机就能正常起动。

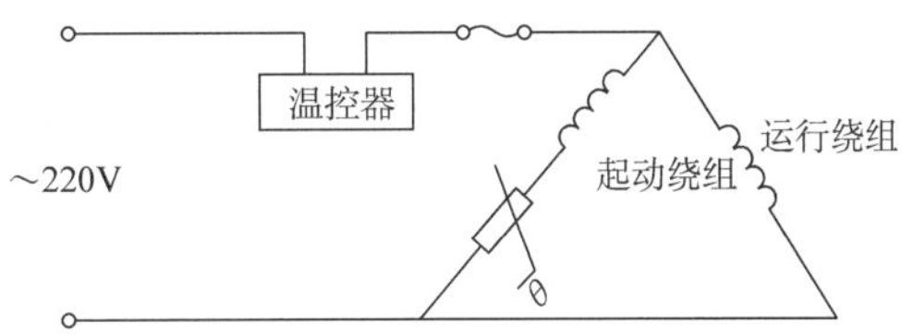

图 2-9　PTC 在电冰箱起动电路中的应用

电冰箱压缩机起动装置中的 PTC 热敏电阻器，通常具有如下主要参数：标称电阻值为 20 ~ 40Ω；额定电压为 270V；击穿电压≥400V；最大起动电流为 8A；稳定时间为 0.1 ~ 1s；稳态功耗 <4W；恢复时间≤3s。

2. 热敏电阻在电视机上的应用

PTC 热敏电阻还经常用在彩色电视机的消磁电路中，如图 2-10 所示。

当彩色电视机中所使用的彩色显像管受到地磁或其他偶然性磁场的影响时，其阴罩、防爆带等铁制件上残留的剩磁会引起电子束的偏向，使色彩发生紊乱，产生失真。为了防止这种危害，彩色电视机中都设置了自动消磁电路，如图 2-10a 所示电路中 PTC 消磁电阻器与消磁线圈相串联。消磁线圈安装在彩色显像管防爆带周围，如图 2-10b 所示。

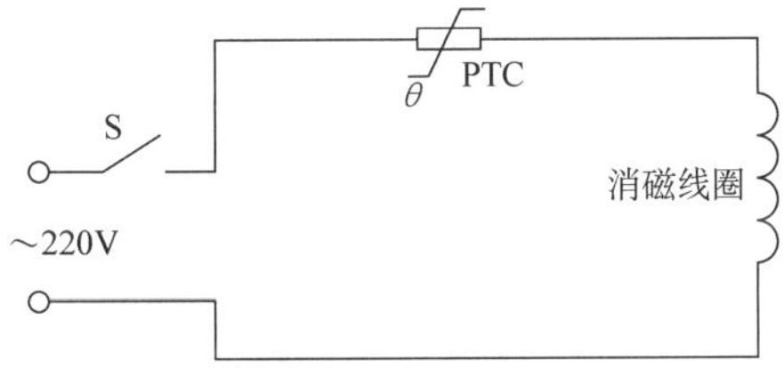

a) 自动消磁电路

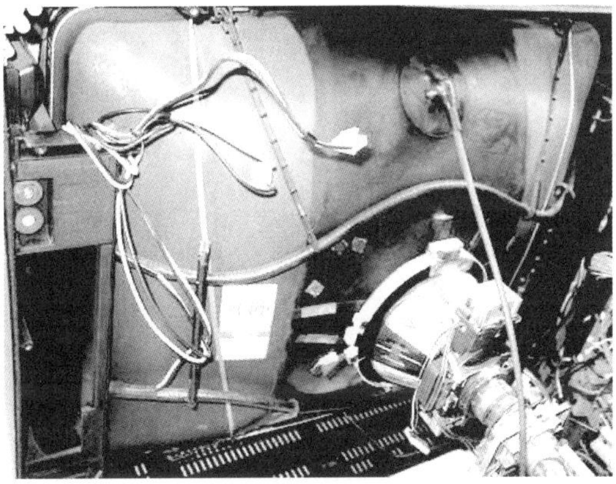

b）消磁线圈的安装

图 2-10　彩色电视机的自动消磁

彩色电视机开机通电后，消磁回路产生一个很大的电流，同时产生一个很强的交变磁场。由于电路中 PTC 热敏电阻器的作用，回路电流由大变小，磁场则由强变弱，这一强交变磁场可在相当短的时间内衰减到极弱的程度，从而自动将彩色显像管阴罩、防爆带等铁制件上的剩磁消掉，保证了彩色显像管的色纯度。在自动消磁电路中，PTC 消磁电阻器是关键器件。

3. 热敏电阻在汽车上的应用

在汽车电路中，比较常用的是负温度系数（NTC）热敏电阻。如电喷车发动机控制用的冷却液温度传感器、空气温度传感器、自动变速箱中的油温传感器等。汽车电路中的负温度系数（NTC）热敏电阻具有如下性能特点：在工作温度范围内，电阻阻值随温度的升高而降低，随着温度的大幅度升高，电阻值也相应下降 3 ~5 个数量级。

［**实践操作**］制作一个简单热控电路

用实验室提供的器材（热敏电阻、小灯泡、电池、可变电阻、连接导线）自行设计一个用热敏电阻控制小灯泡的电路，使温度较高时小灯泡点亮，温度较低时小灯泡熄灭。实验时，热源可以用电烙铁代替。

任务三　热敏电阻应用训练

［**实践操作**］设计制作一个半导体热敏电阻温度计

1. 活动目标

设计制作温度计用于测量水的温度，测温范围 0 ~100℃。

2. 设计方案

设计热敏电阻温度计的电路如图 2-11 所示。取 $R_2=R_3$，R_1 值等于测温范围最低温度（0℃）时热敏电阻的电阻值。R_4 是校正满刻度电流用的，取 R_4 值等于测温范围最高温度（100℃）时热敏电阻的电阻值。测量时首先把 S_2 接在 R_4 端，改变 RP 使微安表指示满刻度，然后再把 S_2 接在 R_T 端，如果在 0℃时，$R_T=R_1$，$R_3=R_2$，电桥平衡，微安表指示为零。温度越高 R_T 越小，电桥越不平衡，通过表头的电流也就越大。这样就可以用通过表头的电流来表征被测温度的高低。

3. 关键技术的实施方案

热敏电阻的电阻—温度特性曲线如图 2-12 所示。

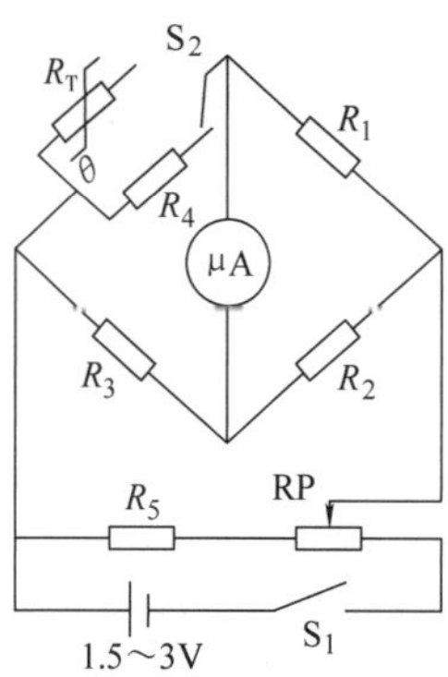

图 2-11　热敏电阻温度计的电路图

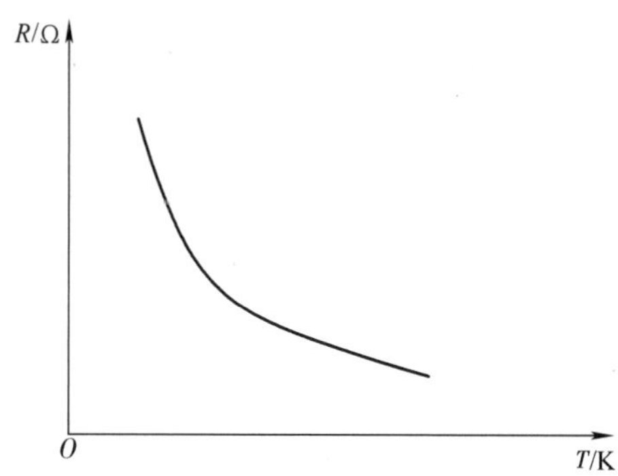

图 2-12　热敏电阻的电阻—温度特性曲线图

由图 2-12 可以看出，热敏电阻值随温度升高而很快减小，用它来设计测温计或传感器是很灵敏的。

为了用它来制作温度计，首先要测定它的电阻—温度特性。可采用任务一中介绍的方法进行。

1）取热敏电阻，如型号是 RRC6 型的小型热敏电阻，按前述方法测量电阻—温度特性。

2）把上述热敏电阻接在图 2-13 所示的电桥臂中，图中检流计用 50μA 的微安表，R_3 为电阻箱，取 $R_1=R_2\approx4k\Omega$，毫安表量程可取 5mA。

3）把热敏电阻放在暖水瓶中，再向瓶中放入冰水混合物，然后使用 0.5℃分度值的水银温度计测量水温。

4）接通电桥电源，调节 RP，使毫安表读数不大于 1mA，再调节 R_3，使电桥平衡，测出对应温度下热敏电阻的电阻值。逐步提高水温，测出不同温度下对应的热敏电阻阻值。

[特别提示] 测量过程中应注意的一些问题

测量时，电桥干路中的电流不能超过一定值，这是由热敏电阻的伏安特性决定的。热敏电阻在同一室温下的伏安特性如图 2-14 所示。当电流 I 上升到一定值后，电阻两端的电压 U 反而下降了，这是由于通过热敏电阻的电流过大使它本身发热升温，温度升高又使热敏电阻的电阻值下降，压降跟着减小。设计中应避免电流进入这一阶段（称为负阻段）。

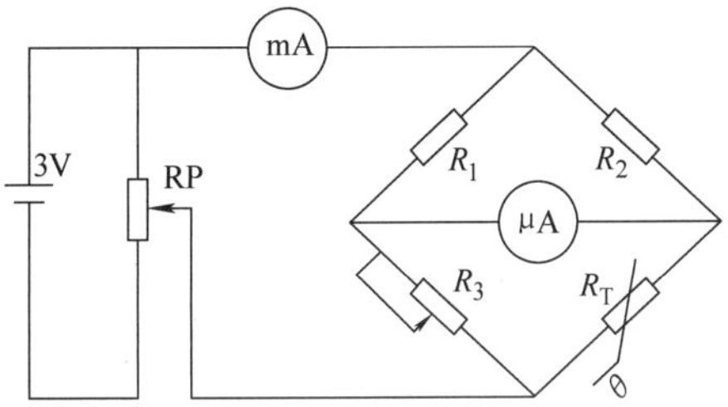

图 2-13　电桥连接图

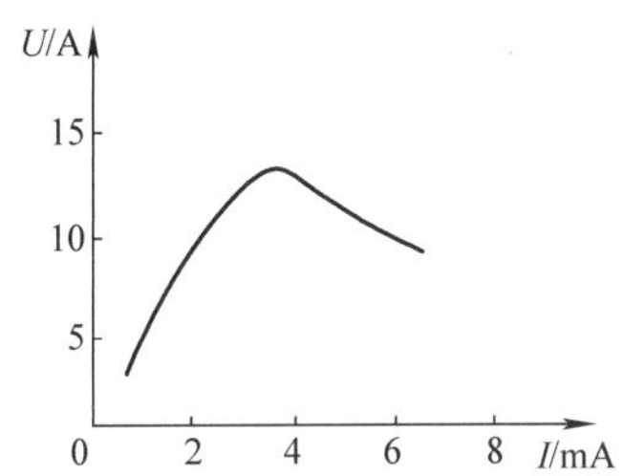

图 2-14　热敏电阻在同一室温下的伏安特性

[思考与训练]

1. 热敏电阻温度计的设计制作中，能否将温度传感器换成 PTC？要考虑的原则是什么？

2. 考虑图 2-8 所示的情况，我们发现温度传感器的特性曲线不是直线，这会给温度计的性能带来什么影响？有什么方法可以进行改进吗？

3. 图 2-13 中如果电桥电路的电流过大，会有什么后果？为什么？

4. 查阅关于热敏电阻应用的资料，完成题为“热敏电阻的应用”的一篇小论文。

[拓展知识] 热敏电阻与温度传感器

一、热敏电阻的原理和参数

温度传感器主要由热敏电阻组成。热敏电阻品种很多，市场上销售的有双金属片、铜热电阻、铂热电阻、热电偶及半导体热敏电阻等。以半导体热敏电阻为探测元件的温度传感器应用广泛，这是因为在传感器允许的工作条件范围内，半导体热敏电阻器具有体积小、灵敏度高、精度高的特点，而且制造工艺简单、价格低廉。

1. 半导体热敏电阻的工作原理

按温度特性热敏电阻可分为两类，随温度上升电阻增加的称为正温度系数热敏电阻（PTC），反之称为负温度系数热敏电阻（NTC）。

（1）正温度系数热敏电阻的工作原理　此种热敏电阻以钛酸钡（$BaTiO_3$）为基本材料，再掺入适量的稀土元素，利用陶瓷工艺高温烧结而成。纯钛酸钡是一种绝缘材料，但掺入适量的稀土元素如镧（La）和铌（Nb）等以后，变成了半导体材料，称为半导体化钛酸钡。它是一种多晶体材料，当温度较低时，由于半导体化钛酸钡内电场的作用，电阻值较小；当温度升高到临界温度时（对钛酸钡而言，此温度为120℃），内电场受到破坏，表现为电阻值急剧增加。这种元件未达到临界温度前，电阻随温度变化非常缓慢，具有恒温、调温和自动控温的功能，只发热、不发红、无明火、不易燃烧、使用寿命长，非常适用于电动机等电气设备的过热探测。

（2）负温度系数热敏电阻的工作原理　负温度系数热敏电阻是以氧化锰、氧化钴、氧化镍、氧化铜和氧化铝等金属氧化物为主要原料，采用陶瓷工艺制造而成。这些金属氧化物材料都具有半导体性质，类似于锗、硅晶体材料，体内的载流子（电子和空穴）数目少，电阻较高；温度升高，体内载流子数目增加，电阻值降低。负温度系数热敏电阻类型很多，按工作温度范围，分为低温（-60～300℃）、中温（300～600℃）、高温（>600℃）三种，具有灵敏度高、稳定性好、响应快、寿命长、价格低等优点，广泛应用于需要定点测温的温度自动控制电路，如冰箱、空调器、温室等的温控系统。

热敏电阻与简单的放大电路结合，就可检测千分之一度的温度变化，与电子仪表组成测温计，能完成高精度的温度测量。普通用途热敏电阻的工作温度大致在低温热敏电阻范围，为-55～315℃，特殊低温热敏电阻的工作温度低于-55℃，甚至可达-273℃。

2. 热敏电阻器的主要参数

各种热敏电阻器的工作条件一定要在其出厂参数允许范围之内。热敏电阻的主要参数有十余项：标称电阻值、使用环境温度（最高工作温度）、测量功率、额定功率、标称电压（最大工作电压）、工作电流、温度系数、材料常数、时间常数等。其中标称电阻值是在25℃零功率时的电阻值，实际上总有一定误差，应在±10%之内。普通热敏电阻的工作温度范围较大，可根据需要从-55～315℃选择，值得注意的是，不同型号热敏电阻的最高工作温度差异很大，如MF11片状负温度系数热敏电阻器的为125℃，而MF53-1的仅为70℃，实验时应注意。

二、温度传感器

温度传感器是最早开发，应用最广的一类传感器。从17世纪初，人们开始对温度进行测量。真正把温度变成电信号的传感器是1821年由德国物理学家赛贝克发明的，这就是后来的热电偶传感器。50年以后，另一位德国人西门子发明了铂电阻温度计。在半导体技术的支持下，20世纪相继开发了半导体热电偶传感器、PN结温度传感器和集成温度传感器。与之相应，根据波与物质的相互作用规律，相继开发了声学温度传感器、红外传感器和微波传感器。温度传感器是检测温度的器件，其种类最多，应用最广，发展最快。最常用的就是热电阻和热电偶两类产品。

三、温度标准的由来

温度标准是衡量温度高低的尺度。早在18世纪初，德国物理学家华伦海特（Daniel Gabriel Fahrenheit，1686～1736）就制成了有实用价值的华氏水银温度计。当时把水、盐、冰混合物所形成的温度定为0度，把健康人的体温定为100度。后来发现水的冰点及沸点分别对应于32度和212度，于是以后就以这两个温度定为华氏温度的基准点，把这两个温度之间分为180等分，每个等分为一度，用符号F表示。

其后不久，瑞典天文学家摄西阿斯（Anders Celsius，1701～1744）也制成了类似的温度计，把水的冰点定为0度，沸点定为100度，其间分为100等分，每个等分为一度，用符号℃表示，故摄氏温标也称为百度温标。

华氏温标和摄氏温标至今仍在广泛使用。这两种温标的大小换算关系如式（2-1）

$$摄氏温度 = 5 \times (华氏温度 - 32)/9 \qquad (2-1)$$

可以观察任何一只家用温度计，会发现华氏100度对应着大约摄氏37至38度。通过上文所述，我们不难理解其历史原因。

19世纪中叶，英国物理学家开尔文（1824～1907）根据热力学中的卡诺循环理论，提出热力学温标及绝对零度的概念。从绝对零度起算，水的冰点为273.15度，沸点为373.15度。此处，每度的大小仍然是水的冰点至沸点间温度差的百分之一。热力学温标的度用K表示。

世界各国的计量部门对温标的逐步完善十分重视，经过多次修订，在1968年通过了国际实用温标（International Practical Temperature Scale），简称为IPTS-68。到了1975年，又对IPTS-68进行了部分修订。

目前通用的国际实用温标规定，以热力学温标为基础，温度T的单位是开尔文，符号为K。采用摄氏温标表示的温度t仍以℃为符号。开氏温标每度的间隔与摄氏温标的间隔相同，但其零度（0K）却比0℃低273.15。两者之间的大小关系为

$$摄氏温度 = 绝对温度 - 273.15 \qquad (2-2)$$

我国从1991年开始采用国际计量委员会规定的“1990年国际温标”（简称ITS90）的新标准。

现行国际实用温标还规定，用水的三相点温度（即固态、液态、气态三相共存时的平衡温度）取代水的冰点温度，作为温标的定义基准点之一，其温度值为273.16K或0.01℃。此外，还规定了其他一些纯物质的相变温度作为定义基准点。

四、膨胀式温度计

1. 液体膨胀式温度计

当温度变化时，某些液体的体积变化较大。液体的膨胀量可以作为温度变化的检测标志，液体玻璃管温度计即采用了这样的原理。

图2-15所示为常用的玻璃管水银体温计。玻璃管两端封闭，中间为毛细管。毛细管内腔是水银（汞），水银的上部是真空或某种气体。在毛细管下端有一个储液腔，叫做感温泡。当温度计受热时，水银膨胀，液柱升高，体温计的刻度标定在玻璃管外表面，毛细管内水银的高度与所测量的温度成正比。利用水银的导电性，还可以制成电接点温度计，其外观如图2-16所示。

图2-15　玻璃管水银体温计

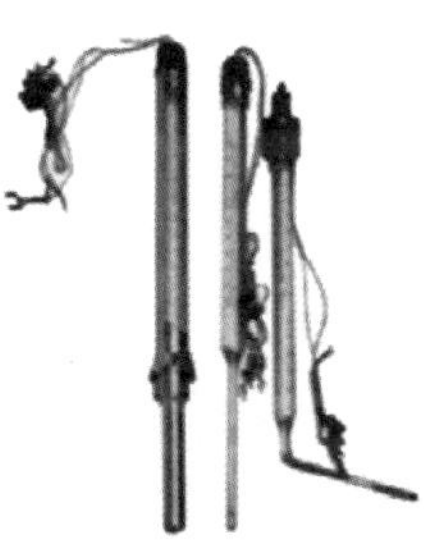

图2-16　电接点水银温度计

常见的家用室内温度计与体温计原理相同，只是毛细管内的液体不是水银，而是采用酒精或煤油等。温度计中液体的选择根据测温范围而定，要求在使用范围内，液体不凝结、不气化，而且液柱变化应该与温度变化成线性关系。例如，水银温度计的使用范围为 -35~510℃，酒精温度计的使用范围为 -80~70℃。由于水银有毒，在一些易破损的情况下不宜采用。

液体玻璃管温度计价格低廉，使用方便，工作可靠，但不耐振动和碰撞，动态响应慢，仅用于近距离读数，不适合于表面温度的测量。所以玻璃管温度计在工业中应用有限。

还有一种液体金属管温度计，与上述玻璃管温度计原理相同。其感温泡是金属制成的，与玻璃管温度计不同的是，感温泡通过柔性管与压力仪表相连，用压力表读取压力从而间接测出温度值，液体金属管温度计外形如图 2-17 所示。

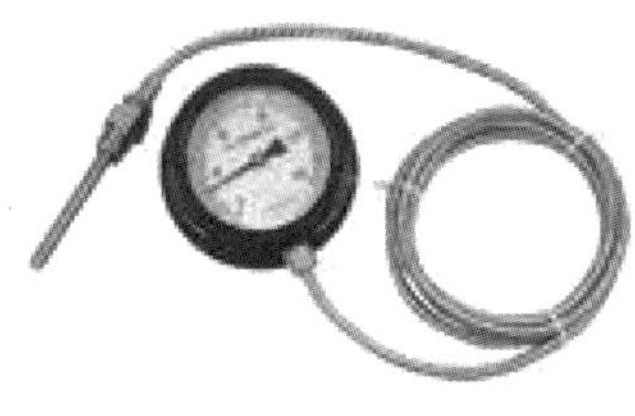

图 2-17 液体金属管温度计

2. 气体膨胀式温度计

气体膨胀式温度计利用封闭容器内的气体或饱和蒸气受热后产生体积膨胀或压力变化作为测量信号。它由温包、毛细管和指示表三部分组成。气体膨胀式温度计是最早应用于生产过程中的温度控制。

现在膨胀式测温系统仍然在就地指示和控制温度中应用十分广泛，它又称为压力式温度计，其优点是结构简单、机械强度高、不怕震动、价格低廉，不需要外部能源；缺点是测温范围有限制（一般在 -80~400℃）、热损失大响应时间较慢、仪表密封系统（温包、毛细管、弹簧管）损坏后难于修理、测量精度受环境温度、温包安装位置影响较大且精度相对较低、毛细管传送距离有限。

3. 双金属片式温度计（固体膨胀式）

双金属片温度计是常见的固体膨胀式温度测量系统，其核心元件是一个双金属片（A、B），如图 2-18 所示。它由两个长度相同但材料不同的金属片粘接固定在一起组成，两个金属片的热膨胀系数不同。

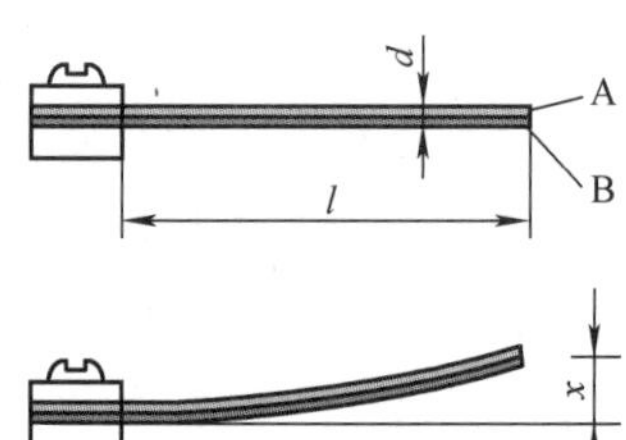

图 2-18 双金属片

工作时，双金属片一端固定，当温度升高时，由于两种金属的膨胀系数不同，而使双金属片整体弯成一条曲线。如图 2-18 所示，下侧金属片的膨胀系数较上侧的大，升温时造成向上弯曲，且弯曲量与温度变化有关。

图 2-19 所示是一个实用的双金属温控器原理图，这种温控器广泛应用于家用电热器具，如电熨斗和电饭煲。图 2-19 中左端为加热电路电源回路的接点，右端为可动触点。双金属片检测到实际温度，就产生不同弯曲状态，控制可动触点的通断。改变调节螺钉位置，可以设定不同的温度控制点。

图 2-20 所示为工业用双金属温度计。感温元件由螺旋状双金属片构成，封装在金属保护管内。温度变化时双金属片 5 产生变形，转化为轴 4 的旋转，使指针 1 在面板 7 上指示相应的温度值。

五、集成温度传感器及其应用

1. 集成温度传感器的基本性能

集成温度传感器也称为温度传感器集成电路，它是将温度传感器与电子电路封装在一个小型外壳内而构成的。使用时只需很少的外围元器件，即可制成温度检测仪表。这种传感器有模拟量输出和数字量输出两种类型。集成温度传感器工作电压要求低，功率消耗很小，而且精度高、抗干扰能力强，有些集成温度传感器还具有温度控制功能。集成温度传感器在很多温度测控领域应用十分广泛。

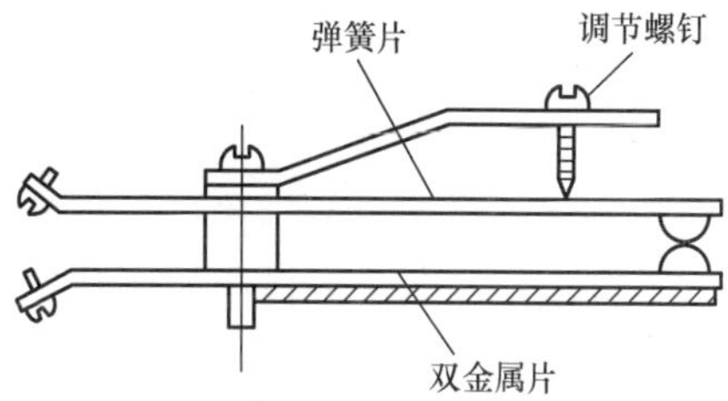

图 2-19　双金属温控器

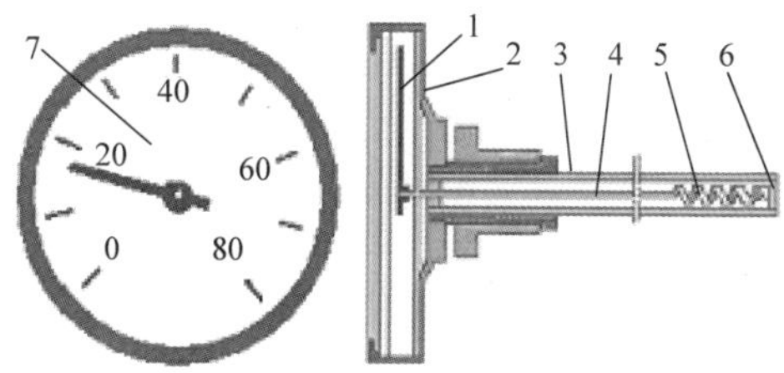

图 2-20　双金属温度计外观和原理图

1—指针　2—罩壳　3—保护套管　4—转轴　5—双金属片　6—测量端　7—面板

2. 电流输出型温度传感器 AD590

AD590 是利用 PN 温度特性制成的电流输出型温度传感器。这种器件在被测温度一定时，相当于一个恒流源。AD590 具有良好的线性和互换性，测量精度高，并具有消除电源波动的特性。电源在 5～15V 之间变化时，其电流变化在 1μA 以下。

(1) AD590 的功能及特性　通过对 AD590 电流的测量，可得到所需要的温度值。根据特性分档，AD590 的后缀有 I、J、K、L、M。AD590L、AD590M 一般用于精密温度测量电路，其外形和符号如图 2-21 所示，它采用金属壳 3 脚封装，其中 1 脚为电源正端 V+；2 脚为电流输出端 I_0；3 脚为管壳，一般不用。

图 2-21　AD590L、AD590M 的外观和符号

AD590 的主要特性参数如下：工作电压 4～30V；工作温度 −55～150℃；保存温度 −65～175℃；正向电压 44V；反向电压：−20V；焊接温度（10s）300℃；灵敏度 1μA/K。

(2) AD590 的工作原理　在被测温度一定时，AD590 相当于一个恒流源，把它和 5～30V 的直流电源相连，并在输出端串接一个 1kΩ 的恒值电阻，那么，此电阻上流过的电流将和被测温度成正比，此时电阻两端将会有 1mV/K 的电压信号。测温部分的核心电路如图 2-22 所示。

电路的总电流与热力学温度 T 成正比，将此电流引至负载电阻 R_L 上便可得到与 T 成正比的输出电压。由于利用了恒流特性，输出信号不受电源电压和导线电阻的影响。图2-22中的电阻 R 是在硅板上形成的薄膜电阻，该电阻已用激光修正了其电阻值，因而在基准温度下可得到 1μA/K 的 I 值。

［**动手做**］用 AD590 设计的数显温度计

AD590 具有线性优良、性能稳定、灵敏度高、无需补偿、热容量小、抗干扰能力强、可远距离测温且使用方便等优点，可广泛应用于各种冰箱、空调器、粮仓、冰库、工业仪器配套和各种温度的测量和控制等领域。下面给出用 AD590 构成数字显示温度计的设计。

（1）测温电路的设计　在设计测温电路时，首先应将电流转换成电压。由于 AD590 为电流输出器件，它的温度每升高 1K，电流就增加 1μA。当 AD590 的电流通过一个 10kΩ 的电阻时，这个电阻上的压降为 10mV，即转换成 10mV/K。为了使此电阻精确（0.1%），可用一个 9.6kΩ 的电阻与一个 1kΩ 电位器串联，然后通过调节电位器来获得精确的 10kΩ。一种电流/电压和绝对/摄氏温标的转换电路如图 2-23 所示，其中运算放大器 A1 被接成电压跟随器形式，以增加信号的输入阻抗；而 A2 的作用是把绝对温标转换成摄氏温标，给 A2 的同相输入端输入一个恒定的电压（如 1.235V），然后将此电压放大到 2.73V。这样，A1 与 A2 输出端之间的电压即为转换成的摄氏温标。

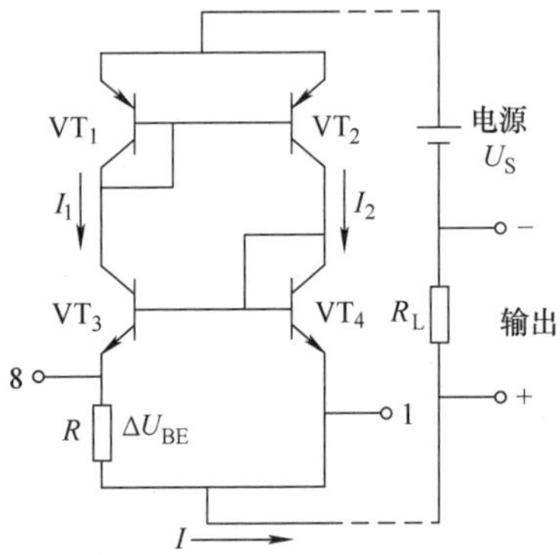

图 2-22　测温部分的核心电路

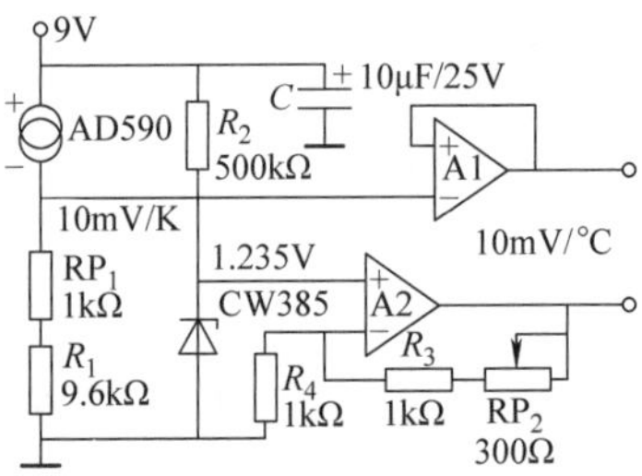

图 2-23　转换电路

将 AD590 放入 0℃的冰水混合物中，A1 同相输入端的电压应为 2.73V，同样使 A2 的输出电压也为 2.73V，因此 A1 与 A2 两输出端之间的电压为 0V，即对应于 0℃。

（2）A－D 转换和显示电路的设计　采用 ICL7106 的 A－D 转换及 LCD 显示电路框图如图 2-24 所示。其中，ICL7106 是 3 位半显示的 A－D 转换电路，它内含液晶显示驱动电路，可用来进行 A－D 转换和 LCD 显示驱动。

3. 电压输出型温度传感器

LM35 系列是美国国家半导体公司（NSC）生产的电压输出式单片集成温度传感器。其输出电压与摄氏温标呈线性关系，0℃时输出为 0V，每升高 1℃，输出电压增加 10mV。LM35 有多种不同封装形式，外观及引脚如图 2-25 所示。其供电模式有单电源与双电源两种，正负双电源的供电模式可提供负温度的测量。单电源模式在 25℃下静止电流约 50μA，工作电压较宽，可在 4～20V 的供电电压范围内正常工作，非常省电。

LM135 系列温度传感器是一种电压输出型精密集成温度传感器。其封装和引脚功能图如图 2-26 所示。它工作类似于齐纳二极管，其反向击穿电压随绝对温度以 10mV/K 的比例变化，工作电流为 0.4～5mA，动态阻抗仅为 1Ω，便于和测量仪表配接。这种温度传感器具有测量精度高，应用简单等优点。LM135 系列温度传感器的测温范围很宽，其中 LM135

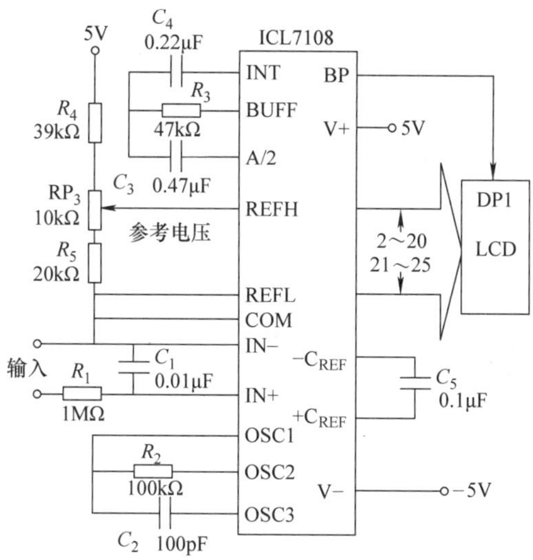

图 2-24　AD590 的 A－D 转换和 LCD 显示电路

a) 集成温度传感器外观　　b) 引脚图

图 2-25　LM35 集成温度传感器

测温范围为 −55～150℃，LM235 和 LM335 测温范围分别为 −40～125℃和 −40～100℃。其短时使用测温上限可分别扩宽至 200℃、150℃和 125℃。

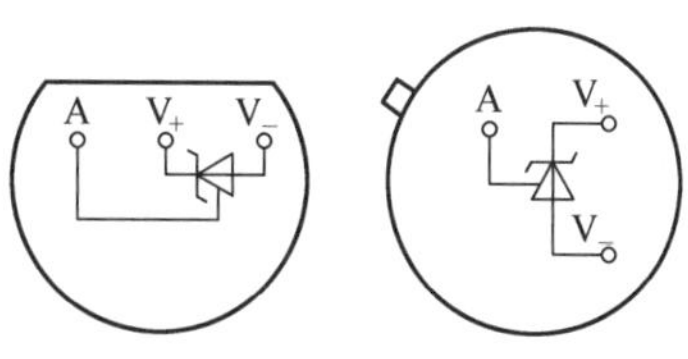

图 2-26　LM135 的封装和引脚功能

图 2-27 是 LM135 的基本测温电路，它的输出电压与绝对温度成正比，灵敏度为 10mV/K。可以通过数字电压表测量其两端电压差来获取温度值。为防止自热效应对测量结果的影响，一般将 LM135 的工作电流限制在 1mA 左右。

在使用 LM135 时，为了保证测量精度，外部需要进行校正。方法是在 +、− 两端之间串接电阻，如图 2-28 所示。在温度为 25℃时调整电位器 Rw 改变校正端偏压，并用数字电压表 20V 档测量传感器的输出压电值为 2.982V 即可。经校正后，该电路在 100C℃范围内测量误差小于 1℃。

4. LM135 的应用电路

(1) 温差测量电路　在一些场合常需测量两点的温度差。如水泵风机等设计中，常需按入口处与出口处的温差来确定叶轮形状是否合理。这个温差很小，要求有很高的测量精度与分辨率。图 2-29 所示为一种高灵敏度温差测量电路，其灵敏度为 100mV/℃。这里采用精密运算放大器LM308，将两温度传感器测得的温差电压放大10倍后输出。调节RP可使两传感器处于同一温度时输出为0。

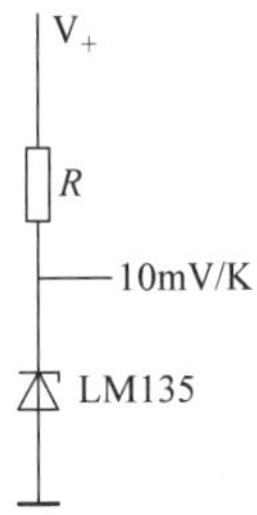

图2-27　LM135基本测温电路

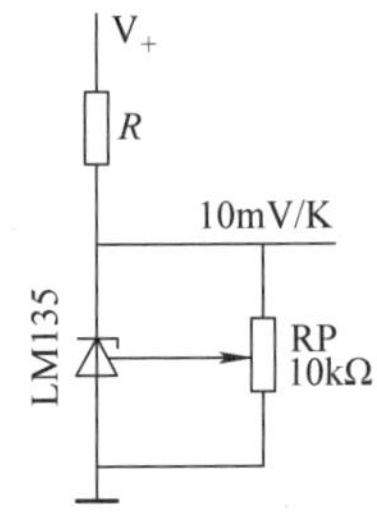

图2-28　LM135精密测温电路

(2) 热电偶冷端补偿测温电路　图2-30是采用热电偶且测温范围很宽的实用电路。它采用了分度号为K的热电偶，上限测量温度可达1000℃。为了消除热电偶冷端环境的影响，采用LM335对冷端温度进行测量，然后通过运算放大器LM308将温度电压信号与热电偶产生的热电势叠加后放大输出，从而使输出电压信号反映热电偶工作端的真实温度。由于LM335输出电压与绝对温度成正比，故采用LM329与电阻分压产生一个电压信号抵消其在0℃的输出电压。该电路输出电压与被测温度的对应关系被放大电路调整为10mV/℃。

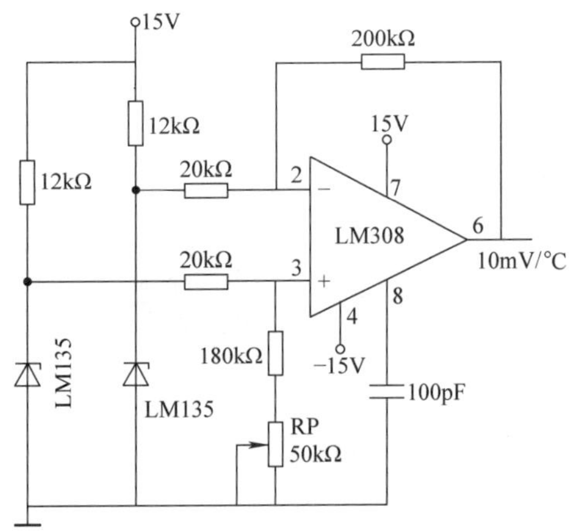

图2-29　温差测量电路

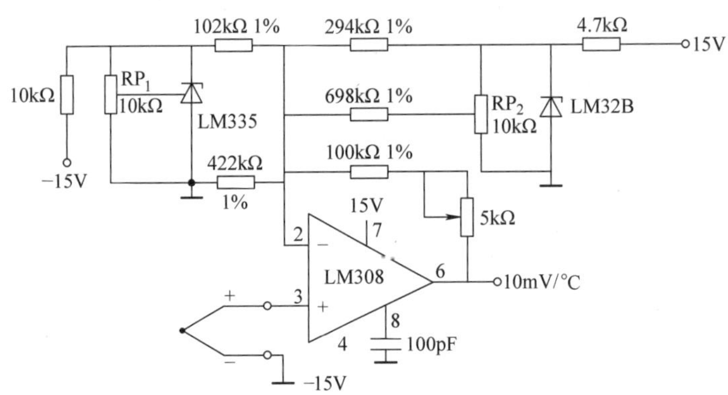

图2-30　热电偶冷端补偿测温电路

单元三　热电偶及其应用

单元目标　通过本单元的学习和训练，掌握热电偶的主要特性，了解热电偶的工业应用，掌握普通热电偶的基本使用方法和温度补偿的常用方法。

任务一　认识热电偶

[**学习知识**] 热电偶的种类介绍

热电偶按用途、安装位置和方式、材料等不同分为不同类型，但其基本组成大致相同。

1. 普通装配式热电偶

这种热电偶也称工业装配式热电偶，一般由热电极、绝缘套管、保护套管和接线盒等几部分构成。热电极直径一般为0.35～3.2mm，长度为250～300mm。绝缘套管可防止两个热电极短路，一般采用陶瓷材料。保护套管在最外层，用来增加强度，并防止热电偶被腐蚀或受火焰和气流的直接冲击。接线盒用于固定接线座和连接外接导线，一般为铝合金，盒盖用垫圈加以密封以防污物进入。

2. 铠装热电偶

铠装也称缆式热电偶，它是将热电极、绝缘材料连同保护管一起拉制成型，经焊接密封和装配工艺制成坚实的组合体，外形如图2-31所示。铠装热电偶套管可长达100m，管外径最细为0.25mm。铠装热电偶已实现标准化、系列化，它具有体积小、动态响应快、柔性好、便于弯曲、强度高等优点，因此被广泛用于工业生产，特别是高压装置和狭窄管道温度的测量。

3. 薄膜热电偶

薄膜热电偶是由两种金属薄膜连接而成的一种特殊结构的热电偶，如图2-32所示。它的测量端既小又薄，热容量很小，动态响应快，可以用于微小面积上的温度测量以及快速变化的表面温度测量。测量时薄膜热电偶用特殊粘合剂紧贴在被测表面，由于受粘合剂的限制，测量温度范围一般为－200～300℃。

图2-31　铠装热电偶外形

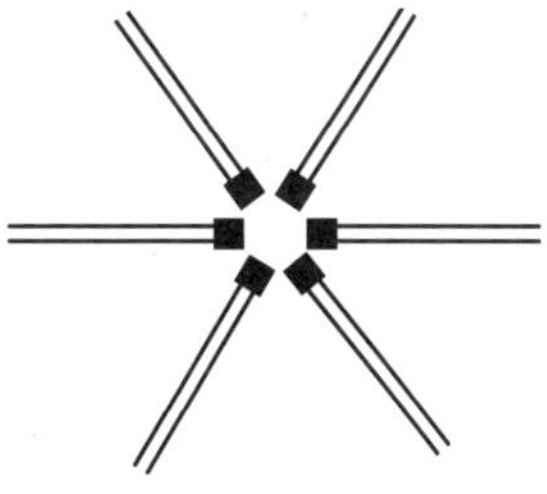

图2-32　薄膜热电偶

除以上热电偶外，还有表面式热电偶、浸入式热电偶等，在此不一一赘述。

以上是按热电偶的结构分类情况。按照构成材料的不同，国际通用分度号为S、B、E、K、R、N、J、T的八种热电偶为标准化热电偶。它们的基本特性见表2-4所示。表中最后一行列出了一种特殊热电偶，分度号为C。

表2-4　标准化热电偶的特性

分度号	热电偶名称	热电偶材料		极限使用温度/℃
		正极	负极	
K	镍铬-镍硅	镍铬	镍硅或镍铝	－270～1372
E	镍铬-康铜	镍铬	铜镍	－270～1000

（续）

分度号	热电偶名称	热电偶材料		极限使用温度/℃
		正极	负极	
J	铁-康铜	铁	铜镍或康铜	-270~1200
T	铜-康铜	铜	铜镍	-270~400
N	镍铬硅-镍硅	镍铬硅	镍硅	-270~1300
S	铂铑$_{10}$-铂	铂铑$_{10}$	铂	-270~1768
R	铂铑$_{13}$-铂	铂铑$_{13}$	铂	0~1768
B	铂铑$_{30}$-铂铑$_{6}$	铂铑$_{30}$	铂铑$_{6}$	-270~1820
C	钨铼$_{5}$-钨铼$_{26}$	钨铼$_{5}$	钨铼$_{26}$	常温~2320

国内常用的热电偶有K、E、S和B型（分度号）。

[实践操作] 制作简易热电偶

通过下面实验，了解热电偶的基本特点。

1. 准备器材

数字万用表，酒精灯，ϕ0.4mm、长约250mm的漆包铜线和康铜丝各一根。

2. 实验方法

1）将漆包铜丝和康铜丝两端长约10mm部分用砂纸打磨光亮，除去漆包绝缘层和氧化层。

2）将上述两段金属丝的一端互相绞紧连接，把多余端头剪去，如图2-33所示。这样就制成一个可以临时使用的简易热电偶。

3）将数字万用表拨至DC 200mV档后接热电偶，读取此时电压值。

4）用酒精灯加热热电偶的工作端（即绞紧连接点），观察万用表电压显示值的变化，如图2-34所示；再将酒精灯逐渐远离热电偶，观察记录电压数值。

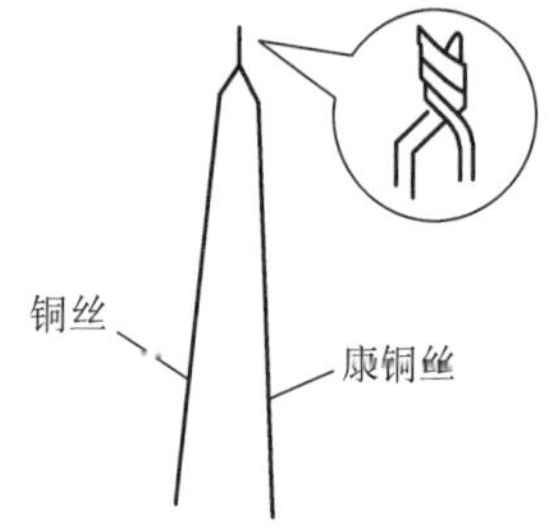

图2-33 简易热电偶的制作

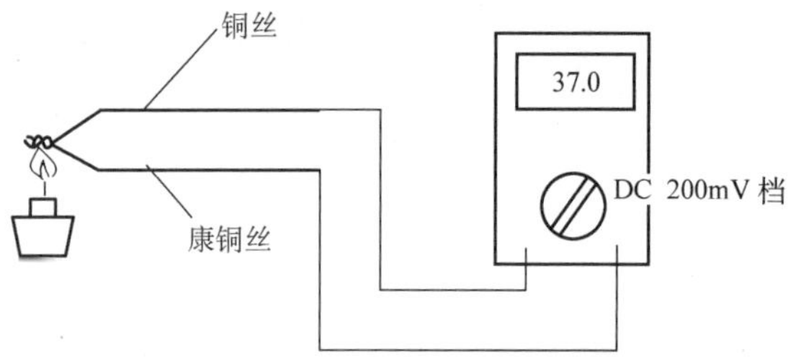

图2-34 简易热电偶实验

3. 结果分析

通过实验可以看到：数字万用表所显示的电压是由于酒精灯加热热电偶的工作端引起的，而且温度越高。产生的电压越高。当酒精灯停止加热，热电偶工作端逐渐恢复常温后，电压逐渐减小，最终消失。

[特别提示] 为防止简易热电偶热端加热后氧化，实验中加热时间不宜太长；或将热电偶的热端包上玻璃层，再进行本实验。

[观察现象] 认识热电偶

图2-35所示为部分工业热电偶的外形。

用螺钉旋具拆开一个热电偶的接线盒端盖，可以看到两个接线端子。观察拆解后的普通热电偶芯或未安装的热电偶丝，可以看出两种不同的金属材料构成热电偶的敏感元件。热电偶丝（芯）就是热电偶的核心部分。

［**学习知识**］了解热电偶的原理和特征

热电偶是将两种不同材料的导体或半导体 A、B 的端点焊接起来，构成一个闭合回路，如图 2-36 所示。当导体 A、B 两个结点温度 T 和 T_0 之间存在差异时，回路中便产生电动势，称为热电动势（或温差电动势）。温度差为零时热电动势为零；温度差越大，则热电动势也越大，这种效应称为热电效应。热电偶就是利用这一效应进行温度检测的。

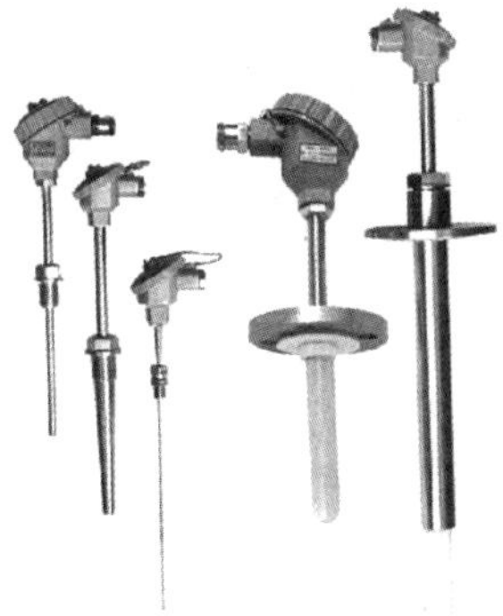

图 2-35　工业用热电偶外形

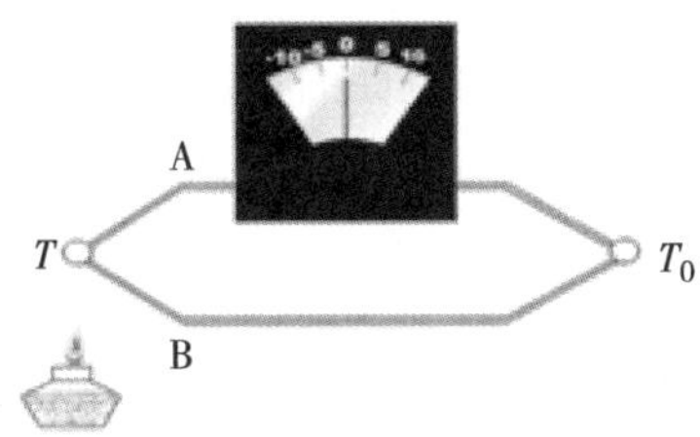

图 2-36　热电偶原理

实际使用时，经常将热电偶两个电极的一端焊接在一起作为检测端（也叫工作端、热端）；将另一端开路，用导线与仪表连接，叫做自由端（也叫参考端、冷端）。其电气符号及与仪表的连接方式如图 2-37 所示。

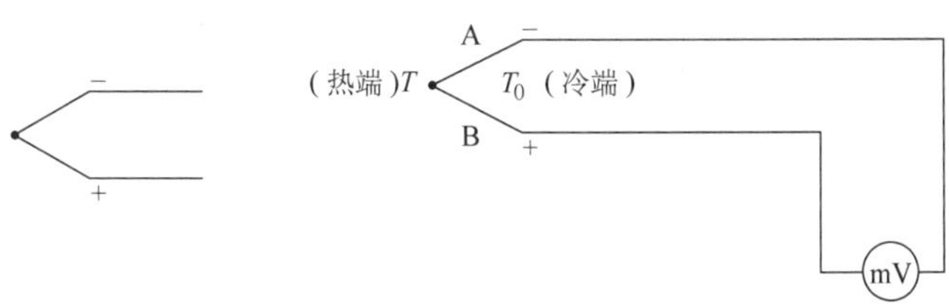

a) 热电偶的电气符号　　b) 热电偶与仪表的连接方式

图 2-37　热电偶的电气符号及与仪表的连接方式

热电偶两端的热电动势可以表示为

$$E_T = e_{AB}(T) - e_{AB}(T_0)$$

式中　E_T——热电偶的热电动势；

$e_{AB}(T)$——温度为 T 时检测端的热电动势；

$e_{AB}(T_0)$——温度为 T_0 时自由端的热电动势。

如果自由端温度恒定不变，则热电动势只与检测端的温度有关，即 $E_T = f(T)$。热电动势的大小只与热电极材料的成分及两端的温度有关，而与热电极的尺寸无关。根据这一特点，工程上以 0℃作为冷端基准温度，将热电偶的热电动势与对应热端的温度精确测出，做成表格，称为热电偶的分度表，见附录 B。如果冷端温度不是 0℃，应采取一定的补偿措施（具体方法在后面介绍），或按照式（2-3）修正：

$$E(T,0) = E(T,T_0) + E(T_0,0) \tag{2-3}$$

式中　$E(T, T_0)$——实际热电动势值；

$E(T, 0)$——检测端温度 T 对应 0℃ 的热电动势值；
$E(T_0, 0)$——检测端温度 T_0 对应 0℃ 的热电动势值。

任务二　热电偶应用训练

[学习知识]

一、热电偶的冷端补偿

热电偶与显示或控制仪表连接时，为了提高准确度，要求其自由端温度稳定在 0℃，这样就可以利用分度表求出热端（即被测端）的温度。但工业现场一般不能保证热电偶冷端为 0℃，而且现场环境温度也会随时变化。在温度不稳定的情况下，为了节约贵金属，一般采用补偿导线将热电偶的自由端引到温度相对稳定的环境，将自由端温度补偿到 0℃。这种方法称为热电偶的冷端温度补偿。

1. 补偿导线

补偿导线的作用是来延伸热电偶的冷端，与显示仪表连接构成测温系统。采用补偿导线的目的是把热电偶的冷端从温度较高和不稳定的现场延伸到温度较低和比较稳定的操作室中。

补偿导线由两种不同性质的廉价金属材料制成，在一定温度范围内（0 ~ 100℃），与所配接的热电偶具有相同的热电特性，起到延长冷端的作用。使用补偿导线时必须注意型号匹配，且极性不能接错。补偿导线的外形与双绞线没有区别，这点应特别注意。

2. 冷端温度补偿的方法

热电偶冷端温度补偿的方法很多，实验室中多采用冷端恒温法或计算校正法。冷端恒温法是将热电偶的冷端置于冰水混合物中，也称冰浴法，如图 2-38 所示；计算校正法是根据公式 $E(T, T_0) = E(T, 0) - E(T_0, 0)$ 进行计算补偿的一种方法。

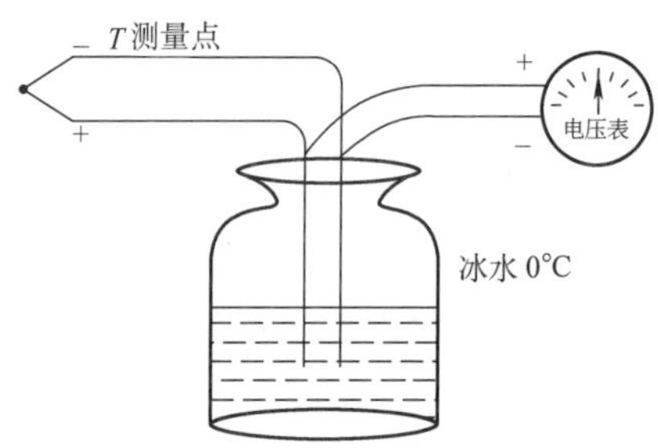

图 2-38　冰浴法示意图

例如：用镍铬-镍硅热电偶的检测系统进行测温时，其冷端温度为 30℃，仪表显示的热电动势为 39.17mV，利用附录 B-1 中的数据，完成以下操作：

1）查表得 $E(30, 0)$ = 1.20mV

2）计算：$E(T, 0) = E(T, 30) + E(30, 0) = (39.17 + 1.20)\text{mV} = 40.37\text{mV}$

3）再反查分度表，可得被测温度为 977℃。

工厂环境下多采用仪表机械零点调整法和冷端补偿器法。仪表机械零点调整法是将仪表零点调整到热电偶冷端处的温度所对应的电动势的值；冷端补偿器是一种自动补偿装置，其内部是一个不平衡电桥，电桥的输出端与热电偶串联。利用电桥输出的不平衡电压来补偿冷端温度变化而产生的偏差，电桥中的一个电阻由对温度敏感的铜丝绕制，用于检测温度的变化。操作时应先将仪表的零点调整到电桥平衡时的温度值。图 2-39 所示是一种热电偶温度补偿器的外形图。

热电偶与显示仪表的实际连接如图 2-40 所示。

二、热电偶的使用

1. 万用表中的热电偶

很多型号的数字万用表都具备测量温度的功能。这个功能就是在普通数字万用表的基础上，增加一个测温用热电偶来实现的，如图 2-41 所示。

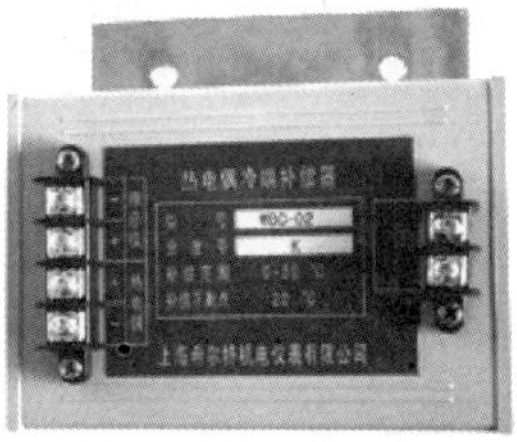

图 2-39　热电偶温度补偿器的外形图

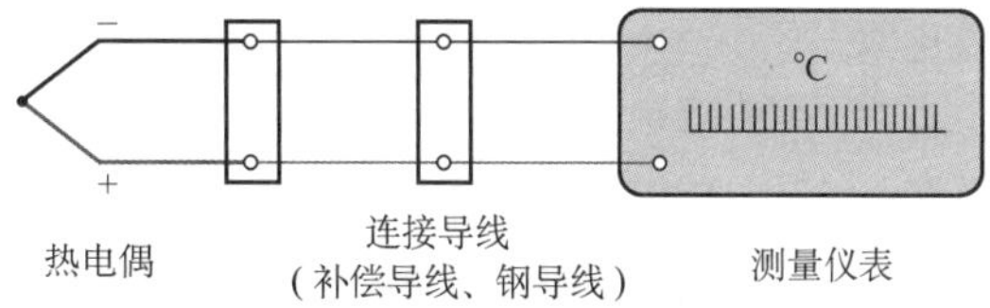

图 2-40　热电偶与显示仪表的实际连接方法

根据实验室条件，选择一种或两种带温度测量功能的数字万用表。使用万用表测量室内温度，并与其他温度计的读数比较。观察测温附件，注意热电偶丝的结构和封装方式。试试看能否找到热电偶的工作端焊接点？

2. 与热电偶配套的仪表

我国生产的热电偶符合 ITS-90（国际温标）所规定的标准，其一致性较好。工程上规定了每一种标准热电偶配套的仪表，仪表的显示值为温度，不需要用户再自己改制。动圈式仪表命名为 XC 系列，有指示型（XCZ）和指示调节型（XCT）等系列品种。与最常用的 K 型热电偶配套的动圈仪表为 XCZ-101 或 XCT-101 等。数字式仪表也有指示型（XMZ）和指示调节型（XMT）等几种系列产品。XMZ 系列数显仪表外形如图 2-42 所示。

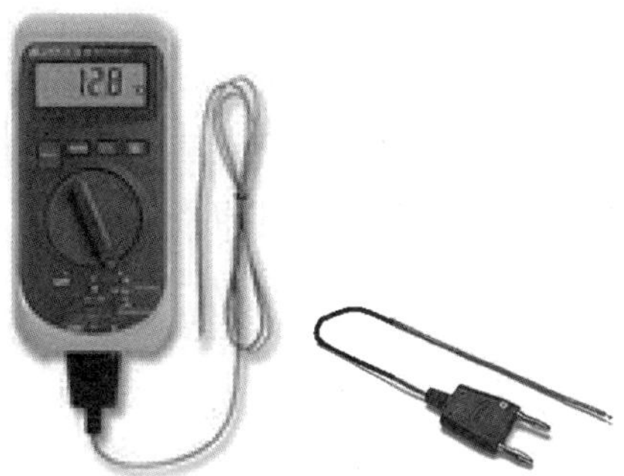

a）数字万用表　　b）测温附件（热电偶）

图 2-41　具有测温功能的数字万用表

图 2-42　XMZ 系列数显仪表

工业用装配式热电偶作为测量温度的变送器通常和显示仪表、记录仪表和电子调节器配套使用。

热电偶/热电阻温度变送器模块是一种现场安装式温度变送单元。它采用二线制传送方式（电源输入与信号输出为两根公用导线），输出与被测温度成线性的 4～20mA 电流信号。变送器可以安装于热电偶、热电阻的接线盒内与之形成一体化结构，也可单独安装于仪表盘内作转换单元。

图 2-43 所示是一种热电偶温度变送器及其典型接法。

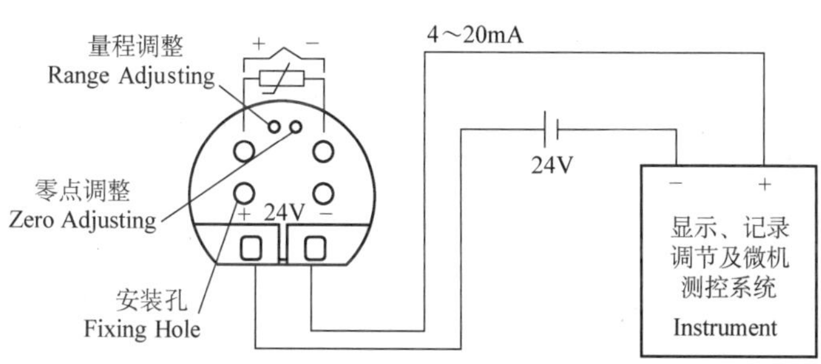

图 2-43　热电偶温度变送器及其典型接法

[思考与训练]

1. 试比较热电偶、热电阻、热敏电阻的异同。

2. 已知分度号为K的热电偶，测量端温度为800℃，参考端温度为30℃，求回路实际总电动势。

3. 用K型热电偶测量某炉温，已知冷端温度为40℃，用高精度毫伏表测得此时的热电动势为29.201mV，求被测炉温。

4. 用一只铜-康铜热电偶测量温度，其冷端温度为30℃。未调机械零位的动圈仪表指示320℃，是否可以认为热端温度为350℃？为什么？如果不对，请说明正确温度应是多少？

[拓展知识] 热电效应的发现

1821年，德国物理学家赛贝克（T·J·Seebeck）用两种不同金属组成闭合回路，并用酒精灯加热其中一个接触点（称为结点），发现放在回路中的指南针发生偏转。如果用两盏酒精灯对两个结点同时加热，指南针的偏转角反而减小。显然，指南针的偏转说明回路中有电动势产生并有电流在回路中流动，电流的强弱与两个结点的温差有关。

据此，赛贝克发现和证明了两种不同材料的导体A和B组成的闭合回路，当两个结点温度不相同时，回路中将产生电动势。这种物理现象称为热电效应。

这两种不同材料的导体所组成的回路称为“热电偶”，这两种导体称为“热电极”，热电偶所产生的电动势称为热电动势。热电偶的两个结点中，置于温度为 T 的被测对象中的结点称为测量端，又称为工作端或热端；而置于参考温度为 T_0 的另一结点称之为参考端，又称为自由端或冷端。

单元四　气敏和湿敏传感器

单元目标　通过本单元的学习和训练，了解常见气敏和湿敏传感器的特性。通过制作实践，了解气敏电阻的应用和湿度的测量方法。

任务一　了解气敏传感器

气敏传感器是一种能将气体中的特定成分（浓度）检测出来，并将其转换成电信号的器件。气敏传感器一般用于环境监测和工业过程检测，前者包括有毒有害气体检测、容器管道检测等；后者包括锅炉及汽车的燃料燃烧监控、化工等自动控制检测。表2-5列出了气敏传感器的主要应用实例。

表2-5　气敏传感器的主要应用实例

分　类	检测对象	应用场合
易燃、易爆气体	液化气、煤气、天然气 甲烷、氢气、酒精蒸气	家用设备 矿山 冶金、实验室
有毒气体	一氧化碳等 硫化物 卤化物、氨气等	车辆及燃料 石油化工 化工和金属冶炼

（续）

分　类	检测对象	应用场合
环境气体	氧气 水蒸气 大气成分	家庭、医疗 电子设备维护、食品加工 环境监测

[**观察现象**] 认识常见的气敏传感器

观察实验室里的气敏传感器。结合传感器使用手册，进一步了解工业用气敏传感器的基本特点。图 2-44 所示是常见气敏传感器的外形。

图 2-44　常见气敏传感器的外形

最常用的气敏传感器主要有半导体式和接触燃烧式两种。半导体式气敏传感器多由金属氧化物半导体材料制成，如 SnO_2 系列、ZnO 系列等。传感器制作时添加物不同，能检测的气体也不同。半导体式气敏传感器适用于检测低浓度的可燃和有毒气体，如 CO、H_2S、CH_4、C_4H_{10}等。接触燃烧式气敏传感器主要用于可燃气体的检测。

气敏传感器主要用于报警器，当被测气体超过规定浓度时，装置发出声光报警。

[**实践操作**]

图 2-45 所示电路使用 MQ-3 型气敏传感器，用数字万用表显示测量数据，可以检查器件的好坏。当电源开关 S 断开时，传感器没有驱动电流（也叫加热电流），A、B 之间电阻大于 20MΩ。当接通开关 S 时，器件内的微加热丝 ff 得电发热。此时若将内盛酒精的小瓶瓶口靠近传感器，可以看到电阻显示值立即由 20MΩ 以上降到 0.5 ~ 1MΩ。移开小瓶过 20 ~ 40s，A、B 间电阻又恢复至大于 20MΩ 的状态。以上反应可以重复试验，但需注意要使空气恢复到洁净状态。

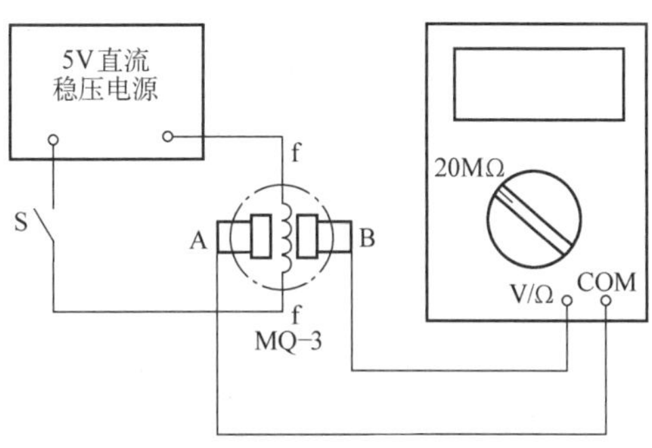

图 2-45　用数字万用表检测气敏传感器

[**拓展知识**]

一、MQ-3 型气敏传感器

MQ-3 型气敏传感器的敏感部分由二氧化锡（SnO_2）的 N 型半导体微晶烧结层构成。当其表面附有气体酒精分子（即乙醇 C_2H_5OH）时，表面电子比例会发生变化，从而使其表面电阻随着被测气体浓度的变化而变化。由于这种反应是可逆的，所以元件能重复使用。

MQ-3 型气敏传感器外形如图 2-46 所示。传感器由微型 Al_2O_3 陶瓷管、SnO_2 敏感层、测量电极和加热器构成的敏感元件固定在塑料或不锈钢制成的腔体内，加热器为气敏传感器提供了必要的工作条件。封装好的气敏传感器有 6 只针状引脚，其中 4 个用于信号取出，2 个用于提供加热电流。

图 2-46 MQ-3 型气敏传感器外形

二、气敏传感器的应用

气敏传感器在工业生产和日常生活中应用非常广泛，主要有以下几类应用：

（1）有毒和可燃气体检测 有毒和可燃气体检测是气敏传感器最大的应用市场。石油化工、采矿、半导体工业以及家庭中的环境监测，都把气敏传感器作为检测与控制的首选器件。石油化工和采矿工业中，主要监测 CO、H_2S、CH_4、C_4H_{10} 等；在半导体工业中主要监测磷、砷和硅烷的含量；在家庭检测应用方面，主要是煤气和液化石油气等的检测。

（2）燃烧控制 采用氧敏感传感器检测和控制汽车发动机的空燃比，使发动机性能最佳化。大型锅炉中利用气敏传感器控制，可以提高燃烧效率、节能减排。气敏传感器还可以监测大气污染程度。

（3）食品和饮料加工 SO_2 经常用于食品饮料的保鲜，必须用气敏传感器监测二氧化硫含量不能超标，并且对生产过程进行控制。另外，气敏传感器还用于监测酒类的发酵过程。

（4）医疗诊断 医疗诊断包括血液中 CO_2 浓度检测、酒精含量检测等。

接触燃烧型气敏传感器，是利用与被测气体（可燃气体）发生化学反应时，产生的热量与气体浓度的关系进行检测的。接触燃烧式气敏传感器主要用于石油化工、造船、矿山隧道等场所，用来检测可燃气体的浓度以防止发生事故。接触燃烧型气敏传感器实物和结构如图 2-47 所示。接触式燃烧气敏传感器对气体选择性好，线性好，响应快。缺点是对低浓度可燃性气体的敏感度低，敏感元件受到催化剂的侵害后其特性锐减，金属丝易断。

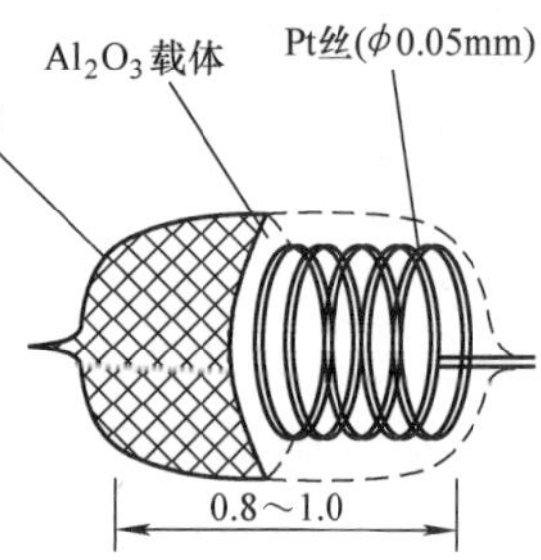

图 2-47 接触燃烧型气敏传感器

接触燃烧型气敏传感器工作时，加热丝先起加热作用，可燃气体与预先加热的传感器表面相接触，发生燃烧现象，使传感器温度上升，输出电极间的电阻值增大。若气体浓度较低，而且是完全燃烧，则输出电极电阻的变化与温度变化成正比。接触燃烧型气敏传感器的工作电路一般采用电桥电路。

气敏传感器主要用于报警器，当被测气体超过规定浓度时，装置发出声光报警。

表 2-6 列举了部分可燃气体的基本特性。可燃气体是指在空气中达到一定浓度、接触到

火种可以引起燃烧的气体。当可燃气体达到爆炸浓度时，触及火种会引起爆炸。可引起爆炸的浓度最小值至最大值的范围称为爆炸限。

表 2-6　可燃气体的基本特性

气体	分子式	密度（空气为1）	爆炸限（%）	容许浓度（PPM）
甲烷	CH_4	0.6	5.0～15.0	
丙烷	C_3H_8	1.6	2.1～9.5	1000
丁烷	C_4H_{10}	2.0	1.8～8.4	
汽油气		3.4	1.3～7.6	500
乙炔	C_2H_2	0.9	2.5～81	
甲醇	CH_3OH	1.1	5.5～37	200
乙醇	C_2H_5OH	1.6	3.3～19	1000
乙醚	C_2H_5O	2.6	1.7～48.0	
一氧化碳	CO	1.0	12.5～74.0	50
氢气	H_2	0.07	4.0～75	

三、非电阻式气敏元件

除了上述半导体气敏传感器外，还有一些气敏传感器按其他原理制成。

1. FET 式气敏传感器

MOSFET（场效应晶体管）可通过栅极外加电场来控制漏极电流。FET 式气敏传感器，是利用环境气体对这种控制作用的影响而制成的气敏传感器。

2. 二极管式气敏传感器

二极管式气敏传感器利用二极管的整流特性随周围气体变化而变化的效应制成。一般情况下，二极管式气敏传感器在正向偏置时，电流将随氢气浓度的增大而增大。因此，经常根据一定偏置电压下的电流，或者一定电流时的偏置电压来检测氢气浓度。

3. 烟雾传感器

烟雾是比气体分子大得多的悬浮微粒，与一般气体成分的分析不同。烟雾传感器多用于火灾报警，虽然烟雾和一般的气体有所不同，检测烟雾的元件也不属于半导体气敏元件，但是在环保和防灾方面，烟雾传感器类似气敏元件的作用。

常用的烟雾传感器有两种：散射式和离子式。

（1）散射式烟雾传感器　在发光管和光敏元件之间设置遮光屏，无烟雾时光敏元件接收不到信号，有烟雾时，烟雾微粒的散射光使光敏元件接收到光信号。这种传感器的灵敏度与烟雾种类无关。散射式烟雾传感器原理和外观如图2-48所示。

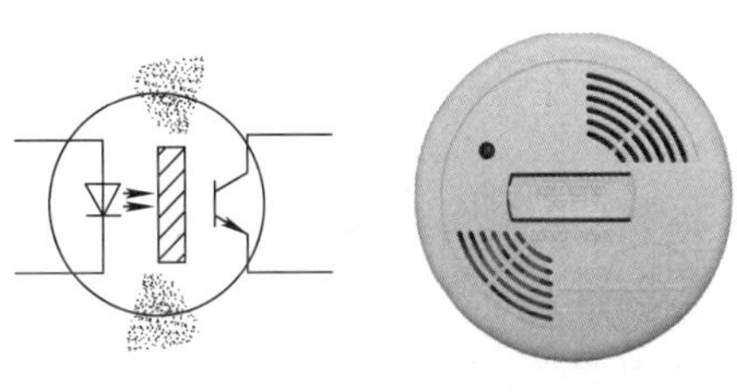

图 2-48　散射式烟雾传感器原理和外观

（2）离子式烟雾传感器　用放射性同位素使

传感器两极板间的空气电离，产生离子电流，此电流值在有烟雾时会变小。实际传感器中，设置两个离子室：一个密封，内部为纯净空气；另一个开启，可以让烟雾出入。比较这两个离子室产生的电流，就可以得到烟雾浓度的检测结果。这种离子式传感器的灵敏度与烟雾种类有关。离子式烟雾传感器外观如图 2-49 所示。

图 2-49 离子式烟雾传感器外观

[动手做] 用 TGS109 型气敏传感器制作一个简单的天然气报警器

图 2-50 是 TGS109 型气敏传感器的外形结构。其核心是一个 SnO_2 气敏电阻。电阻值随着可燃气体浓度变化而变化，这就把非电量（气体浓度）的测量和控制转化成了对电量（电阻值）的测量和控制，实现了传感器的功能。

天然气的主要成分是甲烷（CH_4），若天然气灶或天然气热水器等设备漏气，会对人身和财产安全造成损害（甲烷浓度达到4% ~16%时会产生爆炸）。TGS109 型气敏传感器的制作工艺简单、成本低、功耗小、灵敏度高，特别适合于制作燃气报警器。图 2-51 所示是简易天然气报警器的原理图。

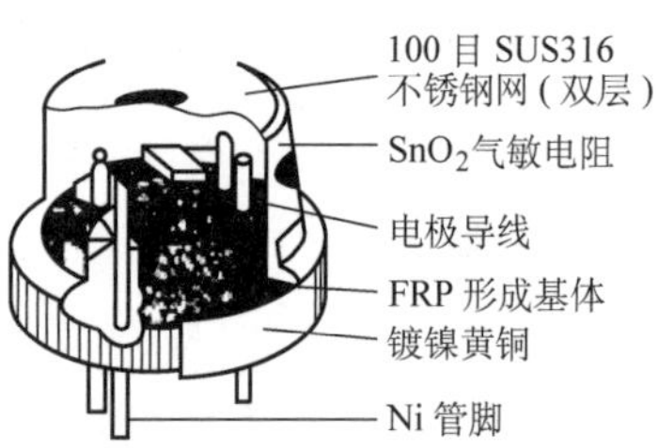

图 2-50 TGS109 型气敏传感器的外形结构

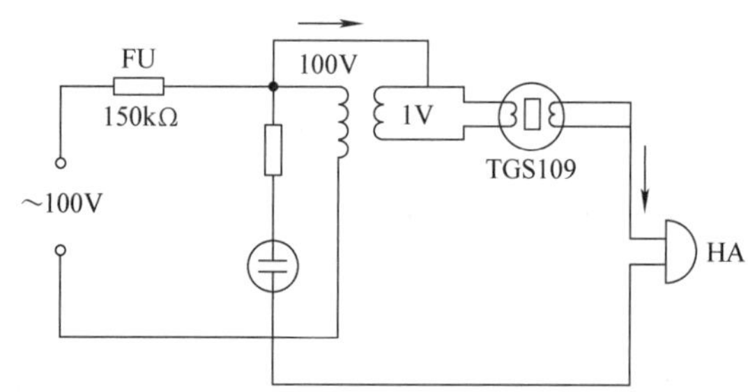

图 2-51 简易天然气报警器的原理图

报警电路接通电源后，气敏传感器 TGS109 在空气中的电阻较大、电流较小，蜂鸣器不发声；当室内天然气浓度约为 1% 时，气敏传感器的电阻值降低，流经电路的电流变大（此时电流方向如图 2-51 中箭头所示），可直接驱动蜂鸣器报警。制作前，要准备好电源、蜂鸣器、电阻等制作报警器的必备材料。

制作完毕后，检测电路是否能实现预期功能。

[思考与训练]

1. 设计一个简易自动排风扇

是否可以在报警器的基础上增加部分电路，制作成一个自动排风扇？该自动排风扇能在感知厨房的油烟、香烟等造成的室内空气污染后，自动起动排风扇净化室内空气。

这是一个简单的自动控制系统，请根据学习过的相关知识进行分析和设计。

2. 分析图 2-52 所示一种家用煤气报警控制器电路的简单原理

请根据学过的知识，分析其工作原理，并将分析结果与同学交流。收集类似的气敏检测电原理图，进行功能分析。

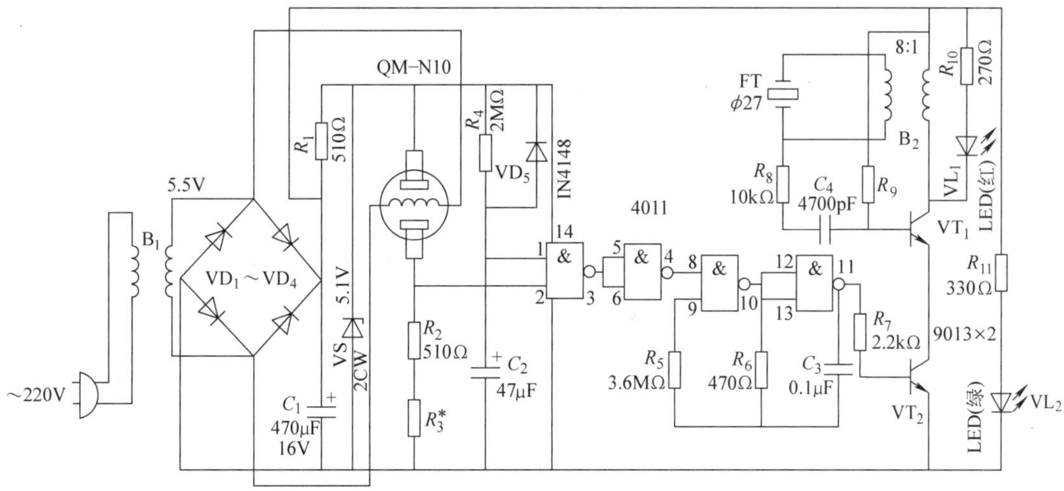

图 2-52　家用煤气报警控制器电路原理图

任务二　了解湿敏传感器

[**观察现象**] 认识湿敏器件

观察实验室或设备中的单个湿敏电阻和湿敏电容，通过查阅相关手册，了解湿敏传感器。

湿敏传感器种类较多，主要有电阻式、电容式两大类，分别由湿敏电阻和湿敏电容构成。

湿敏电阻的特点是在基片上覆盖一层用感湿材料制成的膜，当空气中的水蒸气吸附在感湿膜上时，湿敏电阻的电阻率和电阻值都发生变化，利用这一特性即可测量湿度。

湿敏电容一般是用高分子薄膜电容制成的，常用的高分子材料有聚苯乙烯、聚酰亚胺、酪酸醋酸纤维等。当环境湿度发生改变时，湿敏电容的介电常数发生变化，使其电容量也发生变化，其电容变化量与相对湿度成正比。

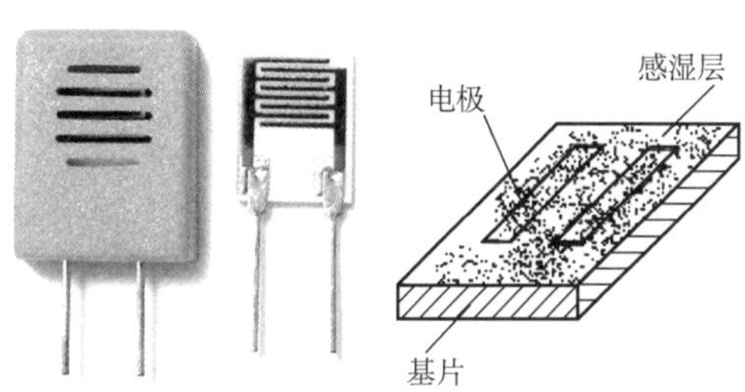

a）湿敏元件外形图　　b)湿敏元件结构图

图 2-53　湿敏元件的外形和结构示意图

图 2-53 所示为湿敏元件的外形和结构示意图。对比观察到的传感器，找出其共同特征。

湿敏传感器的特点是线性度及抗污染性差。在检测环境湿度时，湿敏传感器要长期暴露在待测环境中，很容易因被污染而影响其测量精度及长期稳定性。

[**实践操作**] 制作简易婴儿尿湿报警器

当婴儿尿布尿湿后，若不及时更换，婴儿易感染湿疹等疾病，对婴儿健康不利。将婴儿尿湿报警器放在婴儿尿布下面，当婴儿撒尿时，能从扬声器里传出音乐声，提醒监护人快给婴儿换尿布。主要利用湿度传感器制作的此尿湿报警器，其电路原理图如图 2-54所示。

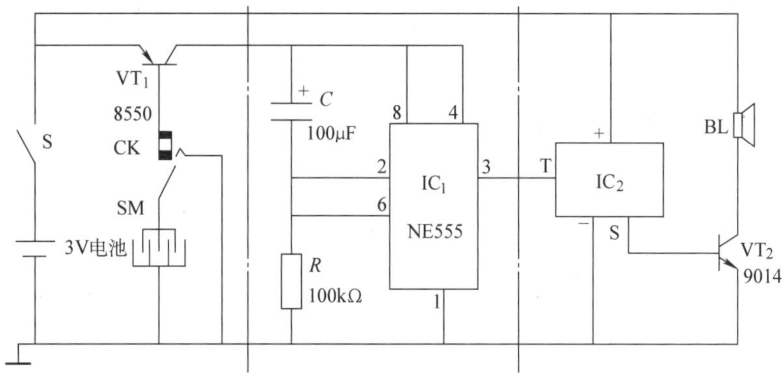

图 2-54 湿度报警器电路原理图

1. 电路原理

整个电路由三个电路单元所组成：由湿敏传感器 SM 与 VT_1 组成的电子开关电路；由 555 时基集成电路和阻容元件组成的延时电路；IC_2 软封装音乐集成电路。

报警器的工作原理是：平时湿敏传感器处于开路状态，VT_1（PNP 型晶体管）集电极无电压输出，这里 VT_1 相当于一个受湿度控制的电子开关。当婴儿尿布尿湿后，湿敏传感器被尿液短路，VT_1 导通，VT_1 的集电极电位升高，延时电路便开始工作计时，约 10s 后，IC_1（555）第 3 脚输出高电平，触发 IC_2 发出音乐声音，提示监护人及时给婴儿换尿布。

电路设计了一个延时“开”的功能，当婴儿撒尿时，大约 10s 后才开始报警，避免惊吓婴儿。

2. 电路制作

报警器所用元器件比较少，制作简单，性能可靠，可用通用印制电路板进行焊接。外壳可选用成品音乐门铃进行改制，湿敏传感器则需自制，建议制作两个以上，交替使用，增加可靠性。印制电路板图如图 2-55 所示。晶体管 VT_1 的基极与电源负极用导线与直径 3. 5mm 的插座相连，将插座固定在音乐门铃外壳上。使用时将湿敏传感器的插头插入孔内即可。

有条件时可以先进行电路仿真，再进行制作实验。

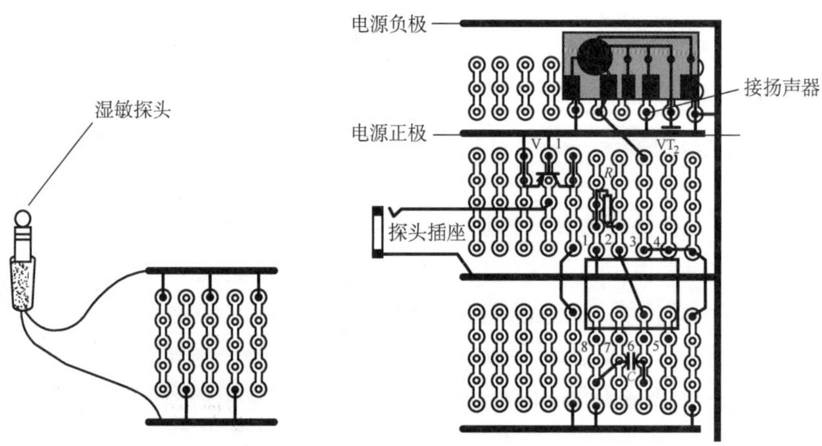

图 2-55 印制电路板图

[**思考与训练**]

婴儿尿湿报警器虽然设置了延时报警功能，但扬声器发声时仍然会把婴儿吵醒。能否按图 2-54 与图 2-56 所示扩展电路组合成婴儿尿湿无线报警器，用调频收音机接收无线报警信号，避免音乐声惊扰婴儿。

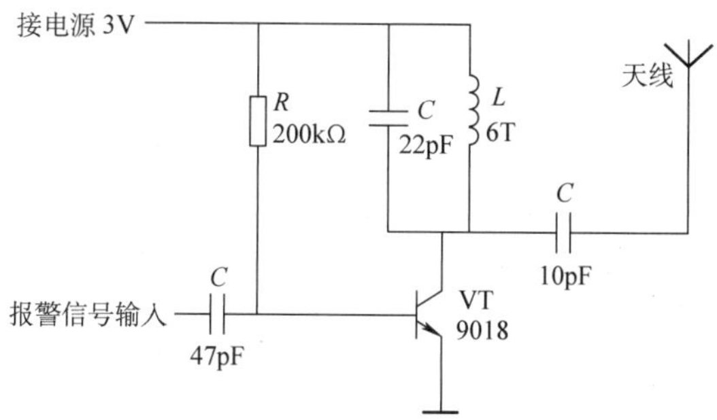

图 2-56 扩展电路

提示：图 2-56 中所示的电感线圈 L 用直径为 0.12mm 漆包线在直径为 5mm 钻头上绕 6 圈即可。扩展电路的原理可以参考相关书籍，在此不再一一赘述。

[**拓展知识**] 湿度的检测和应用

湿度是表示空气中水蒸气含量的物理量，常用绝对湿度、相对湿度、露点等表示。所谓绝对湿度就是单位体积空气内所含水蒸气的质量，也就是指空气中水蒸气的密度。一般用一立方米空气中所含水蒸气的克数表示，即为 $H_a = m_V/V$，单位为 g/m^3。式中，m_V 为待测空气中水蒸气质量，V 为待测空气的总体积。相对湿度是表示空气中实际所含水蒸气的分压（p_W）和同温度下饱和水蒸气分压（p_N）的百分比，即 $H_T =（p_W/p_N）T \times 100\%$ RH。通常，用%RH 表示相对湿度。当温度和压力变化时，因饱和水蒸气变化，所以气体中的水蒸气压即使相同，其相对湿度也发生变化。日常生活中所说的空气湿度，实际上是指相对湿度。温度高的气体，含水蒸气越多。若将气体冷却，即使其中所含水蒸气量不变，相对湿度也会逐渐增加。降到某个温度时，相对湿度会达到 100%，呈饱和状态。若再继续冷却，水蒸气的一部分会凝聚生成露，对应温度称为露点温度。即空气在气压不变时，为了使所含水蒸气达饱和状态，必须冷却到的温度称为露点温度简称露点。气温和露点的差越小，表示空气温度越接近饱和。

湿度计有以下几种：伸缩式湿度计、干湿球湿度计、露点计和阻抗式湿度计等。伸缩式湿度计是利用毛发、纤维素等物质随湿度变化而伸缩的性质制成的，以前多用于自动记录仪、空调器的自动控制等，目前用于家庭设备的是把纤维素与约 50μm 的金属箔粘合在一起，卷成螺旋状的传感器。这种传感器不需要进行温度补偿，但不能转换为电信号。

干湿球温度计是用于气象监测的湿度计，根据湿球的通风情况测量湿度，精度高。把湿球的温度换算成湿度，采用计算机进行处理，使其达到最佳状态。湿球传感器已有各种类型，但缺点是要给湿球供水。

露点计用于电子冷却系统的冷却控制，还用于测量镜面结露的温度。露点计也可以用来作为标准湿度的校正计，这与干湿球湿度计相同。但装置复杂，为保证镜面结露温度，需要进行控制。

阻抗式湿度计是根据湿敏传感器的阻抗值变化而求得湿度的一种湿度计，由于能简单地转变为电信号，它是广泛应用的一种湿度计，本节主要介绍的就是这类湿敏传感器及其应用。湿敏传感器是由湿敏电阻和转换电路等组成，它是将环境湿度变换为电信号的装置。

湿敏传感器在工业、农业、气象、医疗以及日常生活等方面都得到了广泛的应用，特别是随着科学技术的发展，湿度检测与控制成为生产和生活中必不可少的手段。例如，集成电路生产车间中，当相对湿度低于30%时，容易产生静电而影响生产；一些粉尘大的车间，若湿度过低，则易产生静电而发生爆炸；棉纺车间保持较高的湿度（60%～75%），可以减少棉纱断头；很多仓库为防止物品霉变，也要进行湿度检测与控制；湿度检测与控制还应用于农业育苗、食用菌生产、果蔬保鲜等各个领域。

[**实践操作**] 一、制作电池快速充器

图2-57所示是一种安全可靠的Ni—Cd电池快速充电电路。它利用Ni—Cd电池外壳温度变化来检测电池充电是否完成。一般来说，当被充电电池温度上升5℃时即已充至额定容量的80%。这里ST1用于检测环境温度，ST2与充电电池热偶合用于检测电池温度。利用温度传感器的失调调整端将ST1的输出电压调得比ST2高50mV，这样当电池温度超过环境温度5℃时，比较器LM308输出变为低电平，LM317由恒流源状态变为电压源状态，输出电压仅2V左右，电源只能通过R以50mA的小电流继续给电池充电。这种方法可以节省充电时间又不会造成过充电。

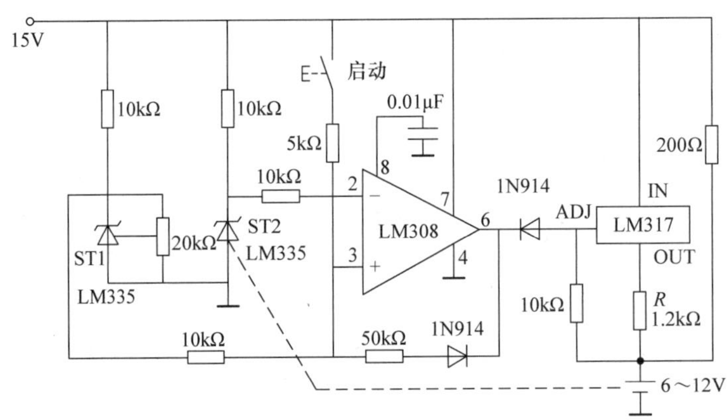

图2-57 电池快速充电电路

[**实践操作**] 二、设计制作一个简易高温报警装置

1. 活动目标

设计一个温度自动报警电路，当探测温度过高时，发光二极管（LED）点亮，当温度较低时，LED熄灭。使用半导体热敏电阻，采用常规电子元器件设计制作该装置。

2. 设计方案

利用热敏电阻的阻值变化，控制晶体管的基极电位，由晶体管的开关作用驱动LED，达到温度报警的目的。可以采用图2-58所示的电路。其中RT为负温度系数热敏电阻（NTC）。当温度较低时，RT阻值较大，B点电位较低，VT截止，LED熄灭；当温

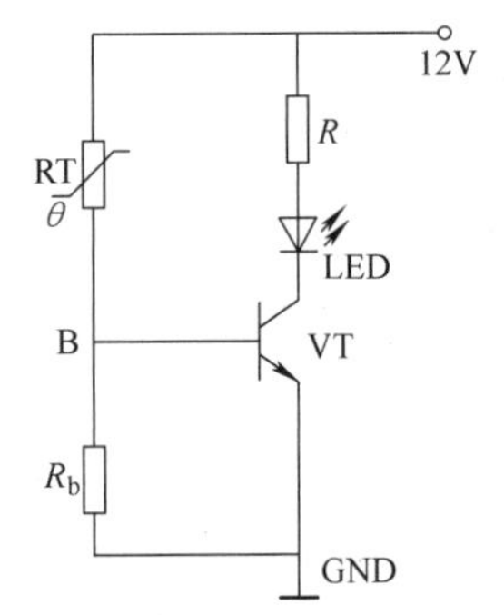

图2-58 简易高温报警装置

度较高时，RT 阻值减小，B 点电位升高，VT 导通，LED 点亮。

电路中 VT 为 8050（NPN 型）；RT 为 NTC 热敏电阻，常温电阻 10kΩ；R_b 为 330Ω；R 为 100Ω；LED 是普通发光二极管；电路采用直流 12V 电源。

R_b 的选择是电路功能能否实现的关键，制作之前应进行定量分析计算。实测热敏电阻的电阻温度关系见表 2-7 。

表 2-7　热敏电阻的电阻温度关系

温度/℃	电阻值/kΩ
20	14
25	10
28	7
>100	2

1）温度较低时，由 $V_B = \dfrac{R_b}{R_b + R_{RT}} \times 12V$，且 $R_{RT} = 10k\Omega$，计算得 $V_B \approx 0.35V$，可以使 VT 可靠截止，LED 不发光。

2）温度较高时，由 $V_B = \dfrac{R_b}{R_b + R_{RT}} \times 12V$ 、且 $R_{RT} = 2k\Omega$，计算得 $V_B \approx 1.6V$，可以使 VT 可靠饱和，LED 发光。

3. 制作过程

先测试记录热敏电阻在不同温度条件下的阻值，作为电路设计参数选择的依据。再按图设计好印制电路板图（或采用统一的面包板）。按原理设计参数焊接好电路，并认真检查。注意留出电源引线便于实验测试，热敏电阻尽量安装在较高位置，便于电路实验测试。

4. 电路测试

电路安装完毕确认无误后，接通电源。先观察 LED 是否发光，在常温状态 LED 不应发光。若在常温下 LED 点亮，应断电检查故障。

用电烙铁逐渐靠近热敏电阻至几毫米（注意距离适当），使热敏电阻受热，观察 LED 的变化（应由暗变亮）。移去电烙铁，再观察 LED 的发光情况，看是否恢复熄灭状态。

分别在常温和高温下测量晶体管 VT 的基极电位和电阻 R 上的电压，并记录数据，留作课后分析。

状态	现象	V_B/V	U_R/V
常温状态			
高温状态			

［**实践操作**］三、利用湿敏元件测量花卉土壤湿度

盆中的花卉是否缺水，光凭观察土壤表层是否湿润是不科学的，应监测其土壤含水量。利用湿敏元件制作的缺水指示器，当盆中缺水时，它会发出闪光，提醒及时浇水。

花盆缺水指示器电路如图 2-59 所示。其中湿度传感器由埋在土壤中的两个电极组成，如果土壤的湿度较小，其电阻率会明显增加，这时两电极间电阻很大，致使场效应晶体管 VT_1 截止，晶体管 VT_2 导通，电阻 R_4 上产生较大电压降，使 555 时基电路组成的振荡器开

始工作。当振荡器工作时，发光二极管 LED 将随着低频振荡信号闪烁发光，提醒人给花盆浇水。

当花盆不缺水时，土壤电阻率很小，两电极间电阻很小，VT_1 的栅极相当于接地，则 VT_1 导通，VT_2 截止，振荡电路停止工作，发光二极管 LED 熄灭。

制作完成后，需要反复试验湿度条件与电路的输出关系，直至在合适的湿度下 LED 刚好不点亮为止。调节关键是改变两个电极插入土壤的深度。

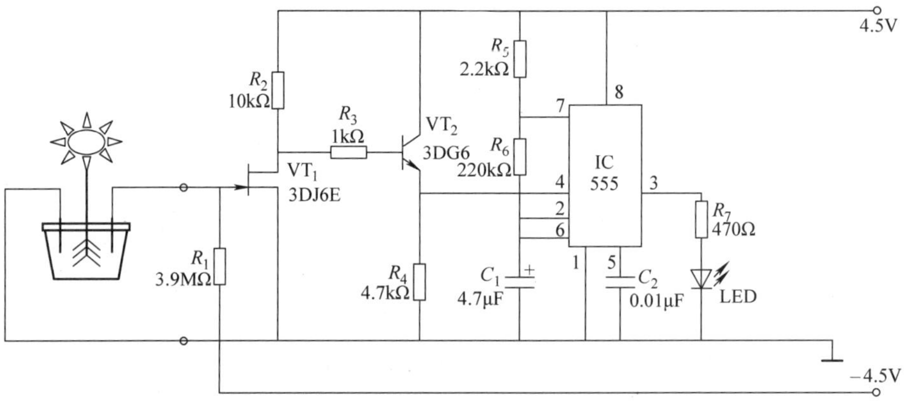

图 2-59 花盆缺水指示器电路

[项目二小结]

在所有传感器中，温度传感器种类最多，应用最广，发展最快。其中，膨胀式温度检测方法简单实用，双金属片广泛应用于测量和控制系统中。

目前主要的温度传感器有半导体热敏电阻、半导体集成温度传感器、金属热电阻、热电偶等。

热敏电阻多数具有负的温度系数，灵敏度最高、体积小、热惯性小，适合快速测量。它的电阻值较高，接入测量仪表后，导线电阻变化对测量结果影响较小。但是互换性差，测量范围窄。

集成温度传感器是利用集成电路工艺制造的新型传感器，集成温度传感器线性度好，精度较高，使用方便，但是灵敏度较低。

金属热电阻以铂电阻精度最高，且稳定性和线性度都较好，高温下也比较稳定，在工业现场较为常用。

热电偶灵敏度低于热电阻，感温部分的热容量小，相对滞后较小，短时间内即可达到平衡，可以对变化较快的温度进行连续测量，高温测量范围可达 3000℃以上。

气敏传感器的作用是将检测到的气体成分或浓度转换为电信号。市场上的气敏传感器主要有半导体式、接触燃烧式、热传导式、化学反应式等几种。其中使用最多的是半导体式气敏传感器。气敏传感器主要应用在有毒和可燃气体检测、燃烧控制、食品和饮料加工和医疗诊断等方面。

湿度传感器由湿敏元件和转换电路组成，可以将环境湿度转换成电信号。目前市场上的湿敏传感器有相对湿度型、绝对湿度型和结露型，湿度传感器按照原理结构还可分为电阻式、电容式及半导体式。电阻和电容式的材料为金属氧化物或高分子材料，其特点是测量响应速度快，易受环境温度影响；半导体式湿度传感器结构简单、精度高，但响应速度慢。

[课后作业二]

2-1 什么是温度和温标？

2-2 与金属热电阻相比，热敏电阻有哪些特点？

2-3 热敏电阻按温度特性分为哪几种？各有什么特点？

2-4 热敏电阻测温电路中，如果电路的电流过大，会有什么后果？为什么？

2-5 求分度号为Pt100铂热电阻在温度为50℃时的电阻值，当测量100℃温度时，其阻值又是多少？

2-6 为什么用热电阻测温时经常采用三线制接法？实际接线时应怎样连接？

2-7 热敏电阻测温是否需要采用三线制接法？为什么？

2-8 什么是热电效应？热电偶与热电阻相比，各有什么特点？

2-9 使用热电偶测温时，为什么需要冷端温度补偿？常用的补偿方法有哪些？

2-10 分别说明常用的铂热电阻和铜热电阻的测温范围及特点。

2-11 什么是热电偶的补偿导线？其作用是什么？使用补偿导线应注意哪些问题？

2-12 K型热电偶的测温范围是多少？若参考端温度为0℃，工作端为40℃，求K型热电偶所产生的热电动势。

2-13 已知K型热电偶热端温度为800℃，冷端温度为30℃，求热电偶的热电动势。

2-14 使用S型热电偶测量温度，已知冷端温度为20℃，测得热电动势为11.71mV，求被测温度。

2-15 使用K型热电偶测量某炉温，已知冷端温度为30℃，测得热电动势为37.724mV，求被测炉温。

2-16 集成温度传感器有哪些类型？各有什么特点和典型应用？

2-17 说明图2-22所示电路的工作原理。

2-18 根据图2-8中的曲线1，用这样的热敏电阻设计一个指示电路，要求温度较高（如40℃）时小灯泡点亮，温度较低（如0℃）时小灯泡熄灭，电路可以采用直流12V电源。小灯泡可以是手电筒灯泡，也可使用LED，参数根据实验室材料提供。写出必要的计算过程。

2-19 气敏传感器主要有哪些类型？各有什么特点？

项目三　力和压力的检测

项目描述

在生产过程中，压力检测与调节控制系统的应用非常广泛。例如锅炉蒸汽和水的压力监控；炼油厂减压蒸馏需要的低于大气的真空压力检测；在航空发动机试验中，为了获取发动机性能、起动过程中的效率、加速过程以及发动机的匹配等特性，必须测量过渡态的压力变化；电力系统中油路压力的测量和控制等。对压力的监控是保证工艺要求、生产设备和人身安全、实现经济运行所必须的。检测力的传感器主要有电阻应变式传感器、压电式传感器、电容式传感器、压阻式传感器、电感式传感器等。本项目主要介绍电阻应变式和压电式传感器的特性，并练习使用这些传感器。常用的力传感器见表3-1。

表3-1　常用力传感器

传感器种类	结构原理	特点	应用
陶瓷型	材料的压电效应	频带宽、灵敏度高、信噪比高、结构简单、只能测动态力	测量力、加速度、切削力、振动报警等
应变式	金属或半导体的电阻应变效应	分辨力高、测量范围大、误差小，既可测静态力也可测动态力	称重、应力测量、拉伸、冲击力测试等
压阻式	半导体电阻应变效应、集成工艺	易于小型化、适于动态压力测量	气流模型试验、爆炸压力测试和发动机动态测量
电感式	变磁阻式电感	结构简单、灵敏度高、线性度和重复性好、频率响应低	测量力、张力、压差、加速度、振动、应变
电容式	变极距式单电容或差动电容	可测量静态和动态压力，灵敏度和分辨力高、线性度好、负载能力差	传声器、听诊器、差压测量、微压力测量
谐振型	元件的振动频率随被测量变化而改变，输出频率信号	体积小、分辨率高、精度高、便于数据传输、处理和存储	测量压力、转矩、密度、加速度

技能要点

通过本项目，学会识别一般的电阻应变式传感器、压电式传感器，了解电阻应变式传感器和压电式传感器的基本结构和制作材料，通过实验掌握电阻应变式传感器的使用方法，掌握电阻应变式传感器测量电路的调试方法。

知识要点

了解电阻应变式传感器、压电式传感器的基本结构，掌握直流电桥的平衡条件及电压灵敏度，熟悉电阻应变片的温度补偿方法。学习电阻应变式传感器、压电式传感器在相关领域的应用。了解压电材料的主要特性。

单元一　电阻应变式传感器测力

单元目标　通过本单元的训练熟悉电阻应变式传感器的结构和种类，掌握电阻应变式传感器测量力的工作原理，掌握电阻应变式传感器测量电路的工作原理、有关特性及其工作调零和灵敏度调节的方法。

任务一　认识电阻应变式传感器及电阻应变片

[观察现象]

1. 验证应变效应

取一段细电阻丝，两端接上一台三位半数字式欧姆表（分辨率为1/2000），记下其初始阻值（　　）Ω。当用力将该电阻丝拉长时，会发现其阻值略有增加，为（　　）Ω。测量应力、应变、力的传感器就是利用类似的原理制作的。

2. 识别电阻应变片

观察实验室所有的应变片，找出其外部特征。也可以用万用表来测量应变片受力变形以后电阻值的变化，用同样方式将实验结果记录下来。

[学习知识]

1. 电阻应变片的分类

按电阻应变片敏感栅材料的不同，可分为金属应变片和半导体应变片两大类。图3-1所示为几种不同类型的电阻应变片。

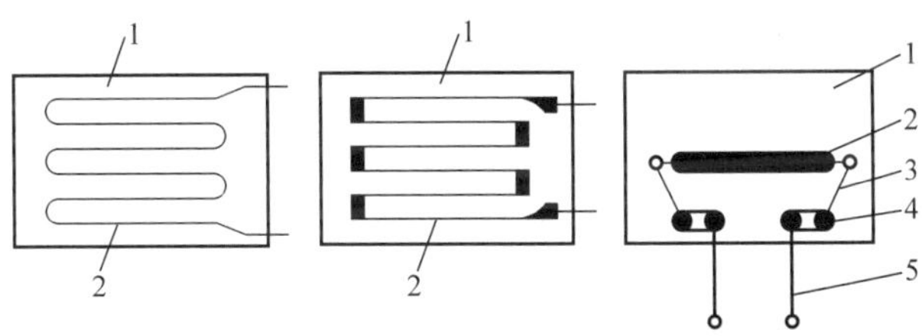

a) 金属丝式应变片　b) 金属箔式应变片　c) 半导体应变片

图3-1　电阻应变片结构形式

1—基底　2—应变丝或半导体　3—引出线　4—焊接电极　5—外引线

金属应变片敏感栅形式有丝式、箔式、薄膜式等。金属丝式应变片是最早应用的品种。现在这类金属应变片逐渐被性能更好的金属箔式应变片所代替。

金属箔式应变片厚度在0.003～0.01mm。其主要优点是工艺上确保了箔栅尺寸精确，因而阻值一致性好，便于批量生产；箔栅形状可根据需要而设计，从而扩大了使用范围；箔栅表面积大，可以在较大电流下工作，输出信号大，有利于提高测量精度；其缺点是不适于在高温环境下工作。

薄膜式应变片优点：允许在大电流密度下工作，工作温度范围宽，为－197～317℃。可在核辐射等恶劣环境下工作。

半导体应变片应用较普遍的有体型、薄膜型、扩散型和外延型等。半导体应变片灵敏度高（一般比丝式、箔式高十几倍）。

2. 电阻应变片的结构与材料

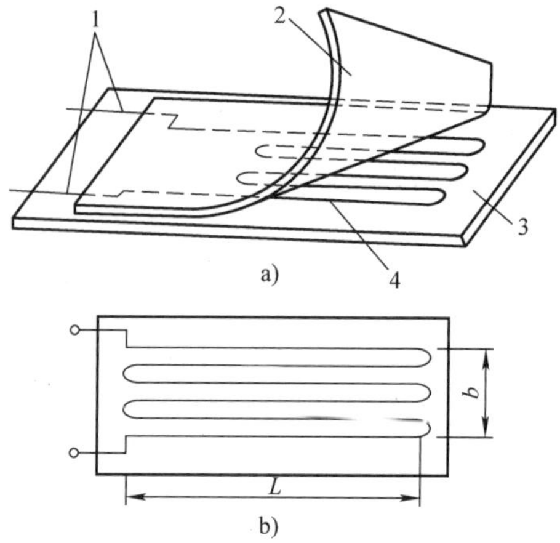

图 3-2　电阻应变片的结构简图
1—引线　2—覆盖层　3—基底　4—敏感栅

电阻应变片的典型结构如图 3-2 所示，由敏感栅、基底、覆盖层和引线等部分构成。

[拓展知识] 应变原理

电阻应变片的工作原理是基于应变效应。导体或半导体材料在外界力的作用下产生机械形变时，其电阻值相应发生变化，这种现象称为应变效应。由电工学可知，金属丝电阻 R 可用式 (3-1) 表示：

$$R = \rho \frac{l}{A} = \rho \frac{l}{\pi r^2} \tag{3-1}$$

式中　ρ——电阻率，单位为 $\Omega \cdot m$；

l——电阻丝长度，单位为 m；

A——电阻丝截面积，单位为 m^2。

当沿金属丝的长度方向施加均匀力时，式 (3-1) 中 r、l 都将发生变化，导致电阻值发生变化。可得到以下结论：当金属丝受外力作用而伸长时，长度增加，截面积减少，电阻值增大；当金属丝受外力作用而压缩时，长度减小，截面积增加，电阻值减小。电阻值变化通常较小。

实验证明，电阻应变片的电阻应变 $\varepsilon_R = \Delta R/R$ 与电阻应变片的纵向应变 ε_X 的关系在很大范围内是线性的，即

$$\varepsilon_R = \frac{\Delta R}{R} = K\varepsilon_X \tag{3-2}$$

式中　$\Delta R/R$——电阻应变片的电阻应变；

K——电阻丝的灵敏度。

式 (3-2) 中的 ε_R 代表了被测件在电阻应变片上产生的应变。

对应变片中敏感栅的金属材料有以下基本要求：

1) 灵敏系数要大，且在所测应变范围内保持不变；

2) ρ 要大而稳定，以便于缩短敏感栅长度，电阻温度系数要小；

3) 抗氧化、耐腐蚀性好，具有良好的焊接性能；

4) 机械强度高，具有优良的机械加工性能。

康铜丝是目前应用最广泛的金属丝式应变片材料，这是由于它有很多优点：康铜丝的灵敏度系数稳定，不但在弹性形变范围内能保持为常数，进入塑性形变范围内也基本上能保持为常数；康铜丝的电阻温度系数较小，当采用合适的热处理工艺时，可使电阻温度系数在 $\pm 50 \times 10^{-6}/℃$ 的范围；康铜丝的加工性能好，易于焊接，因而国内外多以康铜丝作为金属丝式应变片材料。

[学习知识]

1. 了解电阻应变片的测量电路

为了把应变片电阻的微小变化测量出来，需要用转换电路将电阻应变片电阻值的变化转换为电压或电流的变化，再由仪表显示数据。工程中通常用桥式电路作为电阻应变片的测量电路，按照电桥的电源性质不同，桥式电路可分为直流电桥和交流电桥。一般多采用直流电桥。

直流电桥电路如图 3-3 所示，图中 E 为电源电动势，R_1、R_2、R_3 及 R_4 为桥臂电阻，R_L 为负载电阻。当 $R_L \to \infty$ 时，电桥输出电压为

$$U_o = E\left(\frac{R_1}{R_1 + R_2} - \frac{R_3}{R_3 + R_4}\right) \tag{3-3}$$

当电桥平衡时，$U_o = 0$，则有

$$R_1 R_4 = R_2 R_3$$

或

$$\frac{R_1}{R_2} = \frac{R_3}{R_4} \tag{3-4}$$

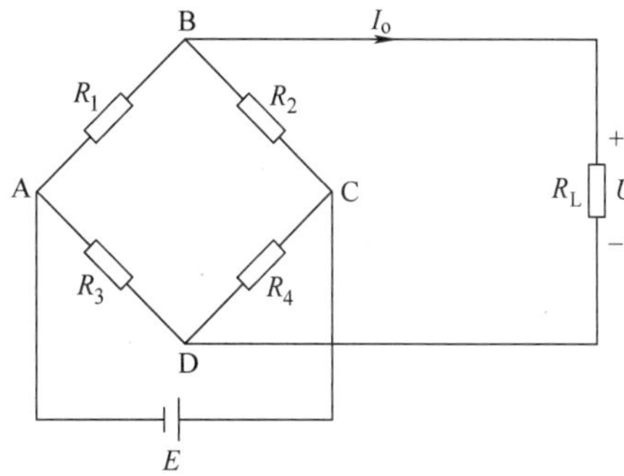

图 3-3　直流电桥电路

式（3-4）为电桥平衡条件，这说明欲使电桥平衡，其相邻两臂电阻的比值应相等，或相对两臂电阻的乘积应相等。

通过理论推算可以知道，当初始 $R_1 = R_2 = R_3 = R_4$ 时，电桥输出电压最高，此时有

$$U_o = \frac{E}{4}\frac{\Delta R_1}{R_1} \tag{3-5}$$

这就是说，某一桥臂电阻相对变化量为 $\Delta R_1/R_1$ 时，则电桥的输出电压与 $\Delta R_1/R_1$ 成正比，与各桥臂电阻阻值大小无关。这种只有一个桥臂为应变片的情况，电路称为单臂半桥电路。

当相邻桥臂（R_1、R_2）都是应变片，且批号相同，应变大小相等、极性相反时（称双臂半桥电路），电桥输出电压为单臂半桥电路的 2 倍。而当 4 个桥臂均为应变片，且满足任意相邻桥臂应变大小相等、极性相反时（称四臂全桥电路），电桥输出电压为单臂半桥电路的 4 倍，这种电路可以消除非线性误差，并具有温度补偿作用，工程上经常采用。直流电桥及其三种工作电路如图 3-4 所示。

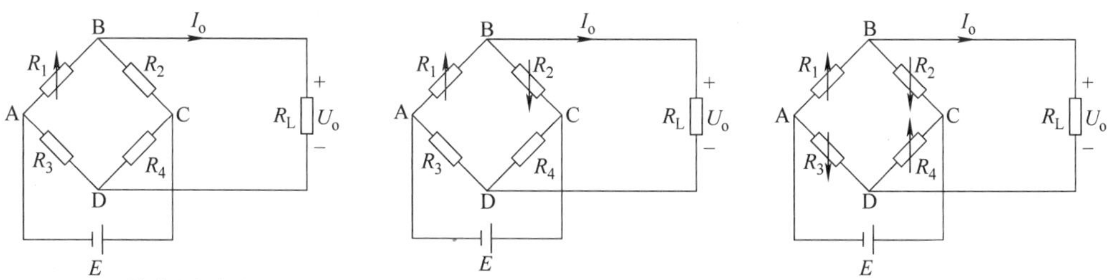

图 3-4　直流电桥及其三种工作电路

2. 认识弹性敏感元件

弹性敏感元件是一种在力的作用下产生形变，当外力去掉后又能完全恢复其原来状态的元件。弹性敏感元件是一种非常重要的传感器元件，具有良好的弹性、足够的精度以及良好的稳定性和抗腐蚀性。常用的材料有特种钢、合金等。

弹性敏感元件在传感器中把力、压力、力矩、振动等被测参量转换成应变量或位移量，然后再通过各种转换元件把应变量或位移量转换成电量。弹性敏感元件可以是实心或空心的圆柱体、等截面圆环、等截面或等强度悬臂梁、扭管等，也可以是弹簧管、膜片、膜盒、波纹管、薄壁圆筒、薄壁半球等。

弹性敏感元件的基本特性包括刚度、灵敏度等。刚度是弹性敏感元件在外力作用下变形大小的度量，而灵敏度是刚度的倒数。

常见的弹性敏感元件的类型有弹簧管、膜片及膜盒、波纹管。

图 3-5 所示为金属波纹管，主要用于实现测控、隔离、密封、补偿、感压、连接等。

图 3-5　金属波纹管

图 3-6 所示为弹簧管，有多种结构形式。主要用途为缓冲吸振、储存能量、测量载荷，它的管体呈圆弧形或螺旋形，且截面为特定形状，用来测量流体压力的中空管。具有刚度大、灵敏度高、过载能力强的特点，常用于测量较大的压力，可以制造成直接指示各种压力的仪表。

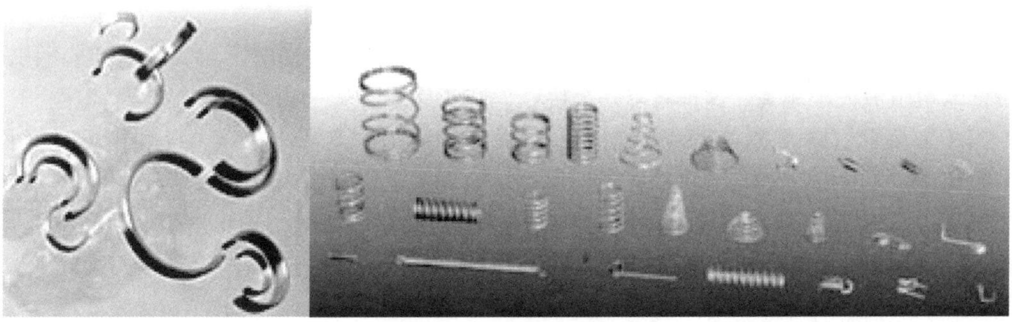

图 3-6　各种弹簧管

图 3-7 所示为膜片和膜盒，其结构形式有平面形、斜面形、圆弧形、梯形，它是一种可以在垂直于它的挠性面方向移动的力敏元件。它在仪表中的作用是将压力或压差转换成膜片、膜盒的中心位移或中心集中力输出，传给指示器或执行机构。具有重量轻、体积小、结构简单、性能可靠、输出位移范围大、价格低廉等优点。

图 3-7　膜片和膜盒

[**观察现象**] 识别电阻应变式传感器

图 3-8 所示是几种电阻应变式传感器。通过实验室实物的观察，可以找到它们外观形式上的共同特性。

下面介绍几种不同的电阻应变式传感器组件。

1. 筒式压力传感器

筒式压力传感器的弹性元件如图 3-9 所示，应变管的一端为盲孔（孔不穿越到应变管的对面），另一端为法兰盘，与被测系统连接。当被测压力与应变管的内腔相通时，应变管部分产生应变，在薄壁筒上的应变片产生形变，使测量电路电桥失去平衡。这种压力传感器测量范围在 $10^6 \sim 10^7$Pa 或更高的范围。其结构简单、制作方便、使用面宽，在测量火炮、炮弹、火箭的动态压力方面得到广泛应用。

2. 膜片压力式传感器

用于测量气体或液体压力的膜片式压力传感器如图 3-10 所示。

a）压力传感器　b）位移传感器　c）压力传感器

d）箱式称重传感器　e）荷重传感器　f）扩散硅压力变送器

g）张力传感器　h）称重变送器　i）柱式拉压力传感器

j）方S拉压传感器　k）压力传感器　l）拉力传感器

m）定滑轮式传感器　n）张力传感器　o）转矩传感器

图 3-8　电阻应变式传感器

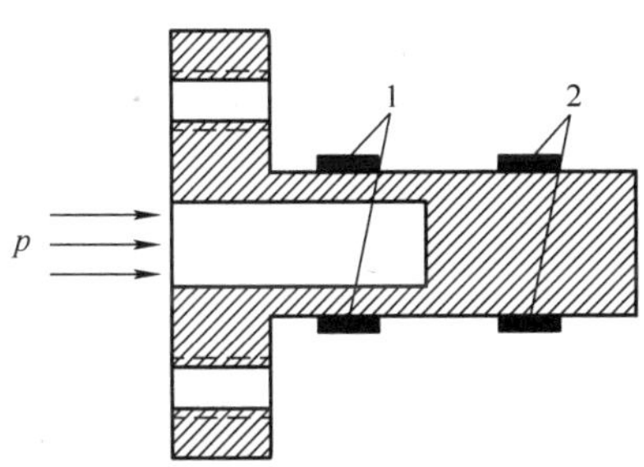

图 3-9　筒式压力传感器

1—工作应变片　2—温度补偿应变片

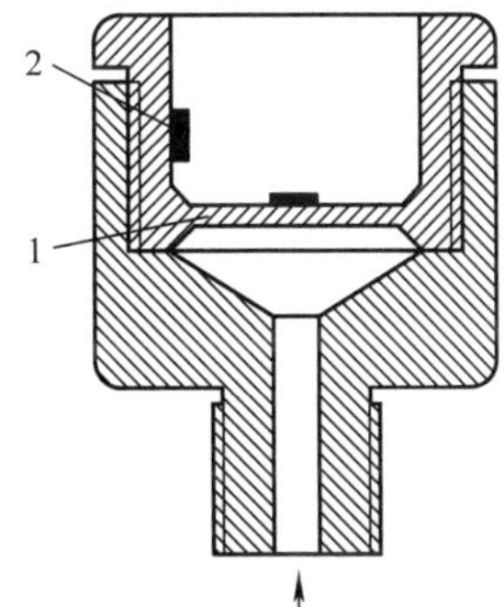

图 3-10　膜片式压力传感器

1—工作应变片　2—温度补偿应变片

当气体或液体压力作用在弹性元件膜片的承压面上时，膜片变形，使粘贴在膜片另一面的电阻应变片随之产生形变，电阻值改变。这时测量电路中的电桥失去平衡，产生输出电压。图 3-10 所示贴在圆筒内壁上的应变片为温度补偿应变片。

3. 组合式压力传感器

组合式压力传感器用于测量较小压力，其结构图如图 3-11 所示，由波纹膜片、膜盒、波纹管等弹性敏感元件构成。电阻应变片粘贴在梁的跟部感受应变。当元件感受压力后，推动推杆使梁发生变形，从而使电阻应变片随之变形，电阻值改变。悬臂梁的刚性较大，用于组合式压力传感器，可以提高测量的稳定性，减小机械滞后。

4. 力和转矩传感器

图 3-12 列出了测几种力和转矩传感器中的弹性敏感元件粘贴位置。拉伸应力作用下的细长杆和压缩应力作用下的短粗圆柱体如图 3-12a、b 所示。测量时都可以在轴向布置一个或几个应变片，在圆周方向上布置同样数目的应变片。后者拾取符号相反的横向应变，从而构成差动式。另一种弯曲梁和扭转轴上的应变片也均可构成差动式，如图 3-12c、d 所示。另外用环状弹性敏感元件测拉（压）力也是较普遍的，如图 3-12e 所示。

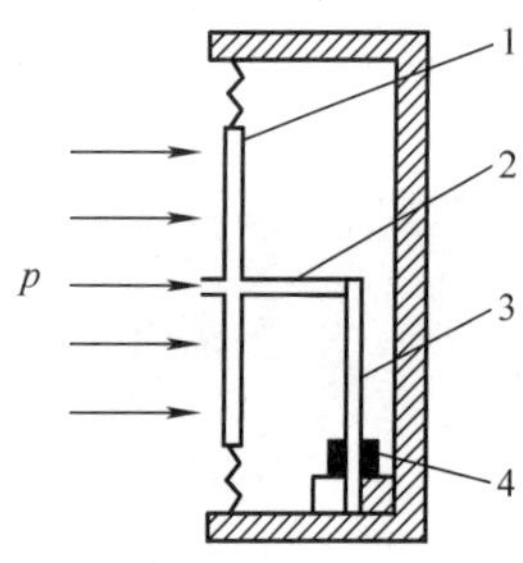

图 3-11　组合式压力传感器

1—波纹膜片　2—推杆

3—梁　4—应变片

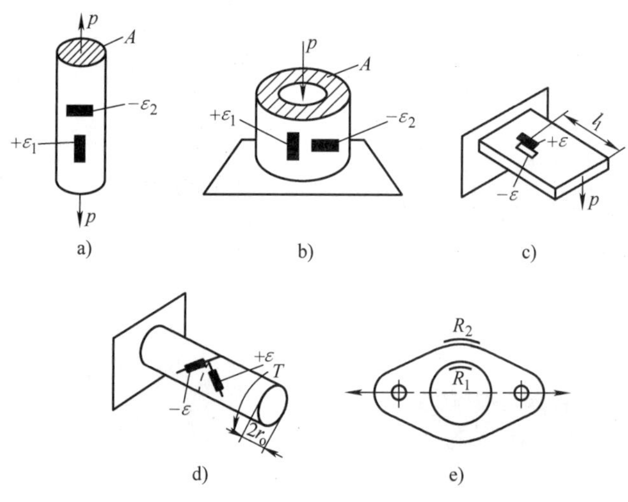

图 3-12　粘贴式应变片力和转矩传感器简图

5. 应变式加速度传感器

应变式加速度传感器如图 3-13 所示。它由端部固定并带有惯性质量块 m 的悬臂梁及粘贴在梁跟部的应变片、基座及外壳等构成。应变式加速度传感器是一种惯性传感器。测量时，根据所测振动体的方向，将传感器粘贴在被测部位。当被测点的加速度沿图中所示箭头方向时，悬臂梁自由端受惯性力 $F = ma$ 的作用，质量块 m 向加速度 a 相反的方向相对于基座运动，使梁发生弯曲变形，应变片电阻值发生变化，产生与加速度成正比的输出信号。

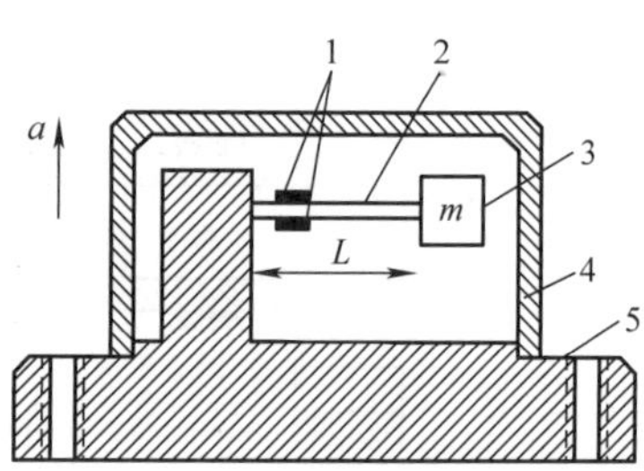

图 3-13　应变式加速度传感器

1—应变片　2—悬臂架

3—质量块　4—外壳　5—基座

任务二　制作简易电子秤

［**实践操作**］模拟电子秤实验

电子秤的核心是一个将质量转换成电信号的称重传感器。电子秤不仅能快速、准确地称出商品的重量，用数码显示出来，而且具有计算器的功能，使用起来更加方便。下面进行简易电子秤制作实验。

1. 实验器材

铁架台，一个；烧瓶夹，一副；刮胡刀片，若干；透明塑料杯，若干；502 胶水，一支；金属箔式应变片，如图 3-13 所示，其标称电阻值为 120Ω，2 只；细塑料套管，若干；棉纱线，若干；检测面板微安表 PA（量程 199. 9μA），一个；砝码，若干；3V 和 6V 直流电源，各一个；150 电阻 1 只，100Ω 电阻 2 只，47Ω 电阻，1 只；电位器 1. 5kΩ，1 只；电位器 100Ω，一只；导线若干。

2. 实验原理及电路

金属箔式应变片传感器如图 3-14 所示。测量电路如图 3-15 所示。

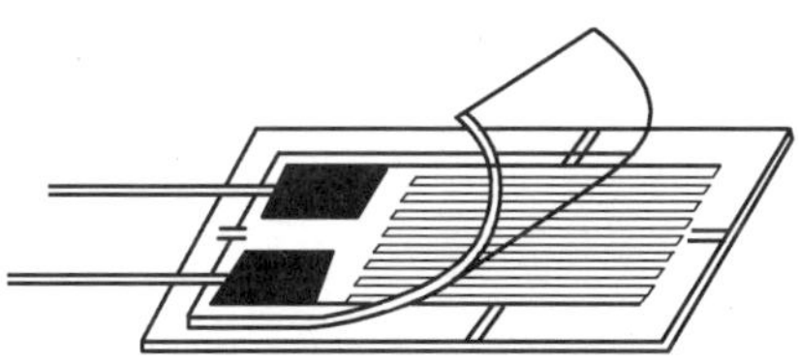

图 3-14　金属箔式应变片传感器的结构图

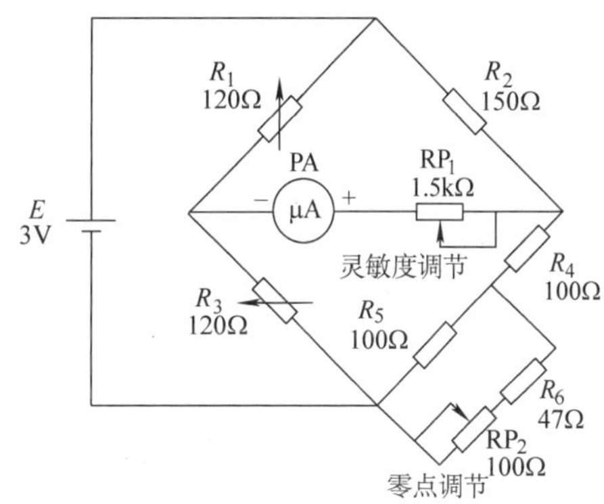

图 3-15　电阻应变式传感器实验电路

3. 实验步骤

1）金属箔式应变片的两条金属引出线分别套上细塑料套管后，用 502 胶水把两片应变片分别粘贴在刮胡刀片（1/2 片）正反中心位置上，敏感栅的纵轴与刀片纵向一致。

2）用铁架台上的烧瓶夹固定住刮胡刀片传感头根部及上面的引线，另一端悬空，吊挂好棉纱线的“吊斗”。

3）按图 3-15 所示连接好电路。

4）接通电源 E 稳定一段时间后，先将灵敏度调节电位器 RP_1 的电阻值调至最小，此时电桥检测灵敏度最高。

5）再仔细调节零点电位器 RP_2，使检测面板表 PA 的读数恰好为零，电桥平衡。

6）在“吊斗”中轻轻放入 20g 砝码，调节灵敏度电位器 RP_1，使面板表读数为一个整数值，例如 2. 0μA，灵敏度标定为 0. 1μA/g。

7）最后，检测电子秤称量的线性，在“吊斗”内继续放入多个 20g 砝码，检测面板表分别显示 4. 0μA、6. 0μA、8. 0μA，说明传感器测力线性好。

8）如果电子秤实验电路灵敏度达不到 0. 1μA/g，可将电桥供电电压提升到 6V，灵敏度倍增。

4. 实验数据分析

砝码重/g				
电流/μA				

5. 实验心得体会

[思考与训练]

一、填空

1. 导体、半导体应变片在应力作用下电阻值发生变化，这种现象称为（　　）效应。

2. 电阻应变片在实际应用中，常用的两种补偿方法是（　　）和（　　）。

3. 如前文中图3-3所示，电桥平衡条件为（　　）。

二、选择

1. 通常用应变式传感器测量（　　）。

A. 温度　　B. 密度　　C. 加速度　　D. 电阻

2. 电桥测量电路的作用是把传感器的参数变化转化为（　　）的输出。

A. 电阻　　B. 电容　　C. 电压

3. 根据工作桥臂不同，电桥可分为（　　）。

A. 半桥单臂　　B. 半桥双臂　　C. 全桥输入　　D. 全选

三、判断

1. 电阻应变片主要有金属应变片和半导体应变片两类。　（　　）

2. 按电桥电源性质不同，桥式电路可分为交流电桥和直流电桥电路。　（　　）

四、计算

图3-16所示为一个直流应变电桥。图中 $E=4V$，$R_1=R_2=R_3=R_4=120\Omega$，试求：

（1）R_1 为金属应变片，其余为外接电阻，当 R_1 的增量为 $\Delta R_1=1.2\Omega$ 时，电桥输出电压 $U_o=?$

（2）R_1、R_2 都是应变片，且批号相同，感应应变的极性和大小相同，其余为外接电阻，电桥输出电压 $U_o=?$

（3）题（2）中，如果 R_2 与 R_1 感受应变的极性相反，且 $\Delta R_1=\Delta R_2=1.2\Omega$，电桥输出电压 $U_o=?$

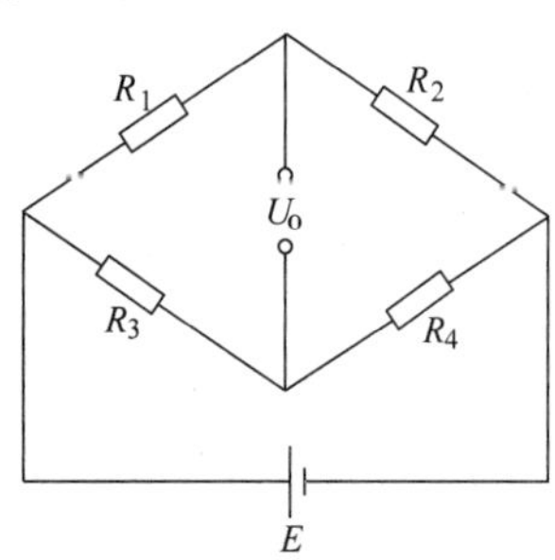

图3-16　直流应变电桥

五、简答

1. 什么是应变效应？

2. 何谓电阻应变式传感器？

3. 电阻应变片为什么要进行温度补偿？

单元二　压电式传感器测力

单元目标　通过本单元的训练，了解压电式传感器的材料，熟悉压电式传感器的基本工作原理，掌握压电式传感器的使用方法，了解压电式传感器的应用。

任务一　认识压电式传感器

压电式传感器的工作原理是基于某些电介质材料的压电效应，是典型的有源传感器。当电介质材料因受力作用而变形时，其表面会产生电荷，由此实现非电量测量。压电式传感器体积小、重量轻、工作频带宽，是一种力敏传感器件，它可测量各种动态力，也可测量最终能变换为力的那些非电物理量，如压力、加速度、机械冲击与振动等。本单元介绍晶体的压电效应，压电材料与压电式传感器测量电路，重点学习压电式传感器的应用。

[**学习知识**]

一、认识压电式传感器的类型和基本原理

图 3-17 所示为压电式传感器，其中图 3-17a 是柱状压电陶瓷，主要用于气体打火机、煤气灶、燃气热水器、各种武器引信、压电发电机等领域。图 3-17b 是管状压电陶瓷，主要用于水声领域或液体传导介质，用来发射轴向无指向性超声信号或接收轴向信号，也可用于气体介质领域；图 3-17c 是矩形压电陶瓷片，主要用于微位移器、超声电动机、超声探头、拾振器、拾音器、制动器等领域。图 3-17d 是压电陶瓷驱动器，主要用于编织机用选针器、压电继电器及其他需要应变驱动的装置。图 3-17e 是压电陶瓷超声传感器，主要用于家用电器及其他电子产品的遥控装置、液面控制、超声波测距、超声波测速、接近开关、汽车防撞装置、防盗及其他装置的超声波发射和接收。图 3-17f 是压电陶瓷超声雾化片，主要用于工业及家庭环境加湿、车用加湿、医用药物雾化、盆景等工艺品的喷泉及喷雾。图 3-17g 是压电陶瓷蜂鸣片，主要用于家用电器、报警器、通信终端、计算机、玩具及其他需要声响报警的装置。图 3-17h 是压电陶瓷大功率超声换能元器件，主要用于工业清洗、超声波洗碗机、超声波洗衣机、超声波加工、塑料超声焊接、超声乳化、超声美容仪及其他应用大功率超声波的系统及设备。

[**拓展知识**] 压电效应与压电材料

1880 年著名物理学家比埃尔·居里发现了晶体的压电效应，但压电效应定量数据的获得，是我国物理学家严济慈深入研究并进行精确测量给出的。严济慈的导师是物理学家夏尔·法布里，他是居里夫妇的好朋友。玛丽·居里夫人对严先生的研究非常支持，并把四十年前比埃尔·居里用过的石英晶体样品借给了严济慈。著名的物理学家朗之万对严济慈也非常赏识，给予了许多指导和帮助。严先生在大量实验基础上，总结出了石英晶体的压电效应及其反效应具有各向异性、饱和现象以及瞬时性等特性，扩充并发展了比埃尔·居里的理论。1927 年法布里当选为法国科学院院士，在就职仪式上他宣读了他的得意弟子——严济慈的博士论文。1931 年严先生回国。1935 年与著名物理学家 F·约里奥—居里及卡皮察同时当选为法国物理学会理事。

a）柱状压电陶瓷

b）管状压电陶瓷

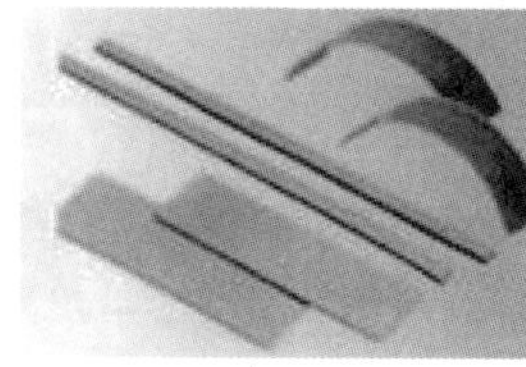

c） 矩形压电陶瓷片

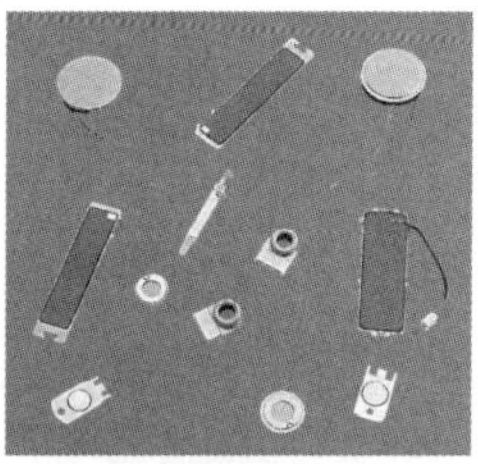

d）压电陶瓷驱动器

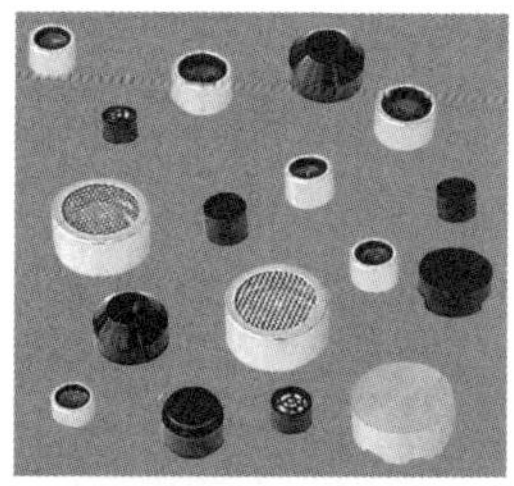

e）压电陶瓷超声传感器

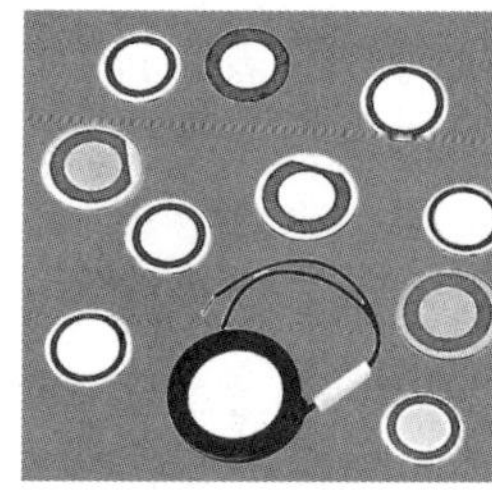

f）压电陶瓷超声雾化片

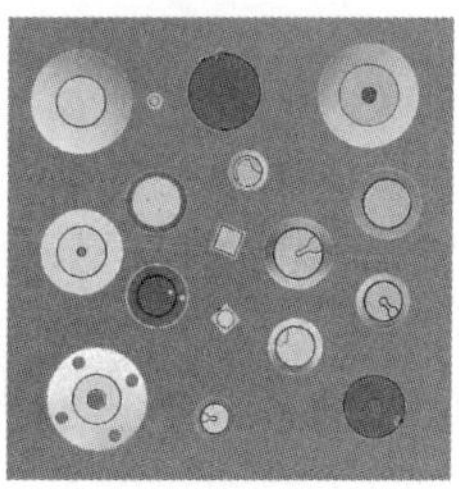

g）压电陶瓷蜂鸣片

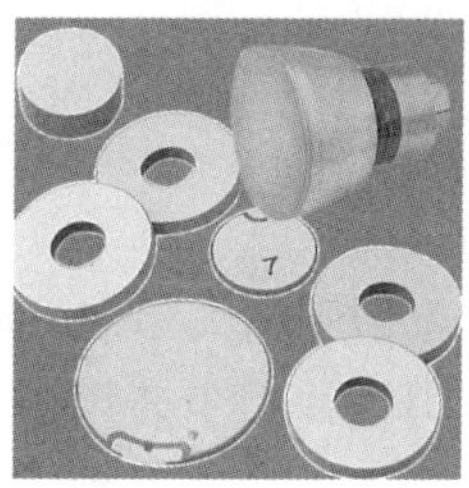

h）压电陶瓷大功率超声换能器

i）电荷型加速度计

j）压电式测力传感器

k）电压输出型加速度计

图 3-17　压电式传感器

某些电介质，当沿着一定方向对其施加力而使其产生形变时，内部就产生极化现象，同时在它的两个表面上会产生符号相反的电荷，当外力消失后，电介质又重新恢复到不带电状态，这种现象称为压电效应。当作用力的方向改变时，电荷极性也随之改变。压电效应是把机械能转化为电能的过程。相反，当在电介质极化方向施加电场时，这些电介质也会产生形变，这种现象称为逆压电效应或电致伸缩效应。与压电效应过程相反，逆压电效应过程是把电能转化为机械能的过程。所以压电效应也称为正压电效应。压电式传感器都是利用压电材料的压电效应工作的。

自然界中的大多数晶体具有压电效应，但压电效应十分明显的并不多。天然形成的石英晶体、人工制造的压电陶瓷、锆钛酸铅、钛酸钡等材料都是压电效应良好的压电材料。

压电材料基本上可分为三大类：压电晶体、压电陶瓷和有机压电材料。压电晶体是一种单晶体，例如，石英晶体、酒石酸钾钠等；压电陶瓷是一种人工制造的多晶体，例如，锆钛酸铅、钛酸钡、铌酸锶等；有机压电材料属于新一代的压电材料，其中较为重要的有半导体和高分子压电材料。压电半导体有氧化锌（ZnO）、硫化锌（ZnS）、碲化镉（CdTe）、硫化镉（CdS）、碲化锌（ZnTe）和砷化镓（GaAs）等。它们的突出特点是同时具有压电特性和半导体特性。因此，既可以做压电传感器，又可以利用半导体特性制作电子器件，两者结合，可以制成新型集成压电传感器测量系统。

下面以石英晶体与压电陶瓷为例说明压电效应。

1. 石英晶体

天然石英（SiO_2）晶体如图 3-18a 所示，它是一个正六面体，在它上面有三个坐标轴。石英晶体中间棱柱断面的下半部分断面为正六面形。Z 轴是晶体的对称轴，称它为光轴，在该轴方向没有压电效应；X 轴称为电轴，垂直于 X 轴晶面上的压电效应最显著；Y 轴称为机械轴，在电场的作用下，沿此轴方向的机械形变最显著。如果从石英晶体上切割出一个平行六面体，如图 3-18b 所示，称为压电晶片，在垂直于光轴的力（F_Y 或 F_X）作用下，晶体会发生极化现象，并且其极化矢量是沿着电轴，即电荷出现在垂直于电轴的平面上。图 3-18c 所示为天然石英晶体外观。

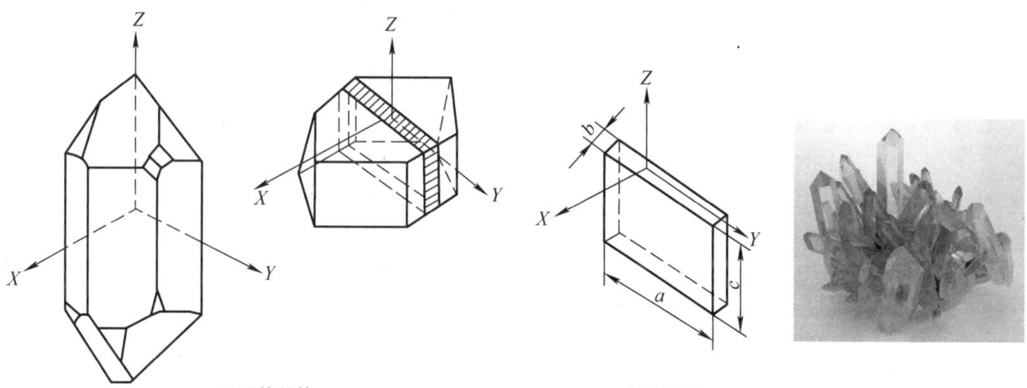

a) 天然晶体　　b) 晶体切片　　c) 外观

图 3-18　天然石英晶体

在沿着电轴 X 方向力的作用下，产生电荷的现象称为纵向压电效应；而在沿机械轴 Y 方向力的作用下，产生电荷的现象称为横向压电效应；当沿光轴 Z 方向受力时，晶体不会产生压电效应。在压电晶片上，产生电荷的极性与受力的方向有关系。图 3-19 所示给出了电荷极性与受力方向的关系。若沿晶片的 X 轴施加压力 F_X，则在加压的两表面上分别出现正负电荷，如图 3-19a 所示；若沿晶片的 Y 轴施加压力 F_Y 时，则在加压的表面上不出现电荷，电荷仍出现在垂直 X 轴的表面上，只是电荷的极性相反，如图 3-19c 所示；若将 X、Y 轴方向施加的压力改为拉力，则产生电荷的位置不变，只是电荷的极性相反，如图 3-19b、d 所示。

石英晶体振荡器是利用石英晶体的压电效应制成的一种谐振器件，是高精度和高稳定度的振荡器，广泛应用于电视机、计算机、遥控器等各类振荡电路中，用于产生时钟信号和为电子电路提供基准信号。

2. 压电陶瓷

压电陶瓷也是一种常用的压电材料。它与石英晶体不同，石英晶体是单晶体，压电陶瓷是人工制造的多晶体压电材料，属于铁电体一类的物质。具有类似铁磁材料磁畴结构的电畴结构。压电陶瓷内部的晶体有许多自发极化的电畴，它们有一定的极化方向，从而存在一定电场。在无外电场作用时，各个电畴在晶体内杂乱分布，它们的极化效应被相互抵消。因此，原始的压电陶瓷内极化强度为零，呈电中性，不具有压电特性，如图3-20a所示。

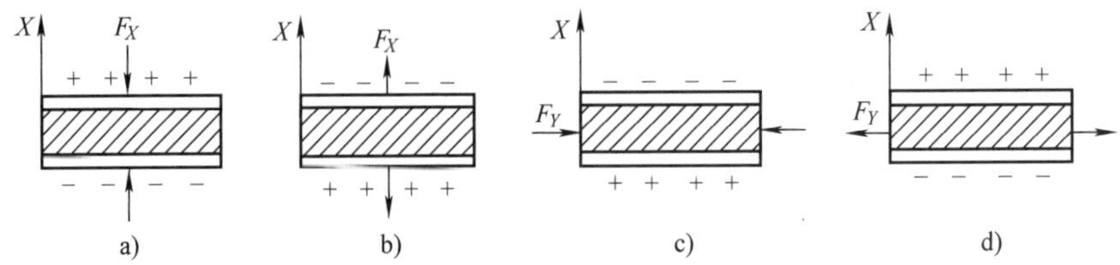

图3-19 晶片电荷极性与受力方向的关系

在陶瓷上施加外电场时，电畴的极化方向发生转动，趋向于按外电场方向的排列，从而使材料得到极化。外电场越强，就有更多的电畴更完全地转向外电场方向。当外电场强度大到致使材料的极化达到饱和的程度，即所有电畴极化方向都整齐地与外电场方向一致时，去掉外电场，电畴的极化方向基本不变化，即剩余极化强度很大，这时的材料才具有压电特性，如图3-20b所示。

极化处理后陶瓷材料内部存在很强的剩余极化，当陶瓷材料受到外力作用时。电畴的界限发生移动，电畴发生偏转，从而引起剩余极化强度的变化，因而在垂直于极化方向的平面上将出现极化电荷的变化。如图3-21所示，即极化面上将出现极化电荷的变化。这种因受力而产生的由机械效应转变为电效应、由机械能转变为电能的现象，就是压电陶瓷的正压电效应。电荷量的大小与外力成正比关系。

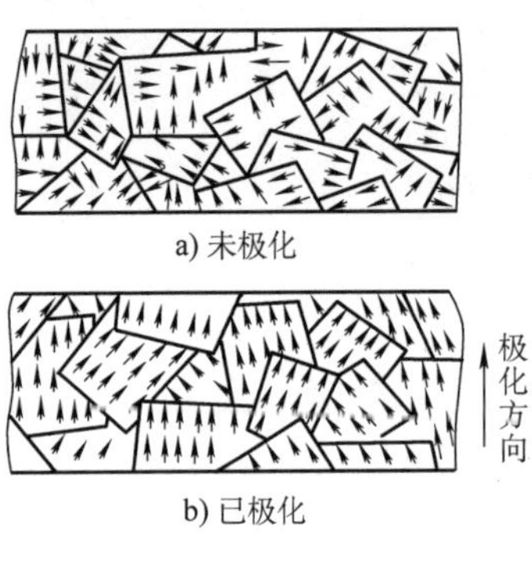

图3-20 钛酸钡压电陶瓷的电畴结构

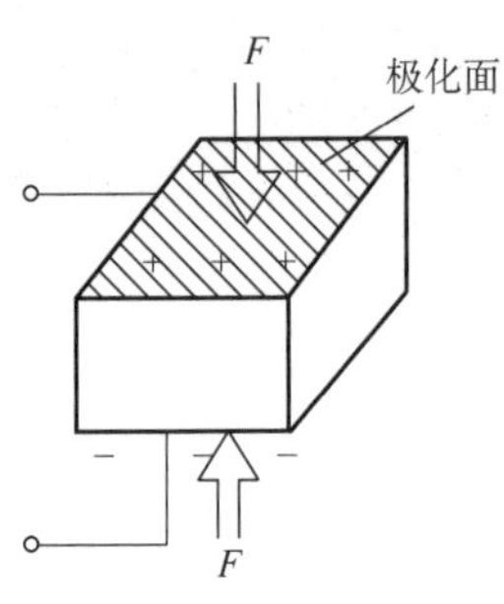

图3-21 压电陶瓷压电原理

压电陶瓷的压电系数比石英晶体大得多，所以采用压电陶瓷制作的压电式传感器的灵敏度较高。极化处理后的压电陶瓷材料的剩余极化强度和特性与温度有关，它的参数也随时间变化而变化，从而使其压电特性减弱。

二、了解压电式传感器的结构及其应用

1. 元件结构及组合形式

在压电式传感器中，为了提高灵敏度，通常采用两片或两片以上的压电元件黏合在一起。因为电荷的极性关系，压电元件有串联和并联两种接法，图3-22a所示为并联，适用于

测量缓慢变化的信号，并以电荷为输出量，图 3-22b 所示为串联，适用于测量有高输入阻抗的电路，并以电压为输出量。

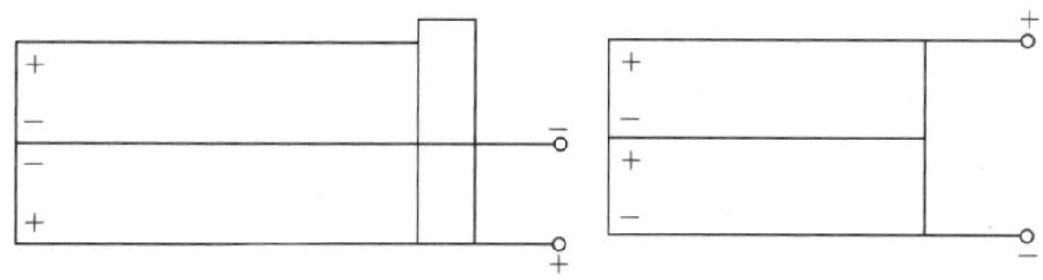

图 3-22　压电元件的两种接法

图 3-23 给出了压电元件的结构与组合形式。按压电元件的形状分，有圆形、长方形、片状形、柱形和球壳形；按元件数分，有单晶片、双晶片和多晶片；按极性连接方式分，有串联（见图 3-23a）和并联（见图 3-23f、i）。

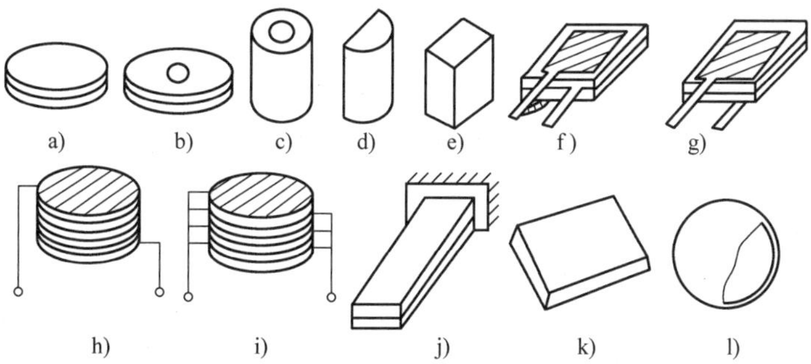

图 3-23　压电元件的结构与组合形式

2. 压电式传感器主要应用类型

凡是利用压电材料各种物理效应构成的传感器，都可以称为压电式传感器。使用最多的是力敏类型，表 3-2 所示给出了主要应用类型。

表 3-2　压电式传感器的主要应用类型

传感器类型	转换方式	压电材料	用　途
力敏	力→电	石英晶体、罗思盐、ZnO、$BaTiO_3$、PZT、PMS、电致伸缩材料	微拾音器、声纳、应变仪、气体点火器、血压计、压电陀螺、压力和加速度传感器
声敏	声→电	石英晶体、压电陶瓷	振动器、微音器、超声波探测器、助听器
	声→压		
	声→光	$PbMoO_4$、$PbYiO_3$、$LiNbO_3$	声光效应器件
光敏	光→电	$LiTaO_3$、$PbTiO_3$	热电红外线探测器
热敏	热→电	$BaTiO_3$、$LiTaO_3$、$PbTiO_3$、TGS、PZO	温度计

3. 压电式传感器的应用举例

现在，压电效应这种神奇的效应已被应用到与人们生产、生活、军事、科技密切相关的许多领域，以实现力-电转换等功能。例如，利用压电陶瓷将外力转换成电能的特性，可以生产出不用火石的压电打火机、煤气灶打火开关、炮弹触发引信等；此外，压电陶瓷还可以作为敏感材料，应用于扩音器、电唱头等电声器件；压电陶瓷用于压电地震仪，可以对人类不能感知的细微振动进行监测，并精确测出震源方位和强度，从而预测地震，减少损失；利用压电效应制作的压电驱动器具有精确控制的功能，是精密机械、微电子和生物工程等领域的重要器件。

(1) 压电式力传感器　压电式力传感器是以压电元件为转换元件，输出电荷与作用力成正比的力-电转换装置。常用的形式为荷重垫圈式，它由基座、盖板、石英晶片、电极以及引出插座等构成。如图3-24所示的是YDS-78型压电式单向力传感器，它主要用于变化频率不高的动态力的测量。

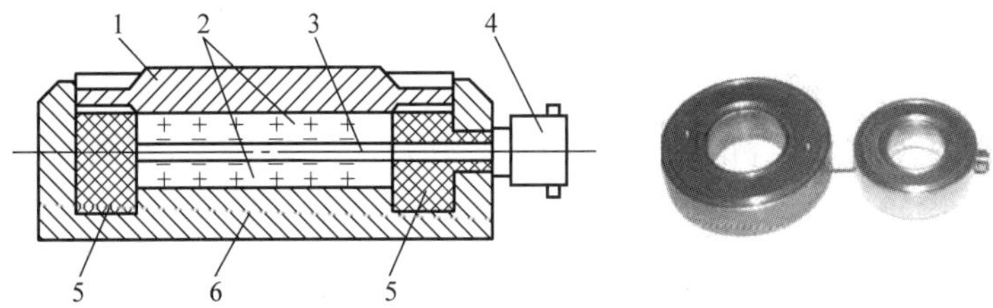

a) 结构图　　b) 外观

图3-24　YDS-78型压电式单向力传感器

1—传力上盖板　2—压电片　3—电极　4—电极引出插头　5—绝缘材料　6—基座

压电式单向动态传感器的测力范围达几十千牛以上，非线性误差小于1%，固有频率可达到数十千赫。

被测力通过传力上盖使压电元件受压力作用而产生电荷。由于传力上盖的弹性形变部分的厚度很薄，只有0.1~0.5mm，因此灵敏度很高。这种力传感器的体积小，重量轻（10kg左右），分辨力可达10^{-3}g，固有频率为50~60kHz，主要用于变化频率小于20kHz的动态切削力的测试、表面粗糙度测量或轴承支座反作用力的测试。使用时，在压电元件装配时必须施加较大的预紧力，以消除各部件与压电元件之间、压电元件与压电元件之间因接触不良而引起的非线性误差，以便使传感器工作在线性范围。

(2) 压电式加速度传感器　图3-25所示是一种压电式加速度传感器，它主要由压电晶片、质量块、弹簧、基座及外壳构成。整个部件装在外壳内，并由螺栓固定。

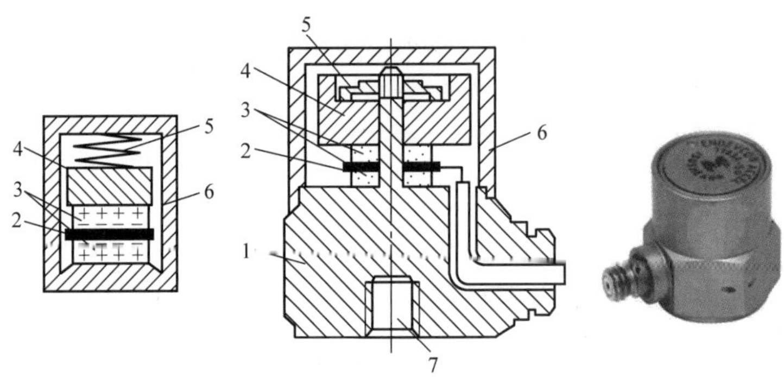

a)原理图　　b)传感器结构图　　c) 外观

图3-25　压电式加速度传感器

1—基座　2—引出电极　3—压电晶片　4—质量块　5—弹簧　6—壳体　7—固定螺孔

当加速度传感器和被测物一起受到冲击振动时，压电元件受质量块惯性力的作用，根据牛顿第二定律，此惯性力是加速度的函数，即

$$F = ma \tag{3-6}$$

式中　F——质量块产生的惯性力；

m——质量块的质量；

a——加速度。

此惯性力 F 作用于压电元件上，因而产生电荷 q，当传感器选定后，m 为常数，则传感器输出电荷为

$$q = d_{11}F = d_{11}ma \tag{3-7}$$

式中，d_{11}是常数（压电系数），典型值为 2. 31。

电荷与加速度 a 成正比，因此，测得加速度传感器输出的电荷便可知加速度的大小。

（3）压电式金属加工切削力测量传感器　图 3-26 是利用压电陶瓷的压电式传感器测量刀具切削力的示意图。由于压电陶瓷元件的自振动频率高，特别适合测量变化剧烈的载荷。图中压电式传感器位于车刀前部的下方，当进行切削加工时，切削力通过刀具传给压电式传感器，压电式传感器将切削力转换为电信号输出，记录下电信号的变化即可测得切削力的变化。

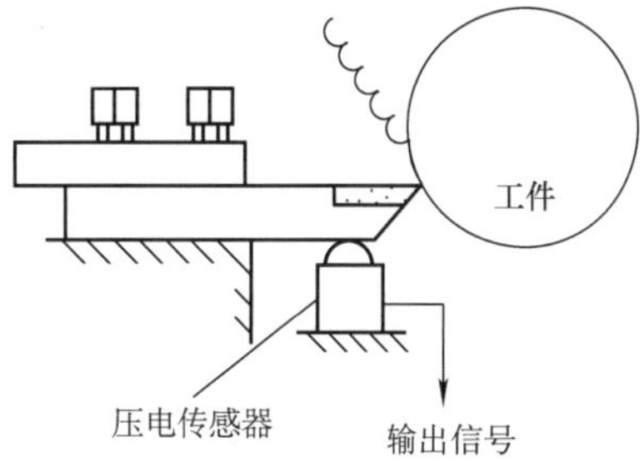

图 3-26　压电式刀具切削力的测量示意图

（4）压电式玻璃破碎报警器　BS—D_2 压电式传感器是专门用于检测玻璃破碎的一种传感器，它利用压电元件对振动敏感的特性来感知玻璃受撞击和破碎时产生的振动波。压电式传感器把振动波转换成电压输出，输出电压经过放大、滤波、比较等处理后提供给报警系统。

BS—D_2 压电式玻璃破碎传感器的外形及内部电路如图 3-27 所示。压电式传感器的最小输出电压为 100mV，最大输出电压为 100V，内阻抗为 15 ~ 20kΩ。

使用报警器电路时，把传感器用胶粘贴在玻璃上，然后通过电线和报警电路相连。为了提高报警器的灵敏度，信号经过放大后，需要经带通滤波器进行滤波，要求它对选定的频谱通带的衰减要尽量小，而频带外衰减要尽量大。由于玻璃振动的波长在声波和超声波的范围内，这就使滤波器成为电路中的关键。只有当传感器检测到的信号高于设定的阈值时，才会输出报警信号，驱动报警执行机构工作。

玻璃破碎报警可广泛用于文物保管、贵重商品保管及其他商品柜台保管等场合。

（5）压电式雨滴传感器　压电式雨滴传感器由振动板、压电元件、放大电路、壳体及阻尼橡胶等构成，如图 3-28 所示。

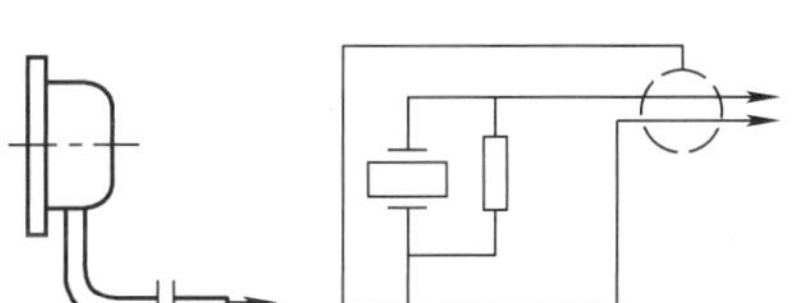

图 3-27　BS—D_2 压电式玻璃破碎传感器

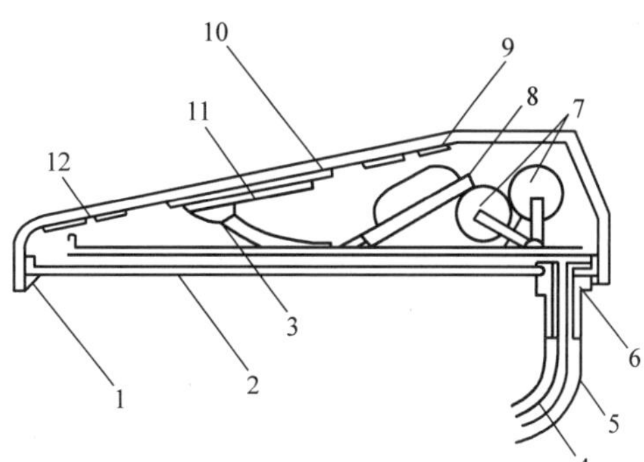

图 3-28　压电式雨滴传感器的组成

1—密封圈　2—下壳　3—电路基板　4—配线　5—护管　6—金属封口　7—电容器　8—集成电路块　9—上盖　10—振动板　11—压电元件　12—橡胶垫

振动板的作用是接收雨滴冲击的能量，按自身固有的振动频率进行弯曲振动，并将振动传递给内侧压电元件，压电元件把从振动板传递来的形变转换成电压。压电式雨滴传感器上的压电元件如图3-29所示，它是在烧结钛酸钡陶瓷片两侧加真空镀膜电极制成的，当压电元件上出现机械形变时，在两侧的电极上就会产生电压，如图3-30所示。所以，当雨滴落到振动板上时，压电元件就会产生电压，电压大小与加到振动板上的雨滴能量成正比，一般为5~300mV。放大电路将压电元件上产生的电压信号放大后再输入到刮水器的放大器中，驱动刮水器工作。放大器由晶体管、IC块、电阻、电容器等部件构成。

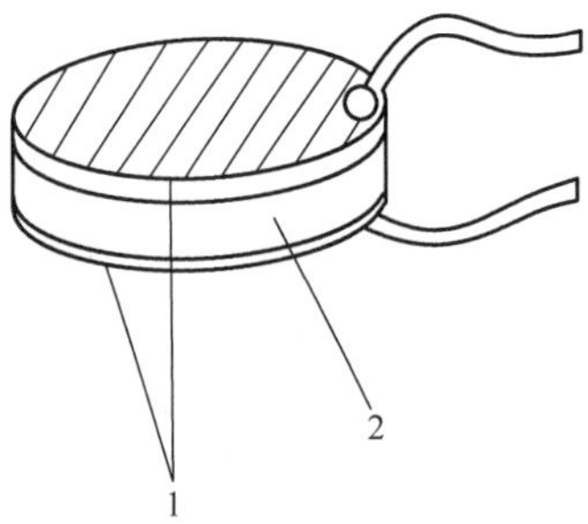

图3-29　压电元件的结构

1—真空镀膜电极　2—钛酸钡

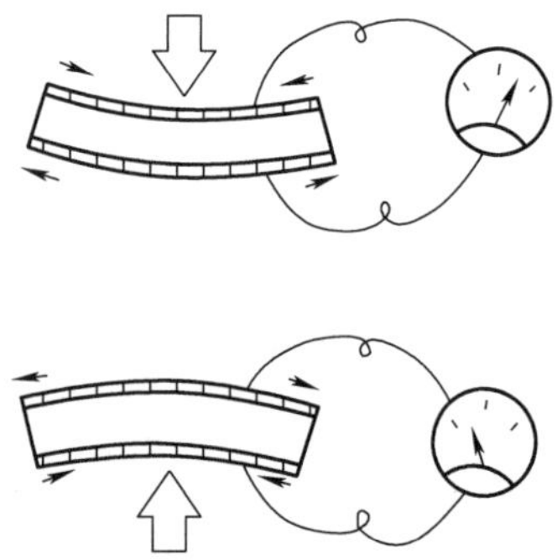

图3-30　压电元件的工作原理

[**观察现象**] 用打火机演示压电效应

一、实验器材

一次性打火机，一个；指针式万用表，一块；数字显示万用表，一块；学生用示波器，一台；导线若干；鳄鱼夹若干。

二、实验步骤

1）按动点火元件的塑料压杆，用普通指针式万用表直流高压档测量压电元件两个电极的电压，观察现象并分析原因填入下表中。

现象	
原因	

2）按动点火元件的塑料压杆，用数字显示式万用表直流高压档测量压电元件两个电极的电压，观察现象并分析原因填入下表中。

现象	
原因	

3）电压幅值的估测。

用示波器观察压电效应。把示波器交直流选择开关置于“DC”档，扫描时间置于

“0. 1ms” 档。示波器输入线分别接在压电打火机压电元件的两个电极上，迅速按下打火机压杆，可以看到示波器扫描线跳动后又恢复原位。利用荧光屏的余辉作用，观察和测量电压幅值大约为多少伏？并画出波形，描述观察到的波形特点。

4）用示波器估测脉冲持续时间并绘出图形。

三、心得体会

任务二　制作简易压电式力传感器

[学习知识] 实验电路功能和原理

在图 3-31 所示压电传感开关实验电路中，VT 采用场效应晶体管 3DJ6H，SP 采用压电陶瓷片，VD_1 和 VD_2 选用硅开关二极管 1N4148。接通电源时，电容器 C 极板两端电压为零，与之相连的场效应晶体管控制栅板极 G 的偏压为零，这时 VT（　　），其漏源电流把红色发光二极管（　　）。当用小的物体，例如火柴杆从 10cm 高度自由下落砸到压电陶瓷片上时，SP 产生负向脉冲电压，通过二极管 VD_1 向电容器 C 充电，VT 的控制栅极加上负偏压，并超过 3DJ6H 所需要的夹断电压 -9V，这时 VT（　　），红色发光二极管（　　）。二极管 VD_2 旁路 SP 在碰撞结束后，随着电容器 C 上的电压由于元器件漏电而逐渐降低，小于夹断电压（绝对值），VT 处于（　　）状态，产生漏源电流，红色发光二极管逐渐（　　），最终电路恢复到初始状态。

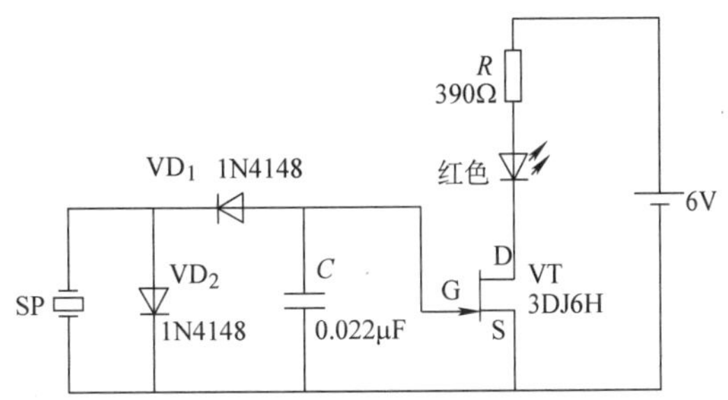

图 3-31　压电式力传感器实验电路

[实践操作] 电路制作和试验

根据以上分析，按照原理图连接电路。并按上述实验方法进行操作，观察实验结果，写出实验报告。

[思考与训练]

一、填空

1. 压电式传感器是一种典型的（　　）式传感器，它以某种电介质的（　　）为基础。

2. 在沿着电轴 X 方向力的作用下，产生电荷的现象称为（　　）压电效应；而把沿机械轴 Y 方向力的作用下，产生电荷的现象称为（　　）压电效应。

二、判断

1. 压电式传感器是一种力敏感器件。 ( )

2. 石英晶体在光轴方向上有压电效应。 ( )

3. 压电式传感器能用于静态测量，也适用于动态测量。 ( )

三、选择

1. 压电材料的绝对零度是（ ）消失的温度转变点。

A. 压电效应 B. 逆压电效应 C. 横向压电效应

2. 在电介质的极化方向上施加交变电场时，它会产生机械形变，当去掉外加电场时，电介质形变随之消失，这种现象称为（ ）。

A. 逆压电效应 B. 压电效应 C. 正压电效应

四、简答

1. 什么是压电效应？以石英晶体为例说明压电晶体是怎样产生压电效应的。

2. 常用的压电材料有哪些？各有什么特点？

3. 为什么说压电式传感器只适用于动态测量而不能用于静态测量？

4. 压电传感器的输出信号的特点是什么？它对放大器有什么要求？放大器有哪两种类型？

5. 试述压电式加速度传感器的工作原理。

单元三 差动变压器式传感器

单元目标 了解差动变压器式传感器工作原理，理解测量转换电路，了解差动变压器式传感器的应用。

前两个单元介绍了电阻应变式传感器和压电式传感器，这两种传感器还可测与力相关的量，如加速度、振动等，还有一些传感器也可测与力相关的物理量如电容式传感器、压阻式传感器、电感式传感器等。下面简单介绍电感式传感器。

利用电磁感应原理将被测非电量（如位移、压力、流量、振动等）转换成线圈自感系数 L 或互感系数 M 的变化，再由测量电路转换为电压或电流的变化量输出，这种装置称为电感式传感器。电感式传感器可分为自感式和互感式两大类。本单元仅简单介绍互感式的，它利用了变压器原理，又往往做成差动形式，故常称为差动变压器式传感器，简称为差动变压器。

[学习知识]

一、差动变压器式传感器工作原理

图 3-32 所示为差动变压器，它主要由一个线框和一个铁心构成。在线框上绕有一组一次绕组。在同一线框上另绕两组完全对称的二次绕组作输出，它们反向串联组成差动输出形式。理想差动变压器的原理如图 3-33 所示。

当一次绕组加入励磁电源后，其二次绕组产生感应电动势 $\dot{E}_{21}$、$\dot{E}_{22}$，输出电压分别为 $\dot{U}_{21}$、$\dot{U}_{22}$，经推导得输出电压 $\dot{U}_o$ 为

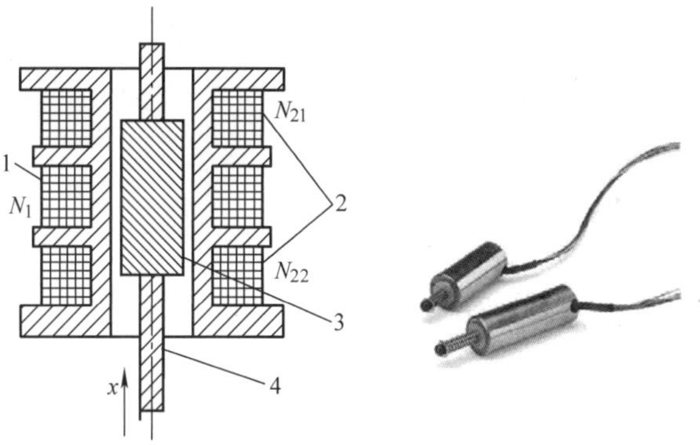

a) 结构图　　b) 外观

图 3-32　差动变压器

1—一次绕组　2—二次绕组　3—衔铁　4—测杆

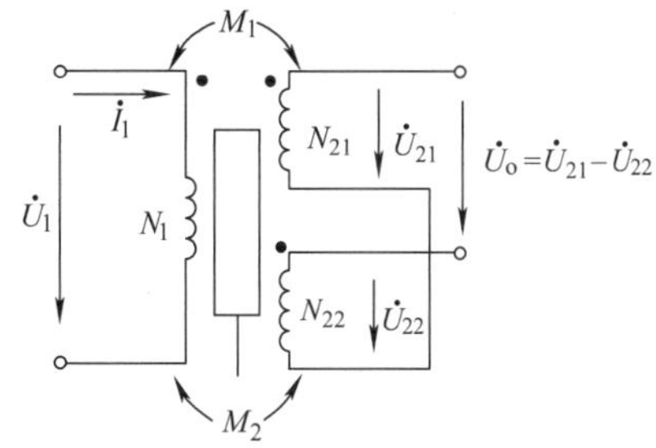

图 3-33　理想差动变压器的原理

$$\dot{U}_o = \pm 2j\omega \Delta M \dot{I}_1 \tag{3-8}$$

式中　ω——励磁电源角频率；

ΔM——线圈互感的增量；

$\dot{I}_1$——励磁电流。

理论和实践证明，线圈互感的增量 ΔM 与衔铁位移量 X 基本成正比例关系，所以输出电压的有效值为

$$U_o = K|X| \tag{3-9}$$

这里 K 是差动变压器的灵敏度，它与差动变压器的结构及材料有关的量，在线性范围内可近似看作常量。

二、测量电路

差动变压器的电压是交流电压，它与衔铁位移成正比，其输出电压如用交流电压表来测量存在下列问题：一是总有零位电压输出，因而零位附近的小位移量的测量比较困难。二是交流电压表无法判断衔铁方向。所以在差动变压器测量转换电路中常采用差动整流电路，几种典型的电路如图 3-34 所示。

差动变压器两个二次电压分别整流后，以它们的差值作为输出，这样，二次电压的相位和零点残余电压都不必考虑。其中图 3-34a、b 所示电路用于连接低阻抗负载的场合，输出电流。图中可调电阻用于调整输出电压零点（注意只有在二极管正向电阻不能忽略的情况下可调电阻才能在电压输出型调零）。由于整流部分在差动变压器输出端一侧，所以只需两根直流输送线即可，而且可以远距离输送，因而得到广泛应用。

一般经差动整流输出的信号还必须通过低通滤波器，从而把调制的高频信号衰减掉，只让衔铁运动所产生的有效信号通过。

三、差动变压器式传感器的应用

1. 差动变压器加速度传感器

差动变压器式传感器可以直接用于位移测量，也可以测量与位移有关的任何机械量，如振动、加速度、应变、比重、张力和厚度等。

图 3-35 所示为差动变压器式加速度传感器的原理图。它由悬臂梁和差动变压器构成。

测量时，将悬臂梁底座及差动变压器的线圈骨架固定，而将衔铁的 A 端与被测振动物体相连接，此时传感器作为加速度测量中的惯性元件，它的位移与被测加速度成正比，使加速度测量转变为位移的测量。当被测物体带动衔铁以 $\Delta x(t)$振动时，导致差动变压器的输出电压也按相同规律变化。

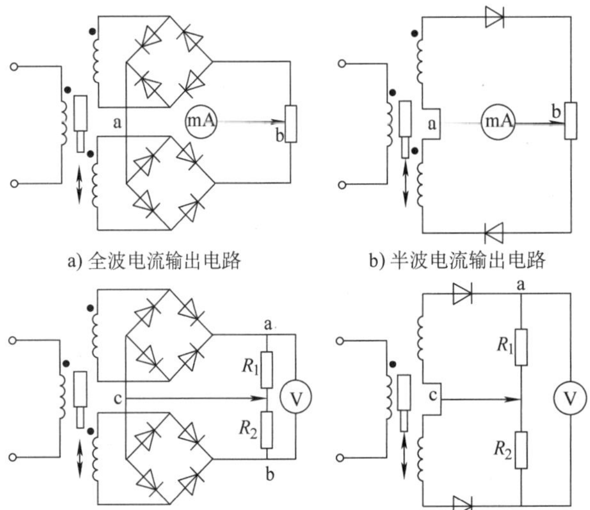

a) 全波电流输出电路　b) 半波电流输出电路

c) 全波电压输出电路　d) 半波电压输出电路

图 3-34　差动整流电路

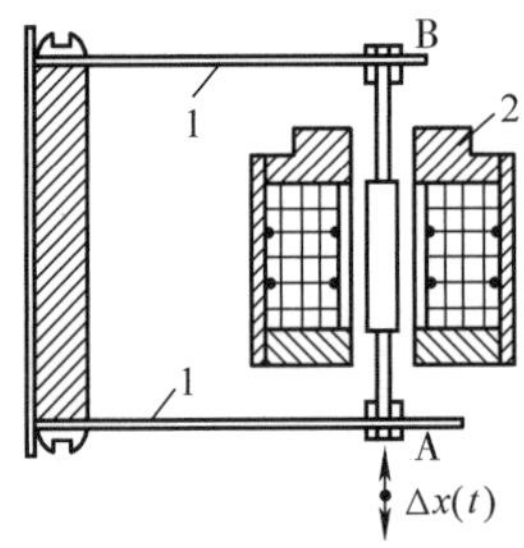

图 3-35　差动式变压器式加速度传感器原理图

1—悬臂梁　2—差分变压器

2. 振动和加速度的测量

图 3-36 所示为振动传感器结构示意图及其测量电路。衔铁受振动和加速度的作用，使弹簧受力变形，与弹簧连接的衔铁的位移大小反映了振动的幅度和频率以及加速度的大小。

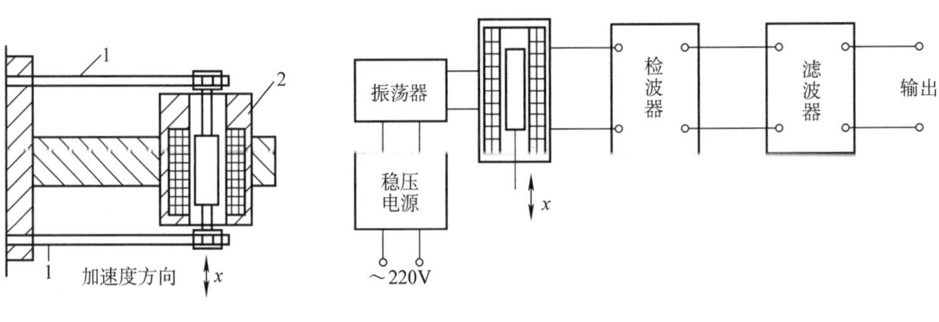

a) 振动传感器结构示意图　b) 测量电路框图

图 3-36　振动传感器结构示意图及其测量电路

1—弹性支撑　2—差动变压器

［拓展知识］力传感器

一、电容式传感器

根据电学知识，两个面对面放置的金属极板构成电容器，它具有存储电荷的作用。电工电子技术中常用的电容器外形如图 3-37 所示。电容量的单位最常用的是 μF（微法）和 pF（皮法），因国际单位 F（法拉）是非常大的值，一般电容器是无法采用的。电容量其他常用单位间的关系是

$$1\mu F = 10^{-6}F,\ 1pF = 10^{-12}F$$

图 3-37　各种电容元件

电容器的典型结构是平行板电容器的形式，如图 3-38 所示。

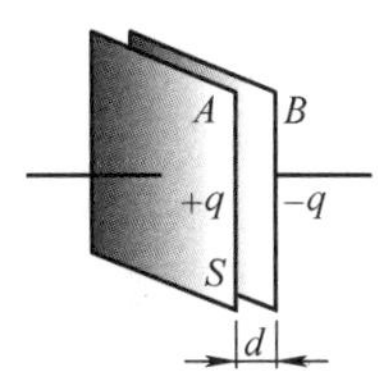

图 3-38　平行板电容器

根据平行板电容器的原理，当极板距离 d 发生变化时，电容量 C 随之改变，称为变极距式电容传感器。利用变极距式电容器原理，可以将被测压力转换成电容量输出，这种器件称为电容式压力传感器。它一般采用圆形金属薄膜或镀金属薄膜作为电容器的一个电极，当薄膜感受压力而变形时，薄膜与固定电极之间形成的电容量发生变化，通过测量电路即可输出与电压成一定关系的电信号。电容式压力传感器可分为单电容式压力传感器和差动电容式压力传感器，其结构和外观如图 3-39 所示。

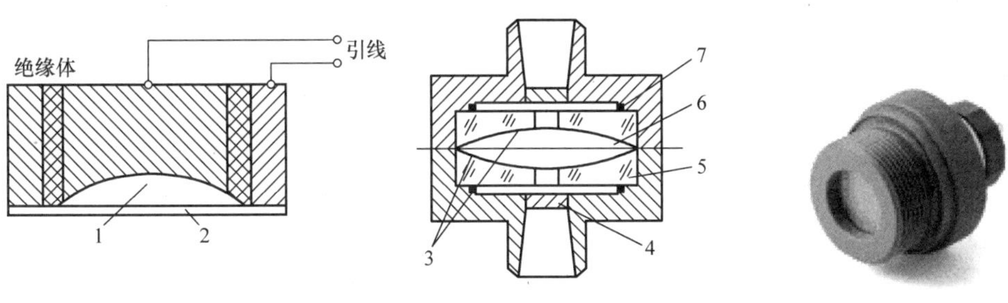

a)单电容式　　b)差动电容式　　c)外形

图 3-39　电容式压力传感器

1—球面电极　2—张紧平膜片　3—电镀金属表面　4—多孔金属过滤器　5—玻璃　6—金属膜片　7—O 形垫圈

单电容式压力传感器由圆形薄膜与固定电极构成。薄膜在压力的作用下变形，从而改变电容器的容量，其灵敏度大致与薄膜的面积和压力成正比而与薄膜的张力和薄膜到固定电极的距离成反比。另一种形式的固定电极为凹形球面状，膜片为周边固定张紧平面，膜片可用塑料镀金属层的方法制成（见图 3-39a）。这种形式适于测量低压，并有较高过载能力。还可以采用带活塞动极膜片制成测量高压的单电容式压力传感器，以减小膜片的直接受压面积，可采用较薄的膜片来提高灵敏度。它还与各种补偿和保护部以及放大电路整体封装在一起，以便提高抗干扰能力。这种传感器适于测量动态高压和对飞行器进行遥测。单电容式压力传感器还有传声器式（即话筒式）和听诊器式等形式。

差动电容式压力传感器的受压膜片电极位于两个固定电极之间，构成两个电容器（见

图 3-39b)。在压力的作用下一个电容器的容量增大而另一个则相应减小，测量结果由差动式电路输出。它的固定电极是在凹曲的玻璃表面上镀金属层而制成。过载时膜片受到凹面的保护而不致破裂。差动电容式压力传感器比单电容式的灵敏度高、线性度好，但加工较困难(特别是难以保证对称性)，而且不能实现对被测气体或液体的隔离，因此不宜于工作在有腐蚀性或杂质的流体中。

电容式传感器的优点是结构简单、价格便宜、灵敏度高、过载能力强、动态响应特性好和对高温、辐射、强振等恶劣条件的适应性强等；缺点是输出有非线性、寄生电容和分布电容对灵敏度和测量精度的影响较大以及连接电路较复杂等。近年来随着集成电路技术的发展，出现了与微型测量仪表封装在一起的电容式传感器。这种新型的传感器能使分布电容的影响大为减小，使其固有的缺点得到克服。电容式力传感器是一种用途极广，很有发展潜力的传感器。

二、电感式力传感器

利用电磁感应原理将被测非电量（如位移、压力、流量、振动等）转换成线圈自感系数 L 或互感系数 M 的变化，再由测量电路转换为电压或电流的变化量输出，这种装置称为电感式力传感器。

在线圈中插入铁心，线圈的自感系数会增大。在两个相互耦合的线圈中插入铁心，线圈间的互感系数也会增大。将可移动的铁心（称衔铁）通过测杆与被测物接触，就可以把位移量转换成自感或互感系数的变化。通过一定的机械结构，可以将力与位移联系起来。这样就构成了电感式力传感器测量力的基本原理。实际上，电感式力传感器可以直接测量位移，通过特别设计的测量机构还可以测量振动、应变、密度等可以转化为位移量的参数。

电感式传感器具有以下特点：

1）结构简单。传感器无活动电触点，因此工作可靠寿命长。

2）灵敏度和分辨力高。电感式传感器能测出 0.01μm 的位移变化。传感器的输出信号强，电压灵敏度一般每毫米的位移可达数百毫伏的输出。

3）线性度和重复性都比较好。在一定位移范围（几十微米至几毫米）内，电感式传感器非线性误差可低至 0.05% ~0.1%。同时，这种传感器能实现信息的远距离传输、记录、显示和控制，它在工业自动控制系统中广泛被采用。但不足的是，它的频率响应较低、不宜快速动态测控等缺点。

根据转换原理不同，电感式传感器可分为自感式和互感式两类。

1. 自感式传感器

自感式传感器的线圈匝数和材料导磁系数都是一定的，其电感量的变化是由于位移输入量导致线圈磁路的几何尺寸变化而引起的。当把线圈接入测量电路并接通激励电源时，就可获得正比于位移输入量的电压或电流输出。自感式传感器原理如图 3-40 所示。

自感式传感器有变间隙型、变面积型和螺管型三种类型。

(1) 变间隙型电感传感器　变间隙型电感传感器的气隙 δ 随被测量的变化而改变，从而改变磁阻（见图 3-40a）。它的灵敏度和非线性都随气隙的增大而减小，因此常常要考虑两者兼顾。δ 一般取在 0.1 ~0.5mm 之间。

(2) 变面积型电感传感器　这种传感器的铁心和衔铁之间的相对覆盖面积（即磁通截面积）随被测量的变化而改变，从而改变磁阻（见图 3-40b)。它的灵敏度为常数，线性度

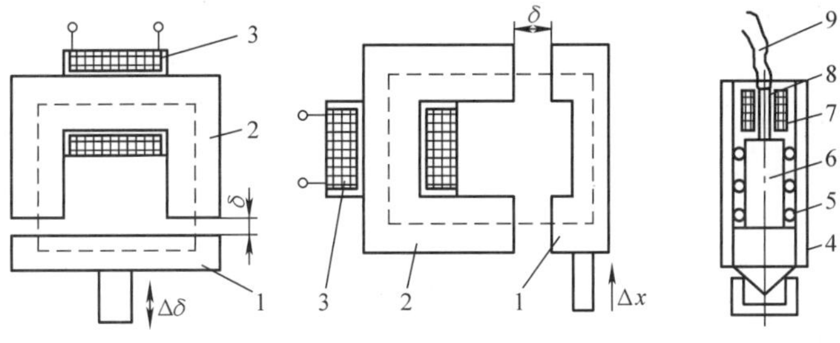

图 3-40　自感式传感器原理

1—衔铁　2—铁心　3—线圈　4—套筒　5—钢球　6—测杆　7—线圈　8—磁心　9—电缆线

也很好。

(3) 螺管插铁型电感传感器　它由螺管线圈和与被测物体相连的柱型衔铁构成（见图 3-40c）。其工作原理基于线圈磁力线泄漏路径上磁阻的变化。衔铁随被测物体移动时改变了线圈的电感量。这种传感器的量程大，灵敏度低，结构简单，便于制作。

2. 互感式传感器

也称差动变压器式传感器，相关知识见单元三。

单元四　集成压力传感器

单元目标　了解集成压力传感器的制作特点；熟悉压阻器件的工作原理；掌握压阻器件的使用方法；描述压阻器件的应用领域。

集成压力传感器是利用单晶硅材料的压阻效应和集成电路技术制成的传感器。单晶硅材料在受到力的作用后，电阻率发生变化，通过测量电路可得到正比于力变化的电信号输出。压阻式传感器用于压力、拉力、压力差和可以转变为力的变化的其他物理量（如液位、加速度、重量、应变、流量、真空度）的测量和控制。

任务一　了解压阻效应及压阻传感器

[学习知识]

1. 压阻效应

当力作用于硅晶体时，晶体的晶格产生变形，而使硅的电阻率发生变化。硅的压阻效应不同于金属应变效应，前者电阻随压力的变化主要取决于电阻率的变化，后者电阻的变化则主要取决于几何尺寸的变化（应变），而且前者的灵敏度比后者大 50～100 倍。

2. 压阻式压力传感器的结构

压阻式压力传感器采用集成工艺，将电阻条集成在单晶硅膜片上，制成硅压阻芯片，并将此芯片的周边固定封装于外壳之内，引出电极引线。图 3-41 所示为硅压阻芯片结构示意图。压阻式压力传感器又称为固态压力传感器，它不同于粘贴式应变计需通过弹性敏感元件间接感受外力，而是直接通过硅膜片感受被测压力的。硅膜片一般设计成周边固定支撑的圆形，在圆形硅膜片（N 型）定域扩散 4 条 P 杂质电阻条，并接成全桥，其中两条位于压应力区，另两条处于拉应力区，相对于膜片中心对称。硅柱形敏感元件也是在硅柱面某一晶面的一定方向上扩散制作电阻条，两条受拉应力的电阻条与另两条受压应力的电阻条构成全桥。图3-42所示为压阻式压力传感器结构示意图，图中硅膜片的一面是与被测压力连通的高压腔，另一面是与大气连通的低压腔。

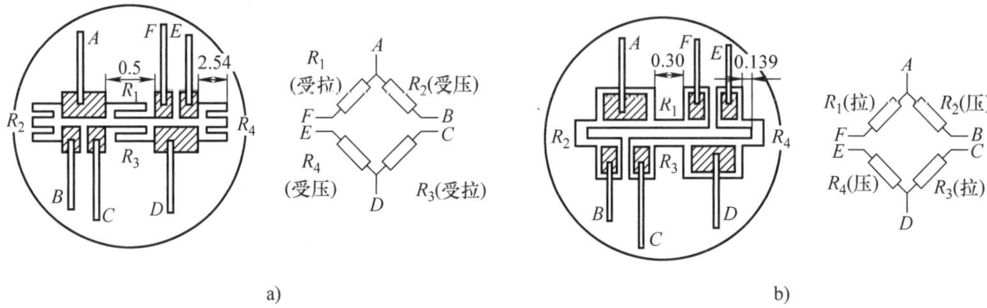

图3-41　硅压阻芯片结构示意图

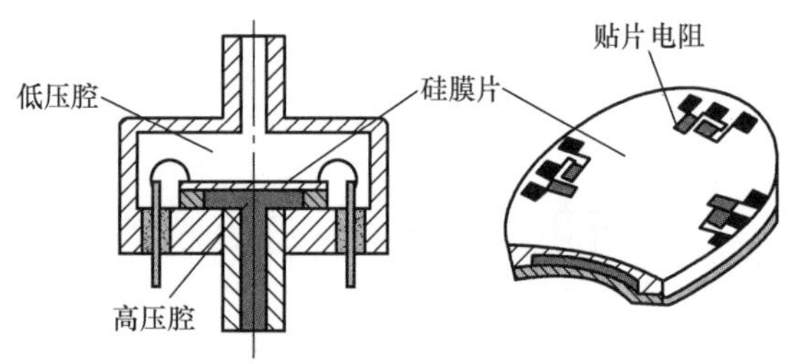

图3-42　压阻式压力传感器结构示意图

任务二　了解压阻式传感器的应用

压阻式传感器广泛地应用于航天、航空、航海、石油化工、动力机械、生物医学工程、气象、地质、地震测量等各个领域。在航天和航空工业中压力是一个关键参数，航天和航空工业对静态和动态压力，局部压力和整个压力场的测量都要求很高的精度。压阻式传感器是用于这方面的较理想的传感器。例如，用于测量直升飞机机翼的气流压力分布，测试发动机进气口的动态畸变、叶栅的脉动压力和机翼的抖动等。在飞机喷气发动机中心压力的测量中，使用专门设计的硅压力传感器（其工作温度达500℃以上）。在波音客机的大气数据测量系统中采用了精度高达0.05%的配套硅压力传感器。在尺寸缩小的风洞模型试验中，压阻式传感器能密集安装在风洞进口处和发动机进气管道模型中。单个传感器的直径仅2.36mm，固有频率可高达300kHz，非线性和滞后均为全量程的±0.22%。在生物医学方面，压阻式传感器也是理想的检测工具。压阻式传感器还能有效地应用于爆炸压力和冲击波的测量、真空测量、监测和控制汽车发动机的性能以及诸如测量枪炮膛内压力、发射冲击波等兵器方面的测量。此外，在油井压力测量、随钻测向和测位地下密封电缆故障点的检测以及流量和液位测量等方面都广泛应用压阻式传感器。随着微电子技术和计算机的进一步发展，压阻式传感器的应用还将迅速发展。

[思考与训练]

1. 简述压阻效应。说明压阻效应与金属应变效应有什么不同?

2. 压阻式传感器有哪些应用领域?

[项目三小结]

力敏传感器是将各种力学量转为电信号的器件，广泛应用于测力和称重。除此以外，如能将其他物理量变换成机械形变，力敏传感器的应用范围将大大扩展，如水位测量、血压测量、加速度测量、水平度测量等。

常用的测力传感器有电阻应变片传感器、压电传感器、电容式力传感器、电感式力传感器等。其中电阻应变片传感器简单可靠、性能稳定，但测量电路较复杂；压电传感器灵敏度高、量程大、电路简单，一般用于测量动态力；电容式力传感器结构紧凑、精度高、调整方便，近年得到迅速发展；电感式力传感器大都采用变隙式结构，与弹性敏感元件组合构成力敏传感器，它简单可靠、分辨力高，但测量范围较小，其中差动变压器有比较广泛的应用。

集成压力传感器是利用单晶硅材料的压阻效应和集成电路技术制成的传感器。压阻式压力传感器也称固态压力传感器，它直接用硅膜片感受被测压力。压阻式传感器广泛应用于航天、航空、航海、石油化工、动力机械、生物医学工程、气象、地质、地震测量等各个领域。

[课后作业三]

3-1 什么是应变效应?

3-2 何谓电阻应变传感器?

3-3 应变片为什么要进行温度补偿?

3-4 弹性敏感元件的作用是什么? 常见的弹性敏感元件有什么形式?

3-5 什么是压电效应? 以石英晶体为例说明压电晶体是怎样产生压电效应的。

3-6 常用的压电材料有哪些? 各有什么特点?

3-7 为什么说压电式传感器只适用于动态测量而不能用于静态测量?

3-8 压电传感器的输出信号的特点是什么? 它对放大器有什么要求? 放大器有哪两种类型?

3-9 试述压电式加速度传感器的工作原理。

3-10 根据电容传感器的结构，说明电容式力传感器如何测量压力?

3-11 电感式传感器有哪些结构类型? 它们各有什么特点? 能够测量哪些物理量?

3-12 差动变压器的结构特点是什么? 主要有哪些应用?

3-13 集成压力传感器与电阻应变式传感器有何异同?

3-14 压阻式传感器主要应用在哪些检测领域?

项目四　液位与流量的检测

项目描述

液位、流量连同温度、压力，被称做自动化生产过程中的“四大参数”。液体液位和流量的检测，被广泛地应用在工农业生产、国防建设和科学研究等领域中。目前，国内外采用的电子化和数字化等自动化检测技术和手段，进一步提高了液体液位和流量检测的准确性。当今，它在各个领域中发挥着越来越重要的作用。随着科学技术的不断发展，新的检测技术不断涌现，目前，液体液位和流量的检测技术趋向智能化。常用液位和流量传感器的基本情况见表4-1、表4-2。

表4-1　常用液位传感器的基本情况

检测液位方式	检测液位种类	基本工作原理	适用范围
接触式液体传感器	差压式	差压式传感器是利用液体的压强原理，在液体底部检测液底压强和标准大气压的压差，用固态压阻传感器作为检测差压的核心部件	适用于液体密度均匀、底部固定条件下的液位检测
	浮体式	浮体式传感器主要分为浮筒式与浮子式。一般情况下，浮体与某个测量机构相连，如重锤或内置若干个干簧继电器的不锈钢管，浮体的运动被重锤或对应位置上的干簧继电器转换为相应的液位	适用于清洁液体的连续式检测与位开关式的液位检测
	电容式	电容式传感器是利用液位的变化会引起其导电率的变化，从而转换成电容值发生变化的检测装置	适用于腐蚀性液体、沉淀性液体和其他化工工艺液体液位检测
	直流电极式	直流电极式传感器是利用液体的导电特性，将导电液体的液面升高转换为电路的开关闭合，该开关信号直接或经由一个简单电路传给后续处理电路	适用于导电液体的液位测量
	光导纤维式	光导纤维式传感器根据光导纤维中光在不同介质中传输特性的改变对液位进行检测	可适用于任何液体液位高度的检测与控制，特别适用于易燃、易爆、腐蚀性液体的检测
非接触式液体传感器	超声波	超声波传感器先向液位面发射声波，计量声波从发射后到达液面再反射回来所需时间，利用该时间与液位高度成比例的原理进行检测。超声波传感器必须用于能充分反射声波且传播声波的介质	适用于多种液体液位的检测
	核辐射	核辐射检测是利用放射性同位素来进行测量的，根据被测物质对射线的吸收、反射或射线对被测物质的电离激发作用而进行检测	因放射性物质对人类有害，只用于部分特殊场合

表 4-2　常用流量传感器的基本情况

检测方式	检测种类	检测流量基本工作原理	适用检测流量范围
接触式流量传感器	电磁式	电磁流量传感器的原理是在磁感应强度均匀的磁场中，垂直于磁场方向放一个不导磁管道，当导电液体在管道中以一定流速流动时，导电流体就切割磁力线。在管道截面上垂直于磁场的管道两端安装一对电极，则电极上会产生感应电动势，且感应电动势与流体流量成正比	适用于具有自由表面的下水排放领域，并提高该领域的测量精确度
	热线式	热敏元件是利用热平衡原理来测量流体速度的。热线用电流进行加热，它的温度高于周围介质温度。当周围介质流动时，就会有热量的传递。在稳定状态下，电流对热线的加热热量等于周围介质的散热量	适用于环境保护和工业大中型管道的流量检测
	涡轮式	当被测流体流经涡轮式传感器时，传感器内的叶轮借助于流体的动能而产生旋转，叶轮即周期性地改变磁电感应系统中的磁电阻，使通过线圈的磁通量周期性地发生变化而产生电脉冲信号	适用于石油、化工、冶金、科研等领域的液体的流量检测
非接触式流量传感器	超声波式	超声波在流动的流体中传播时，就载上流体流速的信息。因此通过接收到的超声波就可以检测出流体的流速，从而换算成流量	适于检测不易接触的强腐蚀性、非导电性、放射性和易燃易爆介质的流量

本项目介绍常用液位与流量传感器系统的有关知识，训练工业生产中液位和流量传感器安装、调试和维修的基本技能。

技能要点

学会识别液位、流量传感器的转换元件、测量电路及显示仪表，能熟练地查阅其技术参数。掌握液位和流量传感器的选择、安装、调试和维修的基本技能。能够解决相应检测中出现的一般问题。

知识要点

熟悉常用液位、流量传感器的转换元件基本结构，学会电容器和超声波式传感器的工作原理，熟知其转换元件的参数，了解液位和流量传感器检测系统在相关领域中的应用。

单元一　电容式传感器测量液位

单元目标　通过电容式传感器的液位检测应用训练，达到了解常用电容式传感器检测组件的外形和基本原理；熟悉工业常用的液位检测方法；掌握电容式传感器与测量电路和显示仪表的连接方法；学会电容式液位传感器检测系统的安装、调试和维修方法。

任务一 认识电容式传感器

[学习知识]

一、电容式传感器的转换元件

通过观测可变电容器（可自制）的电容数值变化，利用数字式电容表（或万用电桥）对可变式电容器的电容数值进行测量，来认识电容式传感器的转换元件。当改变电容器两极板相互遮盖面积、距离和介电常数（不同的绝缘材料）时，用数字式电容表可观察到电容量也随之发生变化。电容式传感器的工作原理可以用平板电容器来说明。当忽略边缘效应时，其电容量为

$$C = \frac{\varepsilon_r \varepsilon_0 A}{\delta} \tag{4-1}$$

式中 A——两极板相互遮盖面积；

δ——两极间距离；

ε_r——两极板间介质的相对介电常数，常用物位的相对介电常数见表4-3；

ε_0——两极板间真空介质的介电常数，为 8.854×10^{-12}F/m。

表4-3 常用物料的相对介电常数

物　料	相对介电常数	物　料	相对介电常数
水	80	水泥	1.5～2.5
甲醇	33.7	干砂	2.5
煤油	2.8	洗衣粉	1.2～1.5
矿物油	2.1	纯白糖	3
油	4.6	食盐	7.5
丙酮	20	碳酸钙	8.3～8.8
苯	2.3	聚苯乙烯	2.4～2.6
油漆	3.5	橡胶	2～3

由式（4-1）可见，在 A、δ、ε_r 三个参量中，改变其中任意一个量均可使电容量 C 发生改变。也就是说，电容量 C 是 A、δ、ε_r 的函数。而位移、力、压力、加速度、机械角度、物位和液位等物理量的变化，都会使这三个参量发生变化，例如，平行板面积 $A=a \times b$，位移 a 或 b 的变化，会引起面积 A 的变化，这说明电容量 C 又是这些物理量的函数。电容量 C 的变化就反应了这些物理量的变化，这就是平板电容传感元件的工作原理。根据此原理，一般可做成变面积、变极距和变介电常数等三种类型的电容式传感器。

实际应用中，为了提高灵敏度，减少非线性失真，常把电容式传感器做成改变面积或极距的差动式电容传感器。其结构是由一个可动的板和两个固定板构成，相当于两个串联的可变电容器。动极板在零位时，两个串联的可变电容器的电容量相等。当动极板移动一个距离 x 时，其中一个电容量是增加的，另一个则是减少的。差动式电容传感器的灵敏度提高了一倍。

电容式传感器可以测检位移、力、压力、加速度、机械角度、物位和液位等物理量。其优点是灵敏度高、寿命长、动态响应快，缺点是传感元件与连接电路的寄生电容影响大，非

线性较严重。

二、电容式传感器的测量电路及仪表

电容式传感器转换元件将被测非电量的变化转换为电容量变化后，必须采用测量电路将其转换为电压、电流或频率的电信号，然后用电压、电流和频率仪表或数字电路、计算机和记录仪来显示或记录被测非电量的变化。

电容式传感器转换元件、测量电路和显示仪表三者就构成了电容式传感器检测系统。电容式传感器的测量电路种类很多，一般有交流桥式电路、调频电路、脉冲宽度调制电路和运算式电路等。

1. 交流桥式电路

（1）单臂桥式电路　图4-1所示是交流单臂桥式电路。电容 C_1、C_2、C_3、C_x 构成电桥的四臂，其中 C_1、C_2、C_3 为固定电容，C_x 为电容式传感器，由高频电源经变压器接到电容桥的一个对角线上，另一个对角线上接有交流电压表。交流电桥平衡时，$C_1/C_2=C_x/C_3$，$U_o=0$，电压表电压值为零。

当 C_x 改变时，$U_o\neq0$，电压表有反应电容 C_x 变化的输出电压值。由于电容式传感器的 C_x 值随着被测物理量变化而变化，所以输出电压也就反应了被测物理量的变化值。

（2）差动桥式电路　图4-2所示是交流差动桥式电路。其中 C_{x_1} 和 C_{x_2} 为差动式电容传感元件，其输出电压为

$$\dot{U}_o=\pm\frac{\dot{U}_i\Delta C}{2C_0} \tag{4-2}$$

式中　C_0——传感元件的初始电容值；

ΔC——传感元件的电容变化值。

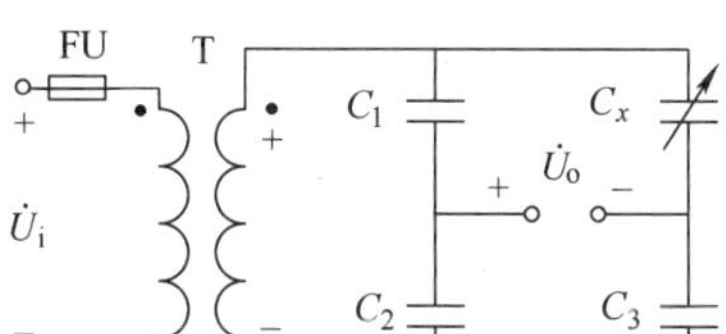

图4-1　交流单臂桥式电路

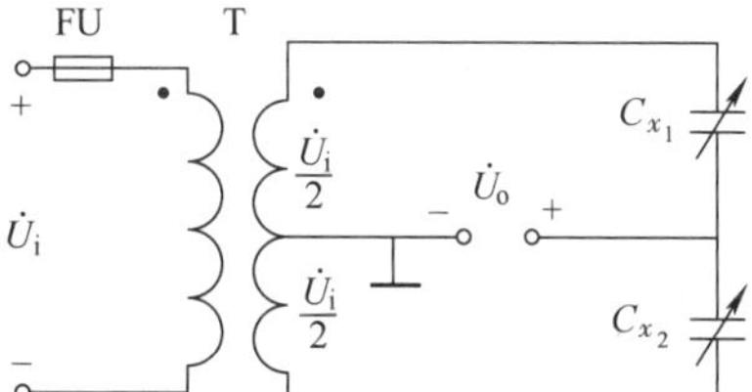

图4-2　交流差动桥式电路

若要判定 U_o 的相位，还需经过相敏检波电路进行处理，才能得到位移 x 的方向。

2. 调频电路

图4-3所示是LC振荡器调频电路框图，它由调谐振荡、限幅、鉴频、放大等电路组成。电容式传感元件作为LC振荡器谐振回路的一部分，当电容传感器工作时，电容 C_x 发生变化，使振荡器的频率 f 发生相应的变化。由于振荡器的频率受电容式传感器的电容调制，实现了电容 C_x 的变化转换成相应频率 f 的变化，故称为调频电路。调频振荡器的频率为

$$f=\frac{1}{2\pi\sqrt{LC}} \tag{4-3}$$

式中 L——振荡回路电感；

C——振荡回路总电容。

C 包括传感元件电容 C_x、谐振回路中的微调电容 C_1 和传感器电缆分布电容 C_c，即 $C = C_x + C_1 + C_c$。振荡器输出的高频电压是一个由电容 C_x 控制的调频波，其频率的变化在鉴频器中转换成电压幅度变化的输出。经过放大器放大后，可用电压表指示电容 C_x 的变化数值。

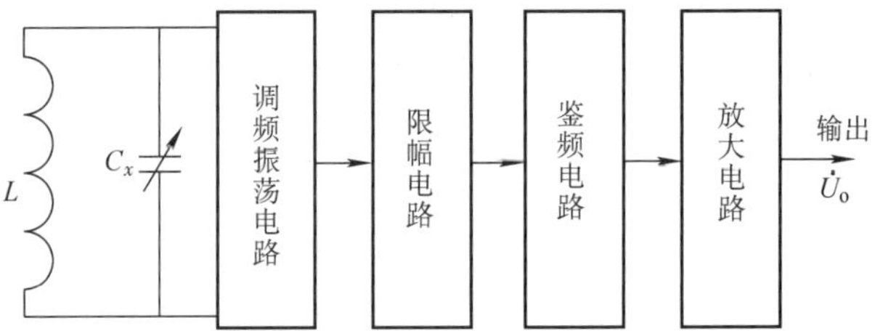

图 4-3 LC 振荡器调频电路框图

这种转换电路抗干扰能力强，能取得高电平的直流信号（伏特数量级）。缺点是振荡频率受电缆电容的影响大。随着电子技术的发展，可直接将振荡器装在电容传感器旁，克服电缆电容的影响。

3. 脉冲宽度调制电路

图 4-4 所示是脉冲宽度调制电路，它主要由比较器 A_1、A_2 和双稳态触发器及电容充放电回路组成。U_R 是参考电压，利用传感元件电容 C_1、C_2 的慢充电和快放电的过程，使输出脉冲的宽度随电容传感元件的电容量变化而改变，通过低通滤波器得到对应于被测量变化的直流信号。

脉冲宽度调制电路具有 100Hz ~ 1MHz 的矩形波，可以数字式输出或接计算机进行处理后显示。也可以经过低通滤波器处理后，获得比较好线性直流电压输出。

4. 运算式电路

图 4-5 所示为运算式测量电路。根据集成运算比例放大器的工作原理，当放大器的开环增益 A_v 和输入阻抗 Z_i 足够大时，输出电压与传感元件的电容变化成线性关系，即

$$\dot{U}_o = -\frac{C_x}{C_0}\dot{U}_i \tag{4-4}$$

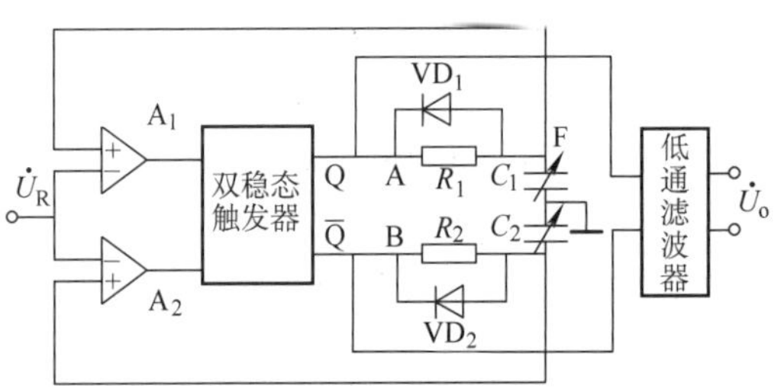

图 4-4 脉冲宽度调制电路

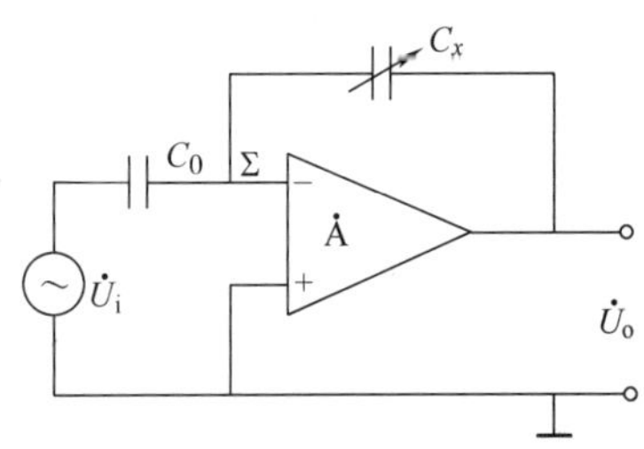

图 4-5 运算式电路

式中 C_0——标准电容值；

C_x——传感元件电容值。

运算式电路的输出电压与两个电容的比值有关，故该电路非线性误差小，测量精度高。

由于可以采用“驱动电缆技术”加以基本消除电缆的分布电容，所以传感器的电容可以做的很小。

任务二　电容式传感器的液位检测应用训练

物位是液位、料位、以及界面位置的总称。具体的，液位如罐、塔、槽等容器中液体或河道、水库中水的表面位置高度；料位如仓库、料斗和仓储箱内堆积物体的高度；界面位置一般指固体与液体或两种不相溶、密度不同的液体之间存在的交界面。

检测物位的目的，有时是为了检测容器中物体的存量，有时是为了对容器中的物料进行监控从而调节其进出速度，并在物位接近极限位置时提前报警。前者是物位的静态检测，后者需要采用动态连续的检测方法。

[**观察现象**] 观察和了解电容式液位传感器的转换元件

图 4-6 所示是电容式液位传感器（称为探头）的结构示意图。探头的两个极（有些探头是一个极，金属液体罐壁是另一个极）有空气间隙，使用时相互绝缘地安装于液体罐顶。当有液体进入空气隙后，探头的电容值因介电常数改变而发生变化。传感器的测量电路，将液位改变引起电容量的变化转换为电压的变化，送给显示仪表显示出来，从而实现了液位的连续测量。若金属液体罐壁是一个极，它也适应固体颗粒状物位的检测。

[**实践操作**] 电容式液（物）位传感器实训

一、实训目的

紧密结合生产实际进行电容式传感器检测系统实训，提高学生现场的分析判断能力、动手能力和操作技能，掌握电容式液位传感器系统的安装工艺和调试方法。

二、实训原理

图 4-7 所示是国产的 CTS—DLQ 型变介电常数电容式物位传感器系统，该系统广泛应用在固体料位和液体液位的检测。我们选择水的液位检测，其电容传感元件（探头）是有一定距离且相互绝缘的同轴式探头。检测时，探头的上部隔着空气（$\varepsilon_r=1$），下部充满水（$\varepsilon_r=$

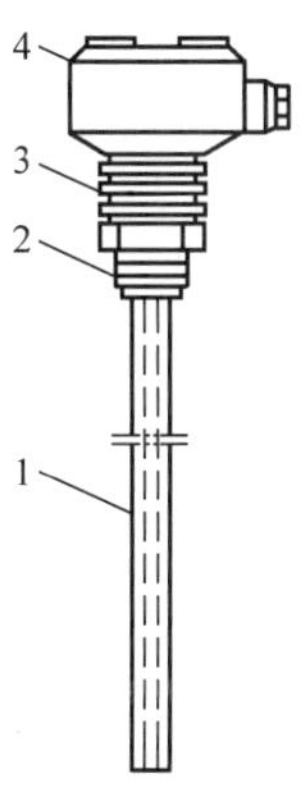

图 4-6　探头的结构

1—探极　2—安装接头$\left(R1/R1\frac{1}{2}\right)$

3—散热器　4—仪表部分

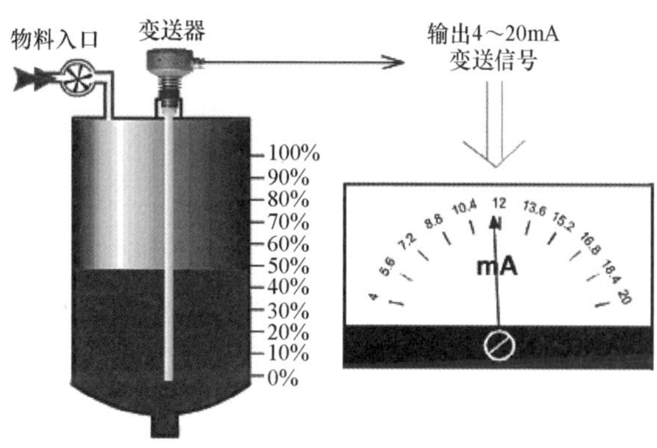

图 4-7　电容式物位传感器

80），它将水位 h 变化引起的介电常数的变化换成对应的电容量变化。测量电路（变送器）是集成转换电路，它将电容量的变化再转换成对应的 4～20mA 输出电信号，可以远距离用电流表显示出水位。而且集成测量电路与电容转换元件（探头）制作在一起，便于现场检测和输出信号的传输，具有很强的抗干扰能力。

三、准备工具、仪表和器材

1）实训工具：尖嘴钳、螺钉旋具和电烙铁（20～35W）等电工工具一套；

2）实训仪表：万用表、绝缘电阻表、电流（毫安）表等各一块；

3）实训器材：选定的 CTS-DLQ 型电容式液位传感器系统一套。

四、主要技术指标

1）工作电源：AC220（±10%）V 或 DC24V；

2）功耗：<3W；

3）响应延时：<2～3s。

4）仪表工作环境温度：－20～45℃。

5）探极工作（介质）温度：普通型 D（－20～60℃），中温型 Z（－40～200℃），高温型 H（－40～800℃），常温型 P（－20～60℃）；

6）介质压力：压力型 Y≤3MPa（其余型号为常压）；

7）输出方式：4～20mA 变送信号；

8）负载能力：≤600Ω；

9）检测范围：≤11000pF；

10）传感器防护等级：IP65；

11）精度：±1%F.S。（F.S 表示仪表上限与下限之差，即量限）

五、根据使用要求选型

1）根据现场液位罐的材料和高度来选择传感器的探头长度。我们选用非金属液位罐，测量液位高度不超过 0.5m，故选用同轴探头。超过 2.5m 应选用轻型缆式探头，其探头长度应稍短于料仓高度。

2）本次训练的使用要求：介质常温 P、常压、标准安装 B（如图 4-4 所示）、电源 D（DC24V）、同轴式探头 T（长 0.5m），故选用对应型号为：CTS-DLQ-P-B-D-T-500。

六、安装与调试方法

1. 机械和电气安装

1）严格按使用说明书进行正确的机械安装。首先进行标准法兰如图 4-8 所示与液位罐连接，然后将同轴探头安装在标准法兰上，其次传感器应在罐顶安装，探极垂直伸进罐内，一定要保证同轴探头的长度与液位罐底的面垂直，否则会影响测量精度。

2）严格按使用说明书进行正确的电气安装。同轴探头接线端子如图 4-9 所示。将同轴探头接线端子上的 +1、－2 端接 24V 直流电源，+3、－4 端接 4－24mA 直流电流表，注意电源和电流表的正负极性，外壳地线标志处要有良好的接地。

2. 操作盘的功能

1）满仓键（MH）。

2）空仓键（ML）。

3）运行/标定状态指示灯（DY、绿色）。标定状态时熄，运行状态时亮，出厂时熄。

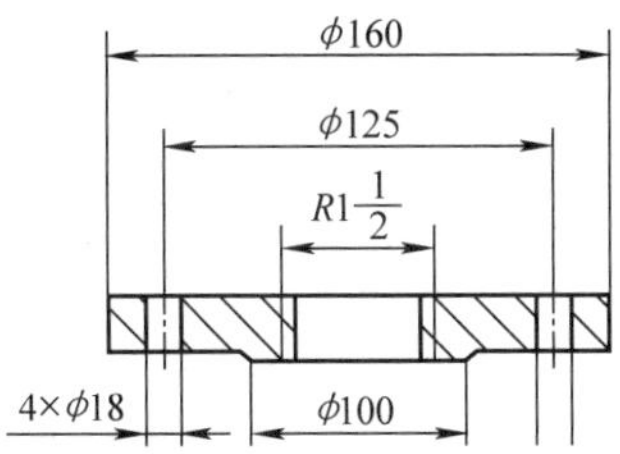

图 4-8　标准法兰

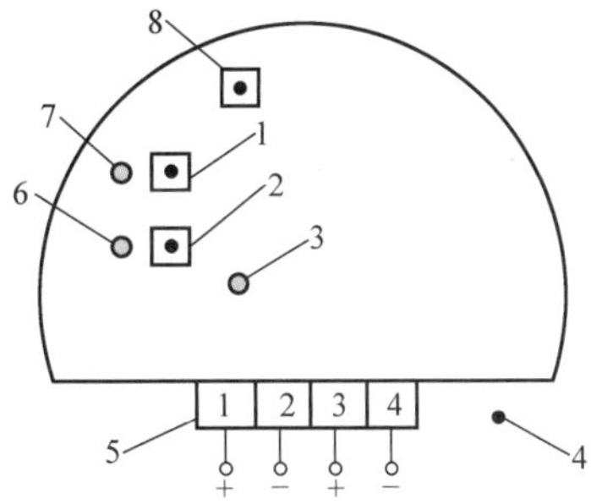

图 4-9　同轴棒式探极操作盘和接线端子

4）电源指示灯（DE、红色）。

5）接线端子。

6）空仓标定指示灯（DL、绿色）。闪亮表示未进行空仓标定，长亮表示已完成空仓标定。

7）满仓标定指示灯（DH、绿色）。闪亮表示未进行满仓标定，长亮表示已完成满仓标定。

8）清除键（MO）。与空仓、满仓键配合使用。同时按下本键和“空仓键”至“空仓标定指示灯”闪亮，清除原空仓标定数据；同时按下本键和“满仓键”至“满仓标定指示灯”闪亮，清除原满仓标定数据。

3. 正确的检验与调试

（1）检验方法

1）把液位传感器放在桌上，1、2 端接 24V 直流电源，在端子 3、4 上接上毫安表，通电预热 10min；

2）按下“清除 + 空仓”键至“空仓标定指示灯”闪亮；再按下“清除 + 满仓”键至“满仓标定指示灯”闪亮；

3）按下“空仓键”至“空仓标定指示灯”长亮；

4）用手握住探头不放，同时按下“满仓键”至“满仓标定指示灯”长亮。此时输出电流约为 20mA。放开握住探头的手，电流约 4mA，物位变送器功能正常；

5）按下“清除 + 空仓”键至“空仓标定指示灯”闪亮；再按下“清除 + 满仓”键至“满仓标定指示灯”闪亮，清除原标定数据。断电，准备到现场使用。

（2）调试方法　调试方法必须进行空罐仓和满罐仓的两次标定以后，才能正常运行。可先标定空仓，再标定满仓，也可先标定满仓，再标定空仓，过程如下：

1）现场安装好，确定液位传感器外壳接地良好；

2）接好电源预热 40min；

3）按下“清除 + 空仓”键至“空仓标定指示灯”闪亮；再按下“清除 + 满仓”键至“满仓标定指示灯”闪亮。若两灯已闪亮，可免除本步骤，直接进入标定，此时输出电流约为 4mA；

4）先空仓标定：确定液位是零的位置，按下“空仓键”至“空仓标定指示灯”长亮；

5）后满仓标定：确定液位是 100% 的满罐仓位置，按下“满仓键”至“满仓标定指示灯”长亮，此时输出电流约为20mA；

6）完成标定后，本物位变送器会自动转入运行状态，运行/标定状态指示灯（DY、绿色）亮。当液位变化时，输出电流值4～20mA对应液的0%～100%位高度H；

7）如果进行了不满意的标定，可以清除标定。按下“清除＋空仓”键至“空仓标定指示灯”闪亮，清除原空罐仓标定数据；按下“清除＋满仓”键至“满仓标定指示灯”闪亮，清除原满罐仓标定数据。

（3）记录测量数据　探头在有水和无水时，观察电流表的读数与液位高度的变化关系。记录数据，绘出关系曲线。并且计算出该传感器测量系统的灵敏度$K=\Delta I_0/\Delta H$。

输出电流 I_0/mA				
水位高度 H/cm				

［思考与训练］

1. 根据所检测液体高度和电流的变化，是否能判断出它是什么液体？

2. 电容式物位传感器除了检测液位外，是否可以检测黏液和粒状、粉末状材料（如仓储的粮食、洗衣粉、砂、水泥和煤粉等物质）的物面？

3. 电容式物位传感器检测液位，是否要求被测材料的介电常数保持恒定？

［拓展知识］液位的测量方法及实例

如果仅仅为了就地观察密闭容器内的液位，只需在容器壁上开玻璃窗，或采用玻璃管连通器构成直读式液位计即可。自动饮水茶炉往往使用玻璃管连通器指示锅炉内的水位，连通器两端有法兰盘分别与锅炉接通，如图4-10所示。这是一种简单而廉价的液位测量方法，一般用于精确度要求不高的测量中，例如石油储罐和家用热水器等。

图4-10　直读式液位计的应用

当容器内为固态粉料时，称为料位或物位检测。物位传感器分为液位、料位和界位传感器。

液位测量的原理、方法还有如下几种。

压力式液位计的原理以流体静力学为基础，如图4-11所示。它一般仅适用于敞口容器的液位测量。

压力传感器（仪表）通过导压管与容器底部相连，由传感器的压力示值可知液面高度，即

$$p=\rho gH \tag{4-5}$$

这种方法的缺点是当液体密度不均或有变化时，会产生测量误差。另外，当压力表与其取压点和取压点与被测液位的零位不在同一水平位置时，必须修正误差。

差压式液位计也是广泛应用的一种液位测量手段。因为在有压力的密闭容器中，液面上部空间的气体压力不一定是定值，所以用压力表式液位计来测量液位时，其示值中将包含有气体压力值，即使液位不变，压力表示值也有可能变化，因而无法正确反映被测液位。为了消除气体压力变化的影响，需采用差压式液位计。差压式液位计原理示意图如图 4-12 所示。

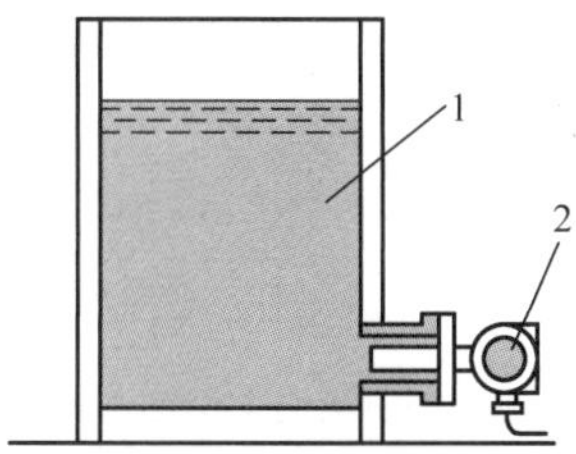

图 4-11　用压力传感器测量液位的原理图

1—液体　2—压力传感器

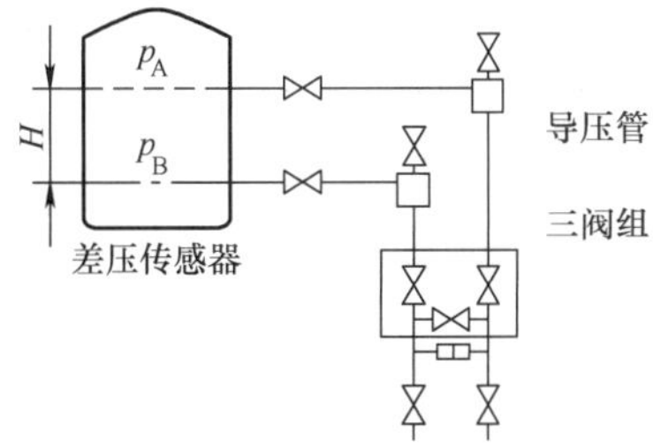

图 4-12　差压式液位计原理

差压式液位计是利用容器内的液位改变时，由液柱高度产生的静压也相应变化的原理而工作的。设 p_A 为密闭容器中的气体 A 点的静压，p_B 为密闭容器中的液体 B 点的静压，H 为液柱高度，ρ 为液体密度。根据流体静力学原理可知：A、B 两点的差压为

$$\Delta p=p_B-p_A=p_A+\rho gH-p_A=\rho gH \tag{4-6}$$

如果为敞口容器，则 p_A 为大气压，式（4-6）可变为

$$p=p_B=\rho gH \tag{4-7}$$

通常被测液体密度已知，即 ρ 为定值，因此只要测出 Δp 或 p 就可以知道密闭容器或敞口容器中的液位高度。因此，各种压力计、差压计和差压变送器都可以用来测量液位的高度。

图 4-13 所示为常见的一种电容式油量表原理图。它采用了自动电桥平衡电路。基本构

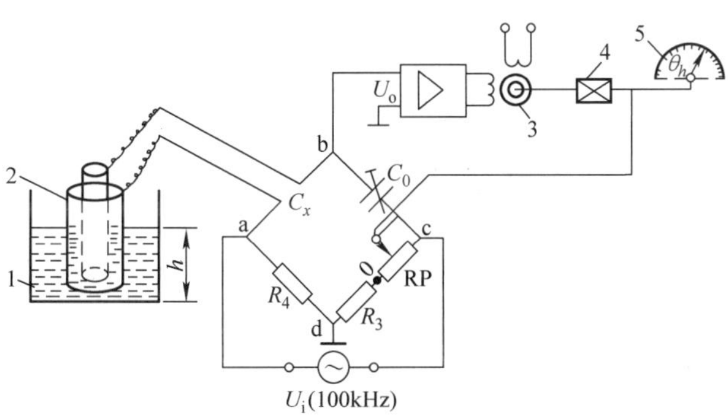

图 4-13　电容式油量表原理图

1—油箱　2—电容传感器　3—伺服电动机　4—同轴连接器　5—刻度盘

成部件有：置于油箱内的电容传感器 C_x，交流电桥，平衡调节电位器 RP 及电位器与刻度盘指针的同轴连接器。

当油箱中注满油时，液位上升，指针停留在转角为 θ_m 处。当油箱中的油位降低时，电容传感器的电容量 C_x 减小，电桥失去平衡，伺服电动机反转，指针逆时针偏转（示值减小），同时带动 RP 的滑动臂移动。当 RP 阻值达到一定值时，电桥又达到新的平衡状态，伺服电动机停转，指针停留在新的位置（θ_x 处）。

图 4-14 所示为几种常见的液位检测传感器外形。

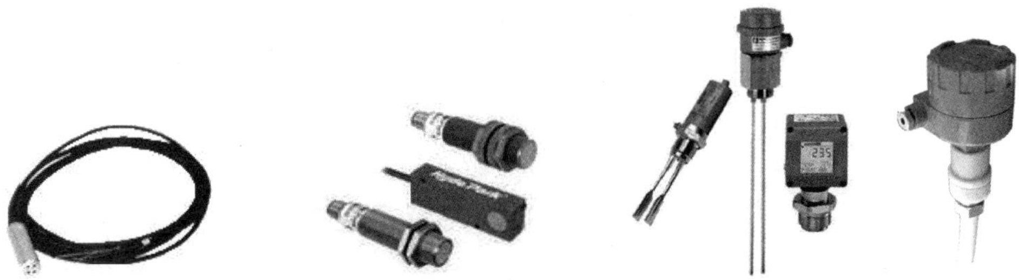

a)压力式液位传感器　　b)液位探头　　c)电容式液位传感(变送)器

图 4-14 几种常见的液位传感器

图 4-15 所示为电容液位传感器的原理图。其中图 4-15a 所示为测量非导电液体液位的电容传感器示意图，当被测绝缘液体的液面在两个电极间上下变化时，引起两极间不同介电常数介质（上面为空气，下面为液体）的高度变化，从而导致总电容量的变化。图4-15b 所示为测量导电液体液位的电容传感器示意图，当被测介质是导电的液体时，内电极应采用金属管外套聚四氟乙烯套管式电极，外电极就是容器内的导电介质本身，这时内外电极的极距只是聚四氟乙烯套管的壁厚。

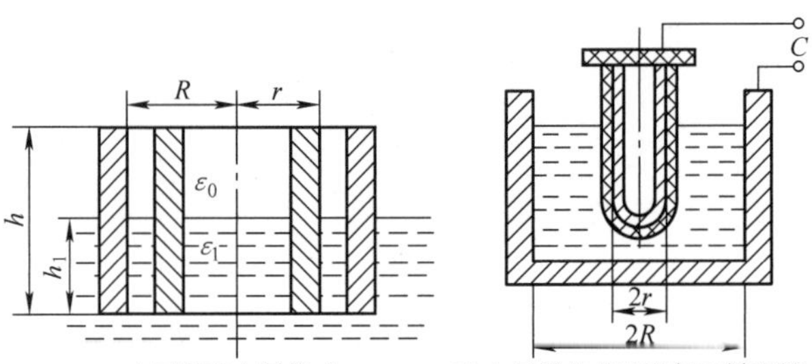

a) 同轴双金属管式　　b) 金属管外套聚四氯乙烯套管式

图 4-15 电容式液位传感器原理

单元二 超声波传感器

单元目标 通过本单元的训练，达到熟悉常用超声波传感器检测组件的外形和基本原理；掌握工业常用测距的检测方法；学会超声波测距传感器检测系统安装和调试的目的。

任务一 认识超声波传感器

［学习知识］

1. 认识超声波转换元件

以超声波作为检测手段，必须产生超声波和接收超声波。完成这种功能的装置就是超声波传感器转换元件，习惯上称为超声波探头或换能器。它可以分为直探头（纵波）、斜探头（横波）、表面波探头（表面波）、兰姆波探头（兰姆波）和双探头（一个探头发射、一个探头接收）。图 4-16 所示是各种压电式超声波传感器的转换元件。

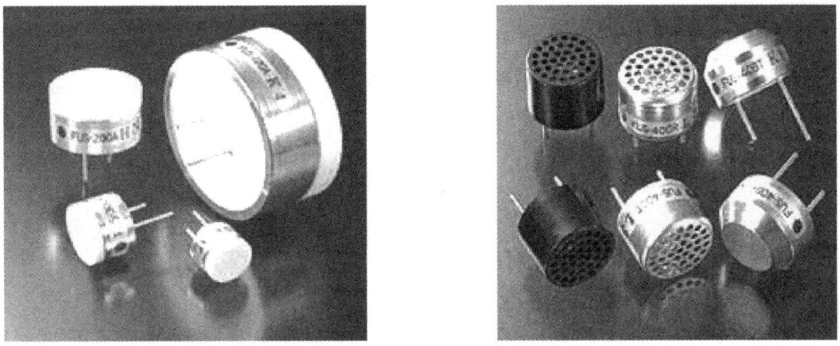

图 4-16　各种压电式超声波传感器的转换元件

超声波由换能器（交变电能和机械能相互转换）来产生，换能器有压电式、磁致伸缩式、电磁式几种。我们在这里以压电式换能器为例说明其工作原理。

压电式换能器是利用压电晶体的谐振来工作的，超声波发生器内部结构有并联的两个压电晶片和一个共振板，当压电晶片的两个极外加频率等于压电晶片固有振荡频率的脉冲信号时，压电晶片将会发生共振，并带动共振板振动，产生超声波。反之，如果两电极间未外加电压，当共振板接收到超声波时，将压迫压电晶片振动，将机械能转换为电信号，这时它就成为超声波接收器了。

2. 超声波传感器的测距原理

图 4-17 所示是超声波传感器测距的工作原理图。超声波发射器向某一方向发射超声波，在发射时刻的同时开始计时，超声波在空气中传播，途中碰到障碍物就立即返回来，超声波接收器收到反射波后就立即停止计时。超声波在空气中的传播速度，一般约为 340m/s。根据计时器记录的时间 t，就可以计算出发射点距障碍物的距离 s，即

$$s = \frac{340t}{2} \tag{4-8}$$

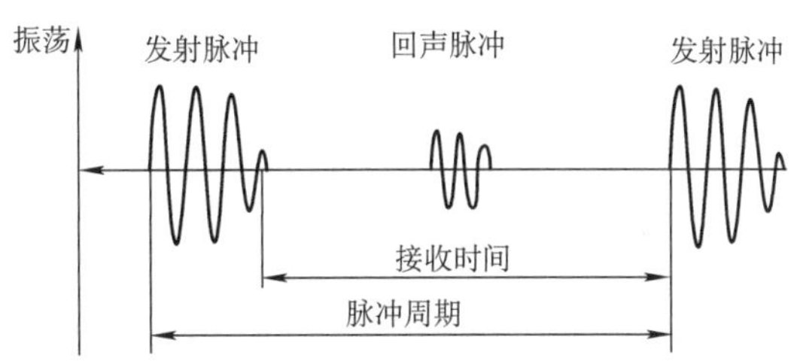

图 4-17　超声波传感器测距的工作原理

超声波在空气中的传播速度与温度有关，例如 0℃时每秒为 331.36m，20℃时每秒为 343.38m，可见温度越高其传播速度越快。因此，要校正各种环境温度下测距的误差值。

由于超声波指向性强、能量消耗缓慢和在介质中传播的距离较远，而且超声波检测比较迅速、测量精度高和易于实时控制。因此，超声波在距离测量中应用广泛。

3. 超声波式传感器的测量电路及显示仪表

超声波传感器的测量电路，一般由处理单元、输出电路组成，处理单元控制超声波信号的发送和接收、串行数据发送、计算测距的数值和温度校正。输出电路对物体反射超声波的回波信号进行放大、整形和输出数据。超声波传感器的显示仪表，一般由 LED 数字电路组

成，LED上直接显示被测距离。图4-18所示的超声波传感器系统是由换能器、处理单元、输出、显示电路构成的。

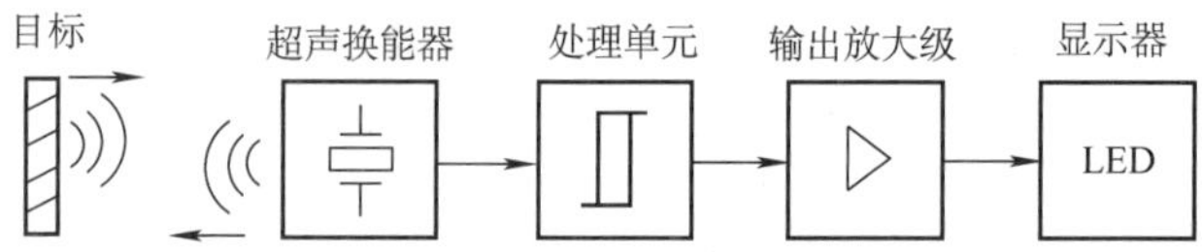

图4-18 超声波传感器系统

［拓展知识］超声波及超声波检测液位的原理

声波是指人耳能感受到的一种纵波，其频率范围为16Hz～20kHz。当声波的频率低于16Hz时就叫做次声波，高于20kHz则称为超声波。一般把频率在20kHz到25MHz范围的声波叫做超声波。超声波是一种机械波。

超声波型主要分为纵波、横波、表面波、兰姆波四种。波源的质点振动方向与波的传播方向一致的波称为纵波；波源的质点振动方向垂直于波的传播方向的波称为横波；波源的质点的振动介于纵波和横波之间且沿着介质表面传播，随深度的增加振幅迅速衰减的波称为表面波；质点将以纵波分量或横波分量形式振动，以特定频率被封闭在特定有限空间时产生的制导波称为兰姆波。横波、表面波和兰姆波只能在固体中传播，纵波可以在固体、液体和气体中传播。

超声波的频率越高，声场的方向性越好，能量越集中，声波越接近光波的某些特性（如反射、折射定律）。如图4-19所示，当超声波向两个不同的介质传播时，入射波以α角从第一种介质传播到第二种介质时，在介质分界面会有部分能量反射回原介质中的波，称为反射波；剩余的能量透过介质分界面在第二种介质内继续传播，称为折射波。纵波、横波、表面波及兰姆波的传播速度取决于介质的弹性常数和介质密度，同种介质不同波型或同一波型不同介质，其传播波速度都是不相同的。

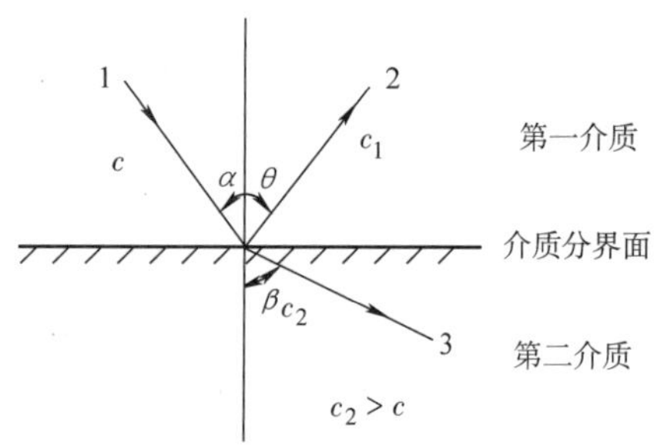

图4-19 超声波的反射与折射
1—入射波 2—反射波 3—折射波

入射角α的正弦与反射角θ的正弦之比等于入射波所处介质的波速c与反射波所处介质的波速c_1之比，称为反射定律。入射角α的正弦与折射角β的正弦之比等于入射波所处介质的波速c与反射波所处介质的波速c_2之比，称为折射定律。当超声波从第一个介质垂直入射到第二个介质传播时，透射声压与入射声压之比称为透射率，而反射声压与入射声压之比，称为反射率。声压可以理解为由于声波的作用而产生的压强。当入射波和反射波的波型、波速一样时，入射角等于反射角。超声波从密度小的介质入射到密度大的介质时，透射率和反射率都较大。

超声波在介质中传播时，由于声波的散射、漫射或被吸收等原因，会导致能量的衰减。其衰减程度与声频和介质密度有关，声频越高、介质密度越小则衰减程度较大。

在实际应用中，当超声波发射器与接收器分别置于两侧时，这种类型称为透射型；当超声波发射器与接收器分别置于同侧时，这种类型称为反射型。超声波具有波长短，绕射现象小，方向性强和在液体、固体中衰减小、穿透本领大等优点，被广泛应用于检测物距、厚度、探伤、流量等领域中。

超声波测量液位的方式有液介式和气介式等不同方法，原理图如图 4-20a、b 所示，图 4-20d 中的 4 为附加反射小板，其作用是消除波速随温度变化而造成的测量误差。使用超声波探头测量液位时，可在液罐上方安装空气传导型超声发射器和接收器，根据超声波的往返时间，就可测得液体的液面。

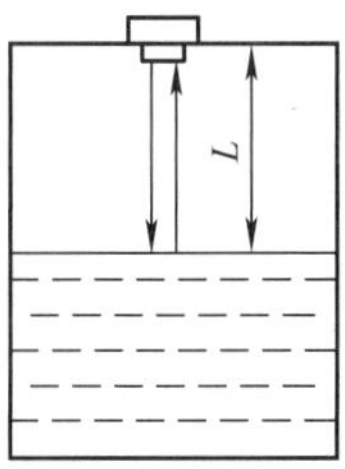

a)气介式

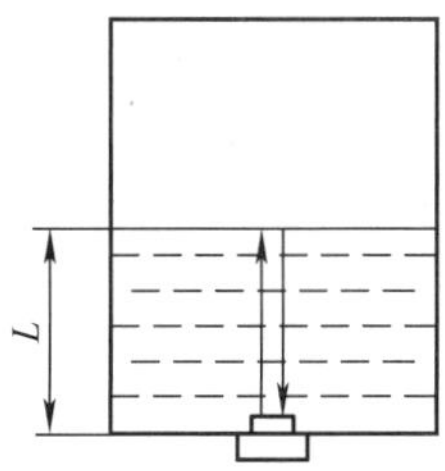

b)液介式

c)超声波液位变送器

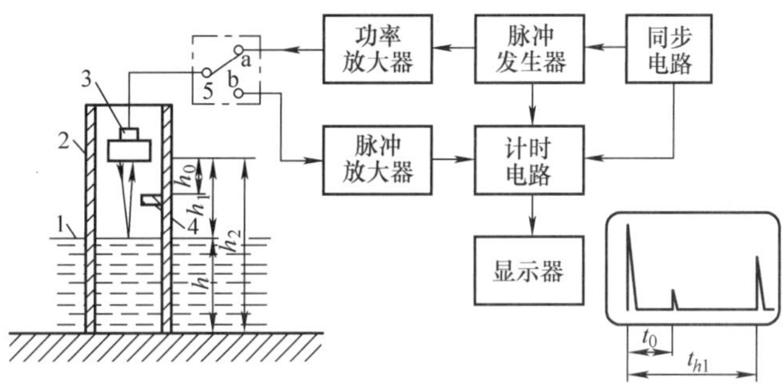

d)气介式液位测量原理

图 4-20　超声波液位检测原理

1—液面　2—隔离管壁　3—超声探头　4—反射小板

任务二　使用超声波传感器检测距离

[**实践操作**] 超声波传感器检测距离系统实训

1. 实训目的

通过应用训练，掌握超声波传感器测距系统的安装工艺、调试步骤和简单故障判别及维修方法。

2. 电路原理

图 4-21 所示是一种超声波数字显示测距测温控制器电路板，它利用了超声波在空气中的传播特性，测量物体距离时不接触被测物体。因此，可以测量各种物体（包括固体和液体）的距离。该测距控制器电路简单，可以替代卷尺、直尺和对水塔水位进行测控及各种车辆的倒车显示与报警，实现了测距的自动化控制。它可以校正温度对超声波在空气中的传播速度的影响，还可以显示其环境的温度值。

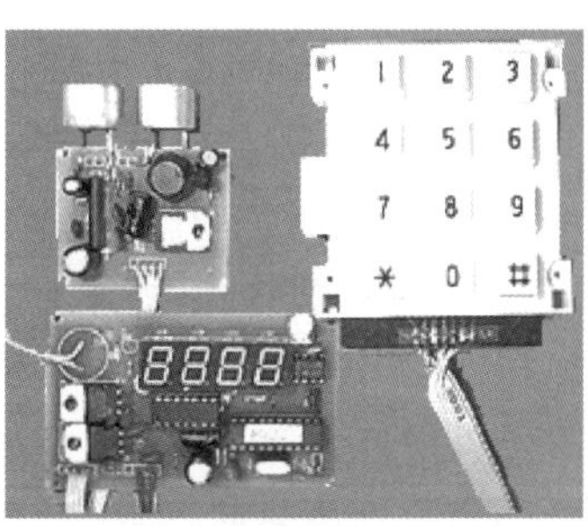

图 4-21　超声波数字显示测距测温控制器电路板

图4-22所示是单片机PLCB20控制的超声波测距测温控制器原理图。IC_1（PLCB20）芯片是键盘扫描和显示驱动功能的微处理器，该芯片控制超声波信号的发送和接收、串行数据发送、温度校正及采样频率的输入，并通过运算后转换成温度数据，以校正不同温度下的距离误差，再在LED上显示被测物体距离的厘米数值。同时和已输入的预置数进行比较，若达到预置值则进行开关量信号的输出。

各元器件的作用列举如下：

IC_2（7404反相驱动器）集成电路芯片，在电路中驱动LED。

IC_3（NE555时基）集成电路芯片，在本电路中作为温控频率振荡器使用。它使IC_1读取到外界温度的频率后，进行内部的运算，以校正不同温度下检测物体距离的误差值，并在LED上显示实时环境的温度值。

IC_4（CXA20106A接收电路）集成电路芯片，它的内部包括了前置放大、限幅、整形、输出等功能。它接收物体反射超声波回波信号，提供给IC_1检测。

通过本控制器键盘预置输入开启或关闭的测距控制数值，可输出1200BIT串行数据信号，以便和PC计算机及远程显示板的连接。如用485标准串口可传送2000m以上，有利于数据的远程传送及处理。

3. 准备工具、仪表和器材

1）工具。尖嘴钳、螺钉旋具和电烙铁（20~35W）等电工工具一套；

2）仪表。万用表、示波器各一台；

3）器材。图4-22所示超声波数字显示测距测温控制器电路一套。

4. 系统技术指标

1）测距量程。30~1000cm；测温范围：-20~60℃；

2）测试精度。空气中测距精度≤0.5%±1cm；测温精度≤1%；

3）数据显示。LED显示：距离单位为cm，温度单位为℃；

4）键盘输入。开启值和关闭值都为30~1000cm，在范围内任意设置；

5）反射面积。距离超声波发射探头1000cm时为$1m^2$，400cm时为$0.25m^2$；

6）超声波发散角。选用型号401型时，帧超声波发散角为45°，选用各种不同型号探头会有发散角有所变化；

7）串行数据输出。在显示测距数值后发送1200BIT串行数据共4帧，1、2帧是测距数值，3、4帧是温度数值。有利于计算机、远程显示板与串口数据连接及其他功能的扩展；

8）测控周期预置。开启、关闭数据后，以每秒为2次周期进行测距控制；

9）工作环境。干电池或可充电池供电，直流电压为12V（1±10%）。工作电流为50mA，便于制作小型便携产品。

5. 安装与调试方法

1）电气安装。严格按使用说明书进行正确的电气连接，接收电路应用铁皮屏蔽以增加抗干扰的性能。

超声波探头表面严禁用手及其他物体触摸，以免产生信号滞后性或损坏。

2）调试与检测。在测距中应保证测距仪与被测物体距离为定值，要和被测物体成一条直线，使测得距离读数保持准确。接上6V电源，把K_1拨到测温档LED应显示温度值，用标准水银温度计放置于温敏电阻R_2附近，并观测其温度值，如LED显示值与水银温度计不

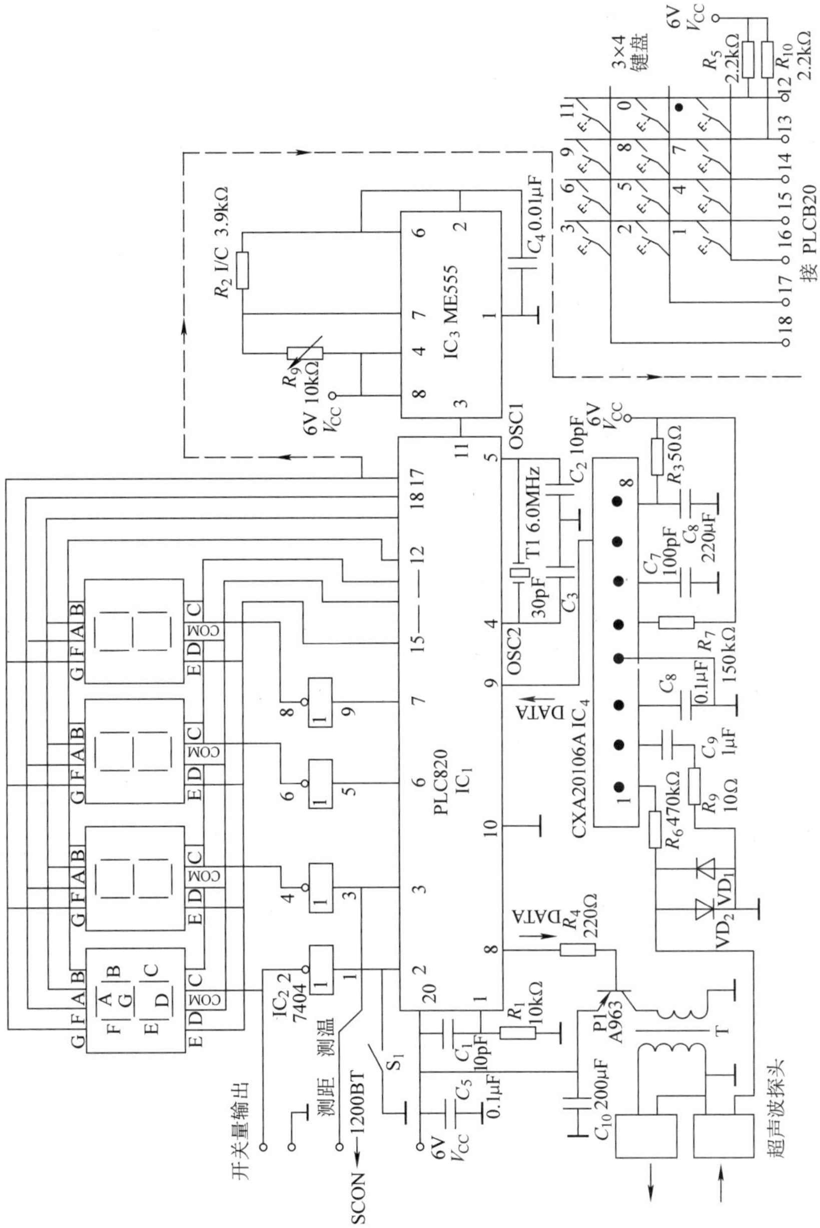

图 4-22　单片机 PLCB20 控制的超声波测距测温控制器原理图

符，调整 R_9，使 LED 显示值与水银温度计一致即可。

使用范例：上电 LED_2 闪烁即可输入数据，第 1 次输入为关闭数值，第 2 次输入为开启数值，上电后开关量输出为关闭状态。用 LED_1 数码管指示，亮为开，暗为关，关为 0V，开为 2V。例：开机 LED_2 闪烁，输入显示 185 即 1.85m，为关闭的数值，LED 显示 1.85，3s 后 LED_2 闪烁即输入开启的数值 190 即 1.90m，LED 显示 1.90，3s 后即转为测距状态，LED 显示实际测到的数值，如测到的数值为 1.90 时，LED_1 数码管点亮，表示启动开，同时有 2V 电压输出，如再测到的值为 1.85m 时，LED_1 灭表示关，输出端没有电压输出。

3）记录测量数据。观察 LED 读数与物体距离之间的变化关系，记录数据，绘出关系曲线。并且计算出该传感器检测系统的灵敏度 $K=\Delta L'/\Delta L$。

LED 读数 L'/cm				
物体距离 L/cm				

单元三　流量的检测方法

单元目标　通过本单元的训练，达到熟悉常用超声波传感器检测组件的外形和基本原理；掌握工业常用的流量检测方法；学会超声波流量传感器检测系统安装和调试的目的。

任务　了解流量检测的意义及常见方法

[学习知识]

一、液体流量的常用检测方法

检测液体流量的传感器统称为流量计，流量计按力学原理可分为差压式、转子式、冲量式、可动管式、直接质量式、靶式、涡轮式、旋涡式、皮托管式、容积式和堰（槽）式流量计等；按电学原理可分为电磁式、差动电容式、电感式、应变电阻式流量计等；按声学原理可分为有超声波式、声学式（冲击波式）流量计等；按热学原理可分为直接量热式、间接量热式流量计等；按光学原理可分为激光式、光电式流量计等；按原子物理原理可分为核磁共振式、核辐射式流量计等。

超声波流量计可以做成非接触式传感器，在流体中不安装测量元件，不改变流体的流动状态和附加阻力，其测量准确度几乎不受被测流体温度、压力、黏度、密度等参数的影响，使用超声波流量计时，显示仪表的安装及检修，不影响生产管线的正常运行。适用于强腐蚀性、非导电性、放射性及易燃易爆介质的流量测量。

基于超声波流量计具有上述的优点，现已制成不同声道的标准型、高温型和防爆型流量计等，以适应不同介质、不同场合和不同管道的流量检测。随着电子科技的不断进步，它将向着产品系列化、通用化和标准化方向发展。

二、超声波流量计的原理

超声波流量计由超声波换能器（发射换能器和接收换能器）、测量电路、流量显示和累积计算系统三部分构成。超声波发射换能器将电能转换为超声波能量，并将其发射到被测流体中，再经反射和折射，由超声波接收换能器收到超声波信号，经测量电路放大并转换为代表流量的电信号，最后供给显示仪表显示。累积计算系统则是对流量进行累积计算，从而实现对体积流量的检测。

根据检测的方式，超声波流量计可分为传播速度差法、多普勒法、波束偏移法、噪声法和相关法等。按照换能器的配置方法不同，超声波流量计又可分为Z法（透过法）、V法（反射法）和X法（交叉法）等，如图4-23所示。

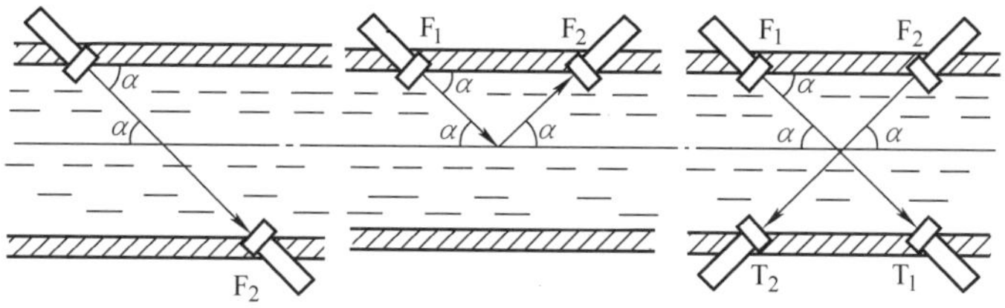

a)Z 法（透过法）　b)V 法（反射法）　c)X 法（交叉法）

图4-23　换能器的配置方法

超声波流量计适用于检测对普通流量计会造成损伤的液体，如废水、石油液、化学液、酸液、碱液、腐蚀液等黏液。

下面仅介绍传播速度差和多普勒式超声波传感器检测液体流量方法。

1. 传播速度差法

传播速度差法是通过检测超声波在流体顺流和逆流的速度之差来反映其流量的，它又可以分为时间差、相位差和频率差等检测方法。

图4-24所示是超声波速度差法流量计检测液体流量原理图，超声波流量计的换能器加正弦波或脉冲信号电源。其中超声波换能器（F_1，T_1）的超声波是顺流传播，而超声波换能器（F_2，T_2）的超声波是逆流传播，根据两束超声波速度之差，检测出液体的平均速度和流量。

2. 多普勒式超声波流量传感器

多普勒法是利用声学多普勒原理，通过检测不均匀流体散射的超声波多普勒频移来确定流体流量的，它适用于含悬浮颗粒或气泡等的流体流量检测。

图4-25所示是多普勒式超声波换能器的工作原理图。换能器F_1发射频率为f_1的超声波，经过管道内液体中的悬浮颗粒或气泡时其频率将发生偏移，以f_2的频率反射到换能器F_2，这种现象就是多普勒效应。f_2与f_1之差，即为多普勒频差Δf。

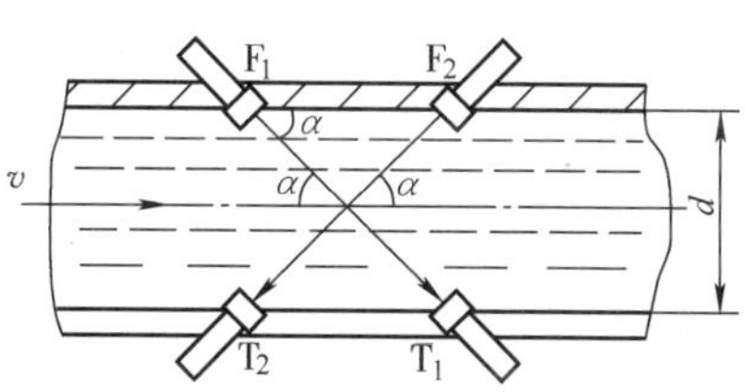

图4-24　超声波速度差法流量计检测液体流量原理图

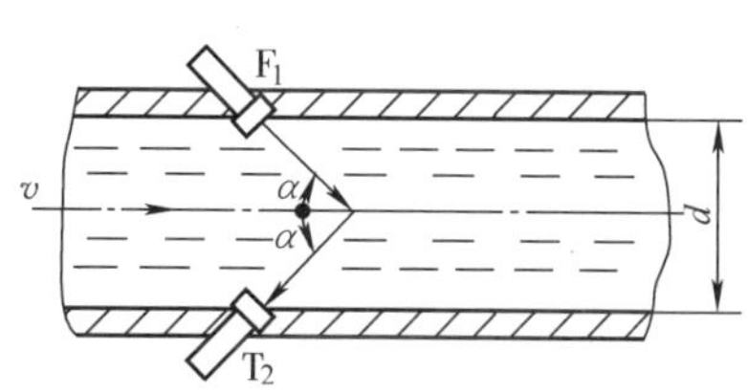

图4-25　多普勒式超声波换能器的工作原理

理论证明，多普勒频移 Δf 正比于流体流速 v，即当管道条件、超声波换能器安装位置、发射频率和声速确定以后，流体流速和超声波多普勒频移成正比。通过检测多普勒频移就可得到流体流速，进而求得流体的流量。

[**拓展知识**] 流量和流量检测的意义

流量是指流体在单位时间内通过某一截面的体积数或质量数，分别称为体积流量和质量流量。因为是单位时间流量，故又称为瞬时流量。若将瞬时流量对时间进行积分，求出累计体积或质量的总和，称为累计流量，也称之为总量。即

体积流量 $q_V = Av$ 单位：m^3/h；

质量流量 $q_m = \rho Av$ 单位：t/h；

累计流量 $q_{总} = \bar{q}t$ 单位：t/h。

流体的流量是一个动态量，所以流量检测是一项复杂的技术。影响流量测量的有很多外部和内部的因素，如流量温度可以从高温到低温，流量压力可以从高压到低压，流量的大小可以从微小流量到大流量，流量的流动状态可以是层流、紊流等。此外就液体而言，还存在黏度大小不等的情况。因此，要准确的检测流量，就必须研究不同流体在不同条件下的流量检测方法。

在工农业生产、军事工程、航天技术和日常生活中，流量检测都占有重要地位。例如，农田水利、石油化工、电力、食品、纺织行业的气体、液体和粉状物等流体介质的流量检测；宇宙飞船、火箭和核动力的液化燃料，也都离不开流量检测。如果检测不准，不但无法保证产品质量，而且会造成巨大的经济损失，严重的还会发生重大安全事故。

流量的检测对于实现生产过程中的自动化，提高生产效率，保证产品质量，保障安全生产，促进科学技术的进步，都具有十分重要的意义。在当今能源危机和生产自动化程度愈来愈高的时代，流量的检测在国民经济、国防建设、科技发展中发挥着重要的作用。

目前，随着科学技术的发展，流量检测引入超声波、激光、电磁、核技术及微型计算机等新技术，使得无接触、无活动部件的间接测量技术迅速发展，为流量检测开拓了新的领域。新型流量传感器趋向线性化、数字化和智能化，以提高流量传感器的量程比、稳定性和自动化程度，加强对高黏性、高低温和高低压等特殊流量测量的科学研究。

流量的测量方法还有很多，以下是其他几种测量方法。

1. 容积式测量方法

以测量容积流量为依据的仪器有螺旋式流量计、旋转腰轮式流量计、涡轮式流量计、叶轮式流量计。容积式流量计最常见的有油泵、水表和煤气表等。这些测量仪器可以用于指示流速和流量。由于仪器直接接触液体，因此会出现扰动现象，影响测量精度，通常要降低仪器的摩擦、减轻其质量，以便使扰动影响最小化。图 4-26 所示为家用水表的外观和叶轮。

螺旋式流量计和旋转腰轮式流量计都属于“容积式”测量的典型仪器。流体流经已知容积的量仪内腔，导致旋翼或腰轮发生旋转。容积式流量计的工作原理就是：将流体分成若干个确定容积的小单元，然后再将这些已知小单元的容积值相加，即可确定出一定时间内流过的总流量。图 4-27 所示为腰轮流量计的原理，与之相似的还有椭圆齿轮流量计，如图 4-28 所示。

图 4-26　家用水表

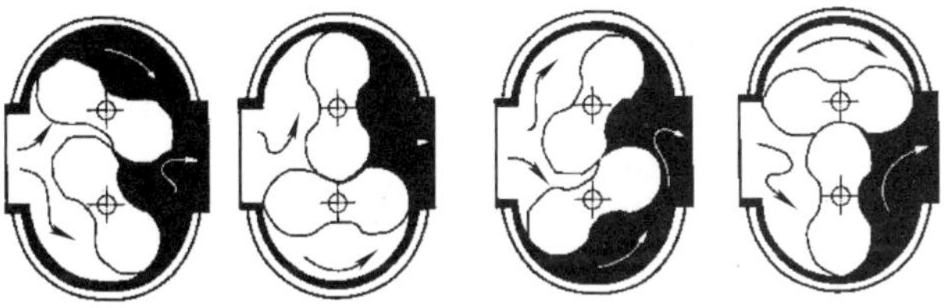

图 4-27　腰轮流量计的原理

图 4-28　椭圆齿轮流量计

容积式测量有如下特征：

1）测量精确，可以用于液体或气体流量的测量。

2）几乎不用维护或重新校准。

3）价格较高，会导致管道的明显压力损失，通常不能用于测量快速波动的流体。

图 4-29 所示为涡轮式流量计原理图。这种流量计常用于显示容积流量和流体速度。在原理图中，液体流导致涡轮旋转，其旋转速度与流体流速成正比，安装在侧面的感应器（可以是一个线圈）能检测到涡轮的转速，从而由转速测出流体的流速。

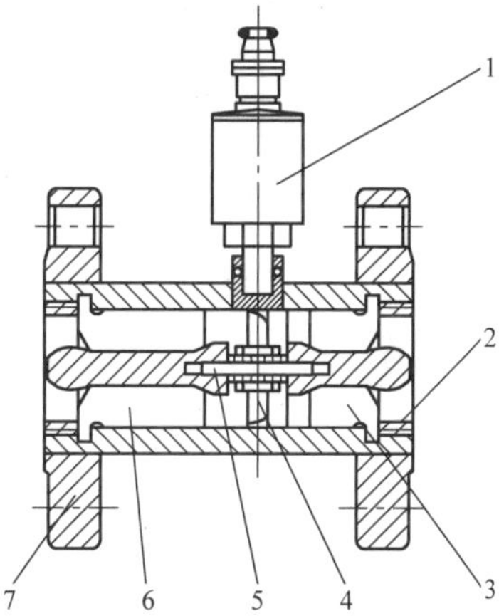

图 4-29　涡轮流量计原理

1—前置放大器　2—压紧圈　3—后导向架　4—叶轮　5—轴　6—前导向架　7—壳体

涡轮式流量计也会导致一定的压力损失，而且价格贵，但灵敏度和精确度都很高，可应用于各种规格的流量测量，从每秒几分之一升到每秒数百升的流量仪表都有应用。

2. 流速式测量方法

以上介绍的仪表都适用于液体和气体的测量。热线式风速计是一种典型的流速式测量方法，如图 4-30 所示为热线式风速计原理和外观。

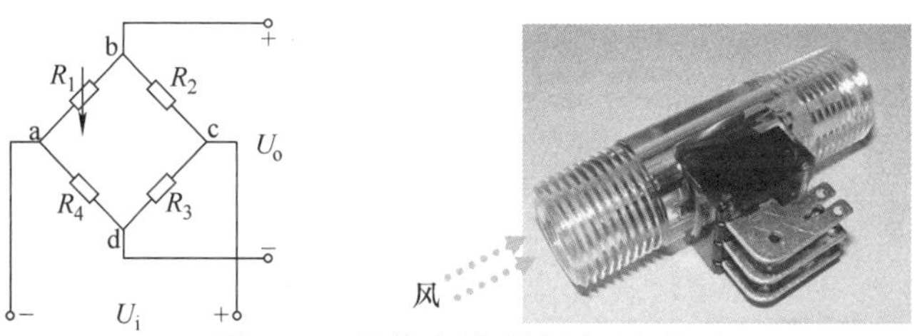

图 4-30　热线式风速计原理和外观

图 4-30 中，R_1 为电热丝探头，构成了单臂电桥回路的一部分。气体流过电热丝探头时会使探头冷却，其冷却程度与气体的流速成正比，则电热丝电阻变化，变化量与气体流速成正比，并将这个变化通过电桥的作用转换成电压的变化。热线式风速仪测量的气体流速范围可以从极低速到超音速，价格较昂贵，适合测量流速不稳定的气体。

还有一种称作转子流量计的仪表，也属于流速式测量方法。图 4-31 所示为转子流量计的外观。

3. 差压式测量方法

采用差压测量方法的流量计很多，一般称做差压节流式流量计。它是利用流体流经节流装置时所产生的压力差与流量之间存在一定关系的原理，通过测量压差来实现流量测定。节流装置是在管道中安装的一个局部收缩元件，最常用的有孔板、喷嘴和文丘里管。根据封闭管道的流体力学原理，管道中某处的压强与该处流体的流速成反比关系，即测量出压差就可以实现流量的测定。差压节流式流量计原理及实物图如图 4-32 所示。

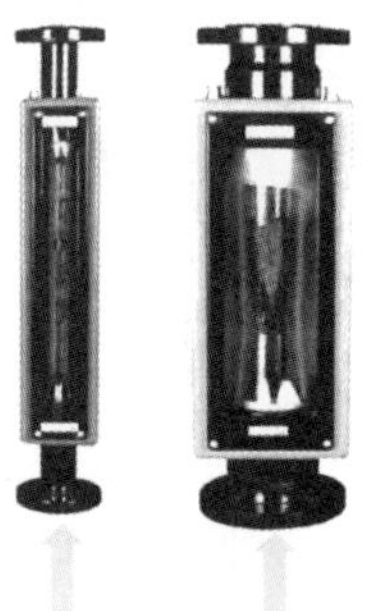

图 4-31 转子流量计的外观

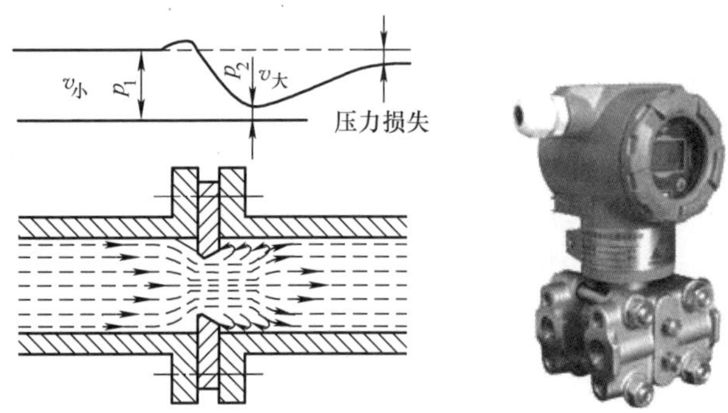

图 4-32 差压节流式流量计

差压式节流流量计由一次装置和二次装置组成。一次装置称为流量测量元件，它安装在被测流体的管道中，产生与流量（流速）成比例的压力差，供二次装置进行流量显示。二次装置称为显示仪表，它接收流量测量元件产生的差压信号，并将其转换为相应的流量进行显示。差压节流式流量计的一次装置常为节流装置或动压测定装置（皮托管、均速管等）。二次装置为各种机械式、电子式、组合式差压计配以流量显示仪表。差压计的差压敏感元件多为弹性元件。由于差压和流量呈均方根关系，故流量显示仪表都配有开平方运算装置，以使流量刻度线性化。多数仪表还设有流量积算装置，以显示累积流量，以便经济核算。

4. 电磁流量计

电磁流量计所依据的基本原理是法拉第电磁感应定律：导体在磁场中做切割磁力线运动时，导体内将产生感应电动势。将该原理应用于测量管内流动的导电液体，并且流体流动的方向与磁场方向垂直（见图 4-33）。流体中产生的感应电动势被位于管子径向两端的一对电极检测到，该感应电动势（信号电压）E 与磁感应强度 B、电极间距离 D 和平均流速 V 成正比。因磁感应强度 B 和电极距离 D 是常数，所以感应电动势（信号电压）E 与平均流速 V 成正比，而体积流量又与平均流速 V 成正比，所以体积流量与感应信号电压成正比。在信号转换器中，该感应信号电压被转换成体积流量，同时转换成可编程的模拟和数字信号输出。

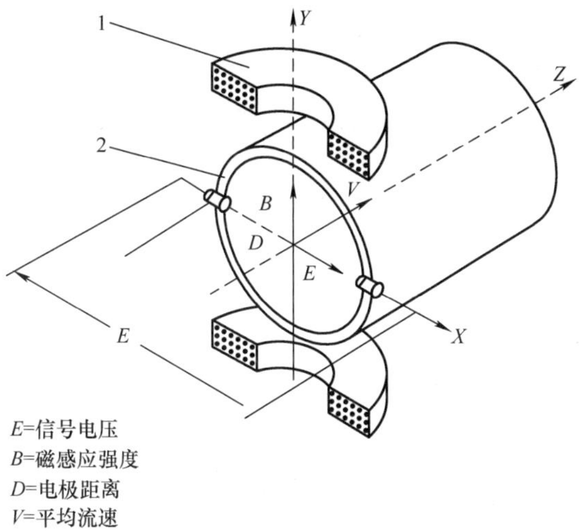

图 4-33　电磁流量计原理

1—励磁线圈　2—电极平面内的测量管

[项目四小结]

液位和流量是自动化生产过程中的参数。工业上常见的液位测量装置有浮力式、压力式、电容式、超声波式、电导式等。流量传感器主要有浮子式、涡轮式、差压式、电磁式、超声波式等。

液位与流量的检测方法比较多，应根据具体的生产环境来选择传感器和设计检测系统。

[课后作业四]

4-1　液位的测量方法有哪些?

4-2　压力式液位检测一般采用什么形式的传感器?请解释这种传感器的基本原理。

4-3　流量的检测方法有哪些?各有什么特点?

4-4　解释图 4-20d 所示超声波液位检测的基本工作原理，并解释图中反射小板为什么可以消除温度带来的测量误差?

4-5　超声波有哪些特点?超声波测量液位有哪些方式?其测量原理分别是什么?

4-6　简述超声波流量计的类型及基本原理。

4-7　根据热线式流量计的原理，分析其适用范围。

项目五　位置检测

项目描述

位置检测在生产、生活中都有广泛的应用。当前实现位置检测主要是使用各种接近开关。在日常生活中，如宾馆迎宾门、饭店前门、车库的自动门，自动热风机上，应用接近开关来实现位置检测。在安全防盗方面，如资料档案、财会、金融、博物馆、金库等重地，通常都装有由各种接近开关组成的防盗装置。在测量技术中，如长度、位置的测量；在控制技术中，如位移、速度、加速度的测量，也都大量使用接近开关。

接近开关是利用位移传感器对接近物体的敏感特性，控制开关通断的一种装置。位移传感器是一种对接近它的物体有感知能力的元件。当有物体移向接近开关，并接近到一定距离时，位移传感器才有“感知”，开关才会动作，通常把这个距离叫检出距离。不同的接近开关检出距离也不同，有时被检测物体是按一定的时间间隔，一个接一个地移向接近开关，又一个一个地离开，这样不断地重复。

位移传感器可由不同的原理和不同的工艺做成，而不同的位移传感器对物体的“感知”方法也不同。常见的接近开关见表5-1。

表5-1　常见的接近开关

接近开关类型	特　点
电感式接近开关	被测物体必须是导电体
电容式接近开关	被测物不限于导电体，可以是绝缘的液体或粉状物
霍尔接近开关	被测物体必须是磁性物体
光电式接近开关	对环境要求严格，无粉尘，被测物对光的反射能力好
热释电式接近开关	被测物体的温度必须和环境温度有差异
超声波或微波接近开关	利用多普勒效应，可识别任何物体的移近

在一般工业生产场所，电感式接近开关和电容式接近开关使用较多，因为这两种接近开关对环境的要求条件较低。当被测对象是导电物体或是可以固定在一块金属物上的物体时，一般都选用电感式接近开关，因为它的响应频率高、抗环境干扰性能好、应用范围广、价格较低。若所测对象是非金属（或金属）、液位高度、粉状物高度、塑料、烟草等，则应选用电容式接近开关。这种开关虽然响应频率低，但稳定性好。另外，在安装时应考虑环境因素的影响。若被测物为导磁材料，或者为了区别和它一同运动的物体而把磁钢埋在该被测物体内时，应选用霍尔接近开关，它的价格较低。在环境条件比较好、无粉尘污染的场合，可采用光电式接近开关。光电式接近开关工作时对被测对象几乎无任何影

响。因此，在要求较高的传真机上、在烟草机械上都被广泛地使用。在防盗系统中，自动门通常使用热释电式接近开关、超声波式接近开关、微波式接近开关。有时为了提高识别的可靠性，上述几种接近开关往往被复合使用。无论选用哪种接近开关，都应考虑工作电压、负载电流、响应频率、检测距离等各项具体的性能指标。

技能要点

常用位置检测元件的使用方法，相关资料的查阅能力；接近开关的接线方法、与 PLC 的连线；简单位置检测系统中器件的安装技能；解决简单的位置检测问题。

知识要点

通过本项目，了解几种常用接近开关的工作原理、使用方法等，掌握不同被测对象、不同工作环境下接近开关的选型原则，理解接近开关的主要性能参数指标，简单了解接近开关和 PLC 以及整个控制系统的联系。

单元一　金属物位置检测

单元目标　熟悉电感（涡流）式接近开关的常用术语，了解其基本使用方法；理解电感式接近开关的基本原理；掌握电感式接近开关的使用接线方法；运用元件测量近距离物体位置。

任务一　了解电感式接近开关

在实际的制造工业流水线上，电感（涡流）式接近开关有着较为广泛的应用，如图 5-1a所示。电感式接近开关固定在支架上，工件在传送带上依次自左向右运动，当工件进入接近开关的额定动作距离范围内之后，接近开关动作，内部晶体管导通，常开触点闭合，常闭触点断开。接近开关动作可以触发别的机械动作或程序处理，从而对工件进行统计、加工、分类等。图 5-1b 所示是一个材料分拣实验装置的实物图，其中最右侧的就是电感式接近开关。

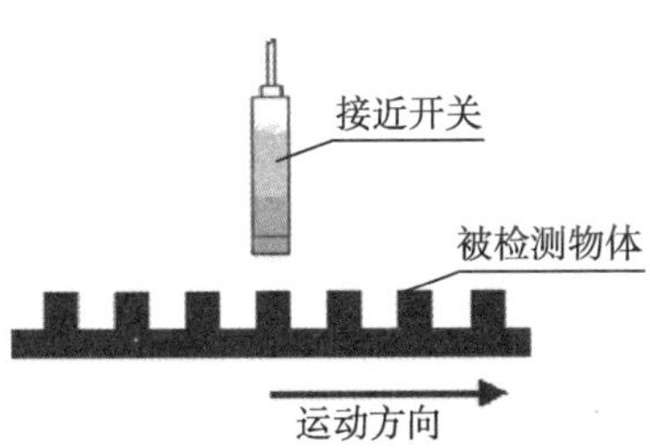

a）应用示意图

b）材料分拣装置中的接近开关

图 5-1　接近开关应用

电感式接近开关不与被测物体接触，依靠电磁场变化来检测，大大提高了检测的可靠性，也保证了电感式接近开关的使用寿命。所以，该类型的接近开关在制造工业中，比如机床、汽车等行业中使用频繁。

［实践操作］

一、明确检测工艺要求

在图 5-1a 中，利用电感式接近开关来检测传送带上的工件，当有工件接近时，接近开关上的触点动作，常开触点闭合，常闭触点断开。

在实验室中，用一个小钢条来模拟工件，标准的检测体一般为正方形的 A_3 钢，厚度为 1mm，边长为接近开关检测面的 2.5 倍。接近开关上电后，移动的小钢条从接近开关的检测头经过，观察接近开关输出的电压变化。

这个实验主要是对电感式接近开关有个直观的认识。实验中要明确电感式接近开关的作用，了解该类型接近开关的特点，为后续的训练做好充分准备。

可以预先讨论、分析电感式接近开关的检测原理，如图 5-2 所示。

二、熟悉电感式接近开关的有关术语

要使用电感式接近开关，首先要了解其相关的专业术语和技术参数。

动作距离：检测物体按照一定的方式移动时，从接近开关的检测表面到开关动作时的基准位置的空间距离。

复位距离：与动作距离类似，复位距离指的是检测物体离开检测表面到开关动作复位时的位置之间的空间距离，复位距离大于动作距离，两者的关系如图 5-3 所示。

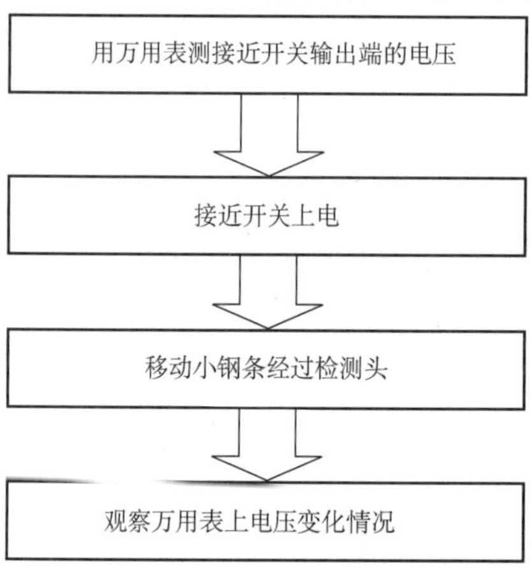

图 5-2　实验流程图

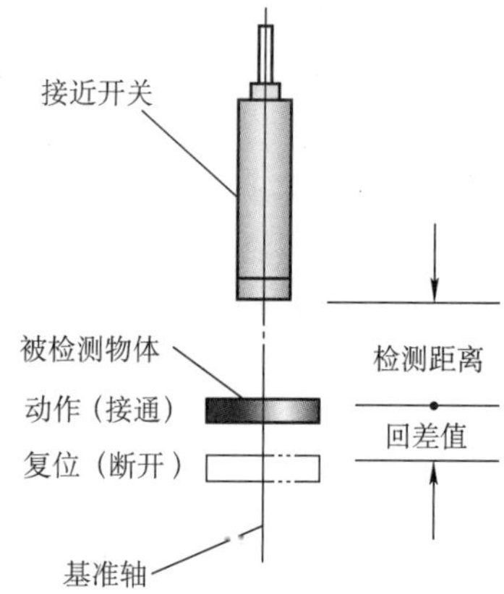

图 5-3　动作距离和复位距离的关系

设定距离：接近开关在实际工作中的整定出来的距离，一般为额定动作距离的 0.8 倍。

回差值：动作距离与复位距离之差的绝对值。

响应频率：在 1s 内，接近开关频繁动作的次数。

响应时间：指从接近开关检测头检测到有效物体，到输出状态出现电平翻转所经过的时间。

导通压降：指接近开关在导通状态时，开关内输出晶体管上的电压降。

除此之外，电感式接近开关的安装形式也是一个比较重要的参数。当前电感式接近开关的安装形式主要分为埋入式和非埋入式，两种方式根据具体的实际安装条件来选择。

三、明确检测注意事项

在测量过程中，电感式接近开关对于工作环境、被测物体等都有一定的要求：

1）如果被测物体不是金属，则应该减小检测距离。同时，很薄的镀层也很难检测到。

2）电感式接近开关最好不要放在有直流磁场的环境中，以免发生误动作。

3）避免接近开关接近化学溶剂，特别是在强酸、强碱的生产环境中。

4）注意对检测探头的定期清洁，避免有金属粉尘粘附。

[特别提示]

1）不同的电感式接近开关提供的输出端口数量也是不一样的，有两线、三线、四线，甚至五线等。在使用之前，一定要看接近开关上的铭牌，否则可能会因为电压不相称而烧坏设备。

2）使用直流/交流二线型电感式接近开关时，必须连接负载。如不经负载直接连接电源，内部元器件将会烧坏，且无法修复，如图 5-4 所示。

3）当负载电流≤5mA 时，将会造成开关通断不可靠，这时应按图 5-5 所示在负载两端并上 39kΩ/5W 的电阻器。

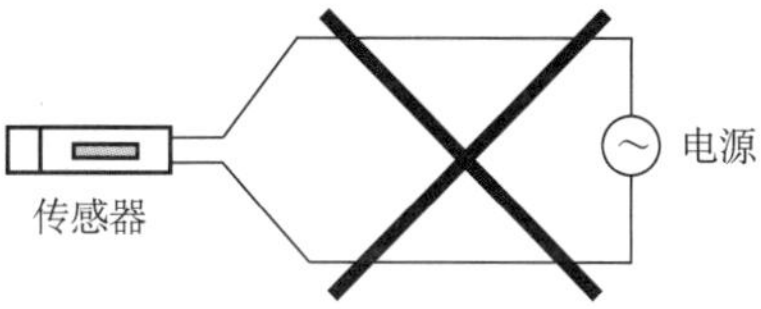

图 5-4　电源连接

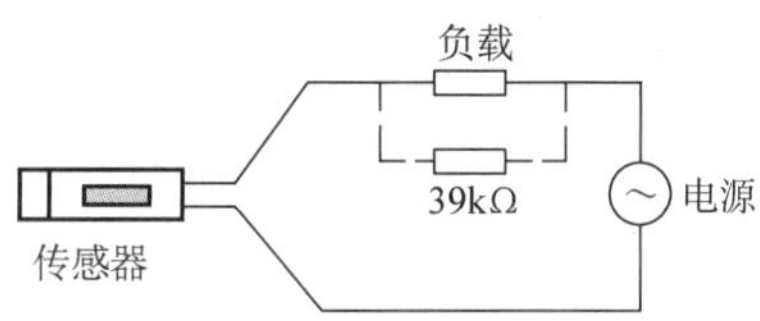

图 5-5　负载电流过小

[思考与训练]

在括号中填上“能”或“不能”：

1. 电感式接近开关（　　）用于对非金属的检测。
2. （　　）在直流磁场中使用电感式接近开关。
3. 在金属粉尘较多的生产环境中，电感式接近开关（　　）正常工作。
4. 把电感式接近开关埋入传送带，电感式接近开关（　　）正常工作。
5. 高速运动的金属物件（　　）用响应时间慢、动作距离短的电感式接近开关来检测。

[拓展知识] 电感式接近开关的型号

电感式接近开关能检测到部分非金属物体，但不能检测所有的物体。这是由电感式接近开关的工作原理决定的，只要物体能够改变或者影响电磁场就可以被检测到。

型号说明：第一部分文字分别表示接近开关类型、外形和尺寸，短线后面第二部分文字表示接线图号和输出类别。

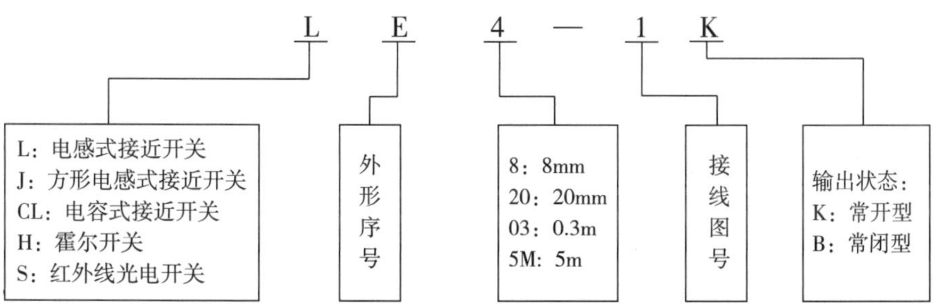

[课外作业]

查找资料，整理出某一品牌电感式接近开关的性能参数表，并安排小组讨论。

任务二　测量近距离物位置

在了解电感式接近开关相关的基础知识之后，怎样运用电感式接近开关来测量物体位置及其相关接线是本任务的重点。

为方便理解，采用一款 PNP 四线制的电感式接近开关来试验，试验目标是通过接线来将接近开关和西门子 S7-200 连接起来，当有金属物体靠近接近开关时，从 PLC 中能及时读到接近开关传送过来的信号。

系统原理示意图如图 5-6 所示。

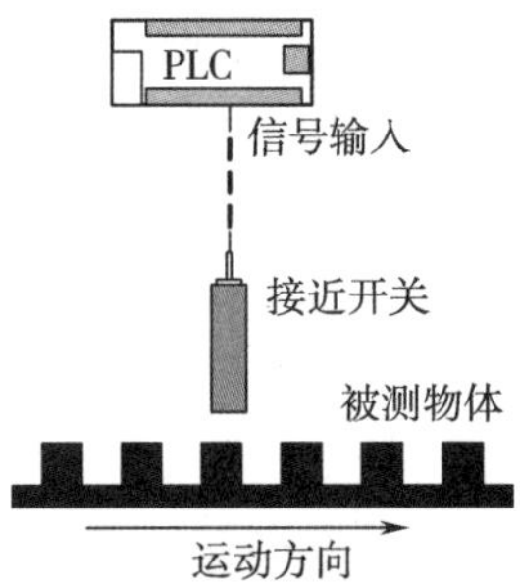

图 5-6　PLC 读取接近开关系统示意图

[实践操作] 系统接线。

一、熟悉电感式接近开关

1. 电感式接近开关的测量原理

电感式接近开关是一种有开关量输出的位置传感器，它由 LC 高频振荡器和放大处理电路组成。当金属物体靠近接近开关时，探头产生电磁振荡，金属物体内部会产生涡流。金属物体产生的涡流反作用于接近开关，使接近开关振荡能力衰减，内部电路的参数发生变化，开关状态发生变化，从而识别出金属物体。电感式接近开关也常称为涡流式接近开关。

由上述的电感式接近开关的测量原理可以看出，电感式接近开关是根据振荡电路衰减来判断有无物体接近的。被测物体要有能影响电磁场使接近开关的振荡电路参数变化的能力，所以，一般来说电感式接近开关只能够用来测量金属物体。

2. 电感式接近开关的工作流程

电感式接近开关的工作流程框图如图 5-7 所示。

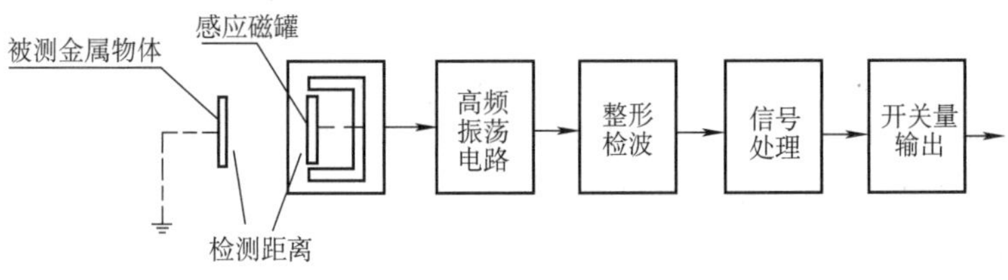

图 5-7　电感式接近开关的工作流程框图

3. PNP 四线制电感式接近开关

在上一任务中介绍了电感式接近开关不同的输出形式。归纳起来有以下几种常用的接线方式，如图 5-8 所示。

本任务中使用的是 PNP 四线制电感式接近开关。PNP 是指当有信号触发时，信号输出线与电源连接，输出高电平。对于常开点，在没有信号触发时，输出线是悬空的；有信号触发时，发出和电源相同的电压。对于常闭点，在没有信号触发时，发出和电源相同的电压；有信号触发时，输出线被悬空。

结合图 5-8 可以知道，当电感式接近开关检测到有金属物靠近时，在黄色线上输出高电平，在黑色线上输出低电平。相反地，没有金属物靠近时，黄色线上输出低电平，黑色线上输出高电平。

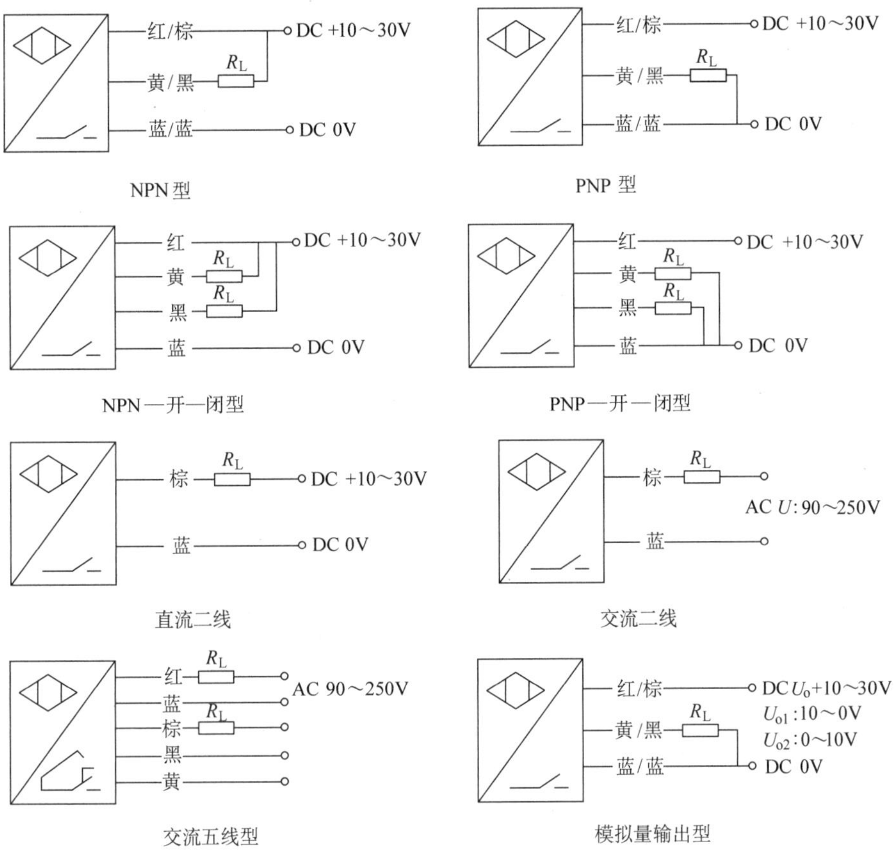

图 5-8　电感式接近开关几种接线形式

实际选用的接近开关是 24V 直流供电，分别将红、蓝色线连接到 24V 电源的正负端就可以了。

二、连接电感式接近开关和西门子 S7-200

了解电感式接近开关各个输出线的意义之后，就可以进入下一个步骤——探讨接近开关与西门子 S7-200 CPU 的连接，如图 5-9 所示。

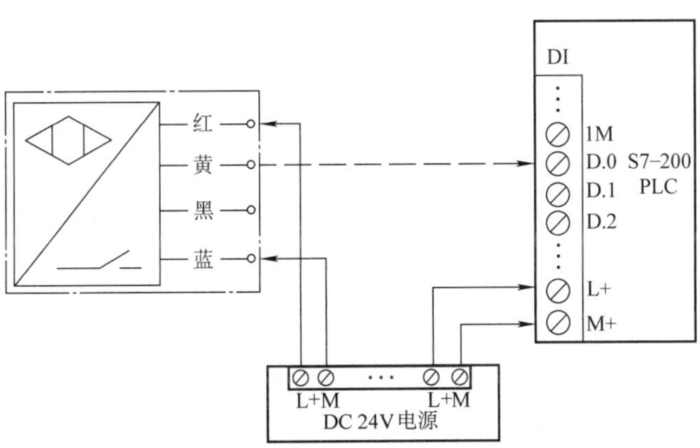

图 5-9　接近开关和 S7-200 CPU 的连接

这个连接比较简单，将接近开关的黄色线和黑色线分别连接到西门子 S7-200 CPU 上集成的两个数字量输入点。

三、上电测试

按照上面两个步骤完成接线之后，先给 24V 直流电源上电，然后再给西门子 S7-200 CPU 上电。观察此时 S7-200 CPU 上输入点指示灯，会看到有一个点的灯被点亮。若没有灯亮，则应马上关闭 S7-200，再关闭 24V 直流电源，检查电路，确认无误之后再上电测试。

观察到的被点亮的输入点就是电感式接近开关传送过来的常闭点，也就是 3 号线所对应的输入点。此时，和任务一一样，用一个小金属块靠近检测头，观察 S7-200 CPU 上的灯的点亮情况。

[特别提示]

按照步骤完成接线后可能从西门子 S7-200 CPU 上读不到信号，在确认设备和接线完全没问题的情况下，可能是信号共地的问题。西门子 S7-200 通过检测 24V 的直流电压来判断该点的状态，倘若接近开关和西门子 S7-200 使用了不同的 24V 直流电源来供电，那么这两个 24V 就不能保证是共地的。出现这个问题，可以更改接线，让接近开关和西门子 S7-200 使用同一个 24V 直流电源即可。

[思考与训练]

在括号中填上“能”或“不能”：

1. 电感式接近开关的两个电源线（　　）反接。

2. 根据电感式接近开关的工作原理判断，金属和非金属混合材质的物体（　　）被电感式接近开关检测到。

3. 接近开关的两个输出（常开和常闭）（　　）同时为导通或关断。

[拓展知识] 电感式接近开关的类型

PNP 与 NPN 型传感器（开关型）分为六类：

1）NPN - NO（常开型）；

2）NPN - NC（常闭型）；

3）NPN - NC + NO（常开、常闭共有型）；

4）PNP - NO（常开型）；

5）PNP - NC（常闭型）；

6）PNP - NC + NO（常开、常闭共有型）。

PNP 与 NPN 型传感器一般有三条引出线，即电源线、地线、信号输出线。

1. PNP 类

PNP 是指当有信号触发时，信号输出线和电源线连接，相当于输出高电平的电源线。

对于 PNP - NO 型，在没有信号触发时，输出线是悬空的，就是电源线和信号输出线断开；有信号触发时，发出与电源相同的电压，也就是信号输出线和电源线连接，输出高电平。

对于 PNP - NC 型，在没有信号触发时，发出与电源相同的电压，也就是信号输出线和电源线连接，输出高电平；当有信号触发后，输出线是悬空的，就是电源线和信号输出线断开。

对于 PNP - NC + NO 型，其实就是多出一个输出线，根据需要取舍。

2. NPN 类

NPN 是指当有信号触发时，信号输出线和地线连接，相当于输出低电平。

对于 NPN－NO 型，在没有信号触发时，输出线是悬空的，就是地线和信号输出线断开；有信号触发时，发出与地线相同的电压，也就是信号输出线和地线连接，输出低电平 0V。

对于 NPN－NC 型，在没有信号触发时，发出与地线相同的电压，也就是信号输出线和地线连接，输出低电平；当有信号触发后，输出线是悬空的，就是地线和信号输出线断开。

对于 NPN－NC＋NO 型，和 PNP－NC＋NO 型类似，多出一个输出线，根据需要取舍。

［**课外作业**］

整理完成任务过程中出现的问题及现象，小组讨论，并写出实验报告。

单元二　磁性物位置检测

任务一　霍尔接近开关检测磁性物体

单元目标　熟悉霍尔接近开关和干簧管的工作原理及常用术语；掌握霍尔接近开关和干簧管的检测应用；了解磁敏位置检测元件的基本应用范围。

霍尔接近开关（简称霍尔开关）是利用半导体的磁电转换原理，将磁场信息变换成相应的电信息的元器件。它可以直接测量磁场及微小位移量，也可以间接测量液位、压力等工业生产过程参数。目前，霍尔元件已从分立元件发展到集成电路阶段，越来越受到人们的重视，应用日益广泛。利用磁阻效应和磁敏特性做成的磁阻、磁敏传感器也广泛应用于各个测量与控制技术领域。

［**实践操作**］自制霍尔开关

在了解霍尔开关之前，可以动手制作一个霍尔开关。

把一块半导体置于磁场之中，比如磁力线向北，当给它施加从西向东的电流时，根据左手定则，这个电流会受到一个向上的力。这时把电流表的正极接在物体的上边，负极接在物体的下边，电流表中就会有电流通过。这是由于向东去的电流受到向上的力而进入电流表正极的缘故。如果失去了磁场，电流向上的力就不会存在，电流表中就没有电流。由此可以检验磁场的存在。通常进入电流表的电流比较微弱，需用放大电路进行放大之后再去控制开关（实际上是一个继电器），这就是霍尔开关。至此，霍尔开关制作成功。

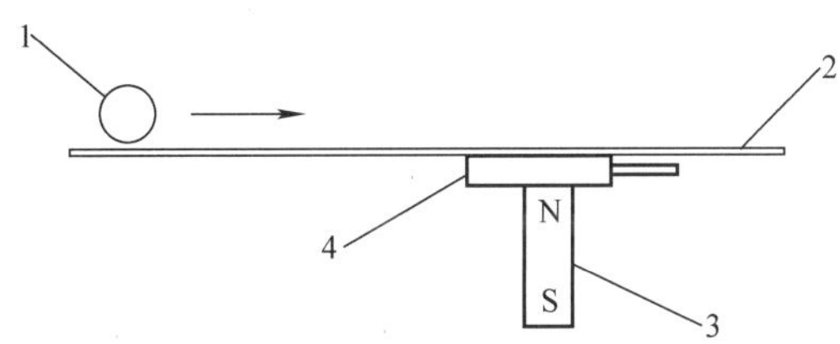

图 5-10　霍尔计数装置工作示意图

1—钢球　2—绝缘板

3—磁铁　4—霍尔开关传感器

［**学习知识**］霍尔计数

一、明确工艺要求

霍尔开关具有较高的灵敏度，能感受到很小的磁场变化，因而可对黑色金属零件进行计数检测，如图 5-10 所示为利用霍尔开关传感器来统计钢球在绝缘板上通过磁铁的次数。根据以上实践操作，分析霍尔计数装置是如何实现计数功能的。

二、了解霍尔元件

霍尔开关由霍尔元件、磁场和电源构成。霍尔元件是基于霍尔效应制成的，是一种磁敏元件，其图形符号和外形如图 5-11 所示。

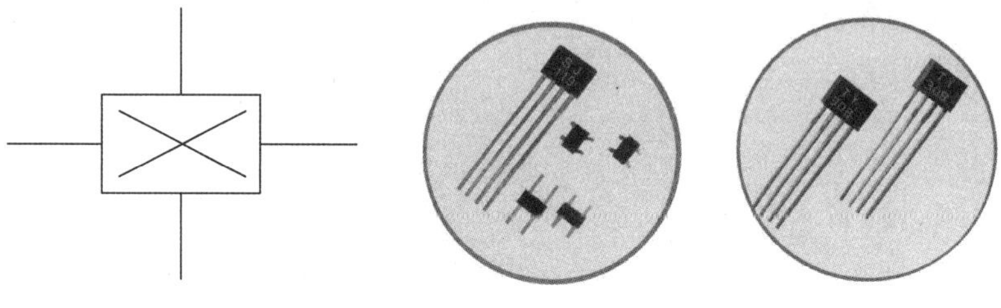

a) 图形符号　　b) 外形

图 5-11　霍尔元件的图形符号和外形

当磁性物件移近霍尔开关时，开关检测面上的霍尔元件因产生霍尔效应而使开关内部电路状态发生变化，由此识别附近有磁性物体存在，进而控制开关的通或断。这种开关的检测对象必须是磁性物体。

半导体薄片置于磁感应强度为 $\boldsymbol{B}$ 的磁场中，磁场方向垂直于薄片，如图 5-12 所示。当有电流 I 流过薄片时，在垂直于电流和磁场的方向上将产生电动势 E_H，这种现象称为霍尔效应，该电动势称为霍尔电动势，上述半导体薄片称为霍尔元件。霍尔传感器的工作原理就是应用了半导体材料的霍尔效应。

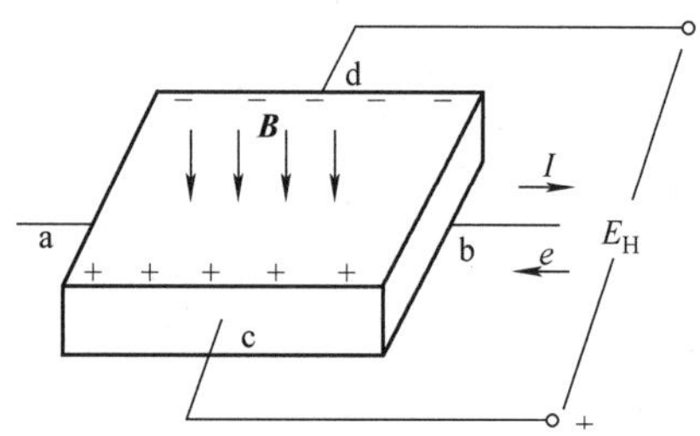

图 5-12　霍尔效应

原理简述：激励电流 I 从 a、b 端流入，磁场 B 由正上方作用于薄片，这时电子 e 的运动方向与电流方向相反，将受到洛仑兹力 F_L 的作用，向内侧偏移，该侧形成电子的堆积，从而在薄片的 c、d 方向产生电场 E。电子积累的越多，F_L 也越大，在半导体薄片 c、d 方向的端面之间建立的电动势 E_H 就是霍尔电动势，其表达式为

$$E_H = KIB/d \tag{5-1}$$

其中 K 为霍尔系数，I 为薄片中通过的电流，B 为外加磁场的磁感应强度，d 是薄片的厚度。

由此可知，流入激励电流端的电流 I 越大、作用在薄片上的磁场强度 B 越强，霍尔电动势也就越高。磁场方向相反，霍尔电动势的方向也随之改变，因此霍尔开关能用于测量静态磁场或交变磁场。

三、霍尔计数装置的实现

通过以上对霍尔开关的了解，就不难理解霍尔计数装置的工作过程了。它的工作电路如图 5-13 所示：

当钢球通过霍尔开关传感器时，传感器可输出峰值 20mV 的脉冲电压，该电压经放大器放大后，驱动半导体晶体管 VT 工作，VT 输出端便可接计数器进行计数，并由显示器显示检测数值。

[**拓展知识**] 霍尔元件的主要技术参数及霍尔开关的性能

（1）霍尔输入电阻 R_{in} 和输出电阻 R_{out}　输入电阻指控制电极间的电阻，输出电阻指霍尔元件电极间的电阻，可以在无磁场即 $B=0$ 时，用欧姆表测量。

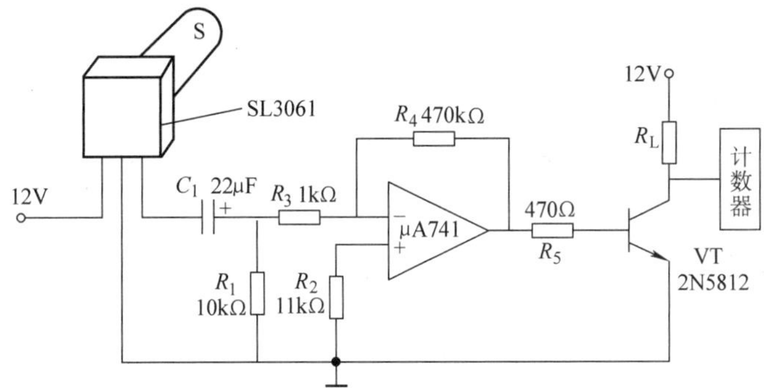

图 5-13　霍尔计数装置的工作电路图

(2) 霍尔元件的电阻温度系数　在不施加磁场的条件下，环境温度每变化1℃时电阻的相对变化率，用 α 表示，单位为%/℃。

(3) 霍尔不等位电动势　在没有外加磁场和霍尔激励电流为 I 的情况下，在输出端空载测得的霍尔电动势差，称为霍尔不等位电动势（又称霍尔偏移零点）。

(4) 霍尔输出电压　在外加磁场和霍尔激励电流为 I 的情况下，在输出端空载测得的霍尔电势差，称为霍尔输出电压。

(5) 霍尔电压输出比率　霍尔不等位电势与霍尔电势的比率。

(6) 霍尔电动势温度系数　在外加磁场和霍尔激励电流为 I 的情况下，环境温度每变化1℃时，不等位电势的相对变化率。它同时也是霍尔系数的温度系数。

霍尔开关属于有源磁电转换器件，它是在霍尔效应原理的基础上，利用集成封装和组装工艺制作而成，它可方便地把磁输入信号转换成实际应用中的电信号，同时又具备工业场合实际应用易操作和可靠性的要求。

霍尔开关的输入端是以磁感应强度 B 来表征的，当 B 值达到一定的程度（如 B_1）时，霍尔开关内部的触发器翻转，霍尔开关的输出电平状态也随之翻转。输出端一般采用晶体管输出，和接近开关类似有NPN、PNP、常开型、常闭型、锁存型（双极性）、双信号输出之分。

霍尔开关具有无触点、低功耗、使用寿命长、响应频率高等特点，内部采用环氧树脂封灌成一体化，所以能在各类恶劣环境下可靠地工作。霍尔开关作为一种新型的电器配件可应用于接近开关、压力开关、里程表等。

霍尔器件分为霍尔元件和霍尔集成电路两大类，前者是一个简单的霍尔片，使用时常常需要将获得的霍尔电压进行放大。后者将霍尔片和它的信号处理电路集成在同一个芯片上。

[**特别提示**]

1）霍尔式传感器按被测量的性质可分成电量型和非电量型两大类，电量型又有电流型、电压型两类；非电量型按用途又可分成开关型（用于控制）和线性型（用于测量）两大类。

2）按照霍尔器件的功能可将它们分为：霍尔线性器件和霍尔开关器件。前者输出模拟量，后者输出开关量。

3）按被检测对象的性质可将霍尔开关的应用分为：直接应用和间接应用。前者是直接检测出受检测对象本身的磁场或磁特性，后者是检测受检测对象上人为设置的磁场，用这个磁场来作为被检测的信息的载体，通过它，将许多非电、非磁的物理量例如力、力矩、压力、应力、位置、位移、速度、加速度、角度、角速度、转数、转速以及工作状态发生变化的时间等，转变成电量来进行检测和控制。

[思考与训练]

在括号中填上“✓”或“×”：

1. 霍尔开关能用于对非导电物体的检测。　(　　)
2. 在直流磁场中可以使用霍尔开关。　(　　)
3. 霍尔元件由霍尔开关、磁场和电源组成。　(　　)
4. 霍尔开关能在各类恶劣环境下可靠地工作。　(　　)
5. 霍尔开关的应用中，磁场方向与霍尔电势的方向总是相同。　(　　)

[课外作业]

1. 什么是霍尔效应？霍尔电动势与哪些因素有关？
2. 霍尔器件有哪些分类？使用时分别应注意什么？

任务二　干簧管接近开关检测磁性物体

干簧管是干式舌簧管的简称，英文名为 Reed Switch。它是一种气密式密封磁控性机械开关，可以作为磁接近开关或者继电器使用。与机械开关相比它体积小，速度高，工作寿命长；与电子开关相比，它又有抗负载冲击能力强的特点，工作可靠性很高。在手机、卫星天线、饮水机、程控交换机、复印机、电冰箱、照相机、门磁、电磁继电器、电子煤气表/水表中都得到广泛的应用。电子电路中只要使用自动开关，基本上都可以使用干簧管。干簧管与永磁体配合可制成磁控开关，用于报警装置及电子玩具；与线圈配合可制成干簧管继电器，用于迅速切换电子设备的电路。

[观察现象]

1. 认识干簧管的工作特性

干簧管的外形如图5-14所示，结构如图5-15所示。该干簧管由一对磁性材料制造的弹性磁簧组成，磁簧密封于充有惰性气体的玻璃管中，磁簧端面互叠，但留有一条细间隙。磁簧端面触点镀有一层贵重金属（例如铑或钌），使开关具有稳定的特性并延长使用寿命。

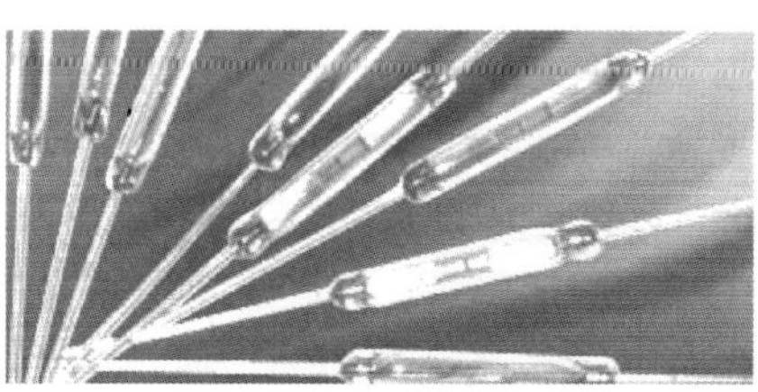

图5-14　干簧管的外形

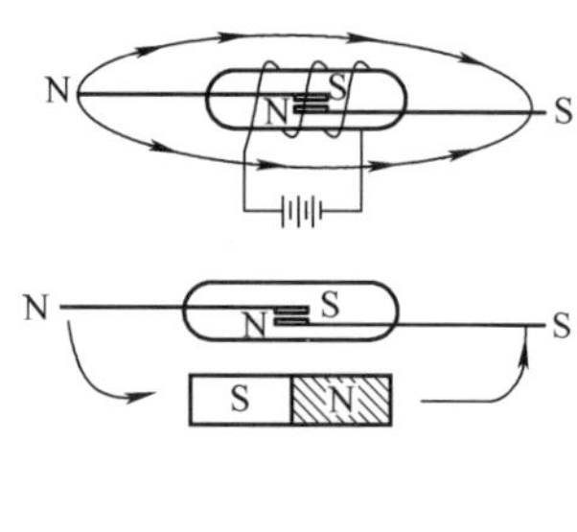

图5-15　干簧管的结构

干簧管接近开关在工作时，由恒磁铁或线圈产生的磁场施加于干簧管开关上，使干簧管两个磁簧磁化，使一个磁簧在触点位置上生成N极，另一个磁簧在触点位置上生成S极。若生成的磁场吸引力克服了磁簧的弹性阻力，磁簧由吸引力作用接触导通，即电路闭合；一旦磁场吸引力消除，磁簧因弹力作用又重新分开，即电路断开。

2. 用干簧管接近开关测量水箱水位

干簧管接近开关广泛应用于各种企业的生产线，本活动要训练的装置使用的水位传感器就是干簧管式水位传感器，其结构如图 5-16 所示。它由浮球、滑轮、干簧管及永久磁铁等构成，当浮球由于液面的升降而上下移动时，通过滑轮和绳索将带动永久磁铁上下移动，当磁铁移动到干簧管的设定位置时，干簧管内的常开触点在永久磁铁的磁场作用下接通；当永久磁铁移开时，触点释放。根据干簧管触点的接通与断开即可得知水位信号。

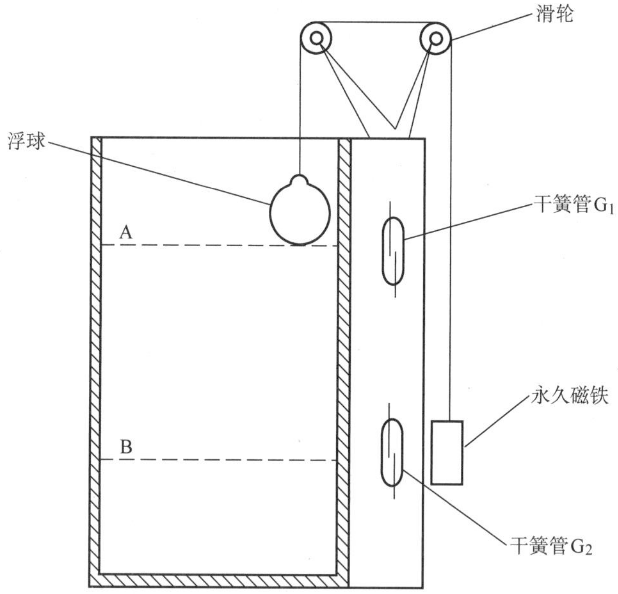

图 5-16 干簧管式水位传感器的结构

平时，水箱的水位在 A、B 之间时，干簧管 G_1 和 G_2 不受永久磁铁磁场的作用，G_1 和 G_2 内部的常开触点都处于断开状态，水泵电动机不工作。

当液位下降到低于 B 点的位置时，永久磁铁接近干簧管 G_1，在永久磁铁磁场的作用下，G_1 内部的常开触点接通。在 G_1 内部常开触点接通的瞬间，水泵电动机开始工作，向水箱内注水。随着水位不断升高，当水位上升到高于 A 点的位置时，永久磁铁同干簧管 G_2 接近，在永久磁铁磁场的作用下，G_2 内部的常开触点闭合。在 G_2 内部常开触点接通的瞬间，水泵电动机停止工作即停止注水。随着用水，水位再次下降，干簧管再次接近开关循环工作。

[课外作业]

讨论并完成一篇文章，解释霍尔开关和干簧管接近开关的异同。

单元三 光电式接近开关

单元目标 了解光电器件的分类、基本原理和简单测试判别方法；理解亮通和暗通电路并学习制作和调试；了解光电式接近开关、色标传感器、热释电元件的基本特征、接线方法和简单的调试技术。

任务一 了解光电器件特性

当前的光电产品已经广泛应用在日常生活和工业生产中。在仪表中，利用光电器件做成的传感器统称为光电式传感器。在光电式传感器中，光电器件是作为转换器件的。它可用于检测直接引起光量变化的非电量，如光强、光照度、辐射测温、气体成分等，也可用来检测能转换成光量变化的其他非电量，如零件直径、表面粗糙度、应变、位移、振动、速度、加速度以及物体的形状、工作状态的识别等。光电式传感器具有非接触、响应快、性能可靠等优点，因此在工业自动化装置和机器人中获得了广泛的应用。近年来，新的光电器件不断涌现，特别是CCD图像传感器的诞生，为光电传感器的进一步应用掀开了新的一页。

光电传感器的种类繁多，主要有光敏电阻、光敏二极管、光敏晶体管、光电管、光电倍增管、光耦合器、光电池、红外线传感器、紫外线传感器、光纤式光电传感器、色彩传感器、CCD和CMOS图像传感器等。

常见的光电传感器外形如图5-17所示。

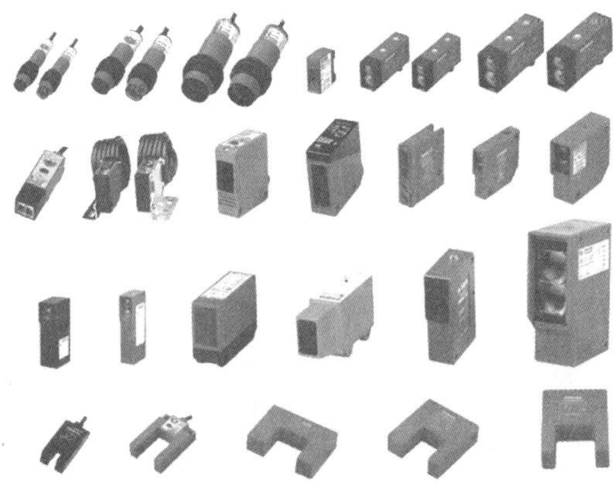

图5-17　常见的光电传感器外形

［**观察现象**］认识光电元件和光敏电阻的简单测试

光敏电阻是一种电阻器件，如图5-18所示。图5-19所示是光敏电阻结构示意图。

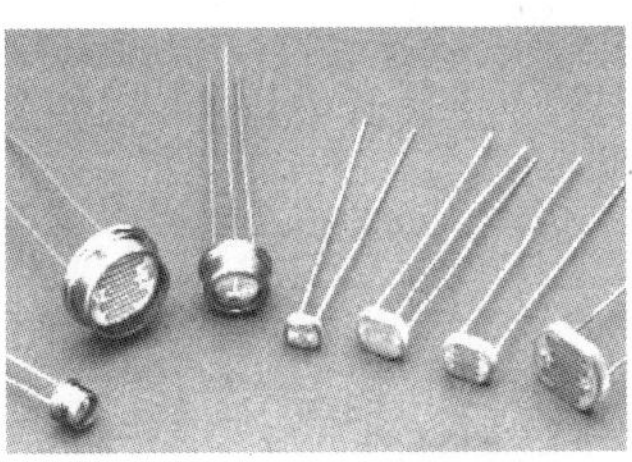

图5-18　光敏电阻

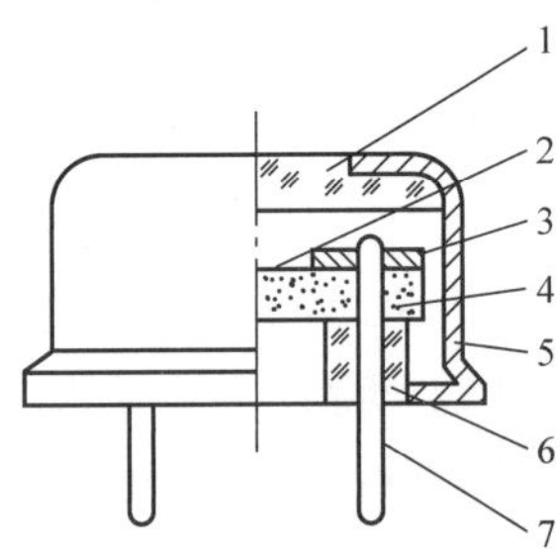

图5-19　光敏电阻结构示意图

1—玻璃　2—光电导层　3—电极　4—绝缘衬底　5—金属壳　6—黑色绝缘玻璃　7—引线

光敏电阻材料一般有硫化镉（CdS）和硒化镉（CdSe）等，通常制成薄片结构。采用涂敷、喷涂、烧结等方法在绝缘衬底上制作很薄的光敏电阻体（光电导层）及梳状欧姆电极，然后接出引线，封装在具有透光镜的密封壳体内。光敏电阻中的半导体材料，在黑暗环境下产生的电子—空穴对较少，所以无光照时的电阻（暗电阻）较大。光照时，半导体内光激发的电子—空穴对急剧增多，所以有光照时的电阻（亮电阻）较小。

光敏电阻的主要参数有亮电阻（单位为kΩ）、暗电阻（单位为MΩ）、最高工作电压（单位为V）、亮电流（单位为mA）、暗电流（单位为μA）等。

光敏电阻属于半导体光敏器件，具有灵敏度高、反应速度快、光谱特性一致性好、稳定性和可靠性高等特点，广泛应用于照相机、太阳能庭院灯、礼品盒、路灯自动开关以及各种光控玩具、灯具等领域。

按照图5-20所示的电路图接线，用白炽光源产生光照，不断调高光照强度，观察电流表上的电流变化情况。使用时，电源可加直流偏压（无固定极性），或加交流电压。

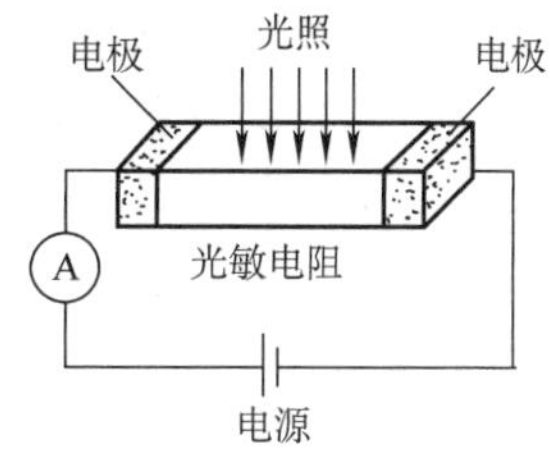

图 5-20　光敏电阻检测电路

［拓展知识］光电效应与器件

一、光的基本知识

光是电磁波谱中的重要一员，不同波长的光如图 5-21 所示。这些光的频率（波长）各不相同，但都具有反射、折射、散射、衍射、干涉和吸收等性质。根据光的粒子学说，光是一种以光速运动着的粒子（光子）流，一种频率的光由能量相同的光子所组成，光的频率越高，光子的能量也越大。

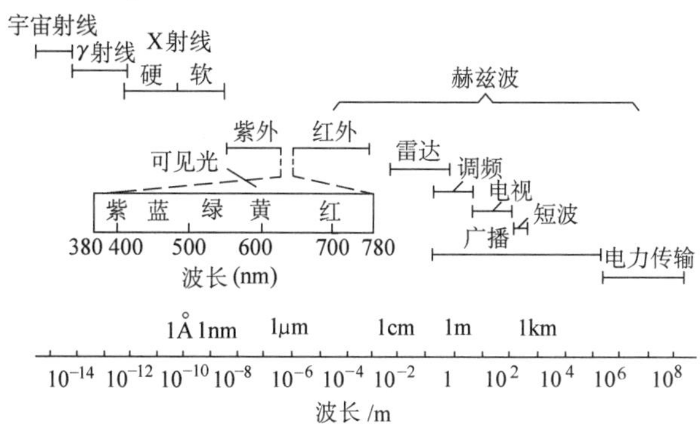

图 5-21　不同波长的光

二、关于能带

在物理学中往往形象化地用水平横线表示电子的能量值，能量越大，线的位置越高。一定能量范围内的许多能级（彼此相隔很近）形成一条带，称为“能带”。各种晶体的能带数目及其宽度等均不相同。相邻两能带间的能量范围称为“能隙”或“禁带”，晶体中的电子不能具有这种能量。完全被电子占据的能带称为“满带”，满带中的电子不会导电；没有电子占据的带称为“空带”；部分被占据的称为“导带”，导带中的电子才能导电，价电子所占据的能带称为“价带”。能量比价带低的各能带一般都是满带。价带可以是满带也可以是导带；如在金属中是导带，所以金属能导电，在绝缘体和半导体中是满带，所以它们不能导电。但半导体很容易因其中有杂质或受外界影响（如光照、加热等），使价带中的电子数减少，或使空带中出现一些电子而成为导带，因而也能导电。

三、常用光源

1. 白炽光源

白炽光源中最常用的是钨丝灯，它产生的光，谱线较丰富，包含可见光与红外光。一般使用中，常加用滤色片来获得不同窄带频率的光。

2. 气体放电光源

气体放电光源光辐射的持续，不仅要维持其温度，而且有赖于气体的原子或分子的激发过程。原子辐射光谱呈现许多分离的明线条，称为线光谱。分子辐射光谱是一段段的带，称为带光谱。线光谱和带光谱的结构与气体成分有关。

3. 发光二极管（LED）

发光二极管是一种电致发光的半导体器件，它与钨丝白炽灯相比具有体积小、功耗低、寿命长、响应快、便于与集成电路相匹配等优点，因此得到广泛应用。

四、光电效应与器件

不同的光电器件利用的是不同的光电效应，所谓光电效应是指物体吸收了光能后转换为该物体中某些电子的能量而产生的电效应。光电效应可分成外光电效应和内光电效应两类。

1. 外光电效应

在光的照射下，使电子逸出物体表面而产生光电子发射的现象称为外光电效应。基于外光电效应原理工作的光电器件有光电管和光电倍增管。

2. 内光电效应

光照射在半导体材料上，材料中处于价带的电子吸收光子能量，通过禁带跃入导带，使导带内电子浓度和价带内空穴增多，这就是内光电效应。只有照射光的能量大于材料的禁带宽度才能产生内光电效应。内光电效应按其工作原理可分为两种：光电导效应和光生伏特效应。

光电导效应是半导体受到光照时产生光生电子—空穴对，使导电性能增强，光线越强，阻值越低，即光照后电阻率变化的现象。基于这种效应的光电器件有光敏电阻、光敏二极管与晶体管。

3. 光敏二极管

光敏二极管的结构和普通二极管相似，只是它的PN结装在管壳顶部，光线通过透镜制成的窗口，可以集中照射在PN结上，图5-22b所示为结构示意图。光敏二极管在电路中通常处于反向偏置状态，如图5-22c所示。

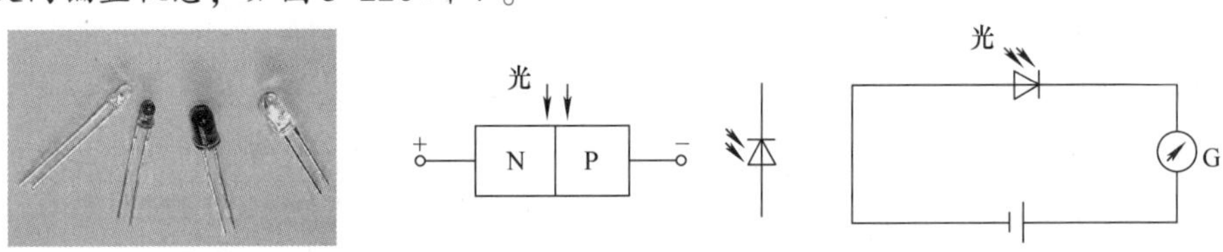

a)外观　　b)结构　　c)偏置电路

图5-22　光敏二极管

当光照PN结时，反向电流明显增大，如果入射光的照度变化通过外电路的光电流强度也会随之变动，光敏二极管就把光信号转换成了电信号。

4. 光敏晶体管

光敏晶体管结构如图5-23b所示。当光敏晶体管按图5-23c所示的电路连接时，它的集电结反向偏置，发射结正向偏置。无光照时仅有很小的穿透电流流过，当光线照射集电结时，与光敏二极管的情况相似，将形成很大的集电极电流。其过程与普通晶体管的电流放大作用相似。

光敏二极管其光照特性的线性较好，适合做检测元件；光敏晶体管在照度小时，光电流随照度增加而较小，且在大电流时有饱和现象，因此，光敏晶体管不适于弱光和强光的检测。

5. 光耦合器

光耦合器是以光为媒介传输电信号的一种转换器件，能够实现“电—光—电”的转换。它由发光源和受光器两部分组成，发光源和受光器组装在同一密闭的壳体内，彼此间

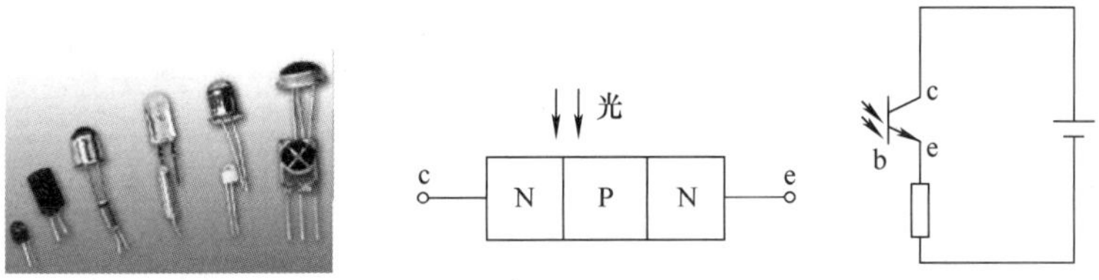

a)外观　　b)结构　　c)偏置电路

图 5-23　光敏晶体管

用透明绝缘体隔离，或制作成槽式结构，如图 5-24 所示。

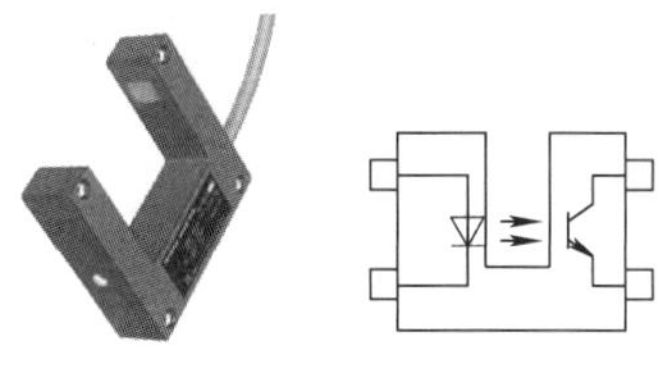

图 5-24　光耦合器

发光源的引脚为输入端，受光器的引脚为输出端，常见的发光源为发光二极管，受光器为光敏二极管或光敏晶体管等。在光耦合器输入端加电信号使发光源发光，此光照射到封装在一起的受光器上后，光敏晶体管（或光敏二极管）产生光电流，由受光器输出端引出，这样就实现了“电—光—电”的转换。光是传输的媒介，因而输入端与输出端在电气上是绝缘的，也称为电隔离。

光耦合器种类繁多，应用十分广泛，主要应用于逻辑电路、固体开关、触发电路、脉冲放大电路、线性电路及特殊场合等。

6. 光电池

光电池是一种自发电式的光电元件，它受到光照时能产生一定方向的电动势，只要接通外电路，便有电流通过。光电池的种类很多，有硒、氧化亚铜、硫化镉、锗、硅、砷化镓光电池等，其中应用最广泛的是硅光电池。另外，由于硒光电池的光谱峰值位于人眼的视觉范围，所以很多分析仪器和测量仪表也常用到它。

光电池外观和结构如图 5-25 所示。其内部实际上是一个大面积 PN 结，与外电路的连接方式有两种：一种是把 PN 结的两端通过外导线短接，形成流过外电路的电流，这电流称为光电池的输出短路电流，其大小与光强成正比；另一种是开路电压输出，开路电压与光照度之间呈非线性关系；光照度大于 1000lx 时呈现饱和特性。因此使用时应根据需要选用工作状态。

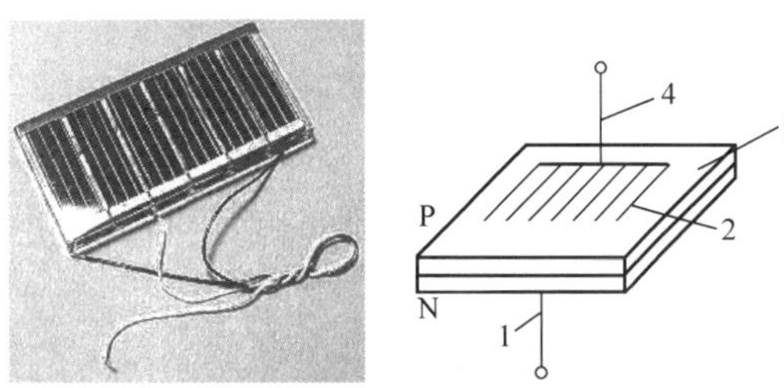

图 5-25　光电池外观和结构

1—下电极（衬底铝）　2—栅状受光电极

3—SiO_2　4—上电极

光电池既可以作为电源，又可以作为光电检测器件。作为电源使用的光电池，主要是直接把太阳的辐射能转换为电能，称为太阳电池。太阳电池不需要燃料，没有运动部件，也不排放气体，具有重量轻、性能稳定、光电转换效率高、使用寿命长、不产生污染等优点，在航天技术、气象观测、工农业生产以及人们的日常生活等方面都得到了广泛的应用。

7. 光电管和光电倍增管

光电管的结构是在一个真空玻璃泡内装有两个电极：阴极和阳极，如图 5-26 所示。阴极由光敏金属材料做成。当光线 Φ 照射到光敏材料上，便有电子逸出，这些电子被具有正电位的阳极所吸引，在光电管内形成电子流 I_{Φ}，在外电路就产生电流。在负载电阻 R_L 上得到输出电压。

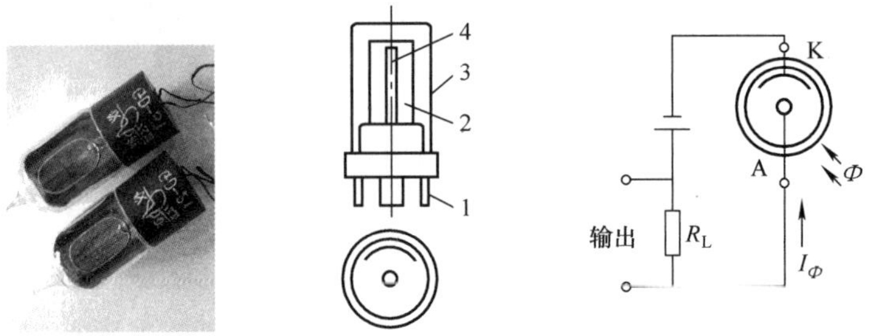

图 5-26　光电管

1—引脚　2—阴极 K　3—玻璃外壳　4—阳极 A

光电管通常用于自动控制、光度学测量和强度调制光的检测。如用于保安与警报系统、计数与分类装置、影片音膜复制与还音、彩色胶片密度测量以及色度学测量等。

由于上述真空光电管的灵敏度较低，因此出现了光电倍增管，其实物与工作原理如图 5-27 所示。

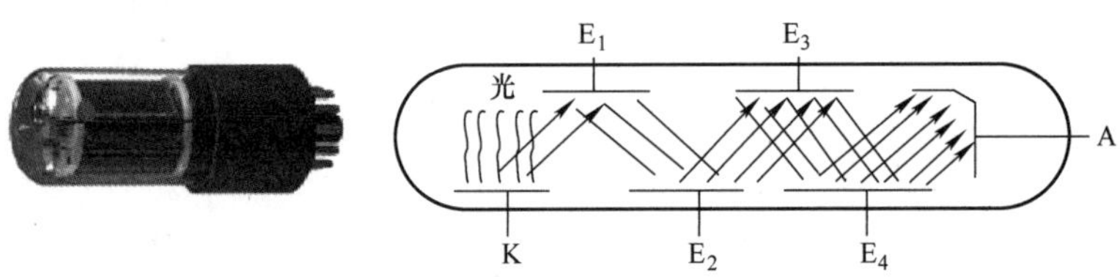

a)实物　　b)工作原理

图 5-27　光电倍增管

光电倍增管由真空管壳内的阴极 K、阳极 A 以及位于其间的若干个倍增极 E_1、E_2、E_3、E_4 等构成。工作时在各电极之间加上规定的电压。当光照射阴极 K 时，阴极发射的光电子在电场的作用下逐级轰击次级发射倍增极，在末级 E_4（倍增极）形成数量为光电子的上百倍的次级电子。众多的次级电子最后被阳极收集，在阳极电路中产生很大的输出电流。可见光电倍增管是一种将微弱光信号转换成电信号的真空电子器件，它的优点是测量精度高，常用于天文观测中，可以观测比较暗弱的天体，还可以观测天体光度的快速变化。

[思考与训练]

请在正确的论断后面打“√”：

1. 光的波长越短，光子的能量就越大。　　（　　）
2. 光具有波的衍射等特性，同时也具有粒子的反射等特性。　　（　　）
3. 光敏电阻两端的电压反接之后光敏电阻就不能正常工作了。　　（　　）
4. 宇宙飞船上的硅光电池（即硅太阳电池）能在红外、可见光下工作。　　（　　）

[课外作业]

分小组重点查找某一种光电器件的资料，讨论该光电器件的优缺点，并说明其主要的应用场合。

任务二　制作光电亮通和暗通控制电路

在学习电感式接近开关时，已经了解了“常开”和“常闭”，有时也分别称它们是“动合”与“动断”，意思就是说在接近开关动作时，是从断开的状态变成闭合的状态还是由闭合的状态变成断开的状态。在光电开关中，也存在着类似的实际应用。所以我们在这个任务中会学习到亮通和暗通的概念，并掌握如何运用前面的光电器件来搭建亮通和暗通控制电路。

[**学习知识**]

1. 认识亮通和暗通

对数字电路来讲，“亮通”和“暗通”是“1”和“0”的关系。“亮通”指的是在传感器接收到光信号后会有高电平输出给负载，而“暗通”刚好相反，它指的是无光信号时有高电平输出。这和前面的“常开”“常闭”很类似，所以很多场合也将“亮通”叫“动合”，将“暗通”叫“动断”，其物理意义也基本相同。

2. 了解光敏电阻

通过任务一中的观察可知，光敏电阻在受到光照时，其阻值会有明显的突变。光敏电阻是一种半导体元件，利用的是半导体的光电效应。当有光照时电阻很小，无光照时电阻很大。光敏电阻可与晶体管组成放大器，做成自动控制电路，实现所需要的功能。一般光敏电阻作为晶体管的偏流电阻，这样当有光照时晶体管导通，驱动灵敏继电器，用继电器接通电动机。

光敏电阻在完全黑暗处，阻值可达几兆欧以上，如果用万用表来测量，发现电阻示数可能会接近无穷大，此时基本可以认为是断路。而在较强光线下，阻值一般会降到几千欧甚至1kΩ 以下。利用光敏电阻的这个特性可以制作亮通/暗通控制电路。

[**实践操作**]　设计制作简易光控装置——见光就暗电路

1. 活动目标

设计一个光控装置，在白天光线较亮时，发光二极管（LED）熄灭，当夜晚来临时，LED 点亮。使用半导体光敏电阻，采用常规电子元器件设计制作该装置。

2. 设计方案

利用光敏电阻的变化，控制晶体管基极电位，由晶体管的开关作用驱动 LED，达到光控目的。可以采用图 5-28 所示的电路。当环境较亮时，RG 阻值较小，B 点电位较高，VT_1 导通使其集电极电位下降，导致 VT_2 截止，则 LED 熄灭；当环境黑暗时，RG 阻值增大，B 点电位较低，VT_1 截止使其集电极电位上升，导致 VT_2 导通，则 LED 点亮。

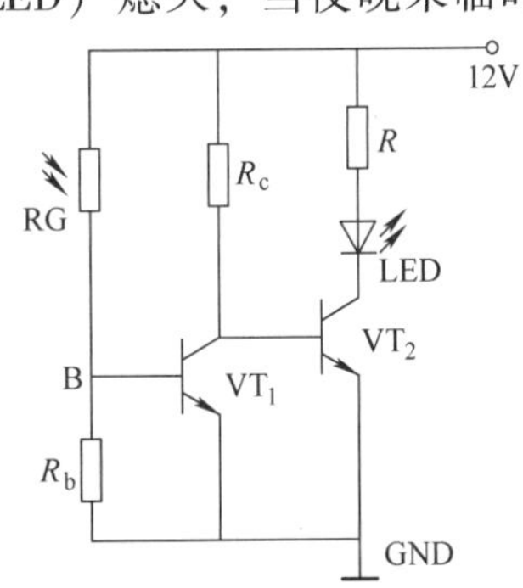

图 5-28　见光就暗电路

电路中 VT_1、VT_2 采用 8050（NPN 型）；RG 为 MG45；R_c 为 10kΩ；R 为 100Ω；LED 为普通发光二极管；电源为 12V 直流。

R_b 值的选择是电路功能实现的关键，制作之前应进行定量分析计算。实验环境下实测光敏电阻的暗电阻为 20kΩ，光电阻为 3kΩ。

1）环境较亮时，要使 VT_2 截止、VT_1 导通，才能使 LED 熄灭，为使 VT_1 可靠导通，取

$V_B \geqslant 1V$，则由 $V_B = \frac{R_b}{R_b + R_{RG}} \times 12$ 以及 $R_{RG} = 3k\Omega$，计算得 $R_b \geqslant 0.27k\Omega$。

2）环境黑暗时，要使 VT_2 导通、VT_1 截止，才能使LED点亮，为使 VT_1 可靠截止，取 $V_B \leqslant 0.2V$，则由 $V_B = \frac{R_b}{R_b + R_{RG}} \times 12$ 以及 $R_{RG} = 20k\Omega$，计算得 $R_b \leqslant 0.33k\Omega$。

综合上面计算，要使电路实现“见光就暗”，必须同时满足1）和2），则 R_b 取值范围必须是0.27～0.33kΩ。

3. 实验制作

选择实验环境下的光线条件，分别测量光电阻和暗电阻并记录数据，作为电路设计参数选择的依据。再按图设计好印制电路板图（或采用统一的PCB练习板）。按设计电路的元器件参数备齐元器件，焊接组装好电路，并认真检查。注意留出电源引线便于实验测试，且光敏电阻要尽量安装在较高位置，便于电路实验测试。

4. 电路测试

电路安装完毕确认无误后，接通电源。先观察LED是否发光，在常态时（暴露光敏电阻）LED不应发光。若在常态下LED也点亮，应断电检查故障。

用手逐渐靠近光敏电阻，遮挡光敏电阻的受光面，观察LED的变化，应由暗变亮。重新露出光敏电阻，再观察LED的发光情况，看是否恢复熄灭状态。

分别在光亮和黑暗两种情况下测量晶体管的基极电位和电阻 R 上的电压，并记录在表5-2中，留作课后分析。表中 V_{B1}、V_{B2} 和 U_R 分别表示 VT_1、VT_2 的基极电位和电阻 R 上的电压。

表5-2　数据记录

环境状态	现　　象	V_{B1}/V	V_{B2}/V	U_R/V
环境亮				
环境暗				

[思考与训练]

在括号中填上“能”或“不能”：

1. 亮通控制电路（　　）用于有无光线检测。
2. 暗通控制电路（　　）在不改变外部接线的情况下用亮通控制电路来取代。
3. 两种控制电路中的分压电路（　　）用分流电路来代替。

[拓展知识] 电路术语

除了“亮通”和“暗通”之外还有两个常用术语：亮动和暗动。亮动是指光电传感器在接受到光时有输出（可以是电平输出或者触点动作），这类的光电传感器主要有直接反射式和聚焦式。暗动指的是光电传感器在光线被切断时有输出（可以是电平输出或者触点动作）。这类的光电传感器主要有对射式和反板反射式。

[课外作业]

查阅资料，讨论其他的实现亮通或者暗通的电路结构，并用实验来验证。写出电路分析和实验现象报告。

任务三　用光电接近开关测量物体位置

光电开关是传感器大家族中的重要成员，它把发射端和接收端之间光的强弱变化转化为电流的变化以达到探测的目的。由于光电开关输出回路和输入回路是电隔离的（即电绝缘），所以它在许多场合应用广泛。

系统原理示意图如图 5-29 所示：

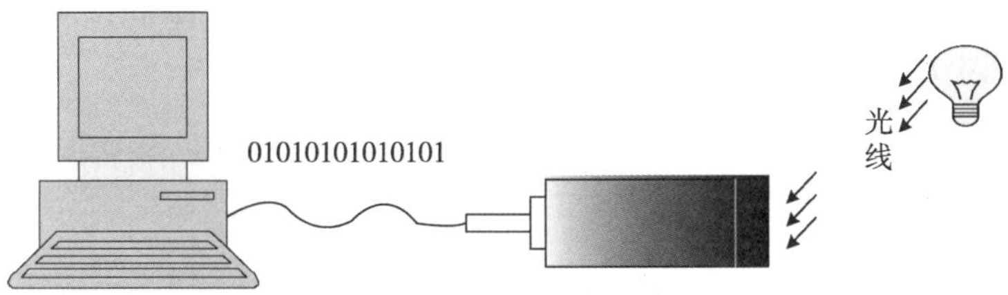

图 5-29　光电开关系统示意图

［**学习知识**］光电开关的基本原理和类别

从实验室找到不同类型的光电开关，观察它们的外部特征、引线、调节点等。

光电开关（光电传感器）是光电接近开关的简称，它是利用被检测物对光束的遮挡或反射，加上内部选通电路，来检测物体有无的。物体不限于金属，所有能反射光线的物体均可被检测。光电开关将输入电流通过发射器转换为光信号射出，接收器再根据接收到的光线强弱或有无对目标物体进行探测，工作原理如图 5-30 所示。多数光电开关选用的是波长接近可见光的红外线光波型。图 5-31 所示是德国 SICK 公司的部分光电开关外形图。

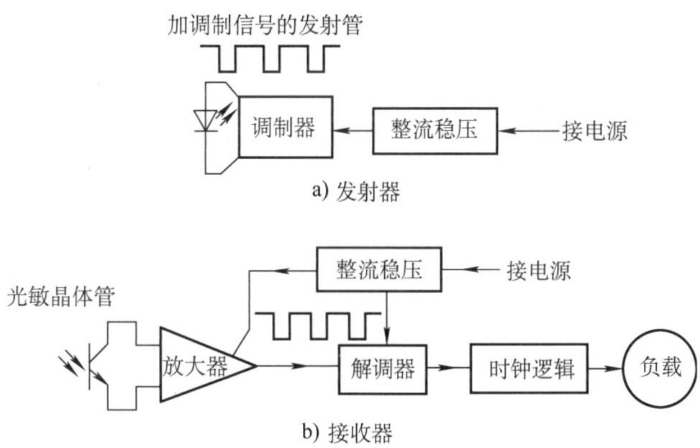

图 5-30　光电开关工作示意图

根据光电开关工作原理的不同，大致可以将光电开关分成以下几种。

（1）漫反射式光电开关　这是一种集发射器和接收器于一体的传感器。当有被测物体经过时，物体将光电开关发射器发射的足够量的光线漫反射到接收器，光电开关的内部电路就产生一个开关信号。这种光电开关主要适用于有光亮或表面反光率极高的被测物体。

（2）镜反射式光电开关　同前者一样，这类光电开关也集发射器与接收器于一体，发射器发出的光线经过反射镜反射回接收器，当被检测物体经过且完全阻断光线时，光电开关就产生了开关信号。

图 5-31 光电开关外形

(3) 对射式光电开关 这类光电开关的发射器和接受器在结构上相互分离，沿光轴相对放置，发射器发出的光线直接进入接收器，当被检测物体经过发射器和接收器之间且阻断光线时，光电开关就产生了开关信号。当检测物体为不透明时，对射式光电开关是最可靠的检测装置。

(4) 槽式光电开关 这类光电开关因其有一个U形结构而得名，它的发射器和接收器分别位于U形槽的两边，并形成一光轴，当被检测物体经过U形槽且阻断光轴时，光电开关就产生了开关信号。槽式光电开关比较适合检测高速运动的物体，它还可以分辨透明与半透明物体。

(5) 光纤式光电开关 采用塑料或玻璃光纤传感器来引导光线，可以对距离远的被检测物体进行检测。常用的光纤传感器分别是对射式和漫反射式。

下面以西普（SIPU）公司的槽式光电开关为例来练习光电开关的使用。槽式光电开关外形如图5-32所示。

图 5-32 槽式光电开关外形

这类光电开关的额定动作距离是15mm，有常开、常闭等多种形式，同时也可以交流供电。实验用的光电开关的型号为HU15-M15DPT，这款光电开关的性能参数见表5-3。

表 5-3 HU15-M15DPT 性能参数

技术参数	参数值	技术参数	参数值
电源电压/V	10～30	指示灯	动作指示，电源指示
输出电流/mA	200	指向角	3°～20°
环境温度/℃	－25～55	防护等级	IP65

为后续接线的方便，先熟悉这款光电开关的输出接口形式，如图5-33所示。

和电感式接近开关一样，在电源信号输入端（棕色/蓝色）接入24V直流电压。通过检测黑色线上有无电压来判断开关的通断。

借鉴图5-33所示的接线方式搭建试验线路。24V直流电源给光电开关供电，光电开关的输出端（黑线）和24V负端（蓝线）之间有无电压来判断是否有物体从发射器和接收器之间经过。为了方便检测，用万用表来测量这个电压即可。

[特别提示]

在使用光电开关检测微小物体时，光电开关没有任何输出。这是因为就对射式光电开关而言，被测物体的最小宽度为光电开关透镜宽度的80%。

[思考与训练]

在括号中填上“能”或“不能”：

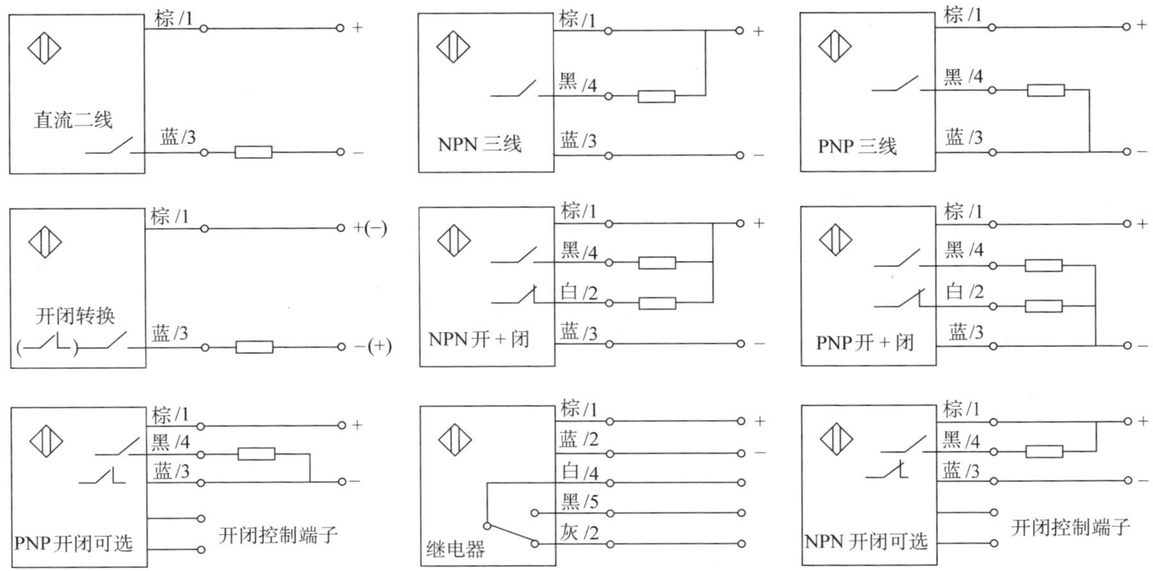

图 5-33　HU15 – M15DPT 输出接口形式

1. 黑色纸张（　　）用漫反射式的光电开关来检测。
2. 在将光电开关的光轴对着太阳光时，镜反射式光电开关（　　）正常工作。
3. 槽式光电开关（　　）检测高速运动的物体。
4. 光纤式光电开关（　　）检测远程的物体。

[拓展知识]

不同材料对光的反射率也不同，表 5-4 给出了常见材料的反射率。

表 5-4　不同材料对光的反射率对比表

材　料	反　射　率	材　料	反　射　率
黑色布料	3%	手掌心	75%
餐巾纸	47%	不透明白色塑料	87%
报纸	55%	不锈钢	100%
啤酒泡沫	70%		

[课外作业]

采用不同材料的被测物测试 HU15-M15DPT，观察材质不同对于测量结果的影响。

任务四　分辨颜色

色标传感器是一类特殊的光电检测传感器，采用光发射与接收原理，发出调制光，接收被检测物体的反射光，并根据接收光信号的强弱来区分不同物体的色谱、颜色，或判别物体的存在与否。当前，在包装机械、印刷机械、食品机械、医疗机械、纺织机械及造纸机械的自控系统中作为传感器与其他仪表配套使用，对色标或其他可作为标记的图案色块、线条，或对物体的有无进行检测，可实现自动定位、辨色、纠偏、对版、计数等功能。

[学习知识] 色标传感器的特性

从实验室找到不同类型的色标传感器，观察它们的外部特征、引线、调节点等。

不同颜色的物体对相同颜色的入射光具有不同的反射率。色标传感器工作时发出强度不变的同一色光，色标传感器再根据收到的信号的强弱，就可以辨别不同的颜色或判别物体的有无。色标传感器的工作原理示意图如图 5-34 所示：

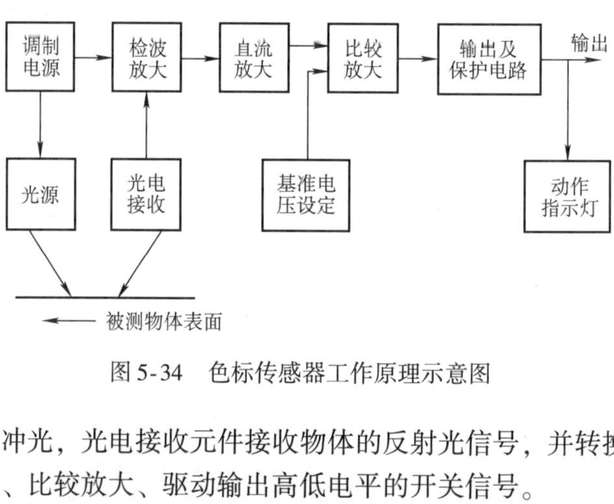

图 5-34　色标传感器工作原理示意图

光源发出调制脉冲光，光电接收元件接收物体的反射光信号，并转换为电信号，然后经过检波、放大、滤波、比较放大、驱动输出高低电平的开关信号。

［实践操作］练习使用色标传感器

本活动可以依托 TVT-99B 材料分拣实验系统进行，其色标传感器安装如图 5-35 所示。

1. 色标传感器的安装位置

在色标传感器接好线通电后，要认真调节安装位置，使投射到被测物体表面上的光点最清晰、最亮。如果被测物面为镜面，检测效果不理想，可以适当调整传感器和被测物的倾斜度。

图 5-35　色标传感器的安装

2. 灵敏度调节

色标传感器上一般都有一个旋钮，调节旋钮可以使光源亮度增加，这个亮度的调节直接关系到传感器的灵敏度。一般色标传感器推荐的调节方法如下：

1）将光点对准被测物体上颜色较浅的色块（底色），顺时针调节灵敏度旋钮，使绿灯处于刚刚亮的状态，记住此时旋钮所指的位置 A。

2）将光点对准被测物体上颜色较深的色块（底色），逆时针调节灵敏度旋钮，使绿灯处于刚刚亮的状态，记住此时旋钮所指的位置 B。

3）然后将旋钮调节在 A 和 B 的中间位置即可。这里用到的灵敏度调节器通常是一个多圈电位器，所以记录这 A、B 这两个点时，除了要记下这两个点的位置，还应该记下圈数，调节时不光要调到中间位置，还要调节到中间圈数。

3. 色标传感器的接线

色标传感器也作为开关类传感器的一种，其输出形式也分为 NPN 和 PNP 两种。具体的接线形式可以参看任务三中的光电接近开关一节。

［特别提示］

色标传感器作为光电传感器的一种，对光强和环境温度也比较敏感。一般来说，色标传感器的工作环境温度为 0 ~ 50℃，光强一般都要求小于 10000lx。除此之外，检测距离也是衡量色标传感器性能的一个标准。当前大部分的检测距离都在 10mm 范围内。

色标传感器在实际使用中要注意的事项如下：

1）开关输出负载应为电阻或电感性质，不宜带有电容，否则会引起传感器内部短路保护电路误动作，而造成输出状态错误。安装时应远离电磁场、强光源、高热、强振动及强腐蚀性气体，同时屏蔽线应可靠接地。

2）要注意对镜头的保护，镜头被脏物沾污时，应使用镜头纸或柔软棉布轻轻擦拭，以免损伤镜面。

3）色标传感器的各线之间都有一个最高允许电压，超过这个最高允许电压将使传感器损坏。

［课外作业］

用两种颜色相近的材料和两种颜色完全不同的材料来检测同一个色标传感器，体会不同颜色反射不同强度的光、以及测量距离对测量结果的影响。

任务五　使用热释电传感器

热释电传感器是一种红外光传感器，也称为热释电红外传感器，属于热电型器件。当热电元件受到光照时能将光能转换为热能，受热的晶体两端产生数量相等、符号相反的电荷，如果带上负载就会有电流流过，输出电压信号。

目前热释电红外传感器已经广泛应用于各类非接触测温自动开关、入侵报警和火焰监测等装置。根据实际应用场合的不同，热释电红外传感器也发展成了拥有数十种产品的大家族。

[**学习知识**] 了解热释电传感器的原理和特性

图 5-36 所示为热释电传感器外形，图 5-37 所示是热释电传感器的结构与电路原理。PZT 热电元件是其核心。PZT 热电元件在受到光照时能够将光能转变成热能，元件在受热之后会在晶体两端产生极性相反、电量相等的电荷，形成电势差（即电压）。在有负载的情况下，就会在负载上形成电流。

[**实践操作**] 练习使用热释电元件

下面通过实验来学习热释电传感器的使用。所需用的元件设备有：热释电红外传感器、菲涅耳透镜、温控电加热炉、热释电红外传感器实验模块、温度传感器实验模块、电压表、示波器等。

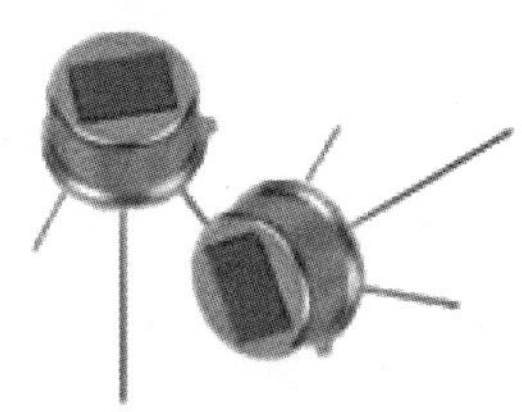

图 5-36　热释电传感器

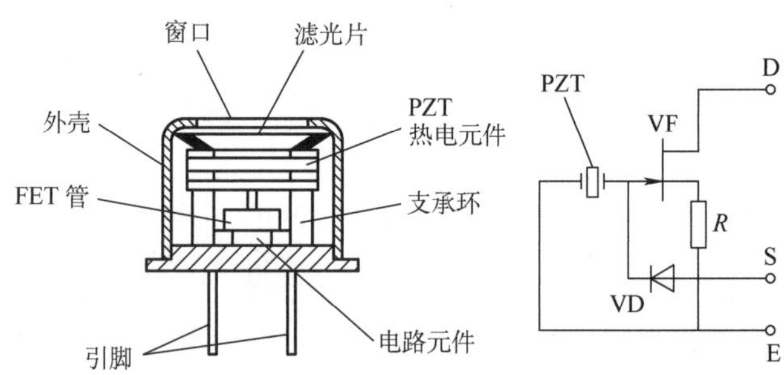

图 5-37　热释电传感器的结构与电路原理

按照如下步骤来进行实验：

1）观察传感器探头，探头表面的滤光片使传感器对 10μm 左右的红外光敏感，可以安装在传感器前的菲涅耳透镜是一种特殊的透镜组，每个透镜单元都有一个不大的视场，相邻的两个透镜单元既不连续也不重叠，都相隔一个盲区，它的作用是将透镜前运动的发热体发出的红外光转变成一个又一个断续的红外信号，使传感器能正常工作。

2）连接主机与实验模块电源线及传感器接口，转换电路输出端接电压表。

3）开启主机电源，待传感器稳定后，人体从传感器探头前移过，观察输出信号电压变化。再用手放在探头前不动，输出信号不会变化，这说明热释电式传感器的特点是只有当外界的辐射引起传感器本身的温度变化时才会输出电信号，即热释电式红外传感器只对变化的温度信号敏感，这一特性也决定了它的应用范围。

4）将传感器探头对准加热炉方向，开启加热炉并将温度控制在 50℃左右，用遮挡物断续探头前面的热源，观察并记录传感器输出信号的变化情况。

5）在传感器探头前加装菲涅耳透镜，试验传感器的探测视场和距离，以验证菲涅耳透镜的功能。

[特别提示]

热释电红外传感器在使用过程中要注意下面几点规范：

1）传感器应离地面2m以上；

2）传感器应远离空调、冰箱、微波炉等温度变化较大的设备；

3）传感器的探测范围内不应有隔屏；

4）传感器不能直接面对窗口，否则窗外的热气流会对探测带来扰动。

[课外作业]

这部分内容只是为了让读者了解热释电元件的基本概念和功能，课后请多收集一些关于热释电元件的资料。

单元四　其他位置检测方法

任务　了解电容接近开关的特性和使用方法

单元目标　理解电容式接近开关的基本原理和主要应用；掌握电容接近开关的使用方法；了解电容传感器与其他接近传感器的异同。

在前面单元中，介绍了电感式接近开关、霍尔开关、干簧管接近开关和光电开关等多种位置检测器件及其检测方法。可以发现，每种检测器件都有其不同的检测（使用）范围。比如，在检测金属物位置时，可以选择电感式接近开关；在检测磁性物质的位置时，应选择霍尔开关或者干簧式接近开关等。那么，当检测绝缘介质的物位时，应该选择哪种检测器件？这将是本单元要训练的内容。

当检测含水绝缘介质时，应该选择电容式接近开关。电容式接近开关由一个或几个具有可变参数的电容器组成，其特点是可动部分的移动力非常小、能量消耗少、测量准确度高、结构简单、造价低廉，广泛应用于直线位移、角位移及介质的几何尺寸等非电量的测量；它还可测量金属的表面状况、距离尺寸、油膜厚度、原油及粮食中的含水量，以及测量压力和加速度等。在自动检测和自动控制系统中也常用作位置信号发送器。

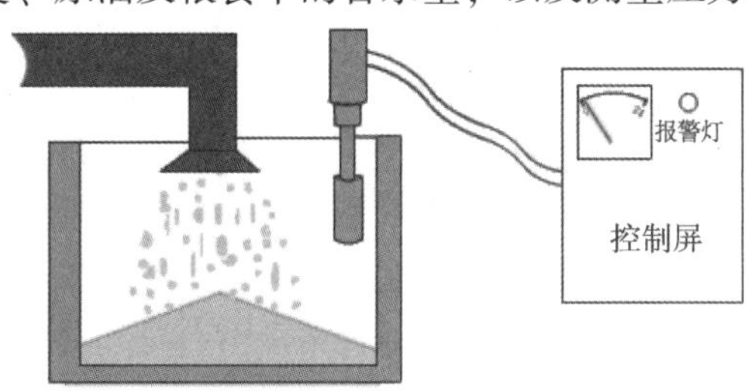

图5-38　电容式接近开关应用

图5-38所示是利用电容式接近开关测量谷物高度（物位）的示意图。

当谷物高度达到电容式接近开关的底部时，产生报警信号，关闭输送管道的阀门。也可以将电容式接近开关安装在水箱玻璃连通器的外壁上，用于测量和控制水位。

[观察现象]

1. 认识电容式接近开关

电容式接近开关分为超小结构、标准结构、防水结构、齐平安装结构和长检测距离结构等，它们的结构外形如图5-39所示。可以观察实验室的电容接近开关，与电感式元件进行比较。

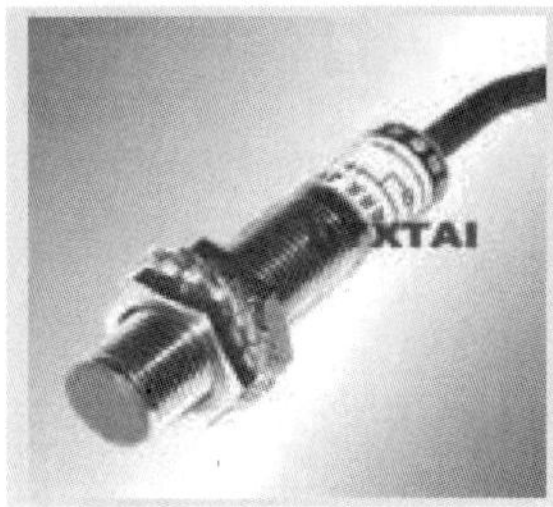

CJ12M 超小结构

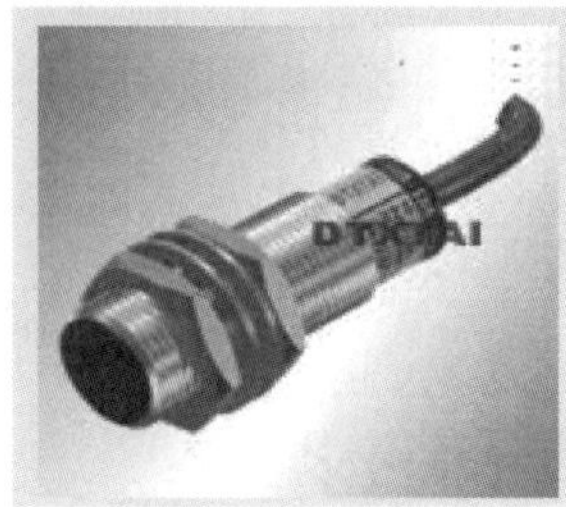

CJ18M 标准结构

CJ30M 齐平安装结构

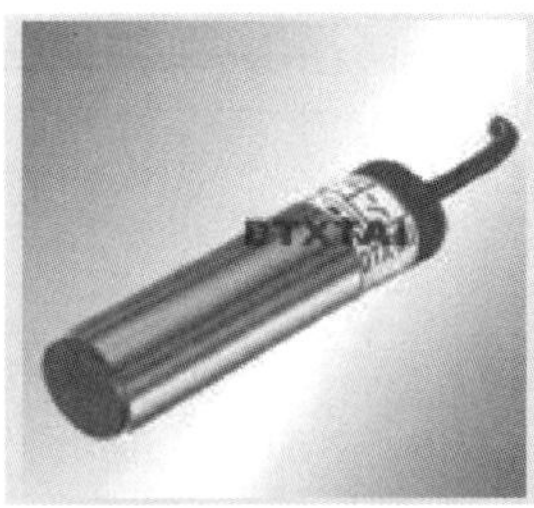

CZB20AM 防水结构

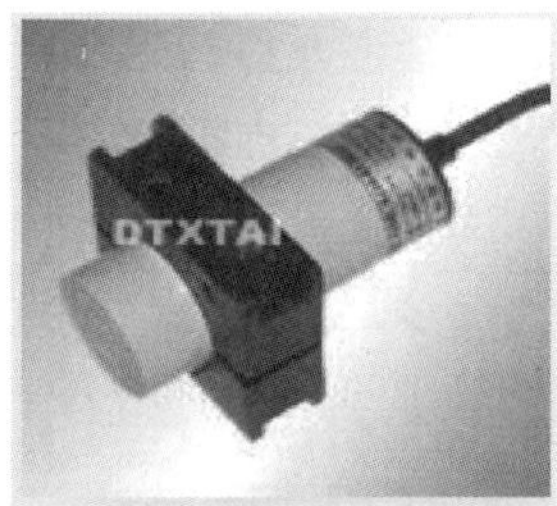

CBS34 长检测距离结构

CG40 长检测距离结构

图 5-39　电容式接近开关结构外形

2. 了解电容式接近开关的使用

电容式接近开关相关的专业术语和技术参数，请参见电感式接近开关相关参数，这里不再赘述。由于电容式接近开关与距离有关，所以在使用时，安装距离必须满足一定要求。一般典型的安装如图 5-40 所示。图 5-1b 实验装置中处于中间位置的就是电容接近开关。

标注及含义参见表 5-5（Sn 为电容式接近开关的标准检测距离，一般取值 10 ~ 15mm，具体参见各产品说明）

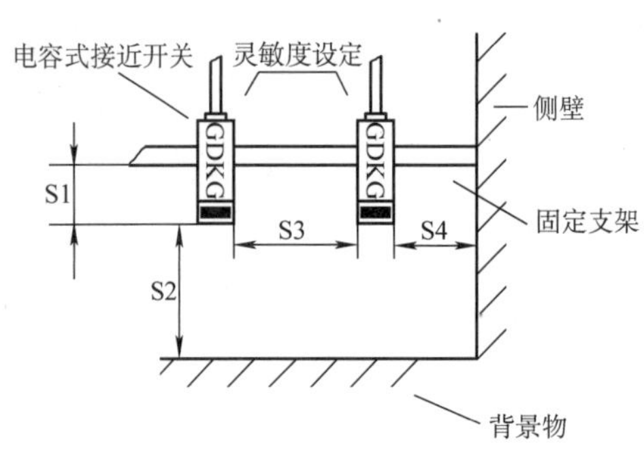

图 5-40　电容式接近开关安装要求

表 5-5　电容式接近开关安装尺寸标注

标号	安装距离	说　明
S1	≥1Sn	检测面与支架的间距
S2	≥3Sn	检测面与背景的间距
S3	≥5Sn	并列安装间距
S4	≥3Sn	检测面与侧壁的间距

3. 使用电容式接近开关测量水箱液位

在对电容式接近开关有了初步认识的基础上，我们从实际的应用中体会它们的工作原理及其注意事项。图 5-41 所示是电容式接近开关在企业实际生产自动控制系统中广泛应用的实例之一，可以根据条件在实验室完成练习。

在实验室水箱的不同高度处，安装两个电容式接近开关。手动打开进水阀门（假设水箱中液位为零），观察水箱液位由低到高，分别经过两个电容式接近开关时，它们会产生什么动作；然后再手动打开放水阀门，同样观察水箱液位由高到低，分别经过两个电容式接近开关时，它们又产生什么动作，并记录、比较两次动作的特点。填写完成表5-6：

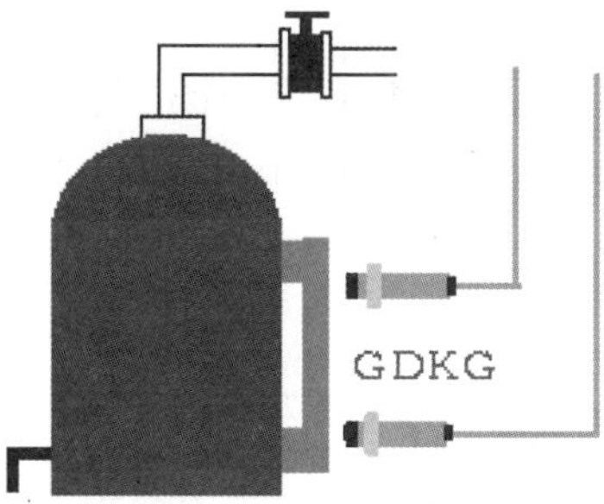

图5-41　电容式接近开关的应用

表5-6　电容式接近开关动作描述

液位变化	检测元件	动作描述
低→高	电容式接近开关1（上）	
	电容式接近开关2（下）	
高→低	电容式接近开关1（上）	
	电容式接近开关2（下）	

从以上实验过程中，读者是否已经掌握电容式接近开关的检测原理？请思考：电容式接近开关有哪几种动作触点？

［学习知识］

1. 掌握电容式接近开关工作原理

电容式接近开关也属于一种具有开关量输出的位置传感器，它的测量头通常是构成电容器的一个极板，而另一个极板是物体的本身，当物体移向接近开关时，物体和接近开关的介电常数发生变化，使得和测量头相连的电路状态也随之发生变化，由此便可控制接近开关的接通和关断。电容式传感器能检测金属物体，也能检测非金属物体，对金属物体可以获得最大的动作距离，对非金属物体动作距离决定于材料的介电常数，材料的介电常数越大，可检测的动作距离越大。常用材料的介电常数见表5-7。

表5-7　部分常用材料的介电常数

材　料	介电常数	材　料	介电常数	材　料	介电常数	材　料	介电常数
水	80	软橡胶	2.5	合成树脂	3.6	米	3.5
大理石	8	松节油	2.2	赛璐珞	3	聚丙烯	2.3
云母	6	木材	2~7	普通纸	2.3	聚乙烯	2.9
陶瓷	4.4	酒精	25.8	有机玻璃	3.2	纸碎屑	4
硬橡胶	4	电木	3.6	聚乙烯	2.3	石英玻璃	3.7
玻璃	5	电缆	2.5	苯乙烯	3	硅	2.8
硬纸	4.5	油纸	4	石蜡	2.2	石英砂	4.5
空气	1	汽油	2.2				

在测量水箱液位的基础上，将水更换为其他介质（比如普通纸或者碎纸屑），重新实验一次，重点比较两次在动作距离上的不同，总结不同介电常数的检测介质与动作距离有什么关系。

2. 了解电容式接近开关工作流程图

在了解电容式接近开关的相关原理后，我们可以更清楚地了解它的工作流程。请思考：如何理解被测物体与感应电极之间的距离？思考活动可以借助图5-42所示的流程图。

［特别提示］

1）不同的电容式接近开关，输出提供的端口数量也不一样，有两线、三线、四线，甚

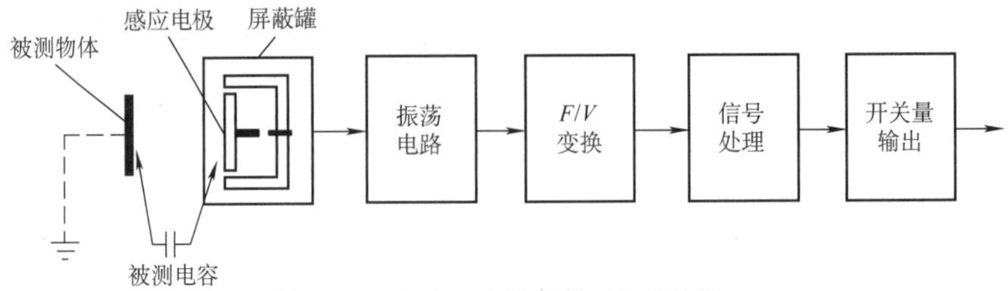

图 5-42　电容式接近开关工作流程图

至五线的。在使用之前，一定要看接近开关上的铭牌，否则可能会因为电压不相称而烧坏设备。（DC 二线的接近开关具有 0.5 ~ 1mA 的静态泄漏电流，在一些对 DC 二线接近开关泄漏电流要求较高的场合下尽量使用 DC 三线的接近开关。）

2）电容式接近开关理论上可以检测任何物体，当检测过高介电常数的物体时，检测距离会明显减小，这时即使增加接近开关灵敏度也起不到效果。

3）电容式接近开关的接通时间为 50ms，所以，当负载和接近开关采用不同电源时，务必先接通接近开关的电源。

4）不能将接近开关置于 2×10^{-2}T 以上的直流磁场环境下使用，以免造成误动作。

5）避免接近开关在化学溶剂，特别是在强酸、强碱的环境下使用。

6）由于受潮湿、灰尘等因素的影响比较大，为了使电容式接近开关长期稳定工作，请务必进行定期的维护，包括检测物体和接近开关的安装位置是否有移动或松动，接线和连接部位是否接触不良，是否有粉尘粘附等。

[思考与训练]

在括号中填上“能”或“不能”：

1. 电容式接近开关（　　）用于对金属的检测。
2. （　　）在较强直流磁场中使用电容式接近开关。
3. 在强酸或强碱环境中，电容式接近开关（　　）正常工作。
4. 在要求先接通负载电源的前提下，负载和电容式接近开关（　　）采用不同电源。

通过对本项目的学习，将接近开关的应用实例总结成图 5-43，请分别分析它们的工作过程。

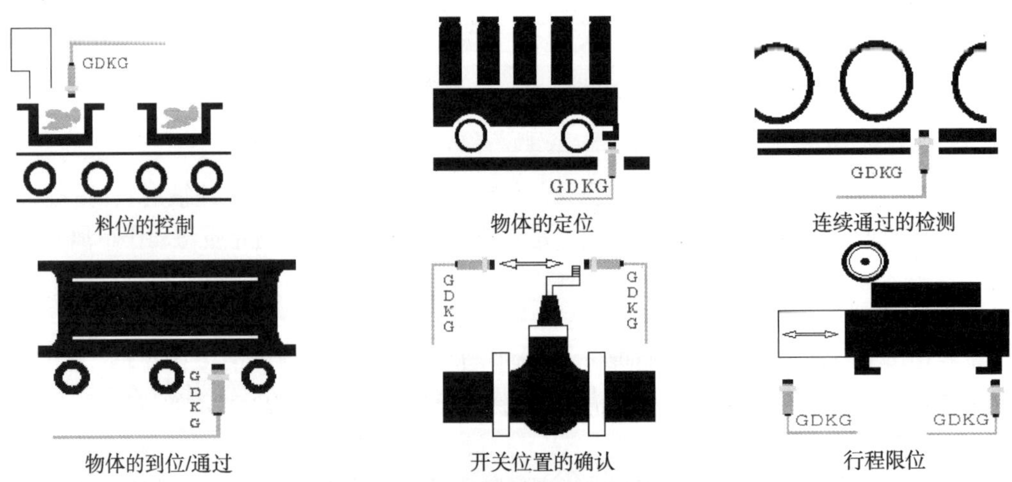

图 5-43　接近开关应用实例

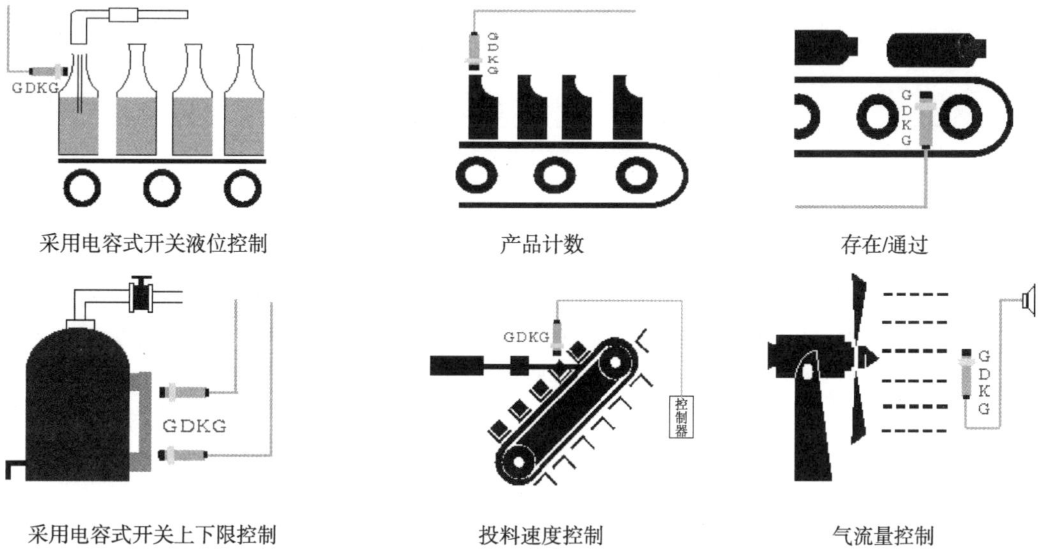

图 5-43　接近开关应用实例（续）

[拓展知识] 电容式接近开关的型号

电容式接近开关检测较低介电常数的物体时，可以顺时针调节多圈电位器（位于开关后部）来增加感应灵敏度，一般调节电位器使电容式接近开关在 0.7～0.8Sn（Sn 为电容式接近开关的标准检测距离）的位置动作。型号说明如下：第一部分文字分别表示接近开关类型、外形和尺寸，短线后面的第二部分文字表示接线图号和输出类别。

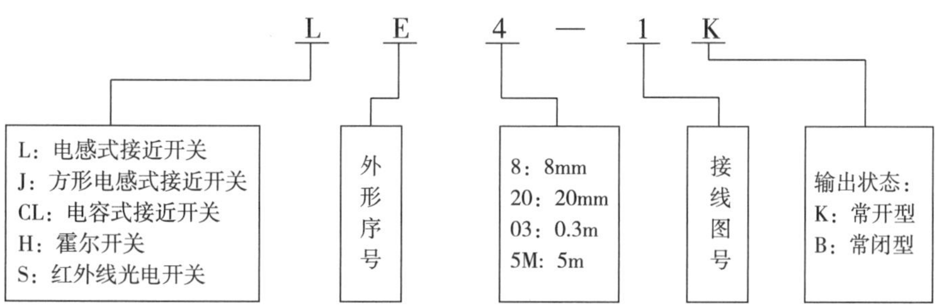

表 5-8 总结了各种接近开关的应用情况。

表 5-8　各种接近开关的应用情况

检测位置	实例	检测电梯、升降设备的停止、起动通过位置 检测车辆的位置、防止两物体相撞检测 检测工件设定位置，移动机器或部件的极限位置 检测回转体的停止位置，阀门的开或关位置 检测气缸或液压缸内活塞移动位置
尺寸控制	实例	金属板冲剪的尺寸控制装置，自动选择、鉴别金属件长度 检测自动装卸时堆物高度 检测物品的长×宽×高和体积

（续）

识别对象	实例	电感式接近开关根据对象物体上的码，来识别（认出）对象是否为识别目标，色标识别，印刷包装上应用
检测异常	实例	检测瓶盖有无，产品合格与不合格判断 检测包装盒内的金属制品缺乏与否，区分金属与非金属零件，产品有无标牌检测，起重机危险区报警，安全扶梯自动启停
信息传送	实例	AIS（总线）连接设备上各个位置上的传感器生产线（50～100m）的数据传送、返送等
计数及控制	实例	检测生产线上流过的产品数，高速旋转轴或盘的转速计量零部件计数
转换及速度控制	实例	检测控制传送带的速度，控制旋转机械的速度与各种脉冲发生器一起控制转速和转数 检测齿轮的转速
计量控制	实例	检测产品或零件的自动计量 检测计量器，仪表的指针范围而控制流量 检测浮标控制侧面高度，流量 检测不锈钢桶中的铁浮标 检测仪表量程上限或下限的控制，流量控制，水平控制面
检测物体存在有否	实例	检测生产包装线上有无产品包装箱 检测有无产品零件 用光纤式光电开关检测微小物体
液位监控	实例	水塔水位的检测，控制水泵的起停 油罐内液体上下限的感知、控制

[课外作业]

1. 根据本项目的学习，查找相关资料，整理出各种物质位置检测仪表的种类，并指出它们的使用场合。

2. 除了本项目所介绍的物质位置检测方法外，还有哪些位置检测方法，举例说明。

单元五　位置检测应用实验

单元目标　熟悉环形输送线实验原理及传感器；掌握不同的位置检测应用；了解流水线上传感器的基本应用。

环形输送线实验台是 DR－Lab 实验系统中的一个小型多用途传感器实验台，它可以模拟自动生产线上物料的输送、检测工作。

实验台由外壳、链板（测试物品的载板）、链条、链轮、直流减速电动机、传感器支架、链条张紧装置、传动装置、6 个测试样品（金属、塑料各三个，三种颜色）和传感器组成，实验台的外观如图 5-44 所示。

环形输送线试验台可以开设光电对射传感器运行速度测量实验、红外传感器物品计数实验、电涡流传感器金属物体检测实验、超声波传感器物体距离探测实验、色差传感器物体表面颜色识别实验、应变力传感器物体质量测量实验、霍尔传感器工位定位实验、直角坐标机械手物件分捡实验等。

[**实践操作**]　环形输送线实验

1. 物体检测

本实验采用红外反射式传感器检测物体，如图 5-45 所示。

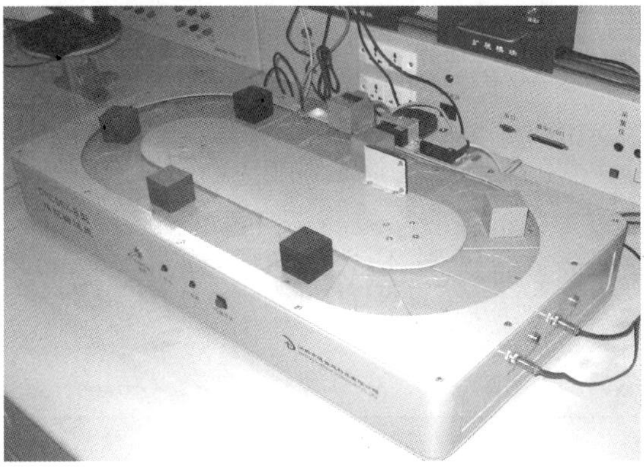

图 5-44　环形输送线实验台外观

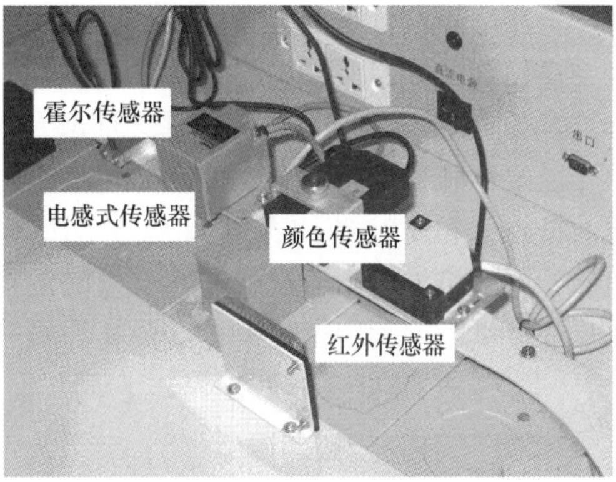

图 5-45　用接近式开关检测不同物体

在进行实验之前要确认传感器的反光板已经正确安装，否则，传感器检测不到信号。红外反射式传感器及反光板的安装方法是将传感器固定在支架上，调整安装螺钉使传感器的下边沿平行于输送线的顶盖板。反光板固定在传感器发射面的前面，使反光面中心正对着传感器。开动环形输送线，当测试样品随链板运动经过传感器时，由于物体遮挡了红外线的反射，传感器会输出一个跳变的信号。

2. 金属物体检测

本实验采用电涡流接近开关进行测量，探测距离比较短，一般小于 20mm。因此，在进行实验之前，请注意调节传感器探头与被测物体之间的距离。为了取得良好的实验效果，建议调整到 5～10mm。在传感器调整好以后，开动环形输送线。链板拖动被测物体经过传感器探头前面，当金属材质（铝）的物体经过探头时，传感器会输出跳变的信号。需要说明的是，电涡流接近开关在探测不同材质、不同形状的金属物体时，其有效探测距离会表现得有一些差异：一般地，探测铝质比铁质物体的有效探测距离要小。随环形输送线提供的测试样品有两种：一种是塑料材质的，另一种是铝材质的。

3. 输送线运行速度测量

本实验使用红外对射式传感器测量。如图 5-46 所示，红外对射式传感器的发射和接收窗口被固定在传动链条的两侧，当链条在电动机的拖动下运动时，链条的滚子会有规律的遮挡传感器发出的红外线，在传感器的输出端上就会得到连续的脉冲。由于链条的滚子之间的距离（即节距）相等，所以测得传感器输出的脉冲频率 f，就可以推算出链条的运动速度 $S=d\times f$

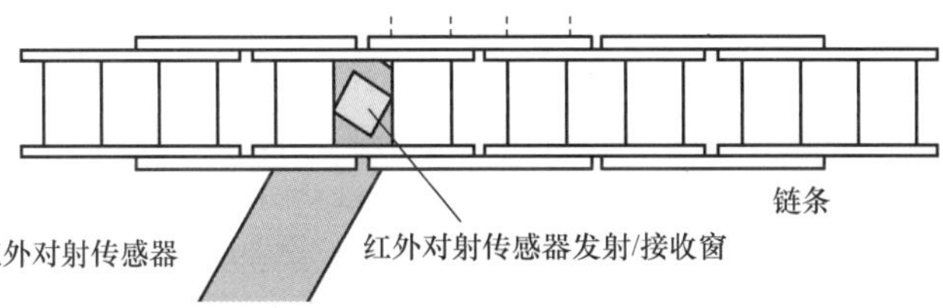

图 5-46　红外对射传感器运动速度测量原理示意图

(mm/s)。实验时，可通过输送线的速度开关选择不同的运行速度，观察信号波形的变化。

需要说明的是，红外对射式传感器安装在环形输送线链板的下面，输送线上部是观察不到该传感器的，使用时也不需要进行调整。由于链条的运行速度比较慢（16～50mm/s），对应传感器测量信号频率大约是 1.26～3.94Hz。因此，采样频率参数不能设置得过高，可根据采样长度（1024）内包含至少 2 个脉冲周期来确定采样频率。

4. 利用色差传感器检测物体表面颜色

色差传感器使用的是红外反射式色差传感器，它的工作依据是不同颜色物体表面对红外线的吸收率和反射率不同。在相同的测试距离上，黑色的吸收率最高，白色的吸收率最低。因此，可以根据物体对红外线的反射率来判断物体的表面颜色。在标准测试距离上，随环形输送线提供的三种测试颜色样品色差传感器测试结果见表 5-9。

表 5-9 色差传感器测试结果 （测试距离：5～10mm）

检测颜色	传感器输出/mV
黄	3000～3800
橙红	1000～3000
深蓝	200～500

在实际的检测中，需要注意传感器与被测物体的距离应在 5～8mm，物体被测表面应为平面且角度与传感器的工作平面平行。测量时由于输送线的运动，检测值是一个波动的电压范围，而不是精确的某个值。

在传感器的使用过程中应注意探头和被测物体表面的清洁，根据光的吸收与反射定律，如果被测物体表面有污物，会影响光的反射，也就是影响测量精度。另外避免光源直射传感器端面或测试样品，否则也会影响测试结果。

5. 工位定位

在本实验中，使用霍尔传感器进行定位，霍尔传感器在检测到磁钢经过传感器探头时，磁场的变化会使传感器输出脉冲信号。利用霍尔传感器的这一特性，将磁钢安装在某几个特定的链板上，当这些安装有磁钢的链板经过传感器探头时，传感器就会“认出”这些链板。当环形输送线上配有直角坐标机械手时，霍尔传感器的输出与红外传感器等工件检测传感器配合，可以实现机械手工件抓取位置的控制。图 5-47 所示是霍尔传感器及磁钢等的安装位置示意图。

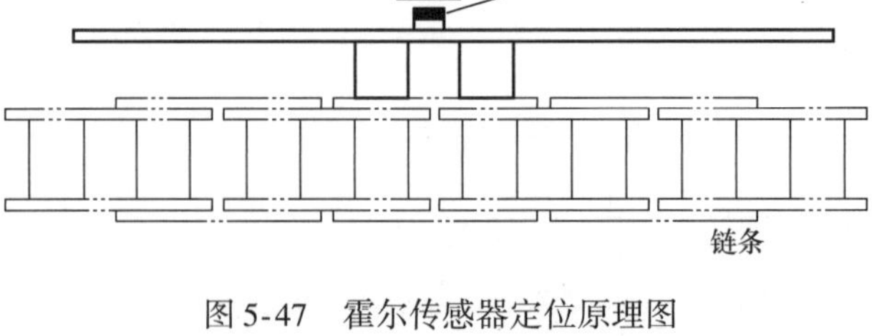

图 5-47 霍尔传感器定位原理图

由于霍尔传感器只对单个磁极敏感，因此，在链板安装磁钢时，请将标记有红色或黑色的一面朝上。另外，探头与磁钢之间的距离应小于 8mm。

[项目五小结]

接近传感器也称接近开关，是一种能感知物体接近程度的器件。接近开关可分为电容式、涡流式、霍尔式、光电式、超声波式、热释电式、微波式等。接近开关的工作原理比较简单，有较大的带负载能力，可以控制并带动执行机构工作。由于不需要其他控制电路和装置，因而由它组成控制系统简单可靠且成本低，广泛应用于自动生产线的各个环节。

课外作业五

5-1 生产线上的接近开关一般有几种？图 5-48 所示的接近开关是常开型还是常闭型？请画图完成接近开关的接线。

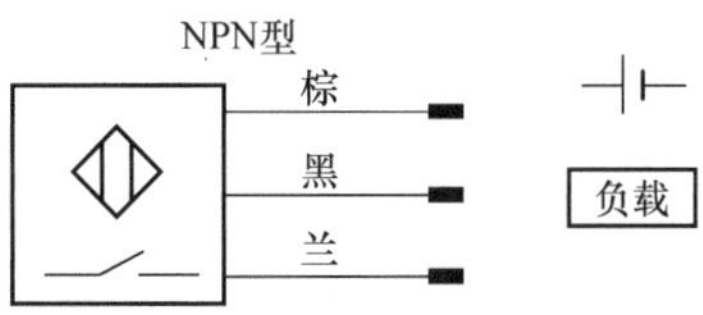

图 5-48 题 5-1 图

5-2 三线制和四线制的接近开关功能上有什么不同？

5-3 光电器件有哪些种类？分别具有什么特性？

5-4 光电开关有哪几种工作形式？

5-5 热释电传感器的特性是什么？使用热释电传感器有哪些注意事项？

5-6 简述型环形输送线实验台（DR－lab）上的位置检测传感器及其工作原理。

5-7 判断图 5-49 所示电路是亮通还是暗通电路？并解释你的判断。

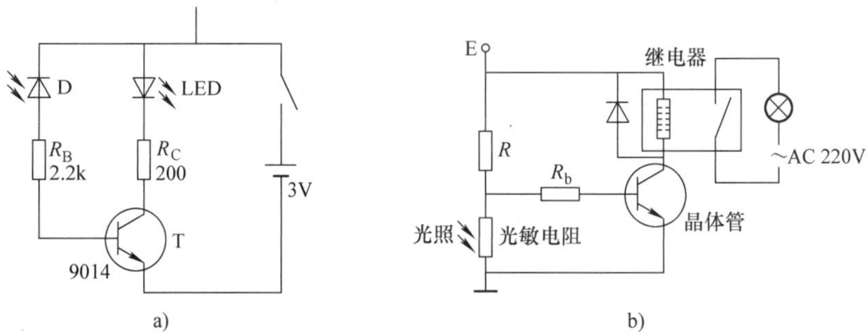

图 5-49 题 5-7 图

5-8 写出你认为可以用霍尔传感器来检测的物理量。

项目六　位移检测

项目描述

位移检测是指测量位移、距离、位置、尺寸、角度、角位移等几何量。根据这类传感器的信号输出形式，可以分为模拟式和数字式两大类，参见表 6-1。机械位移传感器根据被测物体的运动形式可划分为线性位移传感器和角度位移传感器。

表 6-1　位移传感器

位移传感器	模拟式	电位器、电阻应变片、电容传感器、螺管电感、差动变压器、涡流探头、光电元件、霍尔器件、微波器件、超声波器件
	数字式	光栅、磁栅、感应同步器

机械位移传感器是应用最多的传感器之一，它在机械制造工业和其他工业的自动检测技术中占有很重要的地位，在很多领域也得到了广泛的应用。本项目主要围绕电位器和光栅传感器进行学习和训练。

技能要点

最常用位移检测元件的使用方法，相关资料的查阅能力；元件与系统的接线方法；了解位移检测系统；解决简单的位移检测问题。

知识要点

通过本项目，了解电位器和光栅的工作原理、使用方法，掌握不同被测对象、不同工作环境下电位器的选型原则。了解光栅的主要性能参数指标和基本意义。了解位移传感器与控制系统的联系。

单元一　机械位移传感器检测位移

任务一　电位器式传感器应用训练

单元目标　熟悉电位器的常用参数，了解其基本使用方法；理解电位器的基本原理；掌握电位器的使用方法；运用元件测量物体位移。

[**观察现象**] 认识电位器的特性

电位器是人们常用到的一种电子元器件，作为传感器，它可以将机械位移转换为电阻值的变化，从而引起输出电压的变化。电位器传感器具有结构简单、价格低廉、性能稳定、环境适应能力强、输出信号大等优点。其缺点主要是分辨力有限、动态响应较差。

图 6-1 所示为常见的电位器传感器，其中图 6-1a 为直线位移式，图 6-1b 为角位移式。

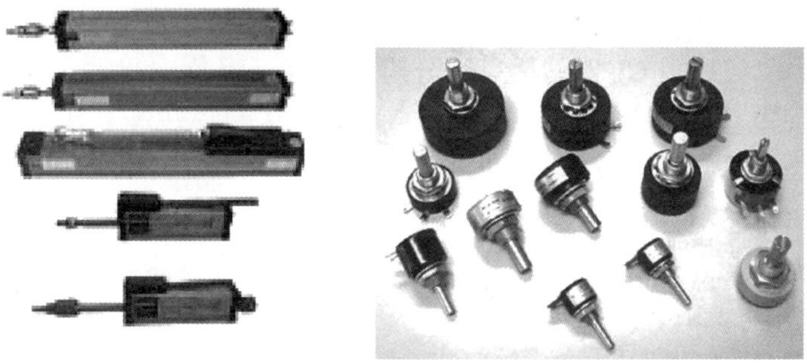

a) 直线位移式　　　　b) 角位移式

图 6-1　电位器传感器

选用测量范围为 0～300mm 的直线位移式电位器，用电阻表（万用表欧姆档）测量其电阻值。记录下电位器在不同位置时的电阻值，填入表 6-2。

表 6-2　电位器的电阻值

位置/mm	0	50	100	150	200	250	300
电阻/Ω							

电位器传感器的结构示意图如图 6-2a、b 所示，从图 6-2c 可以看出电位器能方便地将电阻的变化转换为电压的变化。

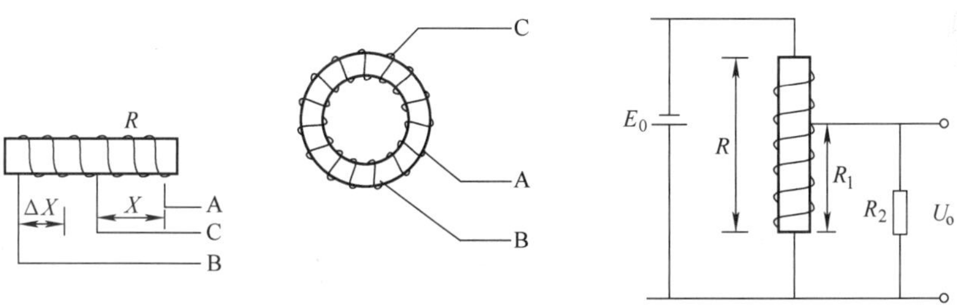

a) 直线位移式　　　　b) 角位移式　　　　c) 原理图

图 6-2　电位器传感器形式和原理图

[**拓展知识**] 电位器传感器的类型

电位器的种类繁多，主要有以下种类。

1. 线绕电位器传感器

线绕电位器的电阻体由电阻丝缠绕在绝缘物上构成，如图 6-3a 所示。电阻丝的种类很多，电阻丝的材料是根据电位器的结构、容纳电阻丝的空间、电阻值和温度系数来选择的。电阻丝越细，在给定空间内越能获得较大的电阻值和分辨率。但电阻丝太细，在使用过程中容易断开，影响传感器的寿命。

为了克服线绕电位器存在的缺点，人们在电阻的材料及制造工艺上下了很多工夫，发展了多种非线绕电位器。

2. 合成膜电位器

合成膜电位器的电阻体是用具有某一电阻值的悬浮液喷涂在绝缘骨架上形成电阻膜而成的，如图6-3b所示。这种电位器的优点是分辨率较高、阻范围很宽（100Ω～4.7MΩ）、耐磨性较好、工艺简单、成本低、输入—输出信号的线性度较好等，其主要缺点是接触电阻大、功率不够大、容易吸潮、噪声较大等。

3. 金属膜电位器

金属膜电位器由合金、金属或金属氧化物等材料通过真空溅射或电镀方法，在瓷基体上沉积一层薄膜制成，如图6-3c所示。

金属膜电位器具有无限的分辨率，接触电阻很小，耐热性好，它的满负荷温度可达70℃。与线绕电位器相比，它的分布电容和分布电感很小，所以特别适合在高频条件下使用。它的噪声信号仅高于线绕电位器。金属膜电位器的缺点是耐磨性较差，阻值范围窄，一般在10～100kΩ，这些缺点限制了它的使用。

4. 导电塑料电位器

导电塑料电位器又称为有机实心电位器，这种电位器的电阻体是由塑料粉及导电材料的粉料经塑压而成，如图6-3d所示。导电塑料电位器的耐磨性好、使用寿命长、允许电刷接触压力很大，因此它在振动、冲击等恶劣的环境下仍能可靠地工作。此外，它的分辨率较高、线性度较好、阻值范围大、能承受较大的功率。导电塑料电位器的缺点是电阻值易受温度和湿度的影响，故精度不易做得很高。

5. 导电玻璃釉电位器

导电玻璃釉电位器又称为金属陶瓷电位器，它是以合金、金属化合物或难溶化合物等为导电材料，以玻璃釉为粘合剂，经混合烧结在玻璃基体上制成的，如图6-3e所示。导电玻璃釉电位器的耐高温性好、耐磨性好、有较宽的阻值范围、电阻温度系数小且抗湿性强。导电玻璃釉电位器的缺点是接触电阻变化大、噪声大、不易保证测量的高精度。

a) 线绕电位器　b) 合成膜电位器　c) 金属膜电位器　d) 导电塑料电位器　e)导电玻璃釉电位器

图6-3　各种电位器传感器

[**学习知识**] 了解电位器传感器的应用

在使用电位器传感器时，最简单的连接方式是把输出的电压信号接到控制电路前置放大器的输入端或控制器电路的输入端，如图6-4所示。设加在电位器两端的直流电压为U_o，由于电刷把电位器分成了电阻值为R_1和R_2的两段，则在不接后续电路（空载）时，电刷的输出电压为$UR_2/(R_1+R_2)$。由于R_1+R_2是一个常数，所以，该公式为线性的。但是，线性电位器的位移测量式是理想空载情况下得到的，当接入输入阻值为R_f的后续电路后，电刷上部的电阻值仍为 R_1，而电刷下部的电阻值则变为 R_2 与 R_f 并联。传感器的实际输出电压 U_o 不再等于 $UR_2/(R_1+R_2)$。当后续电路的输入电阻值较小时，电刷输出的电压值相对前述公式就会存在较大误差。因此，电位器的后续电路一般采用高输入阻抗，以减小负载效应引起的测量误差。

有些油量检测采用的就是电阻式位置传感器，油量表的工作原理如图 6-5 所示。通过测量油箱内油面的高度来测量油箱内的剩余测量。油量变化时，浮子通过杠杆带动电位器的电刷在电阻上滑动，因此，一定的油面高度就对应一定的电刷位置。在油量表中，采用电桥作为电位器的测量电路，从而消除了负载效应对测量的影响。当电刷位置变化时，为保持电桥的平衡，两个线圈 Ⅰ 和 Ⅱ 内的电流会发生变化，使得两个线圈产生的磁场发生变化，从而改变指针的位置，使油量表指示出油箱内的油量。

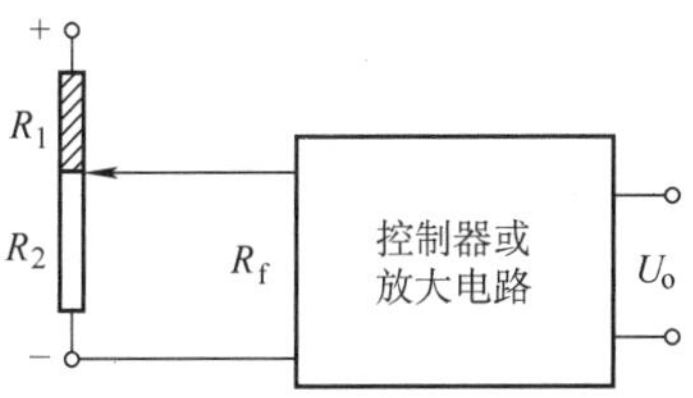

图 6-4　电位器简单应用电路

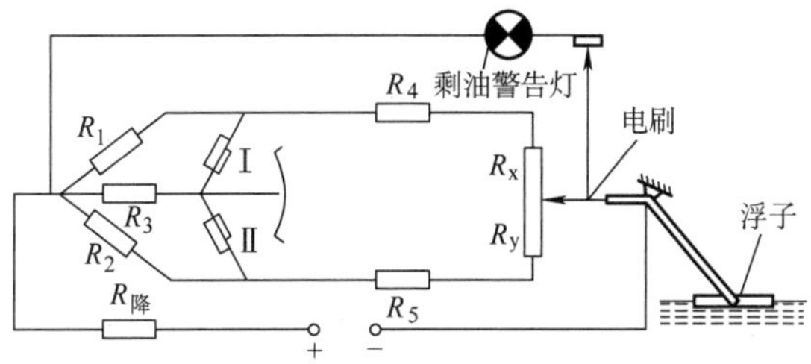

图 6-5　油量表原理示意图

任务二　差动变压器式传感器应用实训

差动变压器是感应式位移传感器中应用最广的一种。它是一个其原边有一个绕组，副边有两个按差动方式连接的绕组的开口变压器。变压器开口上有一活动铁心，该铁心产生位移时使磁路改变，从而使输出差动电压随之改变。其输出电压与铁心位移成线性关系且十分灵敏。

差动变压器的详细原理已见于项目三中，此处不再赘述。

[**实践操作**] 差动变压器测量钢板厚度模拟实验

本实验利用 DRVI 快速可重组传感器实验台完成。

一、实验目的

通过本实验掌握电磁传感器测量原理，了解用差动变压器测量钢板厚度的方法。

二、测量原理

差动变压器式位移传感器由同心分布在线圈骨架上的一个一次绕组 W，两个二次绕组 W_1 和 W_2 组成，线圈组件内有一个可自由移动的杆装磁心（铁心），当铁心在线圈内移动时，改变了空间的磁场分布，从而改变了一、二次绕组之间的互感量 M，当一次绕组供给一定频率的交变电压时，二次绕组就产生了感应电动势。随着铁心的位置不同，二次绕组产生的感应电动势也不同，这样，就将铁心的位移量变成了电压信号输出。为了提高传感器的灵敏度、改善线性度，实际工作时是将两个二次绕组反向串联，故两个二次绕组电压极性相反，传感器的输出是两个二次电压之差，其电压差值与位移量成线性关系。差动变压器式位移传感器实验原理如图 6-6 所示。

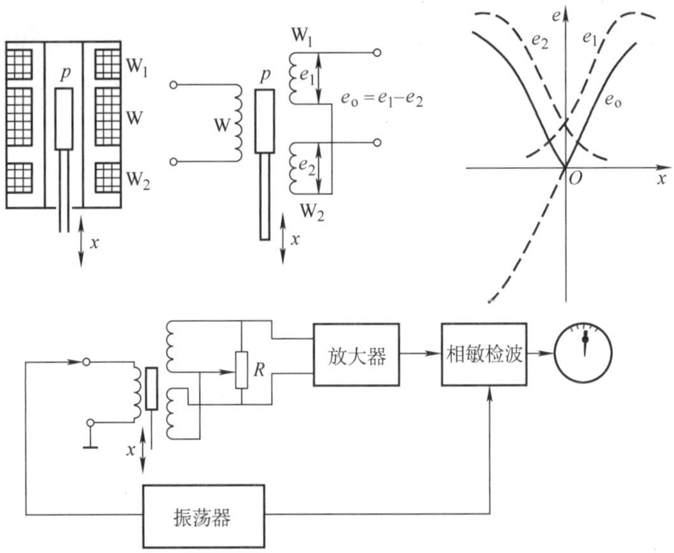

图 6-6 差动变压器式位移传感器实验原理

差动变压器式位移传感器具有良好的环境适应性、使用寿命长、灵敏度高和分辨率高的特点。使用时只要把传感器的壳体夹固在参照物上，其测杆顶（或夹固）在被测点上，就可以直接测量物体间的相对变位。

三、实验仪器和设备

计算机，一台；DRVI 快速可重组虚拟仪器平台，一套。

四、实验步骤

1）启动 DRVI 主程序，单击 DRVI 快捷工具条上的“联机注册”图标，进行注册，获取软件使用权。

2）根据说明书，在 DRVI 的地址信息栏中输入连接地址，建立仿真测量实验环境，如图 6-7 所示。

五、实验报告要求

简述实验目的及原理，按实验步骤附上相应的信号波形曲线，总结实验得出的主要结论。

[思考与训练]

1. 电位器传感器有哪些类型？分别能测量哪些量？

2. 电位器传感器线绕电阻为 10kΩ，电刷最大行程 4mm。若允许最大消耗功率 40mW，传感器所用的激励电压为允许的最大电压，当位移量为 1.2mm 时，输出电压为多少？

3. 差动变压器式位移传感器的特性有哪些，使用中应注意什么问题？

4. 利用差动变压器，构思一个测量向日葵生长高度的测量仪器，要求画出向日葵、导向滑轮、细线、固定点、差动变压器、衔铁、测量转换电路、指针毫伏表等部件。图中应表明以上部件的安装关系，并简要说明测量装置的工作原理。

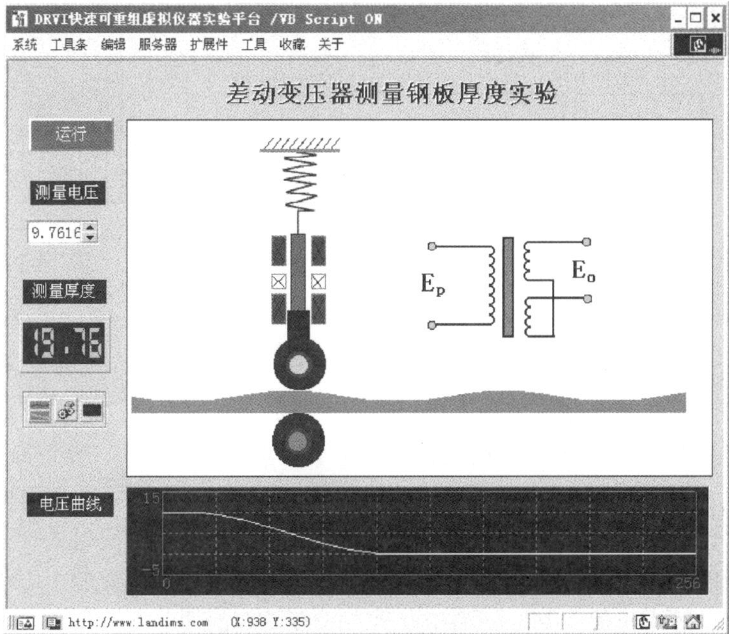

图 6-7　实训界面

单元二　光栅位移传感器

单元目标　通过光栅式位移传感器的线位移的检测应用训练，了解常用光栅传感器检测组件的外形和基本工作原理；熟悉工业常用的位移检测方法；学会光栅位移传感器检测系统的安装、调试和维修。

随着数字技术的不断发展，数字式位移传感器被广泛地应用到精密检测的自动控制系统中。常用的数字式位移传感器有计量光栅、磁尺、编码器和感应同步器等，它们都有线位移测量和角位移测量两种构造形式。光栅位移传感器具有分辨力高（可达1μm或更高）、测量范围大（几乎不受限制）、动态范围宽、易于实现数字化和自动控制等优点，是数控机床和精密测量中应用较广的检测元件。

任务一　认识光栅位移传感器

[学习知识]

一、了解光栅位移传感器的结构和类型

用于位移测量的光栅称为计量光栅。从光栅的光线走向分类，可分为透射式光栅和反射式光栅两大类；按用途来分类，光栅又可分为长光栅（直线光栅）和圆光栅两种。

透射式光栅是在光学玻璃基体上刻有均匀地刻画间距、宽度相等的条纹，形成断续的透光区和不透光区。反射式光栅一般用不锈钢做基体，用化学的方法制作出黑白相间的条纹，形成强光反光区和不反光区。长光栅用于长度测量，圆光栅用于角度测量。图 6-8 所示为测量位移的长光栅结构。

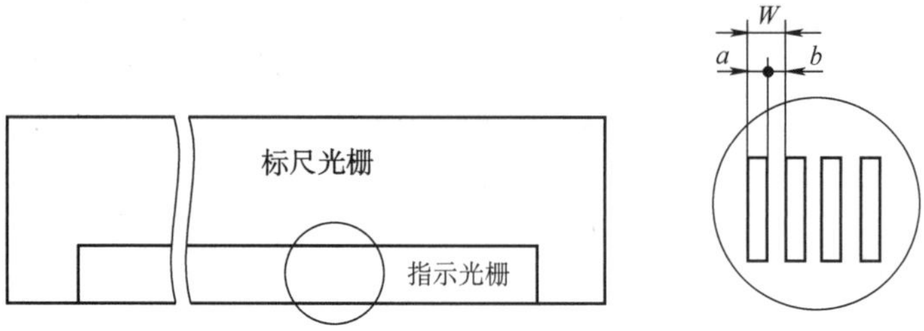

a)标尺光栅和指示光栅　　b)指示光栅

图 6-8　测量位移的光栅结构

在测量直线位移的长光栅中，若 a 为刻线宽度，b 为缝隙宽度，则 $W=a+b$，称为光栅的栅距（也称光栅常数）。通常 $a=b$，或 $a:b=1.1:0.9$。线纹密度一般为每毫米 200、100、50、25 和 10 线，标尺光栅的有效长度即为测量范围。指示光栅比标尺光栅短得多，但两者刻有同样栅距。透射式计量光栅使光线通过光栅后产生明暗条纹，反射式计量光栅反射光线并使之产生明暗条纹。在测量角位移圆光栅中，其光栅两条相邻刻线的中心线的夹角称为角介距，线纹密度一般为每周（360°）有 100 到 21600 不等的线。

二、研究光栅位移传感器的原理

如图 6-9 所示，光栅传感器主要由标尺光栅、指示光栅、光路系统和光电元件等组成。下面以黑白透射式长光栅为例说明光栅位移传感器的原理。

1. 光栅位移传感器的转换元件

图 6-10 所示是位移检测的光栅结构。使用时两光栅相互重叠，两者之间有微小的空隙 d（取 $d=W^2/\lambda$，W 为栅距，λ 为有效光波长），使其中一片固定，另一片随着被测物体移动，即可实现位移检测。

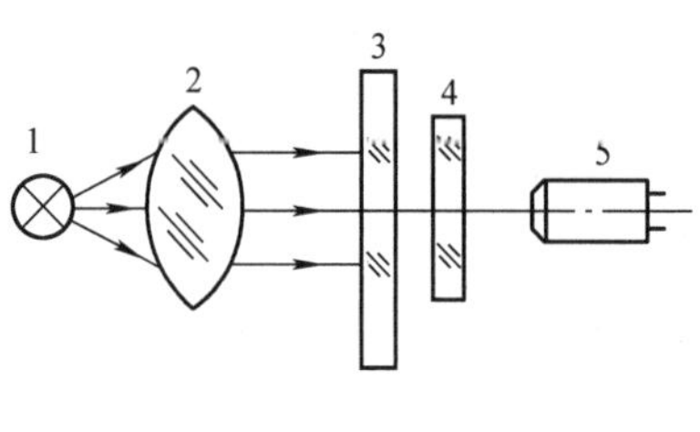

图 6-9　位移测量的光栅传感器组成
1—光源　2—聚光镜　3—标尺光栅
4—指示光栅　5—光电元件

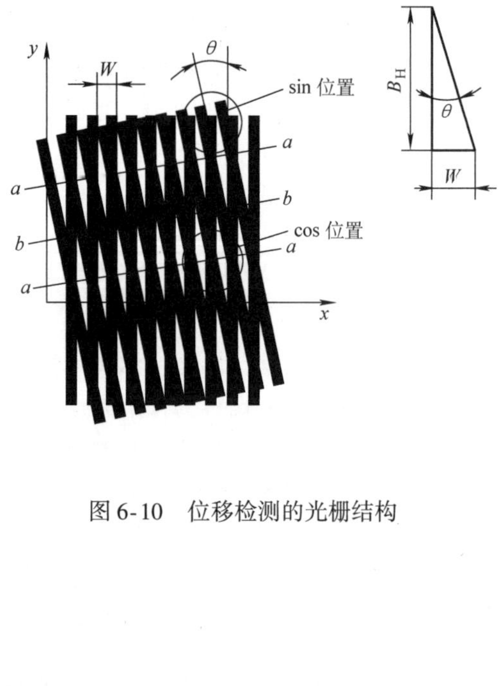

图 6-10　位移检测的光栅结构

当指示光栅和标尺光栅的线纹相交一个微小的夹角 θ 时，在刻线的重合处，光从缝隙透过形成 a – a 亮带。两光栅刻线彼此错开处，光栅相互档光形成 b – b 暗带。由于挡光效应（当线纹密度≤50 条/mm 时）或光的衍射作用（当线纹密度≥100 条/mm 时），在与光栅线纹大致垂直的方向上（两线纹夹角的等分线上）产生出亮、暗相间的条纹，这些条纹称为莫尔条纹。莫尔条纹有如下的重要特征：

1）莫尔条纹由光栅的大量刻线共同形成，对线纹的刻划误差有平均抵消作用，能在很大程度上消除短周期误差的影响。

2）当两光栅沿刻线的垂直方向作相对移动时，莫尔条纹在刻线方向移动。两光栅相对移动一个栅距 W，莫尔条纹也同步移动一个间距 B_H，固定点上的光强则变化一周。而在光栅反向移动时，莫尔条纹移动方向也随之反向。

3）莫尔条纹的间距与两光栅线纹夹角 θ 之间的关系为

$$B_H = \frac{W}{2\sin\frac{\theta}{2}} \approx \frac{W}{\theta} \tag{6-1}$$

式中　W——光栅栅距；

θ——两光栅刻线间的夹角（rad）。

从式（6-1）可知，当 W 一定时，θ 越小，则 B_H 越大。这相当于把栅距放大了 $1/\theta$ 倍，提高了测量的灵敏度。一般角 θ 很小，W 可以做到约 0.01mm，而 B_H 可以到 6～8mm。采用特殊电子线路可以区分出 $B_H/4$ 的大小，因此可以分辨出 $W/4$ 的位移量。例如 W = 0.01mm 的光栅可以分辨 0.0025mm 的位移量。

若用光电元件接收莫尔条纹移动时光强的变化，则光信号被转换为电信号（电压或电流）输出，如图 6-11 所示。

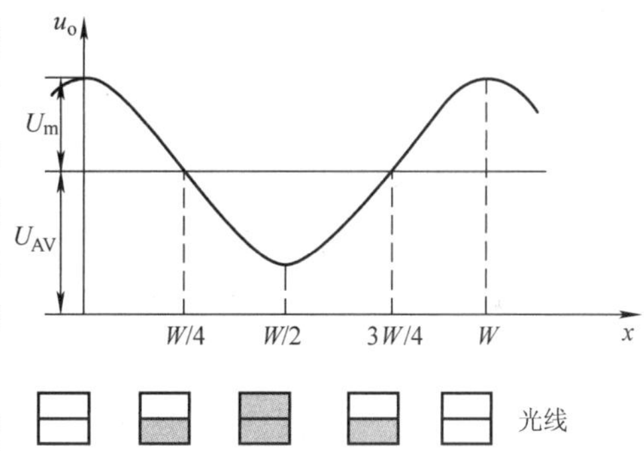

图 6-11　光栅位移与光强及输出电压的关系

光栅输出电压信号的幅值为光栅位移量 x 的函数，这就是光栅的光电信号转换原理。即

$$u_o = U_{AV} + U_m \sin\left(\frac{2\pi x}{W}\right) \tag{6-2}$$

式中　U_{AV}——输出信号中的直流分量；

U_m——输出正弦信号的幅值；

x——两光栅间的瞬时相对位移。

从式（6-2）可知，当 W、U_{AV} 和 U_m 一定时，x 越大，则 u_o 越大。

2. 光栅位移传感器测量电路

光栅位移传感器测量电路由放大、整形、辨向、细分、计数和数字显示电路组成，如图 6-12 所示。光栅式光电转换元件把位移量转换成电压信号 u_o 后，由放大、整型电路将光电元件的电压信号 u_o 进行放大整形，转换成方波信号 u_o'。然后再由微分电路转换成脉冲信号 u_z'，经过辨向、细分电路和可逆计数器计数后，在显示器上实时地以数字形式显示出位移量的大小。位移量是脉冲数与栅距的乘积。当栅距为单位长度时，所显示的脉冲数则直接表示出位移量的大小。

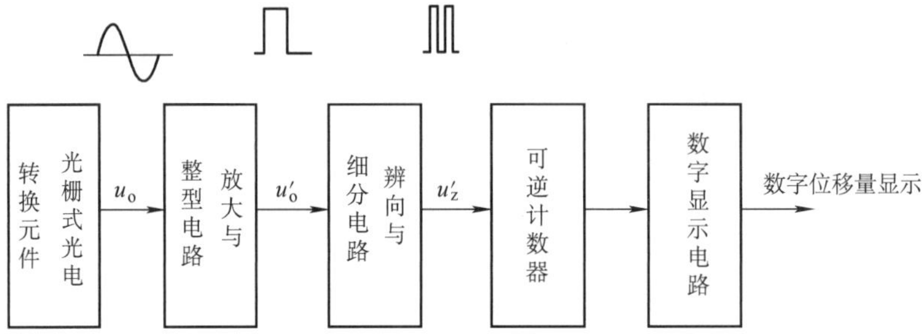

图 6-12　光栅位移传感器测量电路的原理框图

3. 辨向

图 6-13 所示为光栅位移传感器的辨向电路。由光栅位移传感器的转换元件的原理可知，若传感器只安装一套光电元件，那么可动光栅片无论是向左或向右移动，在一固定点观察时，莫尔条纹都是作同样的明暗交替变化，后面的数字电路都发生同样的计数脉冲，从而无法判断光栅移动的方向，也不能正确测量出有往复移动时位移的大小。因而，必须在检测电路中加入辨向电路。图中 RC 微分电路将方波电信号转换成脉冲电信号，使 IC 与门产生计数脉冲，并送到可逆计数器进行计数，再由数字显示器显示被测位移量。

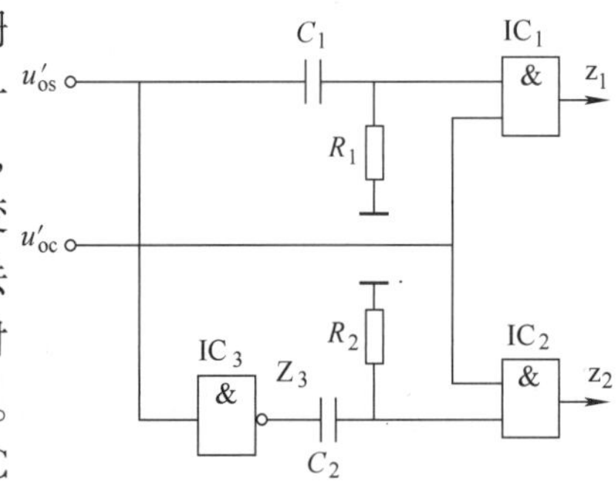

图 6-13　辨向原理

在图 6-14a 所示的光栅辨向原理中，两个相隔 1/4 莫尔条纹间距的光电元件，将各自得到相差 π/2 的电信号 u_{os} 和 u_{oc}。它们经整形转换成两个方波信号 u_{oc}' 和 u_{os}'。从图中波形的对应关系可看出，当光栅沿 x 正方向移动时，u_{os}' 经微分电路后产生的脉冲（图中充填的脉冲）正好发生在 u_{oc}' 处于“1”电平时，从而经 IC_1 输出计数脉冲 u_{z1}，送入加法计数器；而 u_{oc}' 经反相并微分后产生的脉冲则与 u_{os}' 的“0”电平相遇，与门 IC_2 被阻塞，没有脉冲输出。当光栅沿 x 反方向移动时，u_{os}' 的微分脉冲发生在 u_{oc}' 为“0”电平时，与门 IC_1 无脉冲输出；而 u_{os}' 的反相微分脉冲则发生在 u_{oc}' 的“1”电平时，与门 IC_2 输出计数脉冲 u_{z2}，送入加法计数器。u_{oc}' 的电平状态实际上是与门的控制信号，移动方向不同，u_{os}' 所产生的计数脉冲的输出路线也不同。于是可以根据运动方向正确地给出加计数脉冲或减计数脉冲，再将其输入可逆计数器，即可实时显示出相对于某个参考点的位移量。

4. 细分技术

若以移过的莫尔条纹的数来确定位移量，其分辨力为光栅栅距。为了提高分辨力和测得比栅距更小的位移量，可采用细分方法。它是在莫尔条纹信号变化的一个周期内，给出若干个计数脉冲来减小脉冲当量的方法。细分方法有机械细分和电子细分两类。

电子细分法中较常用四倍频细分法。在辨向原理中已知，在相差 $B_H/4$ 位置上安装两个光电元件，得到两个相位相差 π/2 的电信号。若将这两个信号反相就可以得到四个依次相差 π/2 的信号，从而可以在移动一个栅距的周期内得到四个计数脉冲，实现四倍频细分。也可以在相差 $B_H/4$ 的位置上安放四只光电元件来实现四倍频细分。这种方法不可能得到高

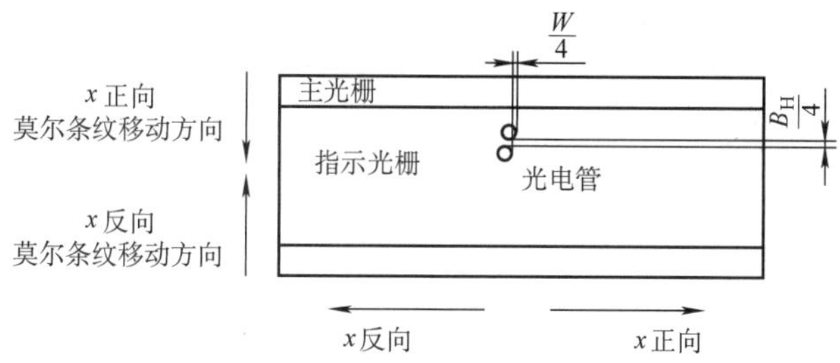

a) 光电元件的位置与莫尔条纹移动方向的关系

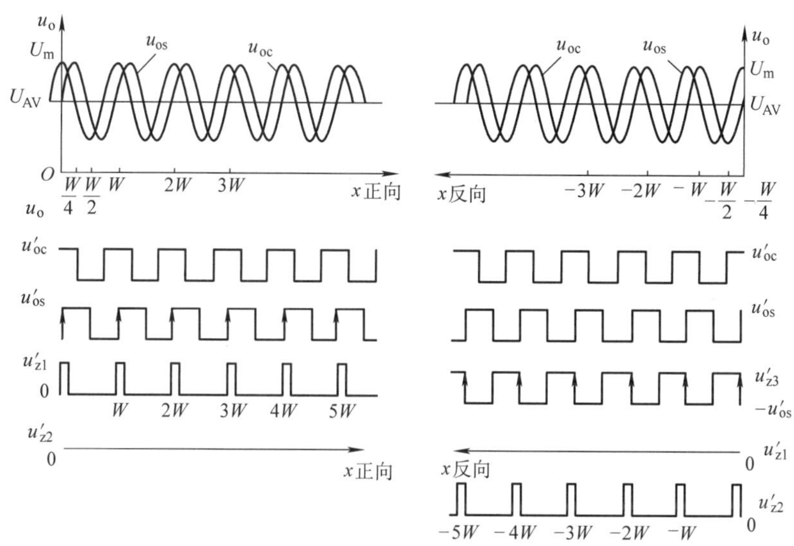

b) 正、反方向辨向原理图

图 6-14　辨向电路的原理图

的细分数，因为在一个莫尔条纹的间距内不可能安装更多的光电元件。它有一个优点，就是对莫尔条纹产生的信号波形没有严格要求。

光栅位移传感器缺点是对使用环境要求较高，在现场使用时要求密封，以防止油污、灰尘、铁屑等的污染。

任务二　光栅位移传感器的使用训练

[观察现象] 观察和了解光栅位移传感器

光栅数显测量系统是一种能自动检测和自动显示的光机电一体化产品，是改造旧机床、装备新机床以及改进长度计量仪器的重要配套件。是用微电子技术改造传统工业的方向之一。光栅数显测量系统由于具有精度高、安装及操作容易等优点而得到大量使用。

如图 6-15a 所示，BG1 型闭式传感器将发光器件、光电转换器件和光栅尺（50 线/mm）封装在紧固的铝合金盒内。发光器件采用红外发光二极管，光电转换器件采用光电晶体管。在铝合金盒内的下部有柔性的密封胶条，可以防止铁屑、切屑和冷却剂等污染物进入尺体中。电气连接线经过缓冲电路进入传感头，然后再通过能防止干扰的电缆线送进光栅数显表，显示位移的变化。

BG1 型闭式传感器的传感头分为下滑体和读数头两部分。下滑体上固定有五个精确定位的微型滚动轴承沿导轨运动，保证运动中副光栅（即指示光栅）与主光栅尺（即标尺光栅）之间保持准确夹角和正确间隙。如图 6-15b 所示，读数头内装有前置放大和整形电路。读数头与下滑体之间采用刚柔结合的连接方式，既保证了很高的可靠性，又有很好的灵活性。读数头带有两个连接孔，主光栅尺两端带有安装孔，将其分别安装在两个相对运动的两个部件上，实现主光栅尺与副光栅之间的运动进行线性测量。

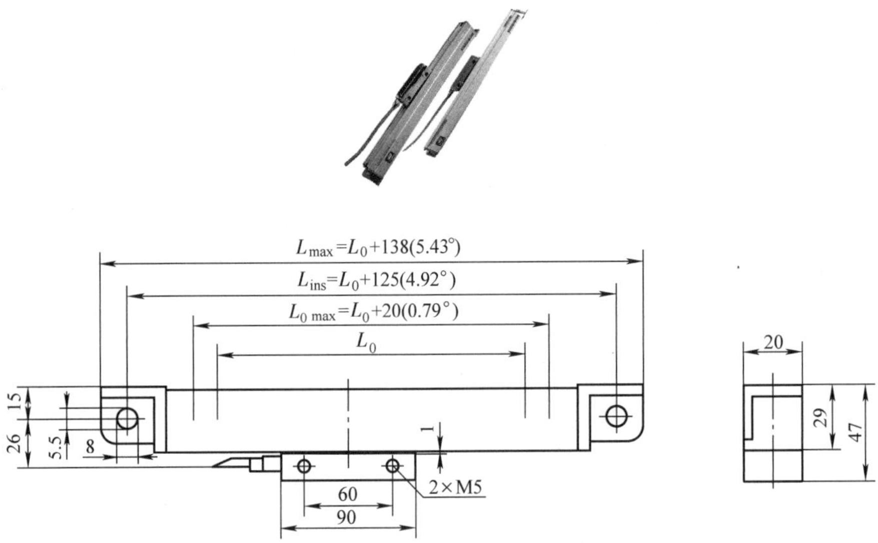

a) BG1 型线光栅位移传感器的外形及尺寸(单位：mm)

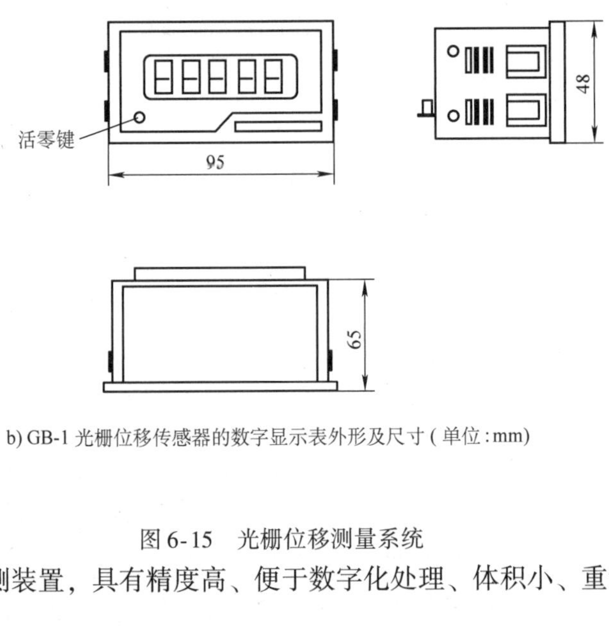

b) GB-1 光栅位移传感器的数字显示表外形及尺寸 (单位 : mm)

图 6-15　光栅位移测量系统

它是一种长度检测装置，具有精度高、便于数字化处理、体积小、重量轻等特点，适用于机床、仪器作长度测量、坐标显示和数控系统的自动测量等。

［**实践操作**］学习使用光栅位移传感器

一、实训目的

通过紧密结合生产实际进行光栅位移传感器检测系统的实训，进一步提高学生现场的分析判断能力、动手能力和操作技能，掌握光栅位移传感器系统的安装工艺、调试步骤和维修方法。

二、实训原理

光栅位移传感器的工作原理，是一对光栅副中的主光栅（即标尺光栅）和副光栅（即指示光栅）进行相对位移时，在光的干涉与衍射共同作用下产生黑白相间（或明暗相间）的规则条纹图形（称之为莫尔条纹），再经过光电器件转换使莫尔条纹转换成正弦波变化的电信号，再经过放大器的放大，整形电路整形后，得到两路相差为90°的方波，进入辨向和细分电路处理后得到脉冲，送入光栅数显表计数显示。

三、准备工具、仪表和器材

1. 实训工具

尖嘴钳、螺钉旋具和电烙铁（20～35W）等电工工具一套。

2. 实训仪表

万用表、信号发生器、绝缘电阻表、毫伏表和万用电桥等各一台。

3. 实训器材

BG1 型线位移光栅传感器系统一套。

四、光栅检测系统的主要技术指标和功能连接信号的引脚

1. 光栅检测系统的主要技术指标

光栅检测系统的主要技术指标见表6-3。

表6-3　光栅检测系统的主要技术指标

型　号	BG1
光栅栅距	40μm（0.040mm）、20μm（0.020mm）、10μm（0.010mm）
光栅测量系统	透射式红外光学测量系统，高精度性能的光栅玻璃尺
读数头滚动系统	垂直式五轴承滚动系统，优异的重复定位性，高精度测量精度
防护尘密封	采用特殊的耐油、耐蚀、高弹性及抗老化塑胶，防水、防尘优良，使用寿命长
分辨率	1μm；2μm
有效行程	50～3000mm 每隔 50mm 一种长度规格（整体光栅不接长）
工作速度	<20m/min
工作环境	温度0～50℃；湿度≤90%
工作电压	5V±5%，12V±5%
输出信号	TTL 正弦波

2. 光栅位移传感器的数字显示表的主要技术功能

1）五位0.5″LED 红色数码管显示。

2）全量程可逆计数。

3）任意位置清零。

4）显示表嵌入式结构。

3. 光栅位移的数字显示表的连接信号引脚

1）JP3：P1：GND；P2：+5V。

2）JP25：P5：GND；P3：清零。

3）JP2：P1：GND；P2：光栅信号 A；P3：光栅信号 B；P4：NC 空脚；P5：5V。

五、根据使用要求选型

根据实训条件选择光栅位移传感器位移检测系统的技术参数，依据设备的行程选择传感器的长度 L_0，光栅传感器的有效长度应大于设备行程；依据检测精度选择位移传感器光栅的栅距。

六、安装

1）根据阿贝误差的原理，传感器应尽量安装在靠近设备工作台的床身基面上；

2）根据设备的行程选择传感器的长度，光栅传感器的有效长度应大于设备行程；

3）将传感器固定在设备工作台的基面上，确保主尺上端面同正面与移动方向平行，误差≤0.1mm；

4）读数头固定于相对于主尺的另一基面上，读数头与主尺之间应保持 0.8mm ± 0.15mm 的间隙，尽量使读数头安装在非运动部件上，以方便电缆线的固定；

5）在安装传感器的设备导轨上应装限位装置；

6）在使用环境有油污、铁屑等情况时，建议采用防护罩，防护罩应将主尺全部防护。

光栅线位移传感器安装完毕后，可接通数显表和移动工作台，观察数显表计数是否正常。在机床上选取一个参考位置，来回移动工作点至该选取的位置。数显表读数应相同（或回零）。

七、调试和维修中的常见故障现象及判断方法

1. 接电源后数显表无显示

1）检查电源线是否断线，插头接触是否良好。

2）数显表电源熔断器是否熔断。

3）供电电压是否符合要求。

2. 数显表不计数

1）将传感器插头换至另一台数显表，若传感器能正常工作说明原数显表有问题。

2）检查传感器电缆有无断线、破损。

3. 数显表间断计数

1）检查光栅尺安装是否正确，光栅尺所有固定螺钉是否松动，光栅尺是否被污染。

2）插头与插座是否接触良好。

3）光栅尺移动时是否与其他部件刮碰、摩擦。

4）检查机床导轨运动副精度是否过低，造成光栅工作间隙变化。

4. 数显表显示报警

1）没有接光栅传感器。

2）光栅传感器移动速度过快。

3）光栅尺被污染。

5. 光栅传感器移动后只有末位显示器闪烁

1）A 相或 B 相无信号或只有一相信号。

2）有一路信号线不通。

3）光敏晶体管损坏。

6. 移动光栅传感器只有一个方向计数，而另一个方向不计数（即单方向计数）

1）光栅传感器两路信号输出短路。

2）光栅传感器两路信号移相不正确。

3）数显表有故障。

7. 读数头移动发出吱吱声或移动困难

1）密封胶条有裂口。

2）指示光栅脱落，标尺光栅严重接触摩擦。

3）下滑体滚珠脱落。

4）上滑体严重变形。

8. 新光栅传感器安装后，其显示值不准

1）安装基面不符合要求。

2）光栅尺和读数头安装不符合要求。

3）严重碰撞使光栅副的位置变化。

单元三　其他数字式位移传感器

单元目标　在熟知光栅的基础上，认识几种典型数字式传感器。了解旋转编码器、磁栅、容栅的工作原理及术语，掌握它们的应用方式。

任务一　认识旋转编码器

旋转编码器也称脉冲编码器。它是一种位置检测器件，用以测量轴的旋转角度位置和速度变化，其输出信号为电脉冲。编码器通常与驱动电动机同轴安装，驱动电动机可以通过齿轮箱或同步齿形带驱动丝杠，也可以直接驱动丝杠。随着电动机的旋转，编码器连续发出脉冲信号，数控系统通过对该信号的接收、处理、计数即可得到电动机的旋转角度，从而算出当前工作台的位置。目前，旋转编码器每转可发出数百至数万个脉冲信号，因此可满足高精度位置检测的需要。旋转编码器外观及主要结构如图 6-16 所示。

图 6-16　旋转编码器外观及主要结构

旋转编码器按码盘的读取方式可分为光电式、接触式和电磁式。光电式旋转编码器的精度和可靠性优于其他两种编码器，所以数控机床上常使用光电式旋转编码器。按照编码规律，旋转编码器可分为绝对式编码器和增量式编码器。

［**实践操作**］了解旋转编码器输出信号的特点

运行 TVT99B 分拣实验平台，首先观察当输送线运行时旋转编码器的信号指示灯，是否发现其规律？

在分拣系统运行时，使用万用表或示波器，观察记录旋转编码器的输出信号波形，总结输出信号与系统运行状态的关系。

［学习知识］

1. 接触式码盘

这种编码器是通过读取编码盘上的图案（导电区）来表示数值的。图 6-17 所示为四码道接触式二进制编码盘结构及工作原理图。图 6-17b 中黑色部分是导电部分，表示为“1”；白色部分为绝缘部分，表示为“0”。四个码道都装有电刷，最里一圈是公共极，则四个码道产生四位二进制数，因此将码盘圆周分成 16 等份。当码盘旋转时，四个电刷依次输出 16 个二进制编码 0000～1111，编码代表实际角位移。码盘分辨率与码道多少有关，n 位码道码盘的角分辨率为

$$\alpha = \frac{360°}{2^n} \tag{6-3}$$

这种编码器主要缺点是码盘上的图案变化可能较大，例如从 0111 到 1000，在使用中容易产生较多的误读。改进后的结构如图 6-17c 所示，称为格雷编码盘，它的特点是每相邻十进制数之间只有一位二进制码不同。因此，图案的切换只在一位数（二进制的位）进行。所以能把误读控制在一个数单位之内，提高了可靠性。有关格雷码的知识可以参阅数字电路相关内容。

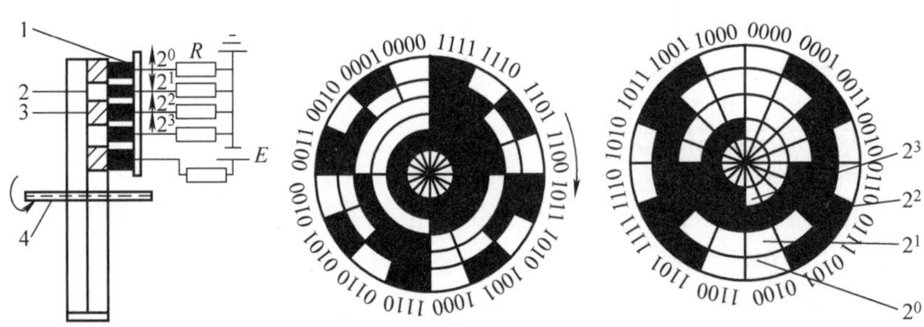

a)接触式码盘结构　　b)二进制码盘　　c)格雷码盘

图 6-17　绝对式编码器

1—电刷　2—绝缘体　3—导电体　4—转轴

二进制码盘虽然简单，但精度和分辨率要求很高时，增加码道数存在一定困难。而且当进给转数大于一转时，需作特别处理。组成多级检测装置时还必须用减速齿轮将以上的编码器连接起来，这样会使其结构复杂、成本增高。

2. 光电式编码器

光电式编码器也称光电码盘、光电脉冲发生器等，它分为增量式和绝对式两种。增量式光电编码器在其轴旋转时，有相应的脉冲输出，通过判向电路和计数器能把回转件的旋转方向、角度和速度正确地测量出来，其计数起点可任意设定，并可实现多圈的无限累加和测量，还可在每转发出一个脉冲信号，作为参考机械零位。绝对式光电编码器在转轴旋转时，

可将被测转角转换成一一对应的代码（二进制、BCD 码等）来指示绝对位置而没有累计误差，并且无需辨向电路。它有一个绝对零位代码，当停电或关机后，再开机重新测量时仍可准确地读出停电或关机时的位置代码，并准确地找到零位代码。下面重点介绍增量式光电编码器。

增量式光电编码器结构和原理如图 6-18 所示。它由光源、透镜、光栅板、码盘基片、透光狭缝、光敏元件、转轴、信号处理装置等组成。在码盘基片的圆周上等分地制成透光狭缝，其数量从几百条到上千条不等。光栅板透光狭缝为两条，每条后面安装一个光敏元件。

码盘基片转动时，光敏元件把通过码盘和光栅板射来的忽明忽暗的光信号（近似于正弦信号）转换为电信号，经整形、放大等电路的变换后变成脉冲信号，通过计量脉冲的数目，即可测出转轴的转角，并通过数显装置进行显示。通过测定计数脉冲的频率，即可测出工作轴的转速。

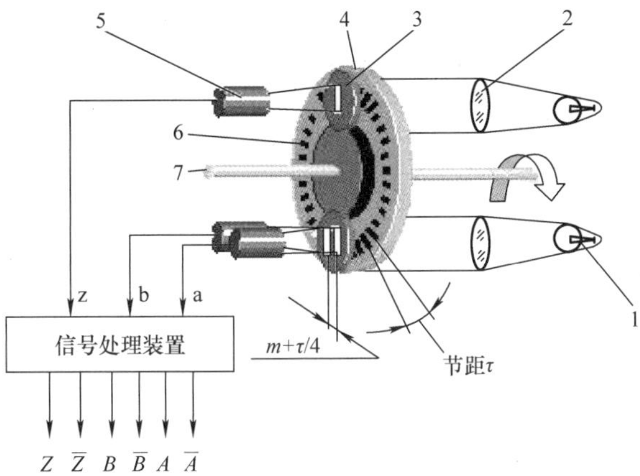

图 6-18　增量式光电编码器结构和原理

1—光源　2—透镜　3—光栅板　4—码盘基片　5—光敏元件　6—透光狭缝　7—转轴

3. 辨向与细分

从光栅板上两条狭缝中检测的信号 a 和 b，是具有 90° 相位差的两个正弦波，这组信号经放大器放大与整形后的输出波形如图 6-19 所示。根据先后顺序，即可判断光电码盘的正反转，这个过程称为辨向。

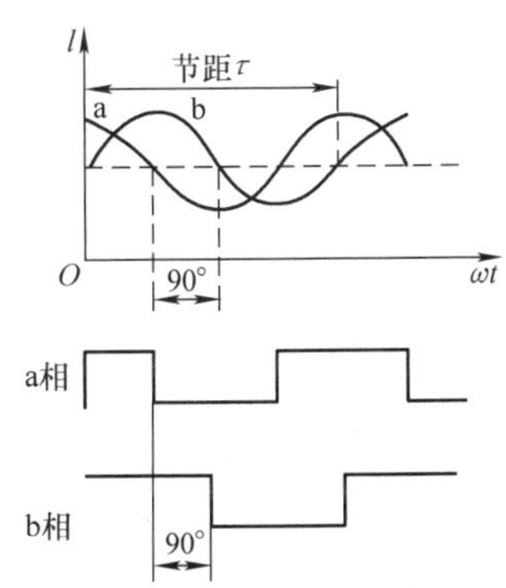

图 6-19　脉冲编码器的输出波形

若 a 相超前于 b 相，则对应电动机正转；若 b 相超前 a 相，则对应电动机反转。若以该方波的前沿或后沿产生计数脉冲，可以形成代表正向位移和反向位移的脉冲序列。

此外，在脉冲编码器的里圈还有一条透光条纹 C，用以产生基准脉冲，又称零点脉冲，它是转轴旋转一周在固定位置上产生的一个脉冲。如数控车床切削螺纹时，可将这种脉冲当作车刀进刀点和退刀点的信号使用，以保证切削螺纹不会乱牙。也可用于高速旋转的转数计数或加工中心等数控机床上的主轴准停信号。

应用时，从脉冲编码器输出的信号是差动信号，差动信号的传输大大提高了抗干扰能力。同时，在数控装置中，常对上述信号进行倍频处理，进一步提高其分辨率，从而提高位置控制精度，这个技术称为细分技术。如果数控装置的接口电路从 a 相的上升沿和下降沿各取一个脉冲，则每转所检测的脉冲数提高了一倍，称为二倍频。同样，如果从 a 相和 b 相的上升沿和下降沿均取一个脉冲，则每转所检测的脉冲数为原来的四倍，称为四倍频。

当利用脉冲编码器的输出信号进行速度反馈时，可经过频率—电压转换器（*F/V*）变成正比于频率的电压信号，作为速度反馈，供给模拟式伺服驱动装置。对于数字式伺服驱动装置则可直接进行数字测速。

4. 旋转编码器的应用

图 6-20 所示为应用旋转编码器测定轧钢板材的出钢速度示意图。

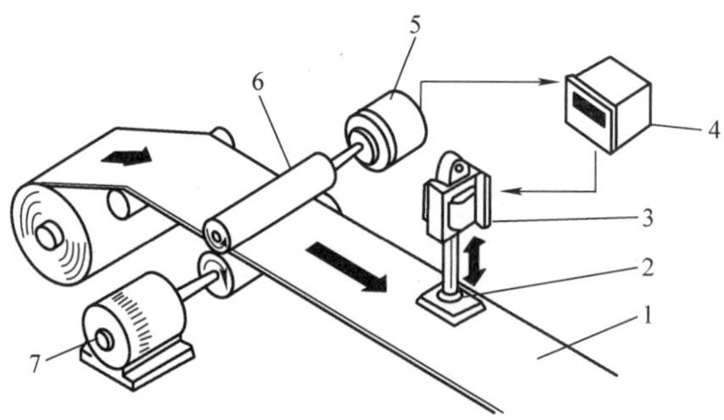

图 6-20　用旋转编码器测定轧钢板材的出钢速度示意图

1—板材（或钢条）　2—打印头　3—执行器　4—计数卡
5—旋转编码器　6—升降辊　7—传送电动机

图 6-21 所示是旋转编码器在定位加工中的应用示意图，如当加工好元件 1 后紧接着加工元件 8，则电动机转动的角度由编码器给出脉冲数来测量，编码器输出脉冲去控制电动机停转，从而完成加工零件的定位。

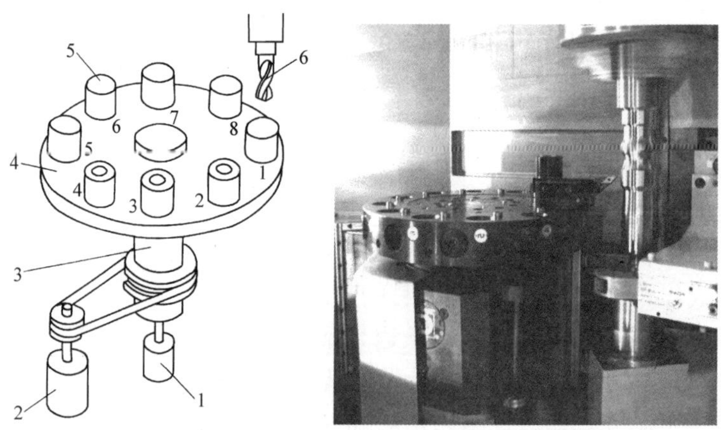

图 6-21　旋转编码器在定位加工中的应用示意图

1—旋转编码器　2—电动机　3—转轴　4—转盘　5—工件　6—刀具

利用旋转编码器还可以测量伺服电动机的转速、转角，并通过伺服控制系统控制其各种运行参数，如图 6-22 所示。

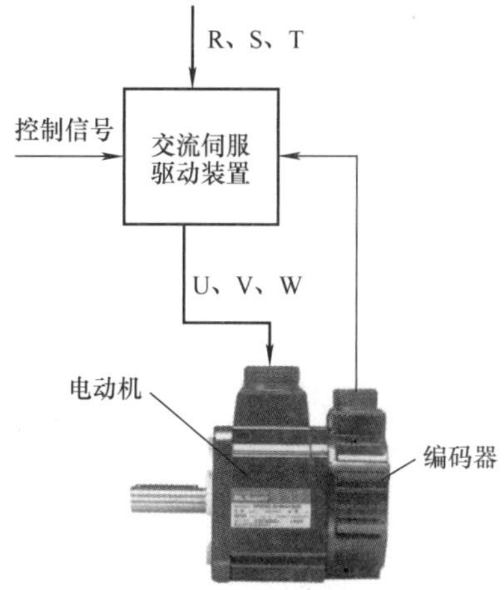

图 6-22 旋转编码器在伺服电动机中的应用

任务二 了解磁栅传感器

[学习知识] 磁栅的结构和测量方式

磁栅传感器是利用磁栅与磁头的磁作用进行测量的位移传感器。它是一种新型的数字式传感器，成本较低且便于安装和使用。当需要时，可将原来的磁信号（磁栅）抹去，重新录制。它还可以安装在机床上后再录制磁信号，这对于消除安装误差和机床本身的几何误差以及提高测量精度都是十分有利的。还可以采用激光定位录磁，而不需要采用感光、腐蚀等工艺，因而精度较高，可达 ±0.01mm/m，分辨力为 1 ~ 5μm。磁栅传感器由磁栅、磁头和检测电路组成，如图6-23所示。

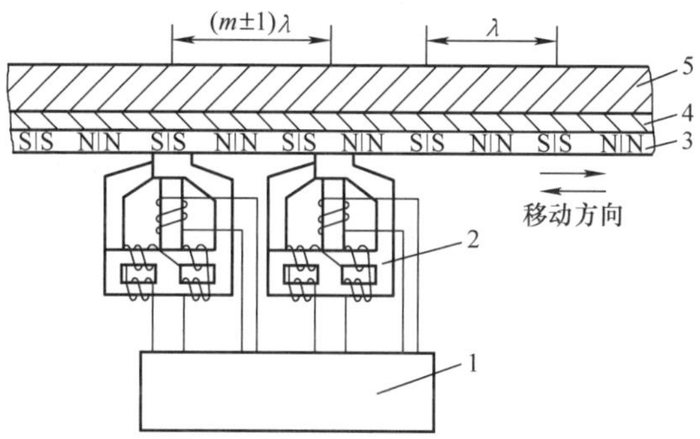

图 6-23 磁栅传感器

1—控制电路 2—磁头 3—磁性涂层 4—抗磁镀层 5—磁尺基体

磁栅分为磁性涂层、抗磁镀层和磁尺基体等部分，其中磁性涂层是在不导磁材料制成的栅基上镀一层均匀的磁膜，并录上间距相等、极性正负交错的磁信号栅条制成的。图中 N | N 和 S | S 分别为正负极性的栅条。磁头有动态磁头（速度响应式磁头）和静态磁头（磁通响应式磁头）两种。动态磁头有一个输出绕组，只有在磁头和磁栅产生相对运动时才能有信号输出。静态磁头有励磁和输出两个绕组，它与磁栅相对静止时也能有信号输出。静态磁头是用铁镍合金片叠成的有效截面积不等的多间隙铁心。励磁绕组的作用相当于一个磁开关。当对它施加交流电时，铁心截面积较小的那一段磁路每周两次被激励而产生磁饱和，使磁栅所产生的磁力线不能通过铁心。只有当励磁电流每周两次过零时，铁心不被饱和，磁栅的磁力线才能通过铁心。此时输出绕组才有感应电动势输出，其频率为励磁电流频率的两倍，幅度与进入铁心的磁通量成正比，即与磁头相对于磁栅的位置有关。磁头制成多间隙是为了增大输出，且输出信号的大小是多个间隙所取得信号的平均值，因此可以提高输出精度。静态磁头总是成对使用，其间距为 $(m+1/4)\lambda$，其中 m 为正整数，λ 为磁栅栅条的间距。两磁头的激励电流或相位相同，或相差 $\pi/4$。输出信号通过鉴相电路或鉴幅电路处理后可获得正比于被测位移的数字输出。

任务三 了解容栅传感器

[学习知识] 容栅传感器及其测量方式

容栅式测长仪器的核心部分是容栅传感器，容栅传感器是20世纪70～80年代研制出的一种新颖、大位移传感器，安装在不同的设备上可以构成不同的测长仪器。现已成功地在量具（如电子数显卡尺、千分尺）、量仪（如高度仪、坐标仪）和机床数显装置（如机床行程测量）等领域中得到应用，其主要特点是测量精度较高（略低于光栅），量程可达1m。图6-24所示为容栅电子数显卡尺外观。

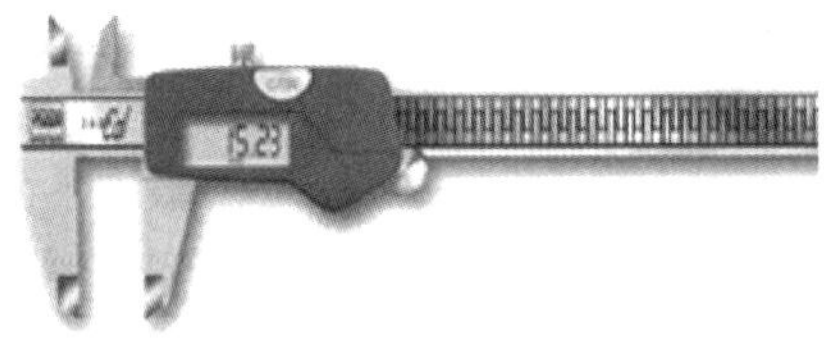

图6-24 容栅电子数显卡尺

1. 容栅传感器

容栅传感器属于电容原理的传感器，它有很多对呈梳状排列的电极，具有灵敏度高、大位移测量、活动部分（动尺）与测量线路之间没有活动引线等优点。

容栅传感器可实现直线位移和角位移的测量，根据结构形式，容栅传感器可分为直线形容栅（长容栅）、圆形容栅等。直线形容栅的结构原理如图6-25所示。

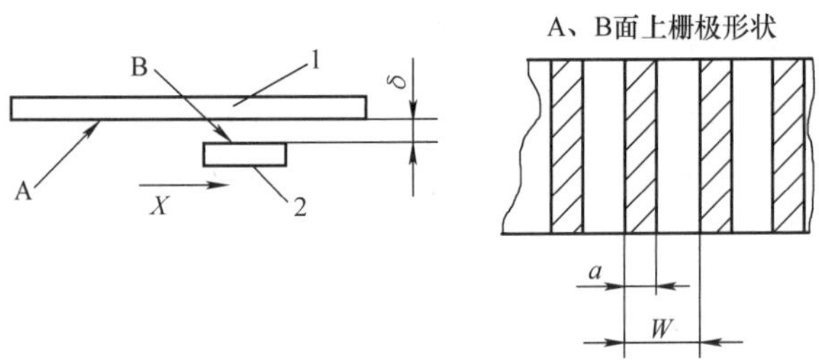

图6-25 长容栅结构原理

1—定尺 2—动尺

直线形容栅传感器由两组条状电极群相对放置组成，一组为动栅，另一组为定栅；在它们的A、B面上分别印制（镀或刻划）一系列相同尺寸均匀分布并互相绝缘的金属栅状极片。将动尺和定尺的栅极面相对放置，其间留有间隙，形成一对对电容，这些电容并联连接，当动尺沿X方向平行于定尺不断移动时，每对电容的相对遮盖长度a将周期性地变化，电容量也随之相应变化，经处理电路后，则可测得线位移值。

2. 容栅传感器与光栅、磁栅的关系

容栅传感器与光栅、磁栅等同属于大位移测量传感器。这些装置各有所长，但成本较高、结构复杂，对使用环境和安装条件要求高，特别是各部分间的连线困难，易受干扰，难以普及使用和实现在现有机床设备改造中的应用。容栅式测量系统具有重复性好、精度高、抗干扰能力强、对环境要求不苛刻、能实现数字化等优点；而且相对光栅测量系统而言，它具有结构简单、造价低、体积小、耗能少、安装使用方便、环境适应性强、分辨率高、动态范围宽等优越性，因此广泛应用于国内外相关领域。特别是其位移传感器的可动部分不需通电，从根本上解决了连线困难的问题。因而适用于多种机械设备的位移量数字化自动显示。

[项目六小结]

位置和位移的检测方法有许多种，其他项目中介绍的传感器有许多都可用于检测位置与位移。市场上的位置及位移传感器主要分为模拟式传感器、数字式传感器和接近开关三大类。

模拟式传感器包括电位器、电感（变气隙）、电容、干簧管等。数字式传感器有光栅、磁栅、容栅、角编码器等。

接近开关也称接近传感器，是一种能感知物体接近程度的器件。接近开关可分为电容式、涡流式、霍尔式、光电式、超声波式、热释电式、微波式等。接近开关的工作原理比较简单，有较大的带负载能力，可以控制并带动执行机构工作。由于不需要其他控制电路和装置，因而由它组成控制系统简单可靠且成本低，广泛应用于自动生产线的各个环节。

[课后作业六]

6-1　生产线上的接近开关一般有几种？图6-26所示接近开关是常开型还是常闭型？请画图完成接近开关的接线。

6-2　三线制和四线制的接近开关功能上有什么不同？

6-3　为什么说电位器式位移传感器的带负载能力较差？

6-4　光电器件有哪些种类？分别具有什么特性？

6-5　光电开关有哪几种工作形式？

6-6　热释电式传感器的特性是什么？使用热释电式传感器有哪些注意事项？

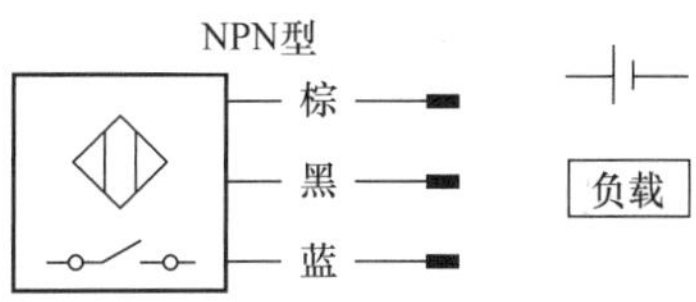

图6-26　题6-1图

6-7　简述环形输送线实验台（DR－lab）上的位置检测传感器及其工作原理。

6-8　光栅传感器的工作原理是什么？莫尔条纹有哪些特点？

6-9　简述光栅传感器的主要组件和安装要点。

6-10　磁栅传感器由哪几部分组成？动态磁头和静态磁头的主要区别是什么？

6-11　容栅传感器与光栅和磁栅相比有什么特点？

6-12　说明光栅传感器辨向和细分的意义及基本方法。

6-13　某光栅传感器的光栅常数为100线/mm，未细分时测得条纹计数为1000，则被测位移是多少？此光栅的分辨力是多少？采用四倍频细分后，计数脉冲仍为1000，问被测位移为多少？

6-14　某增量式光电编码器，其码道数 $n=10$，求其角分辨力。要使角分辨力优于0.1°，码道数至少应是多少？

6-15　判断图6-27所示电路是亮通还是暗通电路？并解释你的判断。

6-16　写出你认为可以用霍尔传感器来检测的物理量。

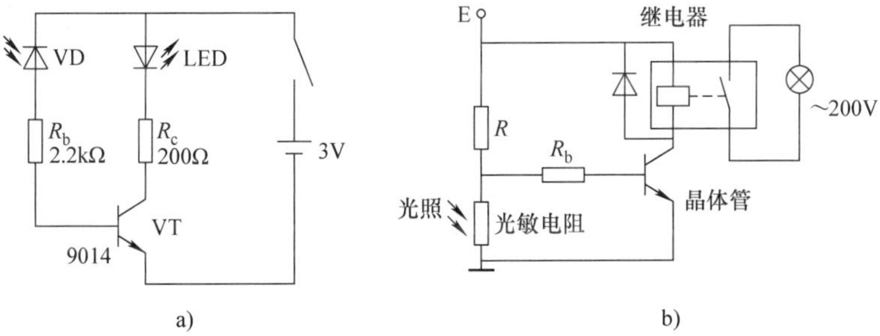

图6-27　题6-15图

项目六小结

位移的检测方法有许多种，其他章节介绍的传感器有许多都可用于检测位置与位移。市场上的位移传感器主要分为模拟式传感器、数字式传感器和接近开关三大类。

模拟式传感器包括电位器、电感（变气隙）、电容、干簧管等。数字式传感器有光栅、磁栅、容栅、角编码器等。

课外作业六

6-1　为什么说电位器式位移传感器的带负载能力较差？

6-2　莫尔条纹有哪些特点？光栅传感器的工作原理是什么？

6-3　简述光栅传感器的主要组件和安装要点。

6-4　磁栅传感器由哪几部分组成？动态磁头和静态磁头的主要区别是什么？

6-5　容栅传感器与光栅和磁栅相比有什么特点？

6-6　说明光栅传感器辨向和细分的意义及基本方法。

6-7　某增量式光电编码器，其码道数 $n=10$，求其角分辨力。要使角分辨力优于 $0.1°$，码道数至少应是多少？

6-8　某光栅传感器的光栅常数为 100 线/mm，未细分时测得条纹计数为 1000，则被测位移是多少？此光栅的分辨力是多少？采用四倍频细分后，计数脉冲仍为 1000，问被测位移为多少？

项目七　新型传感器的应用

项目描述

传感器是获取信息的重要工具，也是信息采集系统的核心部件。目前，传感器正朝着集成化、系统化、智能化、网络化的方向发展。在本项目中介绍几种较新的传感器及其应用，它们是光纤与激光传感器、图像传感器、红外线传感器、机器人传感器、智能传感器及网络传感器等等。表 7-1 列出了几种新型传感器及其特征。

表 7-1　新型传感器

名称	原理	应用
光纤传感器	利用被测量的变化调制光波的某一参数，再对已调制的光信号进行检测	测量温度、应变、压力、压强、振动等
红外传感器	红外辐射引起敏感元件的温度变化，使物理参数发生相应变化	测温、气体分析、红外遥感、自动开关、安防
生物传感器	利用生物物质实现检测与识别生物体内的化学成分	食品工业、发酵工业、环境监测、医学等
机器人传感器	将机器人目标物特性（或参量）变换为电量输出	有内部传感器和外界传感器两类。分别有位置、加速度、速度传感器和触觉、接近觉、视觉、听觉、嗅觉、味觉等传感器
气体传感器	将被测气体浓度转换为电量输出	检测一氧化碳、甲烷、瓦斯气、煤气、氟利昂、乙醇等气体的浓度
智能传感器	带有微处理器，兼有信息检测、信息处理、信息记忆、逻辑思维与判断功能的传感器	航空、航天、国防、科技和工农业生产等各领域

技能要点

能识别光纤式传感器、图像传感器、红外线传感器。了解常用图像传感器的基本结构和材料，掌握常见机器人传感器的调试方法。会查询和阅读智能传感器及其网络的技术资料。

知识要点

了解压阻器件、光纤、图像传感器的基本原理。能描述机器人传感器的作用，熟悉声光传感器的使用方法。学习热释电传感器原理及其在相关领域的应用。学习智能传感器及传感器网络的知识。了解现代传感器的发展和应用概况。

单元一　光纤与激光传感器

单元目标　通过本单元了解光纤的结构和种类，掌握光纤传感器的工作原理，理解激光的主要原理和特性，熟悉光纤传感器的典型外观和简单调试方法。

光纤传感器是19世纪70年代中期发展起来的一种新技术，伴随着光纤及光通信技术的发展，逐步形成了光纤传感器技术。

光纤传感器和传统的各类传感器相比有一定的优点，如不受电磁干扰、体积小、重量轻、可绕曲、灵敏度高、耐腐蚀、高绝缘强度、防爆性好、集传感与传输于一体、能与数字通信系统兼容等。

图7-1所示为光纤传感器和常用光缆。

图7-1 光纤传感器和常用光缆

任务一 了解光纤的结构和原理

[学习知识]

1. 光纤的基本结构和工作模式

光导纤维简称光纤，它是一种特殊结构的光学纤维。光纤由纤芯、包层和涂敷层（护层）组成，如图7-2所示。纤芯由石英玻璃等材料制成，直径范围为5～125μm；包层材料的折射率 n_2 略低于纤芯材料的折射率 n_1，包层外径范围为125～350μm。包层外涂敷一层缓冲层，最外层是尼龙套管，起保护和屏蔽作用。单根光纤截面呈圆柱形。其端面为平面。我们平时见到的光缆一般是多根光纤的集束体。

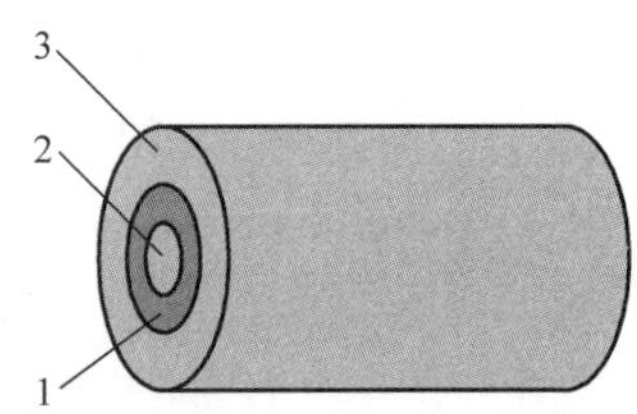

图7-2 光纤结构示意图
1—包层 2—纤芯 3—涂敷层

光在空间是沿直线传播的。在光纤中，光的传输限制在光纤中，并随着光纤能传送很远的距离，光纤的传输基于光的全反射原理，光在光纤中的传播情况如图7-3所示。

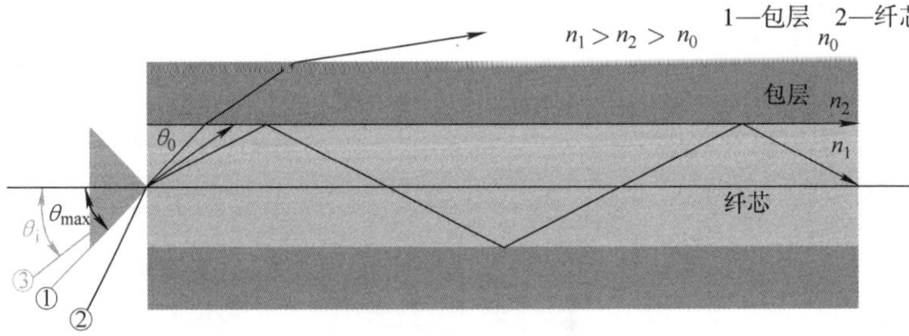

图7-3 光在光纤中的传播情况

当空气中一束光线从光纤端面中心以 θ_i 角进入纤芯时，光线产生折射。光以折射角 θ_0 在光纤中行进。根据光学原理，入射光满足一定条件时，光线可以在纤芯与包层之间实现全反射、不再逸出纤芯。这一条件是：光的入射角（圆锥角）不大于临界角 θ_i，将 $NA=\sin\theta_i$

称为光纤的数值孔径，数值孔径表示了光线的传光能力。数值孔径的值越大，光纤的有效进光量就越多。入射角大于临界角 θ_i 的光线（图 7-3 中的光线①和②）不能在光纤中传输。

在光纤通信系统中，对光纤的数值孔径有一定的要求。通常为了最有效地把光射入到光纤中去，应采用其数值孔径与光纤数值孔径相同的透镜进行集光。

临界角以内的入射光以各自不同的角度在芯体界面发生全反射，形成不断反射的光传输路线。这种传输光可以分为轴向前进的平面波和径向往返的平面波两个分量。当径向往返平面波在两界面间往返一周对应于光波相位差恰好为 2π 的整数倍时，就可在截面内形成驻波，这样的一组驻波光线组称为“模”。“模”只能以离散形式存在，即光纤中能够传输的光的模数是一定的。当满足一定的工作条件时，光纤中只能传输单一的基本模式，这种光纤称为单模光纤。能够同时传输多个模式的光纤称为多模光纤。

2. 光纤传感器的类型

光纤传感器一般分为两大类：一类是利用光纤本身的某种敏感特性或功能制成的传感器，称为功能型（Functional Fiber，FF）传感器，又称为传感型传感器；另一类是光纤仅仅起传输光的作用，它在光纤端面或中间加装其他敏感元件感受被测量的变化，这类传感器称为非功能型（Non Functional Fiber，NFF）传感器，又称为传光型传感器。

光纤传感器具有以下特点：

1）抗电磁干扰，电绝缘，耐腐蚀。

2）灵敏度高。

3）重量轻，体积小，可弯曲。

4）测量对象广泛。

5）对被测介质影响小。

[**观察现象**]

1）观察实训室的光纤传感器，寻找其中的光电探头和光纤。查阅光纤传感器说明书的技术数据，进一步了解光纤传感器的主要参数。

2）拆解手电式光纤玩具，重点观察其中的光纤材料特性。

任务二　查询光纤传感器的应用实例

光纤光栅加速度传感器的机械结构如图 7-4 所示，悬臂梁一端固定在机座上，另一端放有质量块 m，把光纤光栅两端点粘贴在悬臂梁的固定端附近，有利于光栅在受力时应变均匀。在测量物体振动时，把机座固定在振动源上，振动源与机座同时振动，从而引起质量块 m 的振动，在惯性的作用下悬臂梁产生收缩和伸长，带动光纤光栅产生应变从而引起波长的变化，通过探测波长的变化来实现振动和加速度的测量。

光纤温度传感器是目前仅次于加速度、压力传感器而被广泛使用的光纤传感器。根据工作原理它可分为相位调制型、光强调制型和偏振光型等。图 7-5 所示为光纤温度传感器原理示意图。它通过用单模光纤构成干涉仪，环境温度的变化将导致光导纤维中光程的变化，从而引起干涉条纹的变动，达到测量温度的目的。

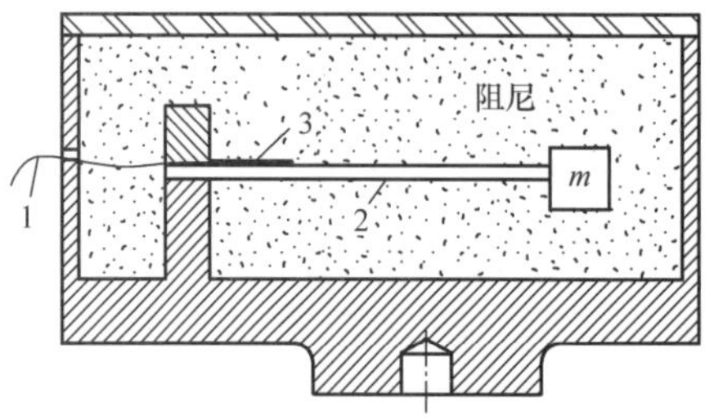

图 7-4 光纤加速度传感器原理图

1—光纤 2—悬臂梁 3—光栅

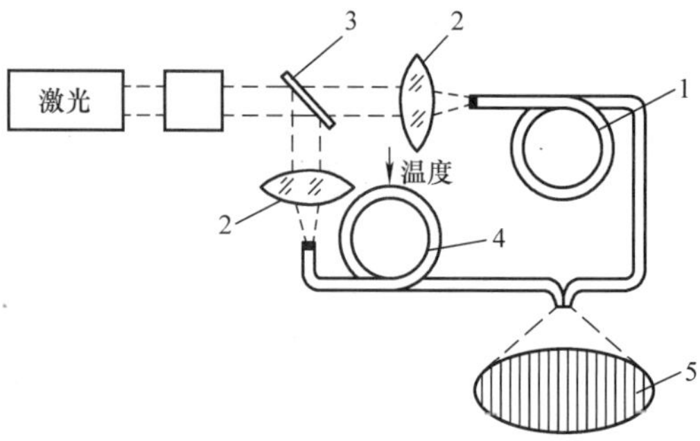

图 7-5 光纤温度传感器原理示意图

1—基准光路（单模光纤） 2—透镜 3—分光器 4—测量光路（单模光纤） 5—干涉条纹

任务三 了解激光传感器及其应用

激光是 19 世纪 60 年代出现的最重大的科学技术成就之一。它发展迅速，已广泛应用于国防、生产、医学和非电测量等各方面。激光是一种新型光源，具有三个重要特性：①高方向性（即高定向性，光速发散角小），激光束在几公里外的扩展范围不过几厘米；②高单色性，激光的频率宽度不到普通光的 1/10；③高亮度，利用激光束会聚最高可产生达几百万摄氏度的温度。

[观察现象]

用教学激光教鞭展示激光的特点。按下开关后将光点指向室内白墙上，可见红色的激光光点。通过观察讨论，了解激光的高方向性、高单色性等特点。

如果有条件，可以用物理实验室的氦氖激光器演示激光的特点。

[学习知识]

1. 激光的形成

若原子或分子等微观粒子具有高能级 E_2 和低能级 E_1，E_2 和 E_1 能级上的布居数密度为 N_2 和 N_1，在两能级间存在着自发发射跃迁、受激发射跃迁和受激吸收跃迁等三种过程。受激发射跃迁所产生的受激发射光，与入射光具有相同的频率、相位、传播方向和偏振方向。因此，大量粒子在同一相干辐射场激发下产生的受激发射光是相干的。受激发射跃迁几率和受激吸收跃迁几率均正比于入射辐射场的单色能量密度。当两个能级的统计权重相等时，两种过程的几率相等。在热平衡情况下 $N_2 < N_1$，所以受激吸收跃迁占优势，光通过物质时通常因受激吸收而衰减。外界能量的激励可以破坏热平衡而使 $N_2 > N_1$，这种状态称为粒子数反转状态。在这种情况下，受激发射跃迁占优势。光通过一段长为 1 的处于粒子数反转状态的激光工作物质（激活物质）后，光强增大。增益系数 G 为正比于（$N_2 - N_1$）的系数，其大小与激光工作物质的性质和光波频率有关。把一段激活物质放在两个互相平行的反射镜（其中至少有一个是部分透射的）构成的光学谐振腔中，如图 7-6 所示，处于高能级的粒子会产生各种方向的自发发射。

其中，非轴向传播的光波很快逸出谐振腔外，轴向传播的光波却能在腔内往返传播，当它在激光物质中传播时，光强不断增强。如果谐振腔内单程小信号增益 G_{01} 大于单程损耗 δ（G_{01} 是小信号增益系数），则可产生自激振荡。原子的运动状态可以分为不同的能级，当原

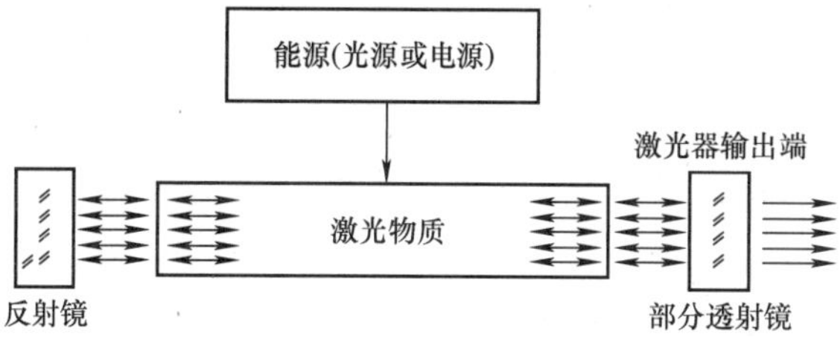

图 7-6　激光谐振腔原理图

子从高能级向低能级跃迁时，会释放出相应能量的光子（所谓自发辐射）。同样的，当一个光子入射到一个能级系统并为之吸收的话，会导致原子从低能级向高能级跃迁（所谓受激吸收）；然后，部分跃迁而高能级的原子又会跃迁到低能级并释放出光子（所谓受激辐射）。这些运动不是孤立的，往往是同时进行的。当我们创造一种条件，譬如采用适当的媒质、共振腔、足够的外部电场，受激辐射得到放大从而比受激吸收要多，那么总体而言，就会有光子射出，从而产生激光。

2. 激光器

激光器必须具备工作物质、激励能源和谐振腔三个部分。激光器按工作物质可分为三种：①固体激光器。它的工作物质是固体，常用的有红宝石激光器、钇铝石榴石激光器（即YAG 激光器）。固体激光器的特点是小而坚固、功率高，钕玻璃激光器是目前脉冲输出功率最高的器件，已达到数十兆瓦。②气体激光器。它的工作物质是气体，常用的有二氧化碳激光器、氦氖激光器。气体激发器的特点是输出稳定、单色性好、寿命长，但功率较小。③半导体激光器。它是较年轻的一种激光器，其中较成熟的是砷化镓激光器。半导体激光器的特点是效率高、体积小、重量轻、结构简单，适宜于在飞机、军舰、坦克上应用，还可供步兵随身携带，能制成测距仪和瞄准器，但输出功率较小、定向性较差、受环境温度影响较大。

3. 激光传感器的应用

激光传感器是利用激光技术进行测量的传感器。它由激光器、激光检测器和测量电路组成。激光传感器是新型测量仪表，它的优点是能实现无接触远距离测量、速度快、精度高、量程大、抗光、电干扰能力强等。

激光雷达是利用激光器作为辐射源的雷达，是激光技术与雷达技术相结合的产物。由发射机、天线、接收机、跟踪架及信息处理等部分组成。发射机是各种形式的激光器，如二氧化碳激光器、掺钕钇铝石榴石激光器、半导体激光器及波长可调谐的固体激光器等；天线是光学望远镜；接收机采用各种形式的光电探测器，如光电倍增管、半导体光电二极管、雪崩光电二极管、红外和可见光多元探测器件等。激光雷达采用脉冲或连续波两种工作方式，探测方法分直接探测与外差探测。

激光测速是对被测物体进行两次有特定时间间隔的激光测距，取得在该一时段内被测物体的移动距离，从而得到该被测物体的移动速度。因此，激光测速具有以下几个特点：测速距离相对于雷达测速有效距离远，可达 1000m；测速精度高，误差小于 1km/h；激光测速器便于在运动中使用，而雷达测速器只能在静止状态下应用。

激光通信，是激光在大气空间传输的一种通信方式。激光大气通信的发送设备主要由激光器（光源）、光调制器、光学发射天线（透镜）等组成；接收设备主要由光学接收天线、光检测器等组成。信息发送时，先转换成电信号，再由光调制器将其调制在激光器产生的激光束上，经光学发射天线发射出去。信息接收时，光学接收天线将接收到的光信号聚焦后，送至光检测器恢复成电信号，再还原为信息。大气激光通信的容量大、保密性好，不受电磁干扰。但激光在大气中传输时受雨、雾、雪、霜等影响，衰耗要增大，故一般用于边防、海岛、跨越江河等近距离通信，以及大气层外的卫星间通信和深空通信等。

单元二　图像传感器

单元目标　通过本单元了解常见图像传感器的结构和种类，能描述图像传感器的转换原理。理解 CCD 和 CMOS 图像传感器的不同特性，读懂数码电子产品的传感器类型、像素数、存储容量等参数。

图像传感器属于光电元器件类。CCD 与 CMOS 传感器是当前被普遍采用的两种图像传感器，两者都是利用光敏二极管进行光电转换，将图像转换为数字数据。

任务一　了解 CCD 元件

[观察现象]

试用数码照相机或具有照相功能的手机来拍照，从说明书中了解并讨论如下问题，体会图像传感器的作用。

1）手机或照相机中用的是什么图像传感器？

2）总像素数是多少？有效像素数是多少？为什么两者不同？

3）液晶显示屏的像素数是多少？它与屏幕视觉效果有何关系？

[学习知识]

1969 年，出现了一种图像传感器 CCD（Charge Coupled Device，电荷耦合器件）。它具备光电转换、信息存储和传输等功能，具有集成度高、功耗小、分辨力高、动态范围大等优点。CCD 由高感光度的半导体材料制成，能把光信号转变成电荷。CCD 的成像方式与传统的光电管（真空管）有本质的区别，所以也称为固态成像器件。

一个完整的 CCD 由光敏元、转移栅、移位寄存器及一些辅助输入/输出电路组成，如图 7-7a 所示。图 7-7b 所示为 CCD 图像传感器的光敏元在高倍显微镜下的观察效果。CCD 工作时，在设定的积分时间内，光敏元对光信号进行取样，将光的强弱转换为各光敏元的电荷量。取样结束后，各光敏元的电荷在转移栅信号驱动下，转移到 CCD 内部的移位寄存器相应单元中。移位寄存器在驱动时钟的作用下，将信号电荷顺次转移到输出端。输出信号可接到示波器、图像显示器或其他信号存储、处理设备中，可对信号再现或进行存储处理。将传感器中的每个光敏元称做一个“像素”。

CCD 的基本特性参数有：光谱响应、动态范围、信噪比、CCD 芯片尺寸等。在 CCD 像素数目相同的条件下，像素点大的 CCD 芯片可以获得更好的拍摄效果。大的像素点有更好的电荷存储能力，因此可提高动态范围及其他指标。

CCD 图像传感器被广泛应用于生活、天文、医疗、电视、传真、通信以及工业检测和自动控制系统。使用图像传感器的几种常见设备如图 7-8 所示。

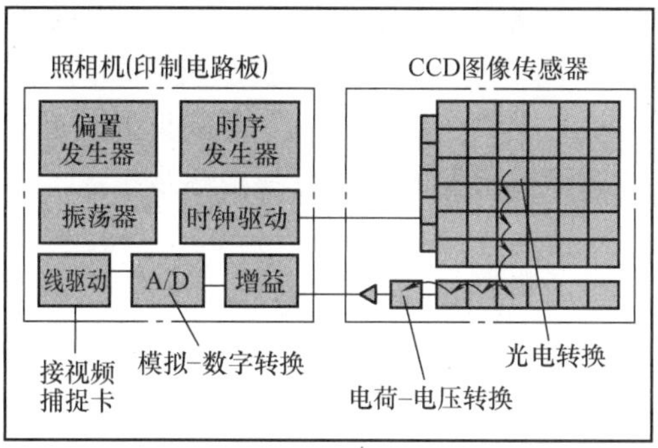

a)处理电路

b)光敏元

图 7-7　CCD 图像处理器件结构图

数字式照相机

数字式单反照相机

可拍照手机

摄像头

摄像机

扫描仪

图 7-8　使用图像传感器的几种常见设备

任务二　了解 CMOS 图像传感器

[学习知识]

CMOS 是互补型氧化金属半导体（Complementary Metal - Oxide Semiconductor）的简称。与 CCD 一样，CMOS 也是一种半导体图像传感器件。CMOS 的制造技术和一般计算机芯片没什么差别，主要是利用硅和锗这两种元素所做成的半导体，使其在 CMOS 上共存着带 N（带负电）和 P（带正电）极的半导体，这两个互补效应所产生的电流即可被处理芯片记录和解读成影像。由于 CMOS 在处理快速变化的影像时，会产生过热的现象，所以 CMOS 的缺点就是容易出现图像杂点。CMOS 与 CCD 相比的重要优点是省电、成本低。

CMOS 图像传感器的处理电路基本原理与 CCD 相似，只是感光单元的作用机理有所不同。CMOS 图像处理器件的结构如图 7-9 所示。

CMOS 除了应用在数字照相机外，还在传真机、数字摄像机、安全侦测系统、摄像头以及可拍照手机等方面得到广泛应用。目前市面上绝大多数的消费级别以及高端数码相机都使用 CCD 作为传感器；CMOS 传感器则作为低端产品应用于一些摄像头上。近年来，随着微电子技术和信号处理技术的发展，CMOS 图像传感器的应用范围在逐步扩大。

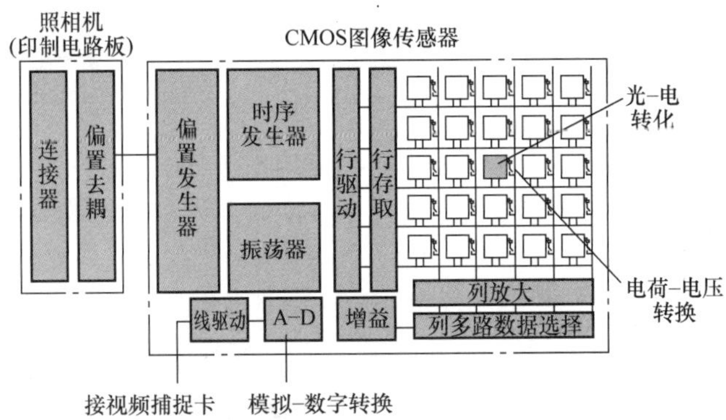

图 7-9　CMOS 图像处理器件结构图

典型的数字照相机获得图像的原理如图 7-10 所示。由光敏图像传感器将外部光线转换为电荷（或电流），并存储在存储区内，数字照相机根据电荷（或电流）的多少（或大小）判断光线的强弱，并通过图像传感器组件上的电路将其传输至影像处理器，还原传感器所存储的电荷，构成一幅完整的画面。

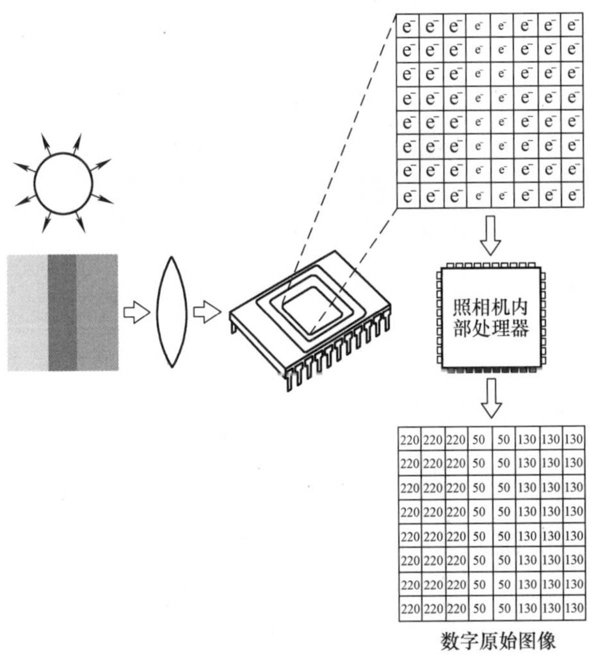

图 7-10　数字式照相机获得图像的原理

图 7-11 所示为图像传感器在工业中的应用。图 7-11a 所示为工件尺寸和字符识别的应用；图 7-11b 所示为扫描仪中的应用。

a)工件尺寸和字符识别中的应用

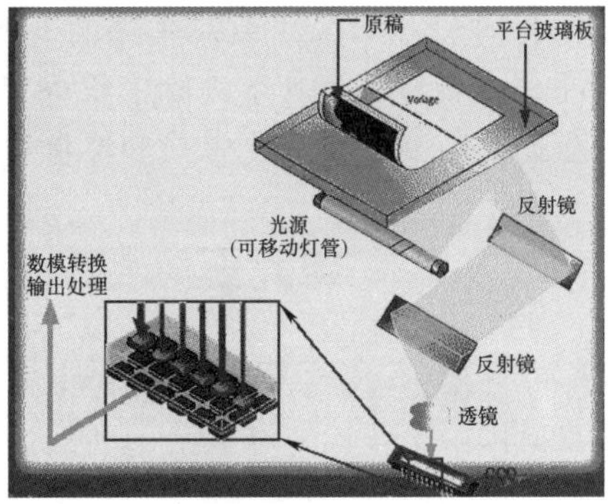

b)扫描仪中的应用

图 7-11　图像传感器在工业中的应用

[**拓展知识**] 两大发明改变世界——光纤与 CCD

2009 年 10 月 6 日瑞典皇家科学院宣布，将 2009 年诺贝尔物理学奖授予英国华裔科学家高锟以及美国科学家威拉德·博伊尔和乔治·史密斯。瑞典皇家科学院说，高锟在“有关光在纤维中的传输以用于光学通信方面”取得了突破性成就，他获得 2009 年物理学奖一半的奖金，共 500 万瑞典克朗（约合 70 万美元）。本年度诺贝尔物理学奖 3 名得主的成就分别是发明光纤电缆和电荷耦合器件（CCD）图像传感器。

“光纤之父”高锟发明的光纤电缆是 21 世纪最重要的发明之一。光纤电缆以玻璃作介质代替铜，使一根头发般细小的光纤，传输的信息量相等于一条饭桌般粗大的铜“线”。它彻底改变了人类通信的模式，为信息高速公路的发展奠定了基础，使“用一条电话线传送一套电影”的幻想成为现实。高锟 1933 年出生于上海，1944 年随父移居香港，入读圣约瑟书院，之后考入香港大学，并远赴英国伦敦大学进修。大学毕业后，他进入英国国际电话电报公司（ITT）做工程师，后被聘为研究实验室研究员，同时在英国伦敦大学攻读博士学位，1965 年毕业。从 1963 年开始，高锟就着手对玻璃纤维进行理论和实用方面的研究工作，并设想利用一种玻璃纤维传送激光脉冲以代替用金属电缆输出电脉冲的通信方法。1966 年高锟发表了利用极高纯度的玻璃作为媒介，传送光波，作为通信之用的基础理论。当时要实现光纤通信的关键是解决光纤的高损耗问题，19 世纪 60 年代，光纤的损耗为 1000dB/km，70 年代光纤的损耗问题得到突破，1μm 波长的损耗减小到 20dB/km，使光纤作为信息载体成为可能的现实。因此，高锟博士被称为“光纤之父”。

电荷耦合器件（CCD）是一种用于探测光信号的集成电路，用电荷实现存储和传递电荷信息，比传统的底片更能敏感地探测到光的变化。因此 CCD 对信息的表达，具有更高的灵敏度。固体成像、信息处理和大容量存储器是 CCD 的三大主要用途。各种线阵、面阵传感器已成功地用于天文、遥感、传真、摄像、照相等领域。博伊尔 1924 年出生于加拿大，上高中前博伊尔都是在母亲的指导下自学。博伊尔高中时代在蒙特利尔的一家私立学校度过，高中毕业后即加入加拿大海军，但不久二战就结束了，博伊尔从没参与过真正的战斗。1950 年，博伊尔又回到学校攻读博士学位，3 年后他加入了美国贝尔实验室。今天，提起博伊尔，人们知道他是 CCD 图像传感器两名发明者之一，但实际上他作出的贡献很多，包括 1962 年与他人合作发明第一台红宝石连续激光器等。博伊尔还与另一名科学家获得了有关半导体注入式激光器设想的第一个专利。今天，光盘录制和播放大多需要依靠半导体激光器技术。史密斯于1930年出生于美国纽约，在芝加哥大学获博士学位后，加入了美国贝尔实验室。1964年，史密斯成为贝尔实验室设备概念部门的负责人，成立这个部门的目的是研究下一代固态器件。1969年，史密斯和博伊尔共同发明了CCD图像传感器。

单元三　红外线传感器及应用

单元目标　了解红外线的特征和红外传感器种类，掌握热释电式传感器的工作原理，制作和调试小型红外安防模块，熟悉热释电式传感器的典型外观、基本参数含义和简单调试方法。

利用红外线的物理性质来进行测量的传感器通称为红外传感器。本单元介绍与红外线有关的传感器及其主要应用。

任务一　了解红外线传感器的特征

[学习知识]

人的眼睛能看到的可见光按波长从长到短排列，依次为红、橙、黄、绿、青、蓝、紫。其中红光的波长范围为0.62～0.76μm；紫光的波长范围为0.38～0.46μm。比紫光波长更短的光叫紫外线，比红光波长更长的光叫红外线。在光谱中波长0.76～400μm的一段称为红外线，红外线是不可见光线。所有高于绝对零度（－273℃）的物质都可以产生红外线。现代物理学称之为热射线。红外线具有反射、折射、散射、干涉、吸收等性质。红外线传感器测量时不与被测物体直接接触，具有灵敏度高、响应快等优点。随着现代科学技术的发展，红外线传感器的应用已经非常广泛。

红外线传感器包括光学系统、检测元件和转换电路。光学系统按结构不同可分为透射式和反射式两类。检测元件按工作原理可分为热敏检测元件和光电检测元件。热敏元件应用最多的是热敏电阻。热敏电阻受到红外线辐射时温度升高，电阻发生变化，通过转换电路变成电信号输出。光电检测元件通常由硫化铅、硒化铅、砷化铟、砷化锑、碲镉汞三元合金、锗及硅掺杂等材料制成。

红外线传感器常用于无接触温度测量、气体成分分析和无损探伤，在医学、军事、空间技术和环境工程等领域得到广泛应用。例如采用红外线传感器远距离测量人体表面温度的热像图，可以发现温度异常的部位，及时对疾病进行诊断治疗（热像仪）；利用人造卫星上的红外线传感器对地球云层进行监视，可实现大范围的天气预报；采用红外线传感器可检测飞机上正在运行的发动机的过热情况等。

任务二　描述热释电式传感器的应用

[观察现象]

1）观察教学楼内的热释电红外探头，看一看在多远范围内，人体或物体移动会产生报警信号。

2）拆解热释电红外探头组件，观察外表面的滤光片特征（特殊透镜）。

3）观察和拆解计算机光电鼠标，找到其中的发射/接收组件（光耦合器），其接收组件即为红外光敏传感器（光敏晶体管）。测试光敏晶体管的信号与鼠标运动状态的关系。

［学习知识］

1. 被动式热释电红外探头

人体都有恒定37℃左右的体温，所以会发出特定波长（10μm左右）的红外线，被动式红外探头就是靠探测人体发射的10μm左右的红外线而进行工作的。图7-12所示为热释电元件外观和原理。图7-13所示为热释电红外探头外观和工作原理（PIR表示热释电元件）。

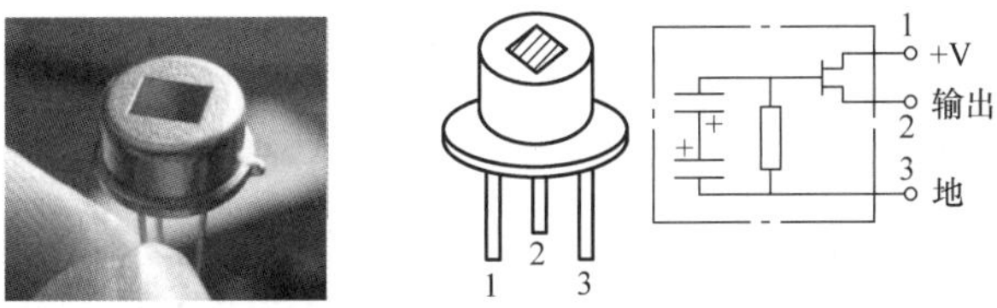

图7-12　热释电元件外观和原理

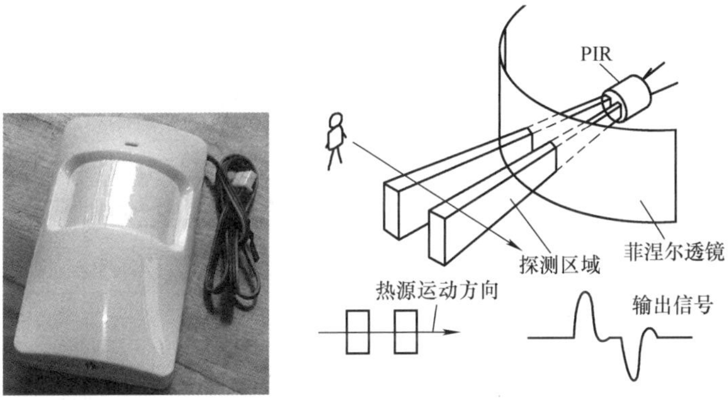

图7-13　热释电红外探头外观和工作原理

人体发射的红外线通过菲涅尔滤光片增强和整流后聚集到热释电元件上，使热释电元件失去电荷平衡，向外释放电荷，经电处理路后即可产生报警信号。

被动式热释电红外探头有如下特点：①热释电元件对波长为10μm左右的红外线非常敏感。②为了仅对人体辐射的红外线敏感，用特殊的菲涅尔滤光片，使环境的干扰受到抑制作用。③红外探头的传感器包含两个互相串联或并联的热释电元件，且两元件的极化方向相反，环境背景辐射对两个热释元件作用相同，使其热释电效应相互抵消，即背景辐射不会影响探头。④一旦有人侵入探测区域内，人体红外辐射通过部分镜面聚焦，并被热释电元件接收，但是两片热释电元件接收到的热量不同，热释电也不同，不能抵消，需要经信号处理才报警。⑤菲涅尔滤光片根据性能要求不同，具有不同的焦距（感应距离），从而产生不同的监控视场，视场越多，控制越严密。

在电子防盗、人体探测器领域中，被动式热释电红外探测器的应用非常广泛，因其价格低廉、技术性能稳定而受到广大用户的欢迎。

2. 计算机的鼠标

在机械式鼠标底部有一个露出一部分的塑胶小球，当鼠标在操作桌面上移动时，小球随之转动，在鼠标内部装有三个滚轴与小球接触，其中有两个分别是 X 轴方向和 Y 轴方向滚轴，用来分别测量 X 轴方向和 Y 轴方向的移动量，另一个是空轴，仅起支撑作用。拖动鼠标时，由于小球带动三个滚轴转动，X 轴方向和 Y 轴方向滚轴又各带动一个转盘（编码器）转动。转盘（见图 7-14）的两侧分别装有红外发光二极管和光敏传感器（图中的光电晶体），组成光耦合器。当译码轮转动时，红外发光二极管发出的红外线时而照在光敏传感器上，时而被阻断，从而使光敏传感器输出脉冲信号。根据检测到的脉冲信号特征，就能测出鼠标的拖动方向。

光电式鼠标内部原理和机械式鼠标类似，只不过把机械式鼠标内部的光电器件放到外部，如图 7-15 所示。机械鼠标内部用编码器转盘来切割光线，经光电转换后得到脉冲，而光电鼠标则利用鼠标外部的反射面，因为一般的反射面（如桌面）都是漫反射（光电鼠标在镜面上不能使用），移动鼠标，反射光反射回鼠标有变化，得到光电转换后的到脉冲信号。IC 根据接收头得到的脉冲信号的先后次序就能得到鼠标的相对移动，得到鼠标是前后移动还是左右移动。再结合软件，就能得到鼠标任意方向的相对移动。

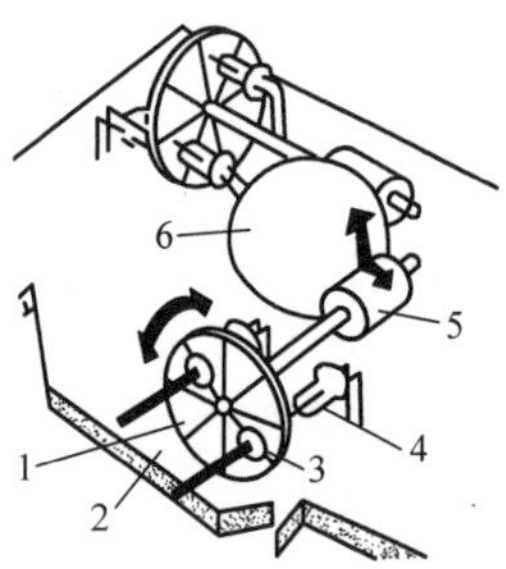

图 7-14　机械式鼠标的结构

1—编码器　2—桌面　3—光电晶体

4—发光二极管　5—压力滚轴　6—滚球

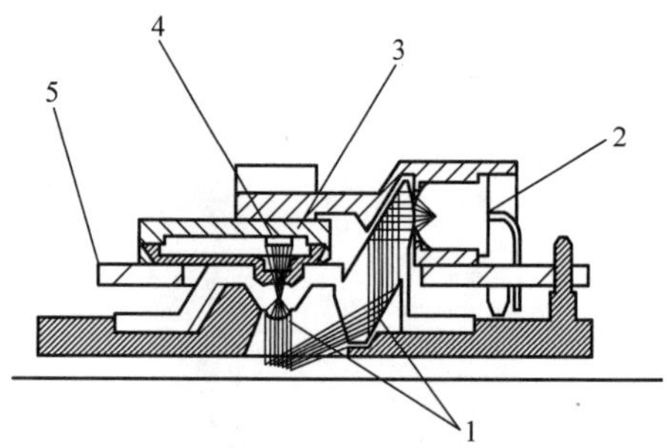

图 7-15　光电式鼠标原理

1—透镜组件　2—发光二极管　3—芯片

4—光学传感器　5—PCB

3. 照相机中的红外线传感器

在夜视状态下，数码摄像机会发出人们肉眼看不到的红外光线去照亮被拍摄的物体，关掉红外滤光镜，不再阻挡红外线进入 CCD，红外线经物体反射后进入镜头进行成像，这时我们所看到的是由红外线反射所成的影像，而不是可见光反射所成的影像，即此时可拍摄到黑暗环境下肉眼看不到的影像。具有红外线夜视功能的照相机或者摄像机，能够在全黑环境下进行拍摄，甚至连肉眼也不能分辨清楚的物体，也可以清晰地拍摄下来。这种夜视的特点是可以在完全没有光线的条件下进行拍摄，但由于采用的是红外摄影，无法进行彩色的还原，所以拍摄出来的画面是单色的，影像会变绿。例如，处于停电状态的地区，只有月光或星光，能见度极差。拍录像片时，画面都呈现绿色，说明在拍摄时使用了红外线夜视仪，如果不使用红外摄像技术，那么画面上将看不到任何影像。需要注意的是：红外线夜视摄影仪的前提，是数码摄像机能发出红外光线去照亮被拍摄的物体，所以拍摄距离是有一定限制的，如果摄像机发出的红外线不能到达要拍摄的物体，那么就什么也拍不到了。

[拓展知识] 遥感技术的应用

很早以前，人们就能够从空中来观察地球，当时人们使用的是普通的照相机，后来发展成为专门的航空照相机。随着火箭和卫星的出现，产生了遥感技术。现在，遥感越来越成为不可缺少的重要技术，尤其在军事方面的应用很广泛。遥感图中收集到的信息，就是物体发射或者被物体反射的电磁波。这些电磁波包括红外线，也包括近紫外、可见光等波段。收集电磁波信息的装置称做传感器。遥感就是用装在平台上的传感器来收集（测定）由对象辐射或反射来的电磁波，再通过对这些数据进行分析和处理，来获得对象信息的。遥感的主要原理是利用了对象的反射特性，这种方式是航空摄影发展而来的结果，也是最为广泛应用的一种。图 7-16 所示为某地域的遥感图像。

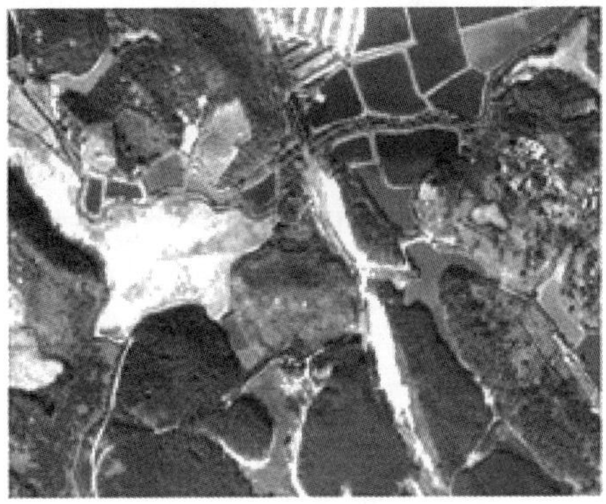

图 7-16　某地域遥感图像

另外有两类技术也在遥感中大显身手。其一是使用热红外和热成像技术，主要是利用了物体的辐射特性。热成像是与远距离测量地球表面特征的温度有关的遥感分支。它所研究的问题小到可以探测一间屋子的热能量泄漏，大到可以研究地球表面的洋流。温度是地球环境中一切物理、化学和生物过程的重要控制因素之一，温度数据在经营管理地球资源的活动中必然占有极其重要的地位。其二是利用微波遥感器进行遥感。微波遥感器分为主动式和被动式。主动式的微波遥感器主要是侧视雷达。目前的重要应用主要在于快速取得大片有云地区的地面资源情报数据。被动式微波遥感器感受的是它们视场内的自然可利用的微波能量，其工作方式和热辐射计或热扫描仪非常相似，但是能够接受到的信号也比热红外区微弱得多，同时信号所伴随的噪声也大得多。因此信号的辨识问题也要比其他遥感器困难得多。但它和侧视雷达一样也有全天候的特性。依靠选择适合的工作波长，可以用它或者穿透大气，或者观察大气。通常来说，微波遥感器用在大气各项数据的测量上，在海洋学、油污探测、融雪测定等方面都有应用。

在军事上，遥感的用途有：对目标国家和地区的资源状况进行监视，可以帮助确定战略目标；监视对方军事部署和大规模的军事移动；在具体的作战当中，遥感可以帮助分析局部的地形、资源状况，从而帮助己方进行战术行动的方案判断。现代战争作为数字化的战争，信息在战争中是至关重要的，遥感作为一项能够大范围、高精度、快速获得信息的技术，必然能够在未来的战争中获得更多的应用。

任务三　制作红外式照明灯自动开关

[**实践操作**] 用红外热释电元件制作照明灯开关

利用热释电式传感器制作一个照明开关装于楼道出入口，夜晚行人由楼道口出入时，照明灯自动点亮，过一段时间后自动熄灭。白天照明灯自动停止工作。

1. 工作原理

感应开关的主要元器件是一片新型热释电红外探测模块 HN911L 和一只 VMOS 管。HN911L 内电路包括高灵敏度红外传感器、放大器、信号处理电路、输出电路等。热释电红外传感器遥测移动人体发出的微热红外信号，送入 HN911L，在输出端得到放大后的电信号。VMOS 场效应晶体管输入阻抗极高，接在栅源间的电容充电后，电容电压可保持很长时间，在此期间，VMOS 管导通。利用这一特点，可实现延时功能。开关电路原理如图 7-17 所示。

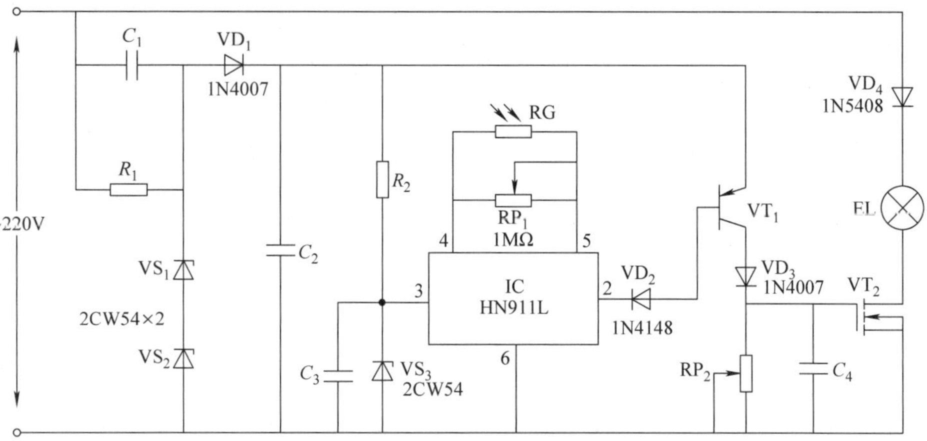

图 7-17 开关电路原理图

220V 市电经 C_1 降压、VD_1 整流及 VS_1、VS_2 稳压、C_2 滤波后得到 12V 直流电压。此电压除供给晶体管 VT_1 电源外，经 R_2 降压、VS_3 稳压、C_3 滤波后得到 6V 电压，作 IC 电源。当 IC 未探测到红外信号时，输出端 2 脚为高电平。VT_1 无基极偏置而截止，VT_2 亦截止，灯泡 EL 不亮。有人进入楼道口时，移动人体发出的红外线被红外传感器接收，经 IC 处理后，2 脚输出低电平，VT_1 导通。12V 直流电压经 VT_1、VD_3 给电容 C_4 充电，VT_2 迅速饱和导通，灯泡 EL 亮。人走过后，IC 2 脚恢复高电平，VT_1 截止。C_4 放电期间仍维持 VT_2 继续导通。随着 C_4 上电压的下降，VT_2 由饱和区进入放大区直至截止区，EL 亦相应地由亮逐渐变暗直至熄灭。电路中，RP_1 为 IC 的增益调节电阻，RP_2 为照明延时时间调整电位器。RG 为光敏电阻，白天受光照，电阻极小，使 IC 增益极低，2 脚不输出电平；夜晚阻值很大，IC 恢复工作。RG 可暴露于灯光下，因为 VT_2 一旦导通，即使 VT_1 立即截止，VT_2 仍可由 C_4 放电来维持工作。

2. 元器件选择

IC 选用新型热释电红外探测模块 HN911L；VT_1 选用型号为 9012 晶体管；VT_2 选用 BV≥500V、3A 的 VMOS 管，如 BUZ358 等。VD_1、VD_3 选用 1N4007 二极管；VD_2 选用 1N4148 二极管；VD_4 选用 1N5408 二极管；VS_1 ~ VS_3 选用型号为 2CW54 的稳压二极管；其他元器件如图 7-17 标示，无特殊要求。

3. 制作与调试

根据 IC 的大小，在无孔开关盖板上开一个适当大小的孔，将 IC 的传感面朝外，与盖板外表面平齐，用 502 胶水粘牢。其余元器件焊在一块电路板上，用软线与 IC 连接。光敏电阻最好和 IC 同样安装，以便受光，整个装置置于开关盒内。由于人进出楼道时身体离红外感应开关很近，所以该开关一般均能可靠工作。如欲增大探测距离，可在传感器前面配上相应的菲涅耳透镜。调试时，首先断开光敏电阻，调整 RP_1，让人通过传感器旁边时灯泡点亮。接着焊上光敏电阻，遮住光线再细调一次便可。然后调整 RP_2 让灯泡发光时间长短适当即可。

单元四　机器人传感器

单元目标　了解机器人的发展及其传感器的特点，熟悉机器人的功能和传感器的类型，会使用常见的声敏、光敏传感器。

机器人传感器是20世纪70年代开始发展起来的一类专门用于机器人技术方面的新型传感器。机器人传感器和普通传感器工作原理基本相同，但又有其特殊性。

任务一　了解机器人的发展

[学习知识]

机器人是指计算机控制的能模拟人的感觉、手工操纵，具有自动行走能力而又足以完成有效工作的装置。机器人技术是一门综合性技术。涉及控制工程、计算机、人工智能、微电子、传感器、新材料、仿生技术等多种学科，是先进制造技术的典型代表。

机器人按照其功能可以划分为三代。第一代为操纵型机器人，是一种进行重复操作的机械，即通常所说的机械手，配合电子存储装置，能记忆重复动作，然而，因未采用传感器，所以没有适应外界环境变化的能力。第二代为自动型机器人，初步具有感觉和反馈控制的能力，能进行识别、选取和判断。第二代机器人采用传感器，使机器人具有了初步的智能，成为第二代机器人的标志。第三代为智能机器人，具有自我学习、自我补偿、自我诊断能力，具备神经网络，“电脑化”是这一代机器人的重要标志。近20年来，机器人技术有了很大的发展，特别是工业机器人已经达到产业化水平，智能机器人技术也有了相当的发展。

人类的活动领域不断扩大，机器人的应用也从制造领域向非制造领域发展。像海洋开发、宇宙探测、采掘、建筑、医疗、农林业、服务娱乐等行业都提出了自动化和机器人化的要求。与制造业相比，这些行业的工作环境具有非结构化和不确定性的特点，因而对机器人的要求更高，需要机器人具有行走功能、对外感知能力以及局部的自主规划能力等，这是机器人技术的一个重要发展方向。

从20世纪90年代开始，机器人研究开始与其他领域和学科交叉，特别是与传感器技术、驱动技术、控制技术、通信技术和计算机技术交叉，智能机器人的研究无论是从深度还是从广度上，都出现多样化趋势。传感技术的进步，将是机器人智能化的关键和特色，特别是新型传感器的应用、多传感器的信息融合等将成为新一代机器人实现更高级智能行为的基础。图7-18所示为几种类型的机器人。

任务二　认识机器人传感器

[观察现象]

1）观察积木式机器人的各类探头，能否找到其中的几种传感器，如光电传感器、超声波传感器等。

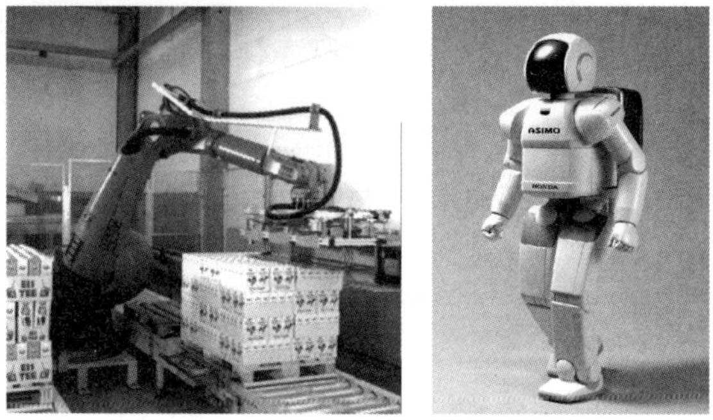

图 7-18 几种类型的机器人

2）观察机器人的自动运行，看一看它能完成什么功能。

3）拆解机器人的探头组件，观察传感器件的特征（如光电元件、超声波探头等）。讨论这些器件在机器人的各种功能中，起到什么作用。

[学习知识]

1. 机器人传感器的特点

机器人是一种利用各种传感器的典型仿生装置。所谓仿生，就是利用科学技术，把人或生物体的行为和思维进行部分模拟。机器人传感器是指能把智能机器人对内外部环境感知的物理量变换为电量输出的装置。

一般机器人有类似人脑功能的思维子系统，类似于眼睛、皮肤、耳朵等功能的感觉子系统，类似于手脚功能的运动子系统。人脑、手、足、皮肤、眼睛、耳、舌等的功能在机器人中分别对应于判断和控制、把握、行走、触觉、视觉、听觉、味觉等，各种功能之间有着很强的关联性和依赖性，通过传感器使这些功能得以充分发挥。例如机器人装配作业中，一般有决定零件安装位置的距离传感器、检测零件形状的视觉或触觉传感器以及能检测手的把握状态及安装状态的滑觉传感器和力觉传感器。机器人能够根据从这些传感器获取的信息作出判断、控制并进行有效工作。

机器人传感器主要包括机器人的视觉、力觉、触觉、接近觉、距离觉、姿态觉、位置觉等传感器。由于机器人视觉研究的重要性和复杂性，一般将机器人视觉单独列为一个学科研究。与工业检测传感器相比，机器人传感器对传感信息的种类和智能化处理的要求更高。

2. 机器人传感器的分类

机器人所用的传感器根据检测对象的不同一般可分为内部传感器和外部传感器（感觉传感器）两大类。内部传感器的功能是检测机器人自身的状态，用于系统控制，使机器人按规定的要求进行工作。比如限位开关、编码器、加速度计、角度传感器等；外部传感器的功能是检测环境信息，识别工作环境，为机器人提供环境变化的状况，使机器人能够相应地控制操作对象。比如光电传感器、接近开关、视觉传感器、触觉传感器、压力传感器等。

（1）内部传感器　用来检测机器人本身状态（如手臂间角度）的传感器。多为检测位置和角度的传感器。

（2）外部传感器　用来检测机器人所处环境（如是什么物体，离物体的距离有多远等）及状况（如抓取的物体是否滑落）的传感器。具体有物体识别传感器、物体探伤传感器、接近觉传感器、距离觉传感器、力觉传感器和听觉传感器等。

表 7-2 所列为机器人传感器的分类。从表中可以看出，机器人传感器的分类还有其他不同的方法。

表 7-2　机器人传感器的分类

类别	检测内容	应用目的	传感器件
明暗觉	是否有光，亮度多少	判断有无对象，并得到定量结果	光敏管、光电断续器
色觉	对象的色彩及浓度	利用颜色识别对象的场合	彩色摄影机、滤色器、彩色 CCD
位置觉	物体的位置、角度、距离	物体空间位置，判断物体移动	光敏阵列、CCD 等
形状觉	物体的外形	提取物体轮廓及固有特征，识别物体	光敏阵列、CCD 等
接触觉	与对象是否接触，接触的位置	决定对象位置，识别对象形态，控制速度，安全保障，异常停止，寻径	光电传感器、微动开关、薄膜接点和压敏高分子材料
压觉	对物体的压力、握力、压力分布	控制握力，识别握持物，测量物体弹性	压电元件、导电橡胶、压敏高分子材料
力觉	机器人有关部件（如手指）所受外力及转矩	控制手腕移动，伺服控制，正确完成作业	应变片、导电橡胶
接近觉	与对象物是否接近，接近距离，对象面的倾斜	控制位置，寻径，安全保障，异常停止	光传感器、气压传感器、超声波传感器、电涡流传感器和霍尔传感器
滑觉	垂直于握持面方向物体的位移，旋转重力引起的变形	修正握力，防止打滑，判断物体重量及表面状态	球形接点式、光电式旋转传感器、角编码器和振动检测器

[**拓展知识**] 几种主要的机器人传感器

目前人类已制造出仿视觉传感器、仿听觉传感器、仿嗅觉传感器以及 DNA 芯片等仿生传感器，这些传感器用于机器人，能自动捕获信息、处理信息，模仿人类的行为。

实际使用的机器人传感器有以下几种。

1. 视觉传感器

图 7-19　机器人视觉

人类所获得的外界信息大约 80% 来源于视觉，可见，视觉的感知是多么重要。机器人一般采用摄像机和计算机技术实现自身的视觉，所以也称为计算机视觉（机器视觉）。视觉传感器的工作过程可分为检测、分析、描绘和识别等四个主要步骤。机器人视觉包含明暗检测和颜色检测两部分，常用的传感器有光敏管、光电断续器、彩色摄像机、滤波器、彩色CCD等。图7-19所示为摄像机作为机器人视觉的例子。

2. 听觉传感器

具有语音识别功能的传感器称为听觉传感器，它是一种人工智能装置，是机器人中必不可少的部件。高级机器人利用语音识别技术可以听懂人类语言，也能利用语音合成技术讲出人能听懂的语言。在各种情况下，用于识别声音信息的传感器都是某种传声器件，比如玩具机器人中的电容式传声器就是它的听觉传感器。图7-20所示为机器人听觉系统框图。

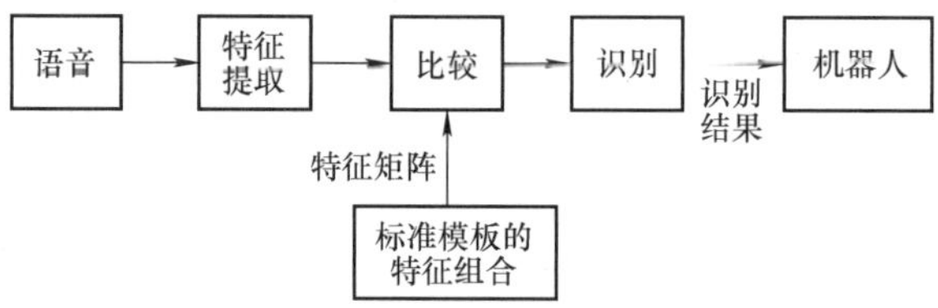

图7-20　机器人听觉系统框图

3. 接触觉传感器

人的接触觉是通过四肢和皮肤对外界物体的一种物性感知。机器人接触觉传感器是为了感知被接触物体的特性、传感器接触对象物体后自身的情况，例如，是否握牢对象物体、对象物体在传感器的什么部位。常用的接触觉传感器有微动开关、差动变压器、导电橡胶等。当接触力作用时，这些传感器以通断方式输出高低电平，实现检测目的。

随着微电子技术的发展和各种有机材料的出现，已经有多种多样的触觉传感器出现。触觉传感器按功能大致可分为接触觉传感器、力—力矩觉传感器、压觉传感器和滑觉传感器等。

接触觉传感器用以判断机器人（主要指四肢）是否接触到外界物体或测量被接触物体的特征。接触觉传感器有微动开关、导电橡胶、含碳海绵、碳素纤维、气动复位式装置等类型。

1）微动开关：由弹簧和触头构成。触头接触外界物体后离开基板，造成信号通路断开，从而测到与外界物体的接触。这种常闭式（未接触时一直接通）微动开关的优点是使用方便、结构简单，缺点是易产生机械振荡和触头易氧化。

2）导电橡胶式：它以导电橡胶为敏感元件。当触头接触外界物体受压后，压迫导电橡胶，使它的电阻发生改变，从而使流经导电橡胶的电流发生变化。导电橡胶的优点是具有柔性，不足之处是由于导电橡胶的材料配方存在差异，出现的漂移和滞后特性也不一致。

3）含碳海绵式：它在基板上装有海绵构成的弹性体，在海绵中按阵列布以含碳海绵。接触物体受压后，含碳海绵的电阻减小，通过测量流经含碳海绵电流的大小，可确定受压程度。这种传感器也可用作压力觉传感器。优点是结构简单、弹性好、使用方便，缺点是因碳素分布的不均匀性会直接影响测量结果和受压，但受影响后的恢复能力较差。

4）碳素纤维式：以碳素纤维为上表层，下表层为基板，中间装以氨基甲酸酯和金属电极。接触外界物体时碳素纤维受压与电极接触导电。优点是柔性好，可装于机械手臂曲面处，但滞后较大。

5）气动复位式：它有柔性绝缘表面，受压时变形，脱离接触时则由压缩空气作为复位的动力。与外界物体接触时其内部的弹性圆泡（铍铜箔）与下部触点接触而导电。优点是柔性好、可靠性高，但需要压缩空气源。

4. 压觉传感器

压觉传感器实际上是接触觉传感器的延伸。压觉传感器主要有以下几类。

(1) 压阻器件类　一般将其构成密集阵列来检测压力的分布。

(2) 压电晶体类　用压电晶体做成类似于人类皮肤的压电薄膜。

(3) 集成压敏传感器　半导体力敏器件与信号处理电路集成构成。

(4) 利用压磁传感器　扫描电路与针式差动变压器，构成压觉传感器。

5. 滑觉传感器

滑觉传感器是用于判断和测量机器人抓握或搬运物体时物体所产生的滑移。它实际上是一种位移传感器。按有无滑动方向检测功能可分为无方向性、单方向性和全方向性三类。

1) 无方向性传感器有探针耳机式，它由蓝宝石探针、金属缓冲器、压电罗谢尔盐晶体和橡胶缓冲器组成。滑动时探针产生振动，由罗谢尔盐转换为相应的电信号。缓冲器的作用是减小噪声。

2) 单方向性传感器有滚筒光电式，被抓物体的滑移使滚筒转动，导致光敏二极管接收到透过码盘（装在滚筒的圆面上）的光信号，通过滚筒的转角信号而测出物体的滑动。

3) 全方向性传感器采用表面包有绝缘材料并构成经纬分布的导电与不导电区的金属球。当传感器接触物体并产生滑动时，球发生转动，使球面上的导电与不导电区交替接触电极，从而产生通断信号，通过对通断信号的计数和判断可测出滑移的大小和方向。这种传感器的制作工艺要求较高。

6. 力觉传感器

力觉传感器用于检测机器人的手臂和手腕所产生的力、或所受到的反力。机器人手臂和手腕部分的力觉传感器，可以用于控制机器人手所产生的力，在进行费力的工作以及限制性作业、协调性作业等方面也有重要功效。力觉传感器大多数使用半导体应变片。将半导体应变片安装于弹性结构的被检测处，就可以测量力和力矩。

7. 接近觉传感器

所谓接近觉传感器，就是当对象物体与机器人（手）接近至一定距离时（一般是 $10^{-3} \sim 10^{-2}$m），机器人能检测出到对象物体表面的距离、斜度、表面状态等。这种传感器是具有检测全部信息的综合功能传感器，它对于机器人控制具有重要意义。归纳起来，接近觉传感器的实现方法有：触针法、光学法、电磁感应法、超声波法、气压法等。比如，光敏传感器检测距离就是一个典型的接近觉传感器的例子。

8. 特殊感觉传感器

从再现人类感觉功能的角度看，机器人还应有滑觉、热觉、味觉、嗅觉等多种感觉传感器。这类传感器的基本原理都建立在前面所介绍的传感器原理基础之上，但也有其特殊性。如嗅觉传感器，就是在气敏传感器的基础上，对工艺、结构做适当调整改进而制成的。

单元五　智能传感器与传感器网络

单元目标　通过本单元的学习，了解智能传感器的基本特征和组成方法；理解传感器网络组成并描述传感器网络节点的作用；学会进一步查询有关智能传感器及其网络的资料。

任务一　了解智能传感器的应用

[学习知识]

一、智能传感器

随着信息技术、测控技术的迅速发展，人们对传感器提出更高的要求，使传统的传感器向智能化方向发展。IEEE（国际电气电子工程师学会）定义的智能传感器是：“除产生一个被测量或被控量的正确表示之外，还具有简化换能器的综合信息，以用于网络环境的传感器”。

为了理解这个定义，我们可简单分析图 7-21a 所示的智能红外测温仪原理框图。红外传感器将被测目标的温度转换为电信号，经 A – D 转换后输入单片机；同时传感器还将环境温度转换为电信号，经 A – D 转换后输入单片机，单片机中存储有红外传感器的非线性校正数据。红外传感器检测的数据经单片机计算处理，消除非线性误差后，可获得被测目标的温度特性与环境温度的关系供记录或显示，且可存储备用。可见，智能传感器是具备了记忆、分析和思考能力、输出期望值的传感器。

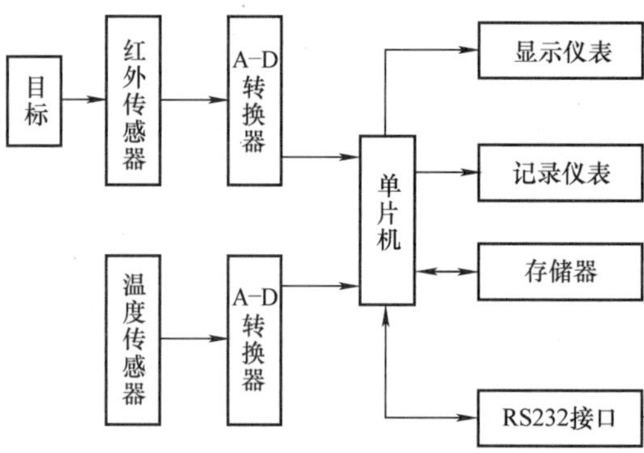

a) 原理框图

b) 外观

图 7-21　智能红外测温仪

智能传感器不仅能在物理层面上检测信号，还可以在逻辑层面上对信号进行分析、处理、存储和通信。智能传感器具备了人的记忆、分析、思考和交流的能力，即具备了人类的智能，所以称为智能传感器。智能传感器具有如下功能：

1）提供更全面、真实的信息，消除异常值或例外值。

2）进行信号处理，包括温度补偿、线性化等。

3）随机调整和自适应功能。

4）存储、识别和自诊断功能。

5）有特定算法并可根据需要改变算法。

二、智能传感器的实现

人类的智能是以多重传感信息的融合为基础，再把融合的信息与人类积累的知识结合起来，加以归纳综合。人类智能的构成如图 7-22 所示。

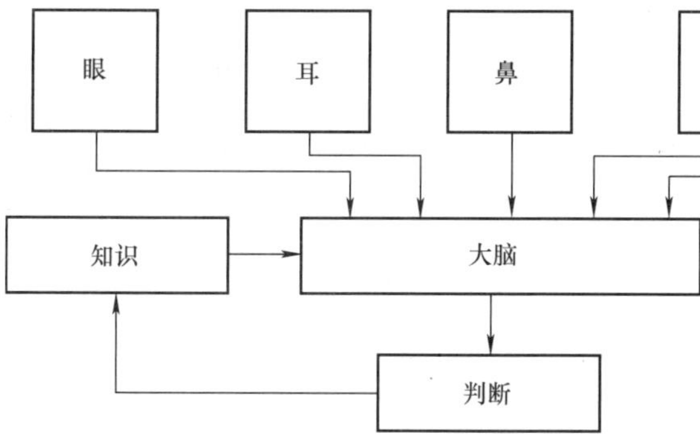

图 7-22　人类智能的构成

与人类智能对外界反应的原理相似，智能传感器也应该由多重传感器或不同类型传感器，从外部目标以分布和并行方式收集信息；通过信号处理过程将多重传感器的输出或不同类型传感器的输出结合起来或集成在一起，实现传感器信号融合或集成；最后再根据拥有的关于被测目标的知识，进行智能信息处理，将信息转换成知识和概念供使用。由此可见，智能传感器应该有三个结构层次：

（1）底层　分布并行传感过程，实现被测信号的收集；

（2）中间层　将收集到的信号融合或集成，实现信息处理；

（3）顶层　集中抽象过程，实现将融合或集成后的信息转换为知识。

传感器实现智能化有以下三种途径。

1. 利用计算机合成——智能合成

利用计算机合成的途径是最常见的，前面所述智能红外测温仪即为一个例子。其结构形式通常是传感器与微处理器的结合，利用模拟、数字电路和传感器网络实现实时并行操作，采用优化、简化的特性提取方法进行信息处理，具有多功能适应性。这种智能传感器也称为计算机型智能传感器。

2. 利用特殊功能的材料——智能材料

利用特殊功能材料的传感器，其结构形式表现为传感器与特殊功能材料的结合，增强了检测输出信号的选择性。其工作原理是用具有特殊功能的材料（也称智能材料）来对传感器输出的模拟信号进行辨别，仅选择出有用的信号输出，对噪声或非期望效应则通过特殊功能进行抑制。

实际采用的结构是把传感器材料和特殊功能的材料结合在一起，做成一个智能传感功能部件。特殊功能的材料与传感器材料的合成，可以实现近乎理想的信号选择性。比如固定在生物传感器顶端的酶，就是利用特殊功能材料的一个典型例子。

3. 利用功能化几何结构——智能结构

功能化几何结构是将传感器做成某种特殊的几何结构或机械结构，通过传感器的几何结构或机械结构，实现对传感器检测信号的处理。信号处理时采用一般信号辨别方式，即仅选取有用信号，对噪声等信号则通过特殊几何或机械结构来抑制，从而增强传感器检测输出信号的选择性。

例如，光波和声波的传播依靠从一种媒质到另一种媒质的折射和反射，因此可以通过不同媒质之间表面的特殊现状来控制其传播效果。凸透镜或凹透镜是最简单的例子：只有来自目标空间某一定点的光才能被投射在图像空间的一个点上，而影响该空间点发射光投射结果的其他点的散射光投射效应，可由凸透镜或凹透镜在图像平面滤除。

[思考与训练]

1. 查阅图书资料和报刊杂志，收集各种智能传感器的实例，写成一篇题目为“智能传感器的主要类型及其应用”的小论文。

2. 分析人体器官作为智能传感器是如何工作的。

三、智能传感器的应用实例

通过两个实例来进一步了解智能传感器系统构成。

1. 气象参数测试仪

气象参数测试仪是一种计算型智能传感器，其结构组成框图和外观如图 7-23 所示。

风速和风向的测量采用由风带动数码转盘转动的方法实现，温湿度的测量采用 LTM8901 智能温湿度传感器来实现，这些传感器均输出数字信号。

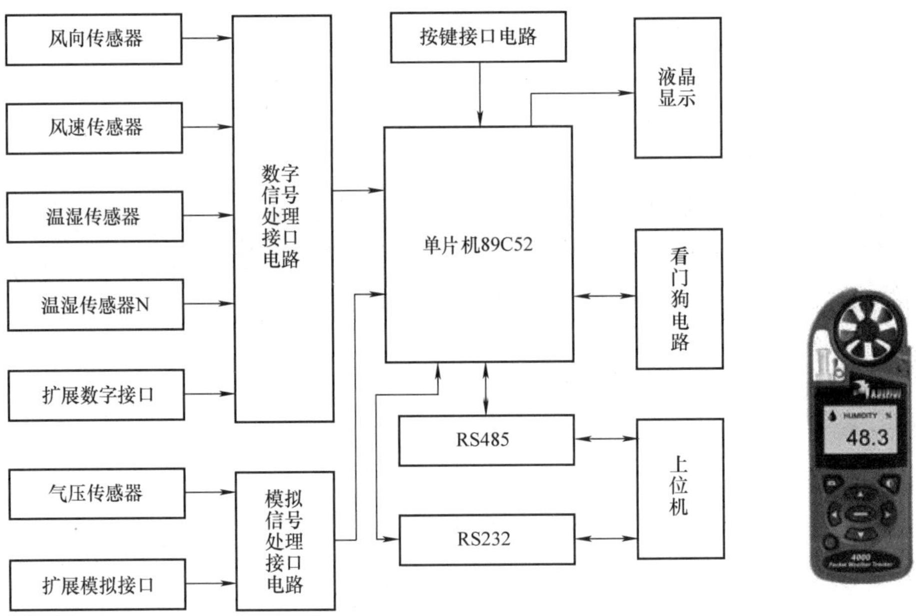

a) 结构框图　　b) 外观

图 7-23　气象参数测试仪

气象参数测试仪将风速、风向、温湿度等数字传感器的信号输入数字信号处理接口电路，处理后送入单片机。大气压力由 MPX4115A 高灵敏度扩散硅压阻式气压传感器测量，其输出信号是模拟信号，经模拟信号处理接口电路实现 A－D 转换后输入单片机。经单片机处理的各种信息（温湿度、大气压力、风向、风速、键盘输入、控制指令、仪器状态等）在 LCD 液晶屏上显示。气象参数测试仪采用 RS232 与 RS485 两种异步串行通信接口与上位机（微型计算机）通信，由设置跳线开关选择使用哪一种串行接口通信方式。

气象参数测试仪的数字信号处理接口电路上留有扩展接口，模拟信号处理接口电路也留有扩展接口，供需要时接其他传感器使用。气象参数测试仪有如下功能：

1）实现风向、风速、温湿度、气压等信号的采集；

2）对采集的信号进行处理和显示；

3）实现与微型计算机的数据通信，传送仪器的工作状态、气象参数数据。

2. 车载信息系统

车载信息系统以微处理器（工控机）为核心，对汽车的各种信息状态，如燃油液位、蓄电池电压、冷却液温度、机油压力、车速等信息进行采集、处理、显示和报警，同时接收 GPS（全球卫星定位系统）信息进行显示。驾驶人可根据显示和报警提示进行相应的操作和处理，以保证行车安全。图 7-24 所示为车载信息系统外观。

图 7-24　车载信息系统外观

车载信息系统由多种传感器、数据采集卡（A－D 转换接口）、计数卡（数据输入接口）、总线、声光显示和报警、GPS、工控机和管理控制软件等组成，如图 7-25 所示。

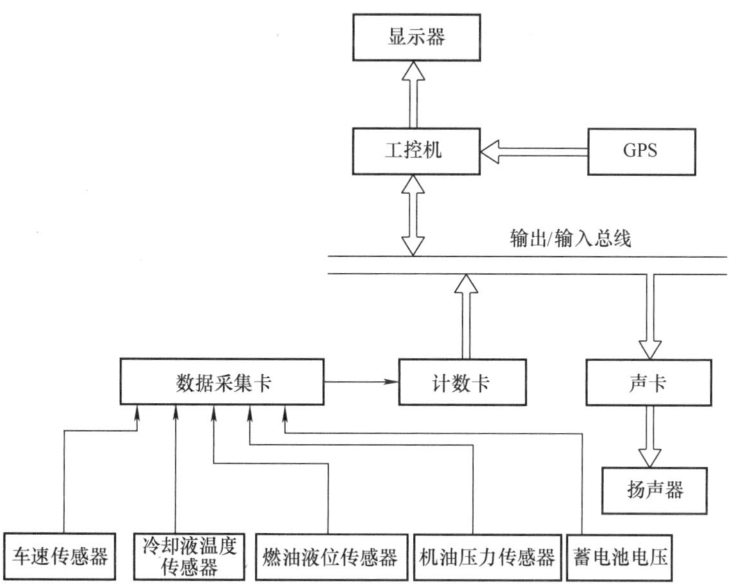

图 7-25　车载信息系统工作原理框图

燃油液位、蓄电池电压、冷却液温度、机油压力、车速等各种信息由相应的传感器进行检测，通过数据采集卡转换为在不同频率上的数字信号。计数卡由多路计数器组成，将这些调制在不同频率上的数字信号分别存储在各路计数器里。工控机在软件的控制下，巡回读取各路计数器的数字信号，运算处理后，将其所表征的物理量以图形方式显示在液晶显示屏上，以便驾驶人观察。当某物理量超出安全范围值时，即发出声、光报警信号，警示驾驶人尽快采取措施以保证安全行车。

GPS 根据三颗以上不同卫星发来的数据，实时计算和在液晶屏上显示汽车所处的地理位置（经度和纬度）。

任务二　解读微机电系统

微机电系统 MEMS 技术是当今高科技发展的热点之一。MEMS 是指在一个硅基片上，集成出机械零件和电子元器件，可以对声、光、热、磁、运动等自然信息进行检测，并具有信号处理器和执行器功能的微机械加工型智能传感器。一个完整的 MEMS 由微传感器、微执行器、信号处理和控制电路、通信接口和电源等部件组成，如图 7-26 所示。微机电系统的外轮廓尺寸在毫米量级以下，构成它的机械零件和电子元器件在微米至纳米量级。图 7-27 所示为一个 MEMS 的局部显微照片。

图 7-26　MEMS 结构框图

图 7-27　MEMS 局部显微照片

［拓展知识］

1. 微机电系统的特点

MEMS 的突出特点是微型化，MEMS 技术涉及电子、机械、材料、制造、物理、化学、生物等多学科技术，在器件制作工艺和技术上与传统大器件（宏传感器）的制作有很多不同。MEMS 通常具有以下典型的特性：①微型化零件，可以完成传统大器件所不能完成的任务；②所用材料主要是半导体材料，但也越来越多地使用塑料材料；③结构零件大部分是二维的、扁平零件；④机械和电子被集成为相应独立的子系统，如传感器、执行器等；⑤利用集成电路工艺，便于大批量生产而降低成本。

MEMS 中的传感器有微热传感器、微辐射传感器、微力学量传感器、微磁传感器、微生物（化学）传感器等。其中微力学量传感器是 MEMS 最重要的一种传感器，因为 MEMS 涉及的力学量种类繁多，不仅涉及位移、速度、加速度这样的静态和动态参数，还涉及材料的物理性能，如密度、硬度和黏稠度等。叉指换能器式微传感器是微力学量传感器的一种重要类型。

2. 微机电系统及微传感器实例

在数码产品领域，MEMS 技术也已经有了很广泛的应用。

(1) 手机上的应用　有很多手机已经在使用 MEMS 技术，最典型的例子就是手机的动作感应功能，由于使用了 MEMS 技术的三轴陀螺仪，手机可以通过感应三个维度的方向变化来和应用程序互动，大幅度提升了手机动作感应类游戏的可操控性，目前很多手机上使用的加速计、电子罗盘、光感应器等部件，也均得益于 MEMS 技术。图 7-28 所示为一种手机中的加速度传感器。

图 7-28　手机中的加速度传感器

此外，还有手机 MEMS 镜头，也是一种采用微机电系统来实现对焦成像的镜头组件。和传统的镜头组件相比，MEMS 镜头集成度更高，对焦速度更快（比常规镜头至少快 7 倍），对焦更准确、功耗也要低得多（耗电量仅为传统镜头的 1%）。

图 7-29 所示为新型手机及其 MEMS 镜头。采用 MEMS 技术的镜头模块的厚度仅为 5mm 左右，比常规模块减少 33% 的空间，可使手机的厚度进一步降低。MEMS 摄像头的机械组件通过对镜头组的微小位移来实现对焦。由于使用 MEMS 技术的感光器体积微小，精度以微米级计算，而镜头组件的驱动器所需要的能量极小，因此 MEMS 镜头的功耗相当低，可以有效提高电池的使用寿命。

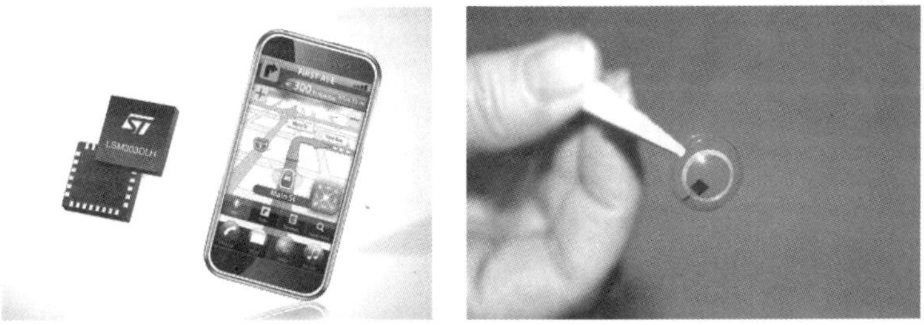

图 7-29　新型手机及其 MEMS 镜头

(2) 压阻式微压传感器　压阻式微压传感器的工作原理是基于半导体材料的压阻效应，即某些半导体晶体材料沿某一轴向受到外力时，材料的电阻率会随之变化的现象。

压阻式微压传感器的原理结构和外观如图 7-30 所示。在硅基框架上形成硅薄膜层，通过扩散工艺在该膜层上形成半导体压敏电阻，并用蒸镀法制成电极，构成电桥。膜片一侧与被测系统连接，称为“高压腔”，另一侧为“低压腔”，低压腔可以接一个参考气压（或抽真空）。根据压阻效应，膜片受压力作用时，在膜片两侧形成压差，导致膜片变形，引起压敏电阻的阻值变化，经桥式电路可将这种阻值变化转换成电桥的输出电压变化（一般为毫伏级）。

与传统的压阻式压力传感器不同，膜片的受压变形远小于膜片厚度，压阻式微压传感器可测压力范围为 1 ~ 10kPa，改变膜片的大小和厚度可进一步测量较小的压力。

(3) 热敏电阻式微传感器　图 7-31a 所示为热敏电阻式微传感器，该传感器主要由薄膜

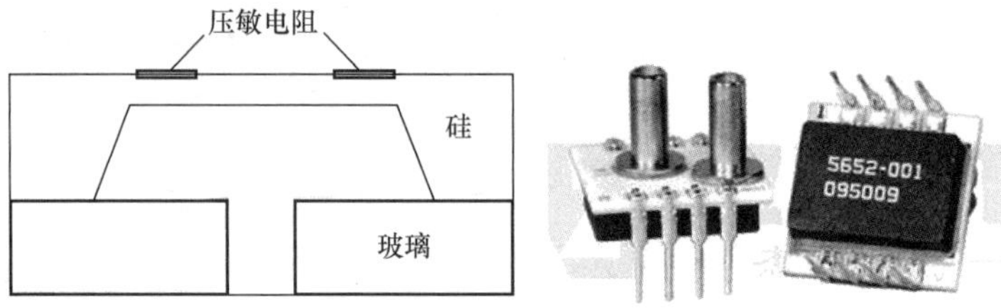

图 7-30 压阻式微压传感器的原理结构和外观

片、加热电阻和测量电阻等组成。其中薄膜片由导热性差的材料（如氮化硅或二氧化硅等）构成。同时，在薄膜片上配置有两个加热电阻和两个测量电阻（热敏电阻）。当被测气体流经膜片的测量电阻时，给这两个电阻带来热量（加热）或带走热量（冷却），通过检测测量电阻上的温度差即可得到气体流速（流量）。图 7-31b 是微传感器上的温度分布模拟图。上述工作原理与项目四单元三介绍的流速式测量方法相同，读者可以参照阅读。

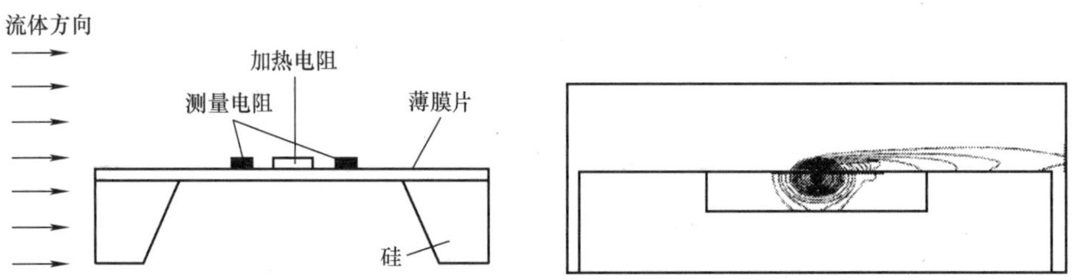

a) 结构　　b) 温度分布模拟

图 7-31 热敏电阻式微传感器和温度分布模拟

任务三 了解传感器网络

[学习知识]

一、传感器网络的作用

随着通信技术和计算机技术的飞速发展，我们已经进入网络时代。智能传感器的出现和越来越多的使用，导致了在分布式控制系统中，对传感信息交换提出了许多新的要求。单独的传感器数据采集已经不能适应现代控制技术和检测技术的发展，取而代之的是分布式数据采集系统组成的传感器网络，传感器网络的系统结构如图 7-32 所示。

传感器网络可以实施远程数据采集，并进行分类存储和应用。例如，在某地由传感器采集数据后按需复制多份，送往多个需要的地方和部门，或者定期将传感器采集的数据和测量结果送往远处的数据库保存，供需要时随时调用。

传感器网络上的多个用户可同时对同一过程进行监控。例如，各部门工程技术人员、质量监控人员及有关人员可同时分别在相距遥远的各地检测、控制同一生产过程，不必亲临现场而又能及时收集各方面数据，建立数据库和进行分析。

不同任务的传感器、执行器与计算机组成网络后，可凭借智能化软、硬件，灵活调用网

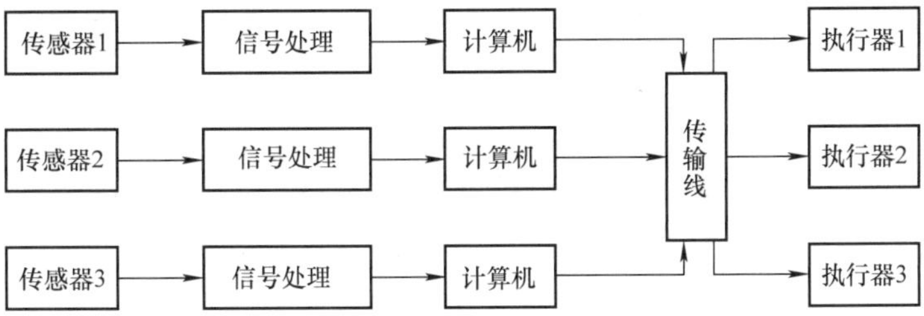

图 7-32　分布式传感器网络的系统结构

上各种计算机、仪器仪表和传感器各自的资源特性和潜力，区别不同的时空条件和仪器仪表、传感器的类别特征，测出临界值，作出不同的特征响应，完成各种形式和要求的任务。

二、传感器网络的结构

传感器网络的结构形式多种多样，可以是如图 7-32 所示的全部互联型的分布式传感器网络系统，也可以是多个传感器计算机工作站和一台服务器组成的主从结构传感器网络，网络形式可以是以太网或其他网络，总线连接可以是环形、星形、线形，如图 7-33 所示。

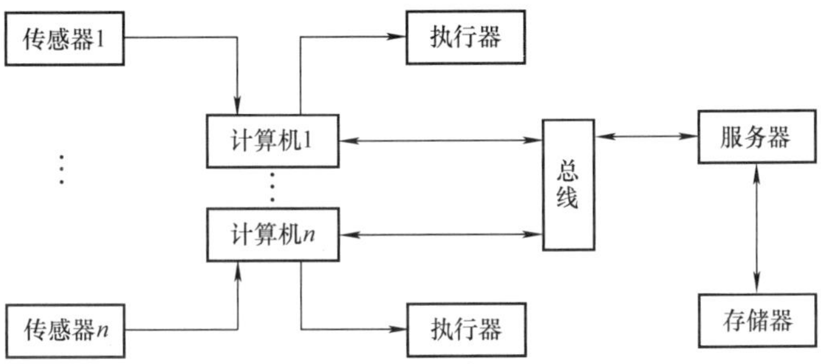

图 7-33　主从结构传感器网络

传感器网络可以组成个人网、局域网、城域网，甚至可以连上 Internet 网。若将数量巨大的传感器加入互联网，则可以将互联网延伸到更多的人类活动领域。数十亿个传感器将世界各地连接成网络，可以跟踪天气、设备运行状况乃至商品库存等各种动态事物，极大地扩充互联网的功能。很多大公司已部署了第一代系统，以监视商品库存（如沃尔玛公司）或检查加油站内的存油状态。这种技术可望减少商品失窃率和其他损失，还可以节省人力成本。

目前，传感器网络技术遇到的最大问题是传感器的供电问题。网络传感器必须使用高性能电池或采用低能耗传感器。随着移动通信技术的发展，传感器网络正朝着无线传感器网络的方向发展。

三、传感器网络的信息交换

传感器网络的运行需要传感器信号的数字化，还需要网络上的各种计算机、执行器和传感器相互间交换信息。传感器网络系统信息交换涉及协议、总线、器件标准总线、复合传输、隐藏和数据链接控制。

协议是传感器网络为保证各分布式系统之间进行信息交换而制定的一套规则或约定。对于一个给定的具体应用，在选择协议时，必须考虑传感器网络系统的功能和使用的硬件、软件与开发工具的能力。

"总线"是传感器网络上各分布式系统之间进行信息交换，并与外部设备进行信息交换的电路元件，总线的信息输入、输出接口分为串行和并行两种形式，其中串行口应用更为普遍。

器件标准总线是把基本的控制元件如传感器、执行器与控制器连接起来的电路元件。

复合传输是指几个信息结合起来通过同一通道进行传输，经仲裁来决定各个信息获准进入总线的能力。

隐藏是指在限定时间段内确保最高优先级的信息进入总线进行传送，一个确定性的系统能够预见信号未来的行动。

数据链接控制是将用户所要通信要求组装成以帧为单位的串行数据结构进行传送的执行协议。

传感器网络上分布式系统之间能够进行可靠的信息交换，最重要的是选择和制定协议。一个统一的国际标准的协议可以使各厂家都生产符合标准规定的产品，使不同厂家的传感器和仪器仪表可以互相代用，不同的传感器网络可以互相连接和通信。但是相当多的企业和机构已经制定了各自的数据交换协议，由于技术原因和商业利益原因，使得统一标准相当困难。尽管如此，一些工业委员会和公司还是开发了一些企业和机构都可接受的协议，其中最重要的是国际标准化组织（ISO）定义的一种开放系统互联参考模型，即OSI参考模型。读者可参考阅读相关文献。

在分布式传感器网络系统中，一个网络节点应包括传感器（或执行器）、本地硬件和网络接口。传感器用一个并行总线将数据包从不同发送者传送到不同的接收者。一个高水平的传感器网络使用OSI模型，可以提供更多的信息并且简化用户系统的设计及维护。

由大学、制造商和标准化组织所研制，并已经被工业界采纳支持的标准，大致分为四类：汽车类标准、工业类指标、楼宇与办公自动化类标准和家庭自动化类标准。

［**拓展知识**］无线传感器网络

1. 无线传感器网络发展简史

无线传感器网络是由部署大量在监测区域内的、移动或静止的微型传感器节点组成，通过无线通信方式形成的一个自组织网络。其目的是协作地感知、采集、处理和传输网络覆盖地理区域内感知对象的监测信息（如温度、湿度、压力、振动、光照、气体等），并由嵌入式系统对信息进行处理，用无线通信方式将信息报告给用户。无线传感器网络的英文是Wireless Sensor Network，WSN。大量的传感器称为传感器节点，它们将探测的数据，通过汇聚节点经其他网络发送给用户。

无线传感器网络的发展，大体经历了三个阶段。

第一阶段：可追溯至20世纪70年代越战时期使用的传统的传感器系统。当年美越双方在密林覆盖的"胡志明小道"进行了一场血腥较量，这条道路是胡志明部队向南方游击队源源不断输送物资的秘密通道，美军曾经绞尽脑汁动用航空兵狂轰滥炸，但效果不大。后来，美军投放了2万多个"热带树"传感器。所谓"热带树"实际上是由震动和声响传感器组成的系统，它由飞机投放，落地后插入泥土中，只露出伪装成树枝的无线电天线，因而被称为"热带树"。只要对方车队经过，传感器探测出目标产生的震动和声响信息，自动发送到指挥中心，美机立即展开追杀。资料显示，采用这种新技术后使美军炸毁越方卡车4.6万辆。

第二阶段是20世纪80年代至90年代之间。主要是美军研制的分布式传感器网络系统、海军协同交战能力系统、远程战场传感器系统等。这种现代微型化的传感器具备感知能力、计算能力和通信能力。因此在1999年，美国《商业周刊》将传感器网络列为21世纪最具影响的21项技术之一。

第三阶段：21世纪开始至今，特别是911事件发生之后。这个阶段的传感器网络技术特点在于网络传输自组织、节点设计低功耗。

除了应用于情报部门反恐活动以外，无线传感器网络在其他领域也获得了很好的应用，所以2002年美国国家重点实验室——橡树岭实验室提出了“网络就是传感器”的论断。

由于无线传感器网络在国际上被认为是继互联网之后的第二大网络，2003年美国《技术评论》杂志评出对人类未来生活产生深远影响的十大新兴技术中，传感器网络被列为第一。

2. 无线传感器网络的主要特点

作为一种新型网络，相比传统的无线网络，无线传感器网络具有如下特点：

(1) 大面积的空间分布　比如在军事应用方面，可以将无线传感器网络部署在战场上跟踪敌人的军事行动，智能化的终端可以被大量装在宣传品、子弹或炮弹壳中，在目标地点撒落下去，形成大面积的监视网络。

(2) 能源受限制　网络中每个节点的电源是有限的，网络大多工作在无人区或者对人体有伤害的恶劣环境中，几乎不可能更换电源，所以要求网络功耗小，以延长网络的寿命。而且要尽最可能节省电能消耗。

(3) 网络自动配置，自动识别节点　包括自动组网、对入网的终端进行身份验证防止非法用户入侵。相对于那些布置在预先指定地点的传感器网络而言，无线传感器网络可以借鉴Ad－hoc方式来配置，当然前提是要有一套合适的通信协议保证网络在无人干预的情况下自动运行。

(4) 网络的自动管理和高度协作性　在无线传感器网络中，数据处理由节点自身完成，以数据为中心的特性是无线传感器网络的又一特点。每个节点仅知道自己邻近节点的位置和标识，传感器网络通过相邻节点之间的相互协作来进行信号处理和通信，具有很强的协作性。

(5) 传感器网络的拓扑结构变化快　传感器网络自身的特点使得传感器网络的拓扑结构变化很快，这对网络各种算法的有效性提出了挑战。此外，如果节点具备移动能力，也有可能带来网络的拓扑变化。

3. 无线传感器网络节点的结构

传感器节点一般由传感、数据处理、无线通信和供电等四个模块组成，如图7-34所示。

传感模块包括传感器和A－D转换模块，负责检测区域内信息的采集和数据转换；数据处理模块由嵌入式系统构成，包括CPU、存储器、嵌入式操作系统等，负责控制整个传感器节点的操作，存储和处理本身采集的数据以及其他节点发来的数据；无线通信模块由网络、MAC、收发器等组成，负责与其他传感器节点进行无线通信、交换控制信息和收发采集数据；供电模块为传感器节点提供运行所需的能量，通常采用微型电池。

4. 无线传感器网络的应用领域

(1) 军事应用　无线传感器网络具有可快速部署、可自组织、隐蔽性强和容错性好的

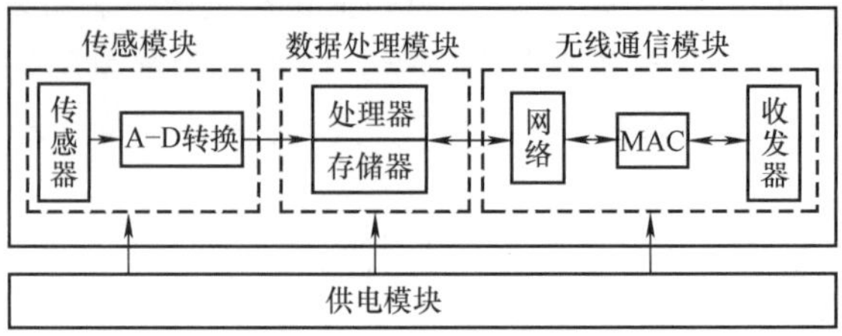

图 7-34 无线传感器网络节点结构

特点，因此非常适合在军事上应用。利用无线传感器网络能够实现对敌军兵力和装备的监控、战场的实时监视、目标定位、战场评估、核攻击和生物化学攻击的监测和搜索等功能。通过飞机或炮弹直接将传感器节点播撒到敌方阵地，就能够非常隐蔽且准确地收集战场信息。

（2）农业及环境应用 无线传感器网络在农业及环境方面的应用包括：对影响农作物的环境条件的监控（精细农业监控），对鸟类、昆虫等小动物运动进行追踪，对海洋、土壤、大气成分的探测，监测森林防火，监控污染，监测降雨量，监测河水水位，监测洪水等。

（3）医疗护理 随着室内网络普遍化，无线传感器网络在医疗研究、护理领域也大显身手。主要的应用包括远程健康管理、重症病人或老龄人看护、生活支持设备、病理数据实时采集与管理、紧急救护等。

（4）智能家居 智能家居系统的设计目标是将住宅中各种家居设备联系起来，使它们能够自动运行，相互协作，为居住者提供尽可能多的便利和舒适。在家电和家具中嵌入传感器节点，通过无线网络与 Internet 连接在一起，将为人们提供更加舒适、方便和更具人性化的智能家居环境。利用远程监控系统，可完成对家电的远程遥控。

（5）智能交通应用 智能交通监测系统采用声音、图像、视频、温度、湿度等传感器，节点部署于十字路口周围，部署于车辆上的节点还包括 GPS 全球定位设备。汇聚节点可以安装在路边立柱、横杠等交通设施上，网关节点可以集成在交叉路口的交通信号控制器内，专用传感器终端节点可以填埋在路面下或者安装在路边，道路上的运动车辆也可以安装传感器节点，动态加入传感器网络。通过信号控制器的专有网络，将所采集到的数据发送到交管中心做进一步处理。

5. 无线传感器网络的发展前景

无线传感器网络发展非常迅速，在许多国家的军事、工业和学术领域引起广泛关注，已成为国际上无线网络研究的热点之一。目前，国外大部分无线传感器网络的研究仍处于理论研究和小规模试验阶段，距离实际应用尚存在一定距离。在无线传感器网络研究及其应用方面，我国与发达国家几乎同步启动，它已经成为我国信息领域位居世界前列的少数方向之一。在 2006 年我国发布的《国家中长期科学与技术发展规划纲要》中，为信息技术确定了三个前沿方向，其中有两项就与传感器网络直接相关，即智能感知和自组网技术。

[项目七小结]

传感器目前正向着集成化、系统化、智能化、网络化的方向发展。

光纤传感器根据光的全反射原理工作，分为功能型和非功能型两大类。光纤传感器具有抗电磁干扰、耐腐蚀、灵敏度高、重量轻、测量对象广等特点，主要应用于温度、压力、加速度等测量中。光纤还广泛应用于信息与信号的高质量传输，如通信、电视广播、计算机网络等。激光是与光纤传感器密切相关的一项技术，经过近半个世纪的发展，激光已经广泛应用于机械测量与加工、雷达、通信等领域。

图像传感器主要有 CCD 和 CMOS 两大类。CCD 由高感光度半导体材料制成，能把光信号转变成电荷。一个完整的 CCD 器件由光敏元、转移栅、移位寄存器及一些辅助输入、输出电路组成，CCD 以电荷的形式存储和再现图像信号。CCD 图像传感器广泛应用于生活、天文、医疗、电视、传真、通信以及工业检测和自动控制系统。CMOS 也是一种半导体图像传感器件，它采用集成芯片的制造技术，利用两种互补半导体材料实现记录图像。CMOS 的缺点是容易出现图像杂点。CMOS 与 CCD 相比的一个重要优点是省电，成本低。

CMOS 图像传感器的处理电路基本原理与 CCD 相似，只是感光单元的作用机理有所不同。CMOS 在传真机、数字摄像机、安全侦测系统、摄像头以及可拍照手机等方面得到广泛应用。

热释电元件是应用最广泛的红外线传感器之一，它接收红外辐射时产生电荷的变化，经电路处理可用于报警。红外线传感器常用于无接触温度测量及气体成分分析和无损探伤，在医学、军事、空间技术和环境工程等领域得到广泛应用。

机器人传感器主要包括机器人视觉、力觉、触觉、接近觉、距离觉、姿态觉、位置觉等传感器。机器人传感器分为内部传感器和外部传感器两大类。内部传感器检测机器人自身的状态，外部传感器检测环境信息。

智能传感器是具有信息处理功能的传感器。智能传感器带有微处理机，具有采集、处理、交换信息的能力，是传感器集成化与微处理机相结合的产物。使用智能传感器可将信息分散处理，从而降低成本。与一般传感器相比，智能传感器具有成本低、自动化、功能多样等优点。MEMS 是一种利用集成电路工艺，在芯片上做出机械和电子元件，完成信息检测、信号处理器和执行器功能的微传感器。

传感器网络是由许多在空间上分布的自动装置组成的一种计算机网络，这些装置使用传感器协作地监控不同位置的物理或环境状况（如温度、声音、振动、压力、运动）。无线传感器网络的发展最初起源于战场监测等军事应用。现今无线传感器网络被应用于很多民用领域，如环境与生态监测、健康监护、家庭自动化、以及交通控制等。

[课后作业七]

7-1 光纤传感器分为哪些类型？光纤传感器主要由哪几部分组成？

7-2 举例说明光纤传感器的应用。

7-3 CCD 与 CMOS 相比较，各自有什么优缺点？

7-4 查找资料，研究你的数字照相机或照相手机使用哪一种图像传感器？

7-5 热释电元件有什么特点？根据该特点解释热释电安防报警器的工作原理。

7-6 机器人中常用的传感器有哪些？

7-7 什么是智能传感器？它的主要功能有哪些？

7-8 智能传感器有哪三种实现途径？举例说明。

7-9 为什么说 MEMS 是微机械加工型智能传感器？

7-10 分布式传感器网络系统与单个传感器的用途有什么不同？

7-11 无线传感器网络由哪几部分组成？无线传感器节点起什么作用？

项目八　传感器信号的处理

项目描述

传感器信号通常需要进行处理后才能进行传输、显示或与控制设备（计算机）连接。各类处理电路也称为传感器接口电路。接口电路对于传感器检测系统至关重要，其性能直接影响到测量系统的精度和灵敏度。根据传感器输出信号的不同特点，其信号处理电路也多种多样。传感器的信号处理电路可能是一个放大器，也可能是复杂的信号转换电路或与计算机连接的接口电路。表8-1列出了传感器的一般输出信号的形式。

表8-1　传感器的输出信号形式

信号类型	输出形式	输出物理量	传感器的例子
开关型	有触点式	开关	干簧管
	无触点式	开关	接近开关
模拟型	连续式	电压	热电偶
		电流	集成温度传感器
		电阻	应变片
		电容	容栅
		电感	差动变压器
	脉冲式	脉冲频率	超声波传感器
		脉冲峰值	
		脉冲宽度	电容式传感器
	频率式	频率	转速传感器
数字型	脉冲数式	电脉冲	光栅
	编码式	电脉冲	角编码器

本项目主要讨论传感器信号的常见处理电路、传感器与计算机的接口电路，并简单介绍传感器信号的噪声抑制问题。

技能要点

描述常见的信号处理电路，并根据传感器的特点选择信号处理电路。调节和使用电桥电路。能够针对不同的干扰源选择常见的抗干扰技术。

知识要点

了解各种传感器输出信号的基本特点。能描述主要处理电路的信号变换作用，熟悉典型传感器处理电路的原理及选用原则。熟知传感器与计算机接口原理及其基本模块。了解常见干扰源及其抗干扰技术。

单元一　传感器信号的处理方法

单元目标　通过本单元的学习，归纳传感器信号输出的特点，将传感器按照输出信号的特征进行分类；针对不同信号特点，了解传感器信号处理的方法。

任务一　归纳传感器信号的特点

[实践操作]

按照输出信号的特点，将所学全部传感器（项目二至项目七）进行分类。例如：哪些传感器输出电压信号或电流信号；哪些传感器输出模拟信号或数字信号；哪些传感器输出开关量（开关信号）。可以采取不同的分类原则，看一看有哪些不同思路，将分类结果写出来进行交流。

[学习知识]

传感器种类繁多，其输出信号的形式也多种多样。例如，同是温度传感器，热电偶输出毫伏级的电压信号，热敏电阻输出电阻信号，而双金属温度传感器则输出开关信号（通、断）。

传感器的输出信号具有以下特征：

1）输出信号一般比较微弱，有的传感器输出电压最小仅为0.1μV。

2）输出阻抗都比较高，这样会使信号送入到测量电路时产生较大的衰减。

3）输出信号范围很宽，例如电压的量级可以从 $10^{-7}\sim10^{1}$V。

4）输出信号随着输入量的变化而变化，但它们之间的关系往往是非线性比例关系。

5）输出信号一般会受到环境温度的影响。

任务二　了解输出信号的处理方法

根据任务一所归纳的传感器输出信号特点，采取不同的信号处理方法来提高测量系统精度和线性度，就是传感器信号处理的主要目的。传感器在测量过程中常掺杂有许多噪声信号，这会直接影响测量系统的精度。因此抑制噪声也是传感器信号处理的重要内容。

传感器输出信号的处理主要由传感器接口电路完成。传感器接口电路应具有一定的信号预处理功能。经过预处理后的信号，成为可供测控使用及便于输入计算机的信号形式。接口电路对不同的传感器是完全不同的，表8-2列出了一些典型的应用接口电路。

[思考与训练]

1. 各举一例详细说明传感器输出信号的三大类型。

2. 传感器接口电路的主要作用是什么？

表8-2　典型的传感器接口电路

接口电路	信号预处理功能
阻抗变换电路	将传感器输出的高阻抗变换为低阻抗，便于检测电路准确拾取传感器信号
放大电路	将微弱的传感器信号放大
电流－电压转换电路	将传感器的电流转换为电压信号

（续）

接口电路	信号预处理功能
电桥电路	将传感器的电阻、电容或电感转换为电流或电压信号
频率－电压转换电路	将传感器输出的频率信号转换为电流或电压
电荷放大器	将传感器输出的电荷信号转换为电压信号
有效值转换电路	在传感器为交流输出时，转换为有效值，变为直流输出
滤波电路	通过低通及带通滤波器消除传感器的噪声（干扰信号）
线性化电路	使传感器输出信号与被测量符合线性关系（线性校正）
对数压缩电路	当传感器输出信号动态范围较宽时，用对数电路进行压缩

单元二　传感器信号处理电路

单元目标　通过本单元的学习和训练，了解传感器的常用信号处理电路，能描述典型信号处理电路的转换原理；针对传感器输出特征，选择合适的信号处理电路并会调整电路的主要参数。

任务一　熟悉和使用电桥电路

电桥电路是传感器检测电路中经常使用的电路，主要用来把传感器输出的电阻或电容电感量转换为电压或电流，根据电桥供电电源不同，电桥可分为直流电桥和交流电桥。直流电桥主要用于电阻式传感器，例如电位器、热敏电阻等。交流电桥主要用于电容式和电感式传感器。电阻应变式传感器大都采用交流电桥，因为应变传感器输出信号微弱，需经放大器进行放大，若使用直流放大器容易产生零点漂移。此外，采用交流电桥，还可以消除应变元件与桥路之间的连接引线分布电容的影响。直流电桥的工作过程详见项目三的讨论。以下介绍交流电桥原理。

图 8-1 所示为交流桥式电路，其中 Z_1、Z_2 为阻抗元件，它们可以同时是电感或电容，电桥两臂为差动方式，又称为差动交流电桥。初始状态时，$Z_1=Z_2=Z_0$，电桥平衡，输出电压 $U_o=0$。测量时一个元件阻抗增加，另一个元件阻抗减小，设 $Z_1=Z_0+\Delta Z$，$Z_2=Z_0-\Delta Z$，则电桥的输出电压为

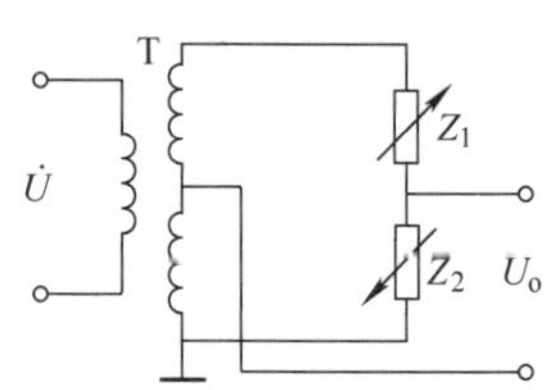

图 8-1　电感式传感器配接的交流电桥

$$U_o=\left(\frac{Z_0+\Delta Z}{2Z_0}-\frac{1}{2}\right)U=\frac{\Delta ZU}{2Z_0} \tag{8-1}$$

如果设 $Z_1=Z_0-\Delta Z$，$Z_2=Z_0+\Delta Z$，则电桥的输出电压

$$U_o=-\frac{\Delta ZU}{2Z_0} \tag{8-2}$$

任务二　分析传感器放大电路

传感器的输出信号一般比较微弱，大多数情况下都需要放大电路。放大电路主要是将传感器输出的直流信号或交流信号进行放大处理，为后续电路或系统提供高精度的模拟输入信

号，放大器的性能对检测系统的精度起着关键作用。

除特殊情况外，目前检测系统都使用运算放大器构成放大电路。运算放大器可以有不同的放大组态。

1. 反相放大器

图 8-2a 所示为反相放大器的基本电路。输入电压 U_i 通过电阻 R_1 加到反相输入端，同相输入端接地，输出电压 U_o 通过电阻 R_F 接至反相输入端（反馈）。反相放大器的输出电压可由式（8-3）确定：

$$U_o = -\frac{R_F U_i}{R_1} \tag{8-3}$$

式（8-3）中负号表示输出电压与输入电压反相，反相放大器的增益取决于 R_F 与 R_1 的比值，反相放大器广泛用于各种比例运算中。

2. 同相放大器

图 8-2b 所示为特性放大器的基本电路。输入电压 U_i 直接从特性输入端接入，输出电压 U_o 通过 R_F 反馈到反相输入端。同相放大器的输出电压为

$$U_o = \left(1 + \frac{R_F}{R_1}\right)U_i \tag{8-4}$$

从式（8-4）看出，同相放大器的增益只取决于 R_F 与 R_1 的比值，这个数值为正，表明输出电压与输入电压同相。

3. 差动放大器

图 8-2c 所示为差动放大器的基本电路。两个输入信号 U_1 和 U_2 分别经 R_1 和 R_2 输入到运算放大器的反相输入端和同相输入端，输出电压则经 R_F 反馈到反相输入端。电路中 $R_1 = R_2$、$R_F = R_3$，则输出电压为

$$U_o = \frac{(U_2 - U_1)R_F}{R_1} \tag{8-5}$$

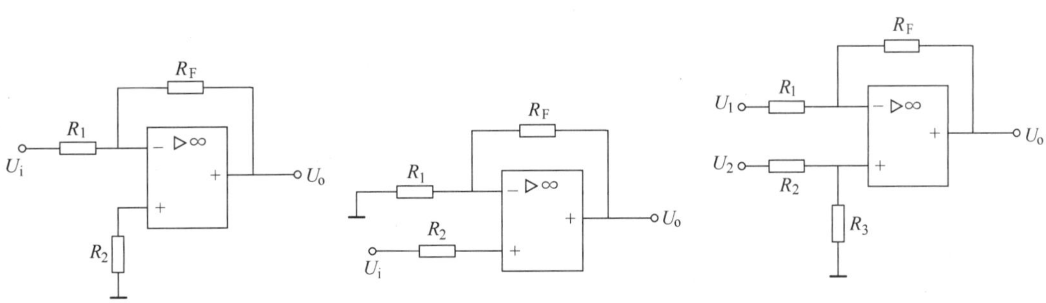

a) 反相放大器　　b) 同相放大器　　c) 差动放大器

图 8-2　运算放大器构成的放大电路

差动放大器的突出优点是能够抑制共模信号。理想的差动放大器对共模输入信号的增益为零，零点漂移最小。来自传感器外部的干扰信号属于共模信号，所以说差动放大器的抗干扰能力很强。

[实践操作] 传感器与放大器配接示例

图 8-3 所示为应变传感器与测量电桥配接的放大电路。一个应变片作为电桥的一个桥臂

（单臂工作状态），电桥输出端连接一个高输入阻抗、共模抑制作用好的放大器。当应变片电阻变化时，电桥的输出电压随之变化，实现电阻值转换成电压值，其输出电压值一般为毫伏级，所以必须加接放大器。

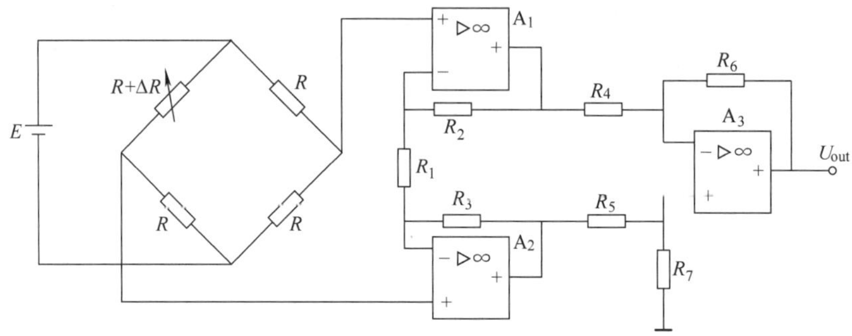

图 8-3　应变电桥配接的放大电路

A_1 和 A_2 是两个同相放大器，A_3 为差动放大器。当电桥产生的检测信号经 A_1 和 A_2 放大后，它们的输出电压作为差动输入信号送给 A_3 进行放大。整个放大电路的输出为

$$U_{out} = \left[-\frac{R_6}{R_4}\left(1+\frac{2R_2}{R_1}\right)\right]U_{in} \tag{8-6}$$

应该注意，为零满足测量精度、减小误差，差动放大器 A_3 中的4 个电阻精度要求很高。实际应用电路中，常在 R_7 支路串联一个电位器，通过调节电位器，使在 A_1 和 A_2 输出相等时输出电压 U_{out} 为零。此外，电桥电路与放大电路之间往往以电缆连接，应采取一定的抗干扰措施来抑制干扰信号。

任务三　了解调制与解调电路

［观察现象］

我们已经知道，收音机、手机信号都属于无线电波，那么信号是怎样传输的？信号又是如何被收音机或手机收到的？我们常听到的如调频 103.9 兆赫（MHz）广播电台，含义是什么？家用电脑连接网络所用的调制解调器（俗称“猫”），它的作用是什么？请查阅相关书籍找到答案。

［学习知识］

1. 调制与解调的作用

以广播电台为例，电台要将节目信号发送到空中成为无线电波，方法是把节目信号（调制信号）“叠加”在一个较高频率的交变信号（载波）上，使载波的参数随节目信号的变化而变化，此过程称为调制。然后将这个叠加后的信号（已调制波）发送到空中。从已调制波中恢复出节目信号的过程，称为解调。

根据载波被调制的参数不同，调制可分为调幅（AM）、调频（FM）和调相（PM），分别是使载波的幅值、频率和相位随调制信号的变化而变化。它们的已调制波分别称为调幅波、调频波和调相波。

下面通过学习电容式和电感式传感器常见的测量电路，来了解传感器信号的调制与解调。

2. 调幅电路

调幅是将一个高频简谐信号（载波）与测试信号（调制信号）相乘，使高频信号的幅值随测试信号的变化而变化。

调制过程如图 8-4 所示，以高频余弦信号作载波，把信号 $x(t)$ 与载波相乘，其结果相当于把原信号的频谱图形由原点平移到载波频率 f_0 处，其幅值减半。

根据信号理论，载波频率 f_0 必须高于原信号中的最高频率 f_m，才能使已调制波仍保持原信号的频谱图形不重叠。为减小放大电路可能引起的失真，信号的频带宽度（$2f_m$）相对载波频率 f_0 越小越好。实际的载波频率常至少数倍于调制信号频率。

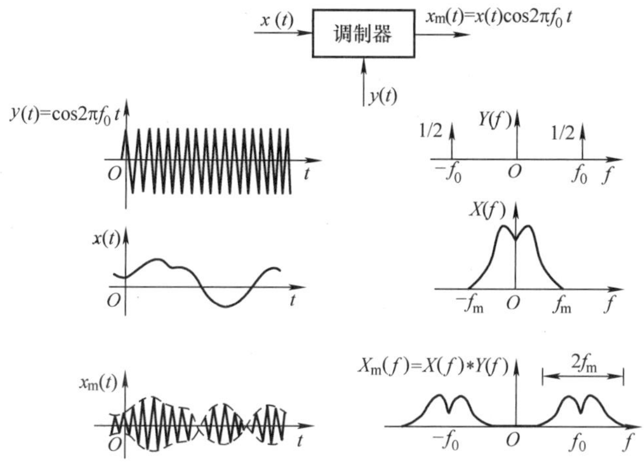

图 8-4　调幅过程

幅值调制器实质上是一个乘法器。霍尔元件就是一种乘法器，差动变压器和交流电桥在本质上也是乘法器，若以高频振荡电源供给电桥，则输出为调幅波。

3. 解调电路

解调是为了恢复原信号。可以用调幅波与载波相乘，然后通过低通滤波即可恢复原信号。常用的相敏检波电路可以对调幅波进行解调，电路如图 8-5 所示，利用二极管的作用将电路的输出极性换向。

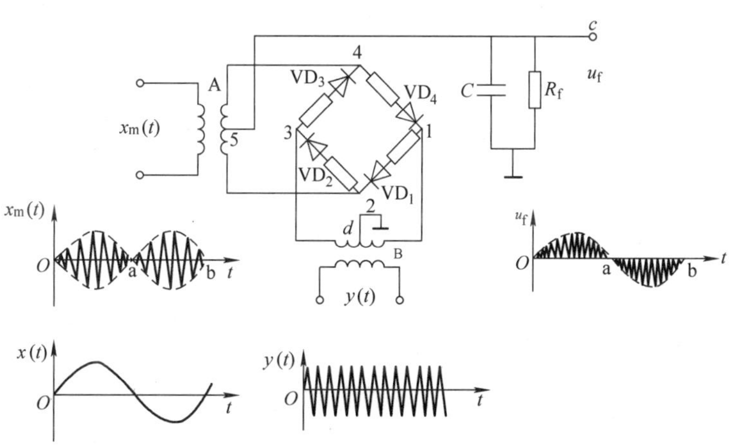

图 8-5　相敏检波

图中 $x(t)$ 为原信号，$y(t)$ 为载波，$x_m(t)$ 为调幅波。电路设计使变压器 B 二次侧电压大于 A 的二次侧电压。

若原信号 $x(t)$ 为正，调幅波 $x_m(t)$ 与载波 $y(t)$ 同相，如图 8-5 中 o－a 段所示。当载波电压为正时，VD_1 导通，电流流向是 $d-1-VD_1-2-5-c-$负载 R_f-地$-d$；当载波电压为负时，变压器 A 和 B 极性同时改变，VD_3 导通，电流流向是 $d-3-VD_3-4-5-c-$负载－地$-d$。无论载波极性如何变化，流过负载电流方向总是从 $c-$地，为正。

若原信号 $x(t)$ 为负，调幅波 $x_m(t)$ 与载波 $y(t)$ 反相，如图 8-5 中 a－b 段所示。当载波电压为正时，VD_2 导通，电流流向是 $5-2-VD_2-3-d-$地－负载 R_f-c-5；当载波电压为负时，VD_4 导通，电流流向是 $5-4-VD_4-d-$地－负载 R_f-c-5。无论载波极性如何变化，流过负载电流方向总是从 $c-$地，无论载波极性如何变化，流过负载电流方向总是从地$-c$，为负。

注意到交变信号在过零时符号（+、－）发生突变，调幅波的相位（与载波比较）也相应发生 180°的相位跳变。利用载波信号与之比较相位，既能反映出原信号的幅值又能反映其极性。

电阻应变仪就是采用电桥调幅与相敏检波解调的，其原理框图如图 8-6 所示。电桥由振荡器供给等幅高频振荡电压（一般为 10～15kHz）。被测（应变）量通过电阻应变片调制电桥输出调幅波，经放大、检波与低通滤波取出所测信号。

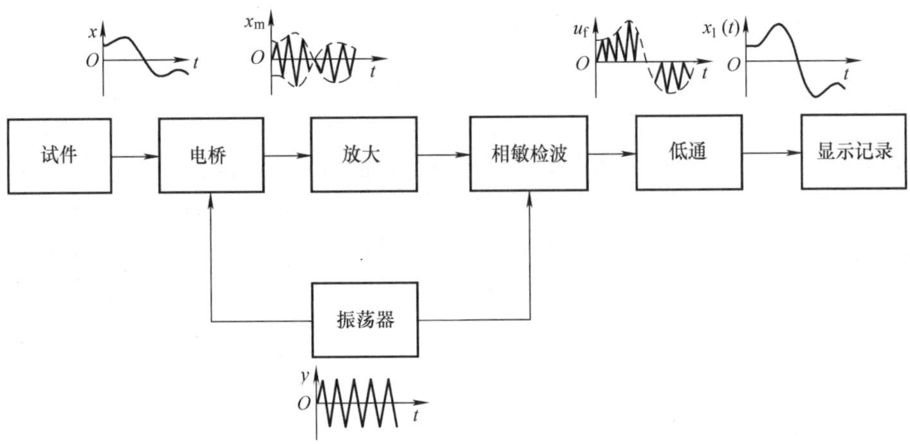

图 8-6 电阻应变仪原理框图

［**实践操作**］交流全桥的应用——振动测量实验

1. 实验原理及电路

通过实验，了解应变交流电桥的调整方法。实验在 CSY2000 型传感器与检测技术实验台上完成。振动源加载到实验装置的梁上，由梁上面的应变片检测到振动，转换为应变片输出的电阻变化信号，再由交流电桥电路对该信号进行处理，交流电桥为调制电路，其输出的波形为一个调制波，通过相敏检波和滤波电路后得到变化的应变信号，此信号可以从示波器或用交流电压表读得。实验接线方式如图 8-7 所示。

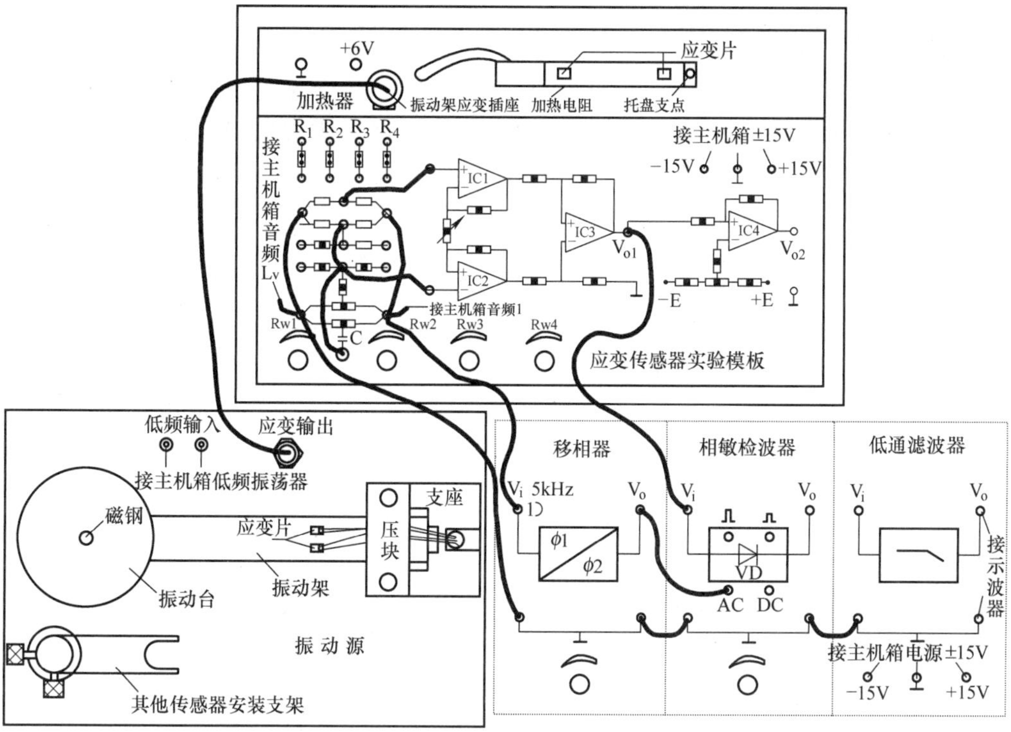

图 8-7　CSY2000 型实验台及实验接线图

2. 实验步骤

1）在应变传感器实验模板上选择振动梁的应变片，即振动源上的应变输出。

2）如图 8-7 所示，将振动源上的应变输出插座用专用连接线与应变传感器实验模板上的应变插座相连（因振动梁上的四片应变片已组成全桥，引出线为四芯线，直接接入实验模板上已与电桥模型相连的应变插座上）。

3）根据图 8-7 接好交流电桥。

4）调平衡电路及系统，调整交流电桥调平衡网络，即应变传感器实验模板中的 R_8、R_{w1}、C、R_{w2}。检查接线无误后，合上主机箱电源开关，将音频振荡器 Lv（桥路激励电源）的频率调节到 1kHz 左右，幅度调节到 10Vp－p，再调节低频振荡器输出（振动源的低频输入）幅度和频率使振动台（圆盘）明显看到振动。

5）低频振荡器幅度旋钮位置（幅值）不变，调节低频振荡器频率（3～25Hz），每增加 2Hz 用示波器读出低通滤波器输出 V_o 的电压峰－峰值 V_o(p－p)，填入表 8-3 并画出实验曲线，从实验数据得振动梁的自振频率为________。

6）实验完毕，关闭电源。

3. 实验数据分析

表 8-3　振动测量实验数据

f/Hz										
V_o (p－p)/V										

任务四 掌握滤波器特点

[学习知识]

滤波器是一种选频装置，可以使信号中特定的频率成分通过，同时阻止（衰减）其他频率成分。利用滤波器的选频特性，可以滤除干扰信号及进行频谱分析。

根据滤波器的选频作用，一般将滤波器分为四类：低通、高通、带通和带阻滤波器。图 8-8 所示为四种滤波器的幅频特性曲线。

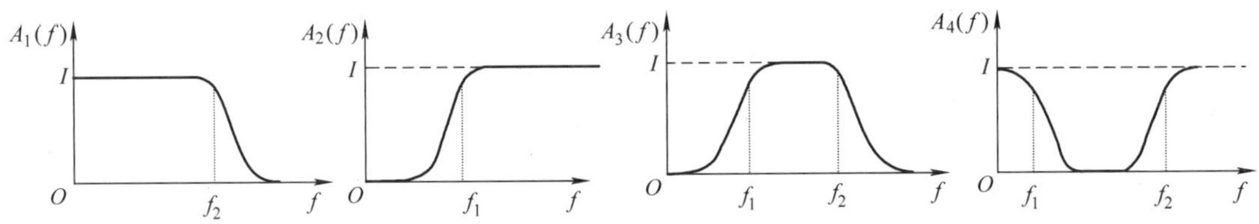

a) 低通　　b) 高通　　c) 带通　　d) 带阻

图 8-8　四种滤波器的幅频特性曲线

1. 四种滤波器的基本特征

（1）低通滤波器　频率 $0 \sim f_2$ 之间为其通频带，在通频带内幅频特性平直。它可以使信号中低于的频率成分几乎不受衰减地通过，而高于 f_2 的频率成分受到很大衰减。

（2）高通滤波器　与低通滤波器相反，频率 $f_1 \sim \infty$ 之间为其通频带，其幅频特性平直。它使信号中高于 f_1 的频率成分几乎不受衰减地通过，而低于 f_1 的频率成分受到极大的衰减。

（3）带通滤波器　频率 $f_1 \sim f_2$ 之间为其通频带。它使信号中介于 f_1 和 f_2 之间的频率成分不受衰减通过，而其他成分受到很大衰减。

（4）带阻滤波器　与带通滤波器相反，其阻带在频率 $f_1 \sim f_2$ 之间。它使信号中介于 f_1 和 f_2 之间的频率成分受到极大衰减，其余频率成分几乎不受衰减的通过。

2. RC 调谐式滤波器

实际处理电路中常使用 RC 调谐式滤波器，因为在测试领域里信号频率相对较低，而 RC 调谐式滤波器电路简单，抗干扰性强，有较好的低频性能，且电路容易实现。图 8-9 和图 8-10 所示分别为 RC 低通滤波器和 RC 高通滤波器的电路。

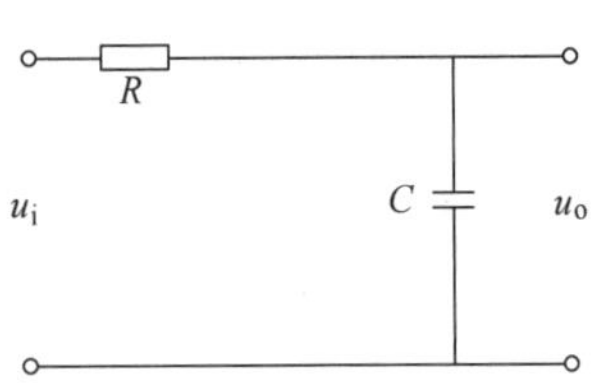

图 8-9　RC 低通滤波器

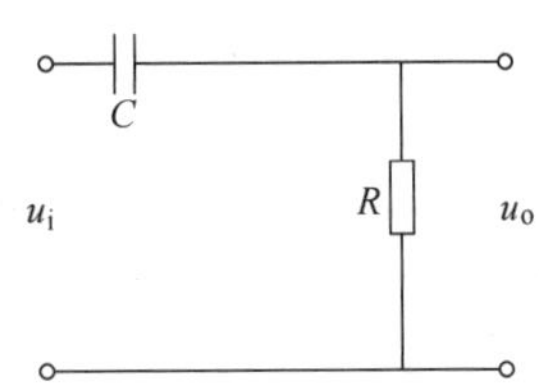

图 8-10　RC 高通滤波器

RC 低通滤波器中，当 $f \leqslant \frac{1}{2\pi RC}$ 时，信号几乎不受衰减地通过，此时的电路是一个不失真传输系统。当 $f \geqslant \frac{1}{2\pi RC}$ 时，电路起积分器的作用，信号受到极大衰减，输出电压与输入电压的积分成正比。

RC 高通滤波器中，当$f \geqslant \frac{1}{2\pi RC}$时，信号几乎不受衰减地通过，此时的电路是一个不失真传输系统。当$f \leqslant \frac{1}{2\pi RC}$时，电路起微分器的作用，信号受到极大衰减，输出电压与输入电压的微分成正比。

将图 8-9 和图 8-10 所示的低通和高通滤波器串联起来，即可构成 RC 带通滤波器。

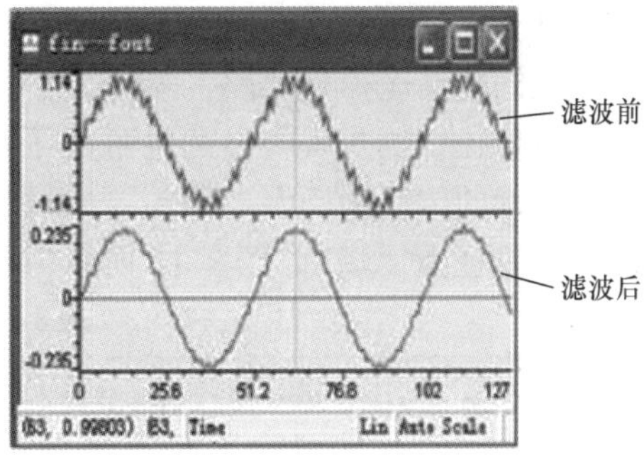

图 8-11　低通滤波器滤波前后的波形

传感器系统中使用最多的是 RC 低通滤波器，图8-11所示为压电式传感器振动测量中低通滤波器滤波前后的波形对比。

任务五　了解检测系统的抗干扰问题

“干扰”在检测系统中是一种无用信号，也称为噪声。工业生产中检测的环境往往是非常恶劣的，声光、电、磁、振动以及化学腐蚀、高温高压等的干扰都可能存在。这些干扰，轻则影响测量精度，重则使检测系统无法正常工作。

抗干扰也称为噪声抑制，是传感器信号处理中，尤为重要的内容之一。

[学习知识]

1. 干扰的种类

干扰的来源和形式分为外部干扰和内部干扰两大类。

(1) 外部干扰　外部干扰由传感器检测系统外部人为或自然原因引起。主要为电磁辐射，当电机、开关及其他用电设备工作时会产生电磁辐射，雷电、大气电离等自然现象也会产生电磁辐射。在检测系统中，由于元器件之间或电路之间存在分布电容或电磁场，容易产生寄生耦合。它们产生噪声进入检测系统会干扰电路的正常工作。

(2) 内部干扰　内部干扰是由传感器或检测电路元器件内部带电粒子的无规则运动产生的，例如热噪声、散粒噪声及接触不良引起的噪声等。

表 8-4 列出了常见干扰的种类。

表 8-4　常见干扰的种类

干扰来源	干扰形式	实例
外部干扰	放电噪声干扰	电晕放电噪声
		火花放电噪声
		放电管噪声
	电气设备干扰	工频干扰
		射频干扰
		电子开关干扰
内部干扰	固有噪声干扰	热噪声
		散粒噪声
		低频噪声
		接触噪声

2. 干扰的传输途径

干扰的传输途径有“路”和“场”两种形式，见表 8-5。下面以电吹风为例来说明这两种传输途径。电吹风产生的电磁波干扰以两种途径到达电视机：一是通过共用的电源插座，即干扰的传输途径为“路”；二是以空间电磁场传输的方式由电视机的天线接收，即干扰的传输途径为“场”。图 8-12 所示为电吹风干扰电视机的示意图。

表 8-5 干扰的传输途径

干扰传输途径	实 例
通过“路”的干扰	泄漏电阻
	共阻抗耦合干扰
	电源线引入干扰
通过“场”的干扰	电场干扰
	磁场干扰
	辐射电磁场干扰

图 8-12 电吹风干扰电视机的示意图

3. 干扰的作用方式

外部噪声源对测量装置的干扰一般都作用在输入端，根据其作用方式及与有用信号的关系，可分为串模干扰和共模干扰两种形态。

干扰信号和有用信号以串联的形式作用在输入端，这种干扰称为串模干扰。串模干扰也称差模干扰，它使测量装置的两个输入端电压发生变化，所以影响很大。其等效电路如图 8-13 所示。

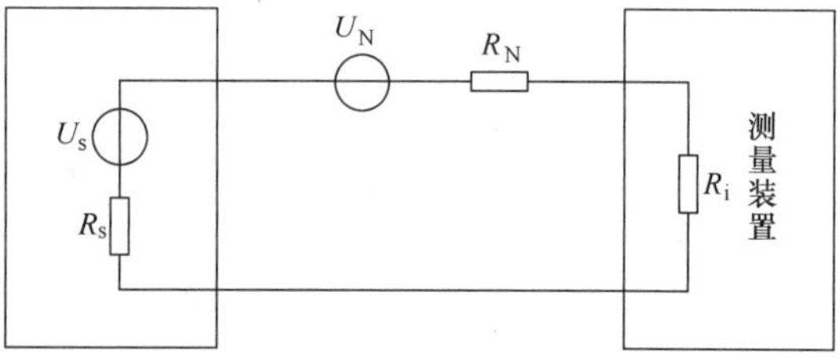

图 8-13 串模干扰等效电路

干扰信号使两个输入端的电位相对于某一公共端一起变化，这种干扰称为共模干扰。共模干扰本身不会使两输入端电压变化，但在一定条件下会转化为串模干扰。共模电压一般都比较大，所以有时对测量的影响更为严重。

共模噪声只有转换成差模噪声才能形成干扰，这种转换是由测量装置的特性决定的。常用共模抑制比（CMRR）衡量测量装置抑制共模干扰的能力。

4. 常用抗干扰技术

干扰的环节包括干扰源、干扰途径和干扰接收器（测量装置），相应的抗干扰措施包括抑制干扰源、阻断干扰途径、降低设备接收干扰的灵敏度等几个方面。具体的抗干扰措施有以下几种。

（1）屏蔽　就是利用低电阻材料或磁性材料把元器件、输出导线、电路及单元包围起来，隔离内外电磁场的相互干扰。屏蔽分为三种，即电场屏蔽、磁场屏蔽及电磁屏蔽。电场屏蔽主要用于防止元器件或电路间因分布电容耦合形成的干扰；磁场屏蔽主要用于消除元器件或电路间因磁场寄生耦合产生的干扰，磁场屏蔽的材料一般是高磁导率的磁性材料；电磁屏蔽主要用于防止高频电磁场的干扰。电磁屏蔽的材料应选用低电阻率的材料，如铜、银等，利用电磁场在屏蔽金属内部产生涡流而起到屏蔽作用。电磁屏蔽的屏蔽体可以不接地，但一般为防止分布电容的影响，可以使屏蔽体接地，从而兼有电场屏蔽的作用。电场屏蔽体必须可靠接地。

（2）接地　电路或传感器系统中的“地”是指一个等电位点，即与电路或传感器系统的基准电位点，相连接，就是接地。传感器系统或电路接地，是为了清除电流流经公共地线阻抗时产生的噪声电压，也可以避免系统受磁场或地电位差的影响。把接地和屏蔽结合起来，可以抑制大部分的噪声干扰。

（3）隔离　前后两个电路信号端直接连接，容易形成环路电流，引起噪声干扰。这时常采用隔离方法，把两个电路的信号端从电路上隔开。隔离的方法是采用变压器或光耦合器。隔离变压器可以切断两个电路之间的地环路，实现前后电路的隔离，变压器隔离仅适用于交流电路。在直流或超低频检测系统中，常采用光耦合的方法实现电路的隔离。

（4）滤波　滤波器是一种能使某一频率信号顺利通过而滤除其他频率信号的装置。传感器输出信号大多是缓慢变化的，因而对传感器输出信号的滤波常采用有源低通滤波器。典型的方法是在运算放大器的同相输入端接入 RC 有源低通滤波器，使高频的干扰信号被滤除，而有用的低频信号顺利通过。

[思考与训练]

1. 常见的传感器信号处理电路有哪几种？
2. 解释调制解调器在个人电脑上网中所起的作用。
3. 举例说明，常用抗干扰措施中的接地方式的作用。

单元三　传感器与计算机的连接

单元目标　通过本单元的学习，理解传感器与计算机接口的含义，能描述典型接口电路包含哪些部分，并说明每一部分电路的作用；针对传感器输出特征，选择接口电路并完成与计算机的连接。

工业检测和自动控制系统的传感器与计算机结合，实现了自动化和智能化。图 8-14 所示为传感器与计算机的接口框图。图中介于传感器和计算机之间的部分，统称为输入接口，它的作用是将传感器输出的模拟量转换成计算机所能接受的数字量，并按一定程序输入计算机。可见，传感器与计算机的接口电路主要由信号预处理电路、数据采集系统和计算机接口电路组成。传感器与计算机的接口是微机化检测与控制系统的关键环节。下面简单介绍输入接口的各个部分。

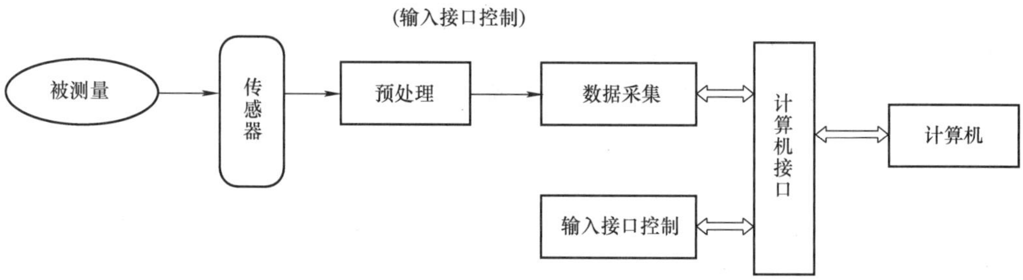

图 8-14　传感器与计算机接口示意图

任务一　了解信号的预处理

传感器输出的信号多种多样，但绝大多数不能直接进行 A－D 转换，必须先通过各种预处理电路将传感器得到的信号转换成统一的电压信号，此过程称为预处理。根据传感器类别的不同，预处理分为开关量信号预处理、模拟脉冲信号预处理、模拟连续信号预处理、频率式信号预处理、数字信号预处理等。

[学习知识]

检测信号在输入计算机前，需根据传感器信号的不同进行预处理（除了数字信号输出的传感器）。

1. 有触点开关型传感器

这类传感器的输出信号是由开关接点的通断形成的，信号送入计算机时会有接点的抖动现象（即一个开关动作实际会出现多次通、断的过程），这是机械开关最普遍的问题。消除抖动的方法可以采用硬件处理或软件处理。硬件方法最常见的是使用一个 RS 触发器，如图 8-15 所示，根据触发器的特性，可以在输出端得到不抖动的开关信号。软件处理通常是设定一个延迟时间，一般为几十毫秒。

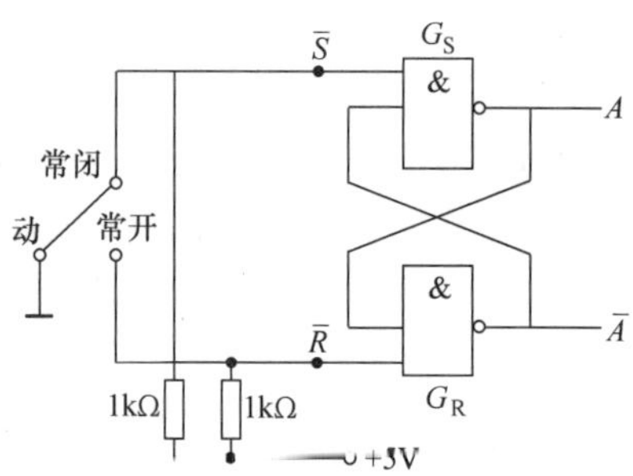

图 8-15　开关信号硬件去抖动电路

2. 无触点开关型传感器

这类传感器输出的开关信号不存在抖动问题，但信号仍属于模拟信号类型而非数字信号，所以也需要预处理后才能输入计算机。一般是在计算机输入电路中设置比较器，根据传感器信号与基准信号比较的结果，来判断开关的状态，然后将比较结果输入给计算机。

3. 模拟输出型传感器

模拟输出型传感器输出的是计算机不能接收的模拟信号，必须先把模拟量转换为数字量，才能输入计算机。最常见的模拟量传感器，其输出有电压输出型、电流输出型和阻抗输出型等几种，详见表 8-1 所列。

对于电压输出型和电流输出型传感器，首先应将信号统一转换为模拟电压，再经模—数转换器（即 A－D 转换器）转换成数字信号，通过输入口输入给计算机。

对于阻抗输出型传感器，一般使用 LC 振荡器或 RC 振荡器，将传感器输出的阻抗变化转换为频率变化的信号，再经输入口送入计算机。

任务二　解释模－数转换电路的作用

模－数转换电路的作用是将预处理后的模拟信号转换成适合计算机处理的数字信号，然后再输入给计算机。

A－D 转换器是集成在一块芯片上、能完成模拟信号向数字信号转换的单元电路。A－D 转换的方法有多种，最常见的是比较型和积分型两种。此外还有并行比较型、逐次逼近型、计数器型等。比较型是将模拟输入电压与基准电压比较后，直接得到数字信号输出。积分型是先将模拟信号电压转换成时间间隔或频率信号，再把时间间隔或频率信号转换成数字信号输出。

任务三　了解 V/F 转换器

在传感器与计算机距离较远时，为了提高输出信号的抗干扰能力和减少信号线数目，预处理后的传感器信号还要经过 V/F 转换器，将模拟电压转换为频率变化的信号。频率变化的信号属于数字信号，所以可以不经过 A－D 转换器，直接经输入口输入给计算机。

电压－频率转换电路也称 V/F 转换器，它是模－数转换接口电路的一种，它将电压或电流转换成脉冲序列，该脉冲序列的瞬时周期精确地与模拟量成正比关系。虽然 V/F 转换器是一种模—模转换电路，但由于频率可用数字方法进行测量，因而也可以实现模—数的转换，所以它是一种准数字式电路。

V/F 转换器的主要特点是：对共模干扰抑制能力强，分辨力高，输出信号适用于远距离串行输出。其主要缺点是转换速率低，必须由外加计数器将串行的脉冲输出转换为并行形式，因此它适用于低速率信号的转换。

V/F 转换器的输出跟踪输入信号，直接响应输入信号的变化，不需要外部时钟信号同步。另外，在用 V/F 转换器实现 A－D 转换时，也不必加采样保持电路，因为它的输出总是对应于输入信号的平均值。

任务四　讨论传感器接口电路实例

[学习知识]　数据采集的知识要点

传感器输出的信号经预处理变为模拟电压信号后，还需转换成数字量才能进行数字显示或送入计算机，这种将模拟信号数字化的过程称为数据采集。

典型的数据采集系统由传感器、放大器、模拟多路开关、采样/保持器、A－D 转换器、微计算机或数字逻辑电路组成。典型的传感器数据采集系统配置如图 8-16 所示。

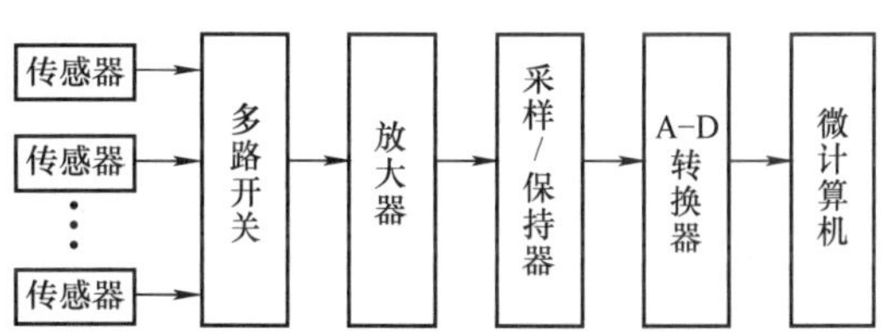

图 8-16　传感器数据采集系统

由于检测系统中不可避免地存在非线性环节，数字显示方式不能进行非线性记数，因此在数字显示之前要对非线性特性进行线性校正。在多路数据采集系统中，各参数都有不同的量纲和数值，经变换和转换成数字量后，还必须把这些数字量转换成与被测量相应的量纲，称为标度变换。

[**实践操作**] 讨论一个传感器接口电路应用实例

图 8-17 所示为一个自动温度控制仪表电路框图。该系统主要由以下几部分组成：传感器、差分放大器、V/F 转换器、CPU、存储器、监视器与复位电路、显示电路及键盘、控制输出电路与系统支持电源。

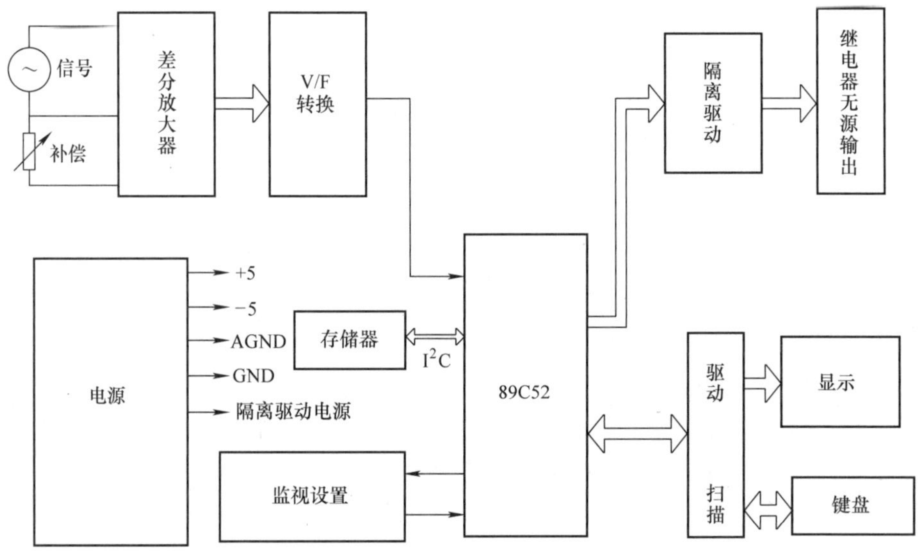

图 8-17 自动温度控制仪表电路框图

这是一个典型的单片机测控电路。有实时信号的采集、信号调节、模—数转换、数据显示、键盘控制数据的输入、控制信号输出等。

温度信号的采集可以用热电偶、铜热电阻、铂热电阻、集成温度传感器等，视具体应用时对温度范围、精度、测量对象等的要求而选定。不同传感器需要不同的电路连接，可根据传感器的类型、技术参数来设计。

测控电路中信号的采集是关键，它直接影响到系统的精度。一般现场情况都是比较恶劣的，信号易受干扰，所以在信号采集时必须采用有效的抗干扰措施，例如电源隔离、A-D 转换隔离、V/F 转换隔离、低通滤波器、差分放大器等。本例采用的差分放大、V/F 转换是一种性价比较高的方案。差分放大器能有效抑制共模干扰，采用 V/F 转换能有效抑制噪声和对信号变化进行平滑，同时频率信号与单片机接口也必将方便。本电路具有良好的精度和线性度。

显示功能设计可根据应用环境和产品定位，选用不同的显示方法和器件，如 LED、LCD、CRT 等。如采用 LED，配以动态扫描电路，则价格低廉，可以实时显示采集到的数据、键盘输入的控制参数等。在测控系统中控制参数的设置是必不可少的，使用中要根据输入信息量来选用合适的键盘。

现场数据要按一定的算法进行运算，要进行非线性校正，要根据键盘输入设定的参数进行控制，控制必须按一定的方式进行。一般现场闭环控制中最常用的是 PID（比例－积分－微分校正）算法。这些均由单片机完成，本例采用了 89C52 型单片机，它带 8KB 的 E^2PROM。该单片机性价比很高。

工业控制中信号输出多采用继电器、晶闸管、固态继电器等方式，其可靠性很重要，将影响到系统的安全。一般被控对象的功率都很大，产生的干扰也大，所以在输出通道中要采用电源隔离、干扰吸收等措施。

测控系统中的电源也很重要，它直接影响系统的可靠性、稳定性、精度。应根据应用环境、电路形式来选用，关键参数是电源容量、纹波系数、输出组数等。

[思考与训练]

1. 传感器与计算机的输入接口主要包括哪些功能？
2. 简单解释数据采集系统的工作流程。

[项目八小结]

传感器接口电路对于传感器和检测系统是一个非常重要的连接环节，其性能直接影响检测系统的精度和灵敏度。实际应用中，接口电路作为传感器信号检测和信号预处理，并起到连接传感器与计算机的作用。接口电路的选择要根据传感器输出信号特征选取。传感器输出信号分为开关型、模拟型和数字型等几种。常用的信号处理电路有电桥、放大器、滤波电路等。为了解决传感系统的信号干扰问题，经常采用屏蔽、接地、滤波等技术。

传感器与计算机的输入接口，作用是将传感器的模拟量转换成计算机所能接受的数字量，并按一定程序输入计算机。接口电路主要由信号预处理电路、数据采集系统和计算机接口电路组成。传感器与计算机的接口是微机化检测与控制系统的关键环节。

[课后作业八]

8-1　按传感器输出信号的变化形式，可将传感器分为哪些类型？

8-2　传感器信号的处理电路主要有哪些？举出一种电路说明其具体应用。

8-3　简述开关型传感器信号的预处理方法。

8-4　传感器信号在输入计算机前要做哪些处理？举例说明。

8-5　抑制噪声的方法有哪些？屏蔽分为哪几种？

8-6　根据接口电路实例的讨论，简单解释采样保持器的作用。

8-7　用电位器式传感器和单片机组成一个自动测量系统，试设计并画出电路组成框图。

项目九 常用显示与调节仪表的应用

项目描述

传感器将被测量转换成电量，往往还要由仪表显示或记录，在生产现场还可能要用调节仪表对工艺参数进行控制。检测仪器仪表包括传感器、显示与调节仪表和执行器。科学、准确地选择仪表，直接关系到检测和控制能否达到预期的目的。本项目描述工业现场常用的模拟式仪表，包括指示调节仪表、记录仪表和电动单元组合仪表，简单介绍数字式仪表的组成原理和基本使用方法。

表 9-1 是检测仪器仪表的分类。一般将检测仪表称为一次仪表，显示和调节仪表称为二次仪表。

表 9-1 检测仪器仪表的分类

按功能	按被测变量	按输出方式	按工作原理
检测仪表	温度	本地式：温度仪表	膨胀式、热电阻、热电偶、光学、辐射
		远传式：温度开关、温度变送器	
	压力	本地式：压力仪表	液柱式、弹性式、活塞式、电气式
		远传式：压力开关、压力变送器	
	物位	本地式：直读仪表（玻璃板、磁翻板等）	直读、浮力、静压、电学、声波、辐射、光学
		远传式：物位开关、物位变送器	
	流量	本地式：流量显示仪表	节流式、转子式、速度式、容积式、电磁式、靶式
		远传式：流量开关、流量计	
	成分	在线式	pH 值、氧含量、色谱、红外、紫外
		实验室	
显示仪表			模拟和数字、指示和记录、动圈、自动平衡电桥、电位差计
调节（控制）仪表			自力式、组装式、可编程式
执行器		执行机构	薄膜、活塞、长行程
		阀	直通单（双）座、套筒、球阀、蝶阀、隔膜阀等

技能要点

识别和使用常用温度和压力的指示调节仪表；能根据简单的工艺要求，选配和连接指示调节仪表；会选择和使用实验室的智能数字式仪表，完成传感器相关的实验。

知识要点

熟悉动圈式指示与调节仪表的工作原理，了解自动平衡仪表的基本原理和记录仪的特点。能描述电动单元组合仪表的信号制、数字式调节仪表的组成、数字面板表的基本原理及位数的含义。

单元一　模拟式仪表

单元目标　通过本单元的学习与实践，了解模拟式仪表的基本特征和使用方法，理解动圈式仪表的指示原理和调节原理；根据简单测量任务和仪表说明书，安装和使用模拟指示调节仪。

模拟式仪表有动圈指示与调节仪表、自动平衡显示仪表和电动单元组合仪表等。

任务一　学习动圈指示与调节仪的原理和使用

［学习知识］

一、动圈式仪表的测量机构

动圈式仪表的核心是一个磁电系测量机构，如图9-1所示。测量机构由一个永久磁铁和一个被两根游丝架起来的线圈组成。

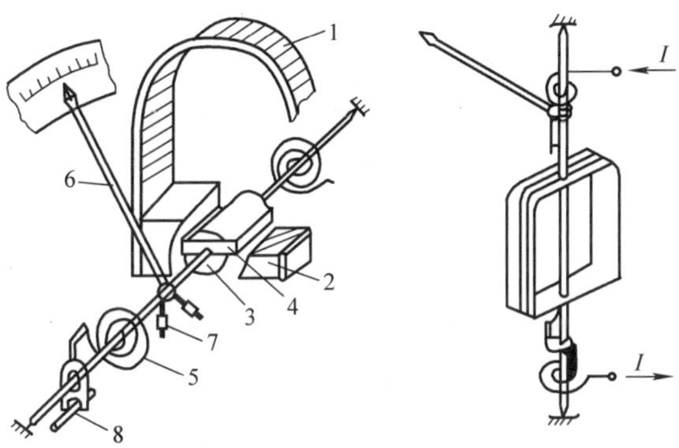

a) 机构图　　b) 电流途径

图9-1　磁电系测量机构

1—永久磁铁　2—极掌　3—铁心　4—动圈　5—游丝　6—指针　7—平衡锤　8—调零器

可动部分由绕在铝框架上的可动线圈（动圈）4、线圈两端的两个半轴、与转轴相连的指针6、平衡锤7以及游丝5所组成。整个可动部分支承在轴承上，线圈位于环形气隙之中。在矩形框架的两个短边上固定有转轴，转轴分前后两个半轴，每个半轴的一端固定在矩形框架上，另一端则通过轴尖支承于轴承中。在前半轴上装有指针6，可动部分偏转时，带动指针偏转，用来指示被测电流的大小。

当可动线圈通以电流之后，在永久磁铁的磁场作用下，产生转动力矩并使线圈转动。反作用力矩通常由游丝产生。磁电系测量机构的游丝一般有两个，且绕向相反，游丝一端与可动线圈相连，另一端固定在支架上，它的作用是既产生反作用矩，同时又将电流引进可动线圈的引线。可以证明，线圈的转动角度与线圈中的电流成正比。

磁电系测量机构广泛用于测量微弱的直流电流，测量机构可以与测量线路组成动圈式测量仪表。再配合给定机构，还可以组成调节仪表。动圈式测量机构可以扩展使用到测量直流电压、加整流装置后测量交流电压等。

动圈式仪表结构简单，价格低廉，易于维护，精度可达1.0级，与相应传感器、变送器配合使用，广泛用于温度、压力、物位等物理量的测量与控制。

二、动圈式指示仪表

我国统一设计生产的动圈式指示仪表型号为 XCZ 系列。图 9-2 所示为动圈式指示仪表的测量电路。

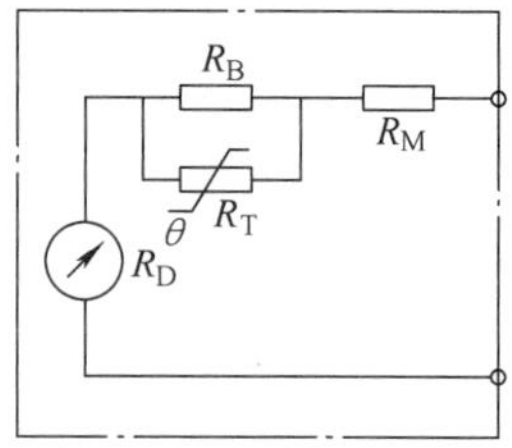

图 9-2 动圈式指示仪表测量电路

1. 动圈式指示仪表的测量电路

（1）内部电路 动圈式指示仪表的测量线路是由串联量程调整电阻 R_M、串联温度补偿电阻 R_T 和与 R_T 并联的线性补偿电阻 R_B 等组成。R_M 用锰铜丝绕制，阻值一般为 200 ~ 1000Ω，调整 R_M 可得到所需要的量程；R_T 用来补偿动圈电阻 R_D 的温度特性，在 20℃时，选 $R_T = 68\Omega$；$R_B = 50\Omega$ 为锰铜丝电阻，用来补偿 R_T 的非线性。

（2）外接电阻 根据磁电系检流计的原理，指针的偏转角与回路电流成正比，当输入电压一定时，它取决于回路的总电阻。仪表内部电阻可确定，而外部电阻是被测电路的等效电阻，不能事先确定。为了给仪表定度，规定外部电阻为 15Ω。仪表出厂时配带一只 15Ω 的锰铜丝线绕电阻，使用时拆去一部分，拆去部分等于被测电路工作状态下的电阻值，将剩余部分串接在回路中。某些压力或差压仪表的传感器是霍尔元件，其内阻为 120Ω，因此外接电阻应配足 135Ω；对于带有前置放大器的动圈式指示仪表，型号为 XFZ，其输入阻抗很高，对外接电阻无严格要求。

2. 动圈式温度指示仪表

（1）配热电偶的动圈温度指示仪表 配热电偶的动圈温度指示仪表型号为 XCZ－101，其测量电路如图 9-3 所示。在使用热电偶测量温度时，一般配接有冷端温度补偿器，在电桥平衡时冷端温度补偿器的等效内阻为 1Ω，并考虑将 R_{Cu} 随温度变化引起的等效电阻变动忽略；同时，热电偶在不同温度下的电阻也不相同，应当事先计算或测量热电偶在使用状态下的电阻值，以此来确定外接电阻 $R_{外}$ 的大小。

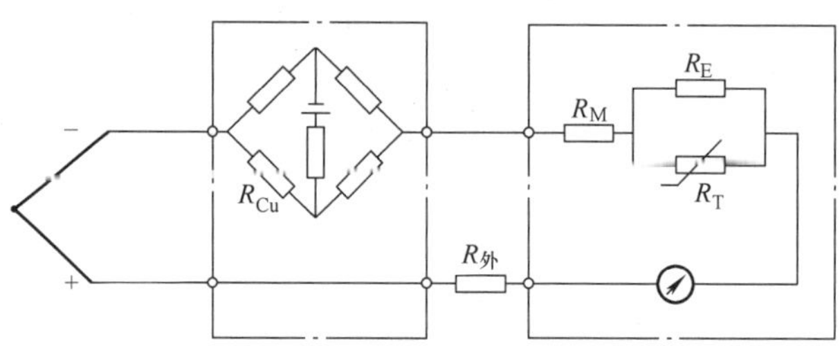

图 9-3 XCZ－101 动圈式温度指示仪表测量电路

（2）配热电阻的动圈测温指示仪表 配热电阻的动圈测温指示仪表型号为 XCZ－102，其测量电路如图 9-4 所示。

热电阻是无源元件，要用电桥转换才能驱动动圈仪表。热电阻测温电桥常采用三线制接法，以消除引线电阻随环境温度变化造成的测量误差。如果使用 5Ω 的定值导线，当环境温

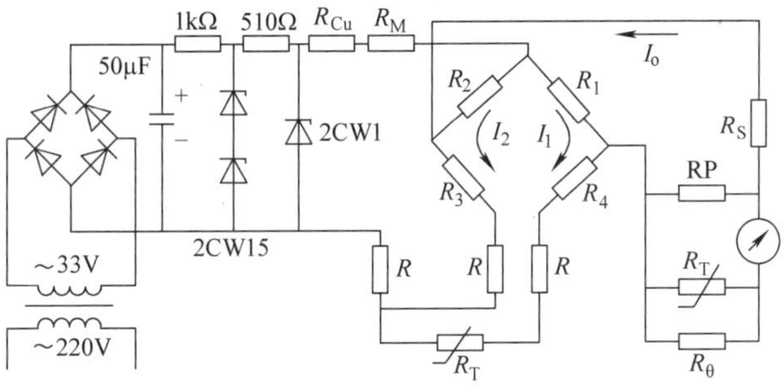

图 9-4　XCZ－102 动圈仪表测量电路

度在 0～50℃范围内时，附加误差不超过±5%。为限制桥臂电阻发热，要求 I_1 在测量下限时（此时电桥平衡，电流较大）的值 I_{10} 不超过 6mA。对国产仪表所言，$R_2+R_3=800\Omega$，I_{10} 实际只有 5mA。

三、动圈式调节仪表

（1）动圈式双位调节仪表　双位调节仪表只有“全开”和“全关”两个状态，可实现“通”和“断”两种状态的控制。利用仪表的通断信号，还可组成顺序控制系统，以提高生产率、保障生产安全。除了双位控制外，这类仪表常用于报警系统，当被监视的参数超出允许范围时，可利用它的开关信号接通声光报警电路。动圈式双位调节仪表如图 9-5 所示。

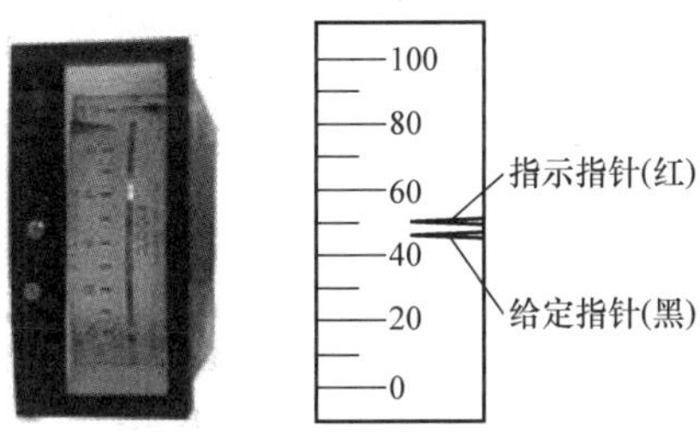

a) 外观和调节面板

b) 仪表内部结构

图 9-5　动圈式双位调节仪表

双位调节仪表有两个指针，即指示指针和给定指针。调节给定指针可以设定被调参数的上限值。在指示指针上装有一个铝旗，在给定指针上装有一个检测线圈，线圈与振荡器相接。当指示指针与给定指针重合时，铝旗进入检测线圈，振荡器停振，说明被调参数已经达到设定值，输出“关”的控制信号。反之，振荡器保持振荡，输出“开”的控制信号。

配热电偶的双位调节仪表型号为 XCT－101 型，配热电阻的双位调节仪表为 XCT－102 型。

（2）动圈式三位调节仪表

1）宽带三位调节仪表。宽带三位调节仪表的中间带较宽，可在标尺全长的 5%～100%

范围内调节。其型号有 XCT－121（配热电偶）和 XCT－122（配热电阻）。仪表内部两组线圈都装有针挡，指针仅能在上、下限之间活动。若中间带调得过窄，指针就失掉自由偏转的可能，仪表也就不能指示了。

2）狭带三位调节仪表。狭带三位调节仪表的中间带为标尺的 2%～10%。其型号有 XCT－111（配热电偶）和 XCT－112（配热电阻）。与宽带相比，它的指示指针上装有两个铝旗，上、下限检测线圈相距很近，去掉下限针挡，依靠仪表内部继电器接点的连线方法保证不发生有害的二次动作。但是这种调节仪表的位式调节连续性不好，被调参数波动大。要提高调节效果，可采用时间比例调节（脉宽调功法）或动圈式连续电流输出 PID 调节仪表。

[实践操作] 动圈式仪表的安装使用

1. 仪表选择

根据系统和环境条件的实际情况选用符合质量要求的仪表。例如从功能考虑，确定选 XCZ 型或 XCT 型；从调节精度考虑，确定调节方式；量程范围不能太大也不能太小，应使被测参数值为量程上限的 2/3 为宜；环境适应条件，应考虑现场环境温度、湿度、振动、腐蚀等，其他还应综合考虑仪表的可靠性、维护性、安全性、经济性以及寿命、能源消耗、服务程度等。

2. 仪表安装

仪表安装人员必须掌握仪表安装手册的有关知识，了解仪表的性能特点。仪表安装地点的环境温度为 0～50℃，不要靠近热源，空气不能太潮湿，不得有腐蚀性气体，不应有大的震动和强电磁场。仪表应安装在控制框上部的表盘开孔内并应保持水平。开孔尺寸为 (152＋1)mm×(76＋1)mm，最小间距大于 120mm，距后墙约 800mm，高度约 1.5m。接线前应先检查仪表分度号与热电偶分度号是否一致，热电偶与所配冷端补偿器是否一致，接线柱极性是否正确等，核实无误后方可接线。

3. 仪表使用

仪表在使用时，应根据不同的冷端补偿方法调整指针机械零位。例如，使用 20℃ 时调节平衡的冷端补偿器，应把指针机械零位调到 20℃ 处；不使用冷端补偿器且要求精度不高时，可将指针调到与环境温度（参比端温度）一致的位置。

4. 仪表校验

动圈仪表的准确度统一规定为 1.0 级，应定期校验。平时应定期检查、维护，若发生故障应及时处理并做好记录。

任务二 分析自动平衡显示仪表的原理

动圈式仪表实际测量的是微安级电流，任何能引起动圈电流变化的干扰都会导致测量误差，同时作为传感器负载引起测量误差，因此它只适合于工业生产过程的指示或简易调节系统。在要求控制精度较高的调节系统及需要连续运行的生产过程中常采用自动平衡显示仪表。

[学习知识]

1. 自动平衡显示仪表的指示和记录原理

如图 9-6 所示，自动平衡显示仪表利用电子放大器代替人眼和检流计，根据误差信号的极性和大小控制可逆电动机转动，带动测量桥路中的位置传感器（滑线电位器或差动变压器及凸轮等）对电路进行调整，自动实现平衡。桥路平衡时不从传感器取用电流，并且无指针和记录笔等的摩擦，从而提高了仪表的灵敏度、精度与速度，可带动记录、调节、报警、计算等附加装置，具有多种功能。它们与热电偶、热电阻及其他测量元件（或变送器）配套后，可以自动地连续测量并记录温度、压力、流量、物位等参数的变化规律。

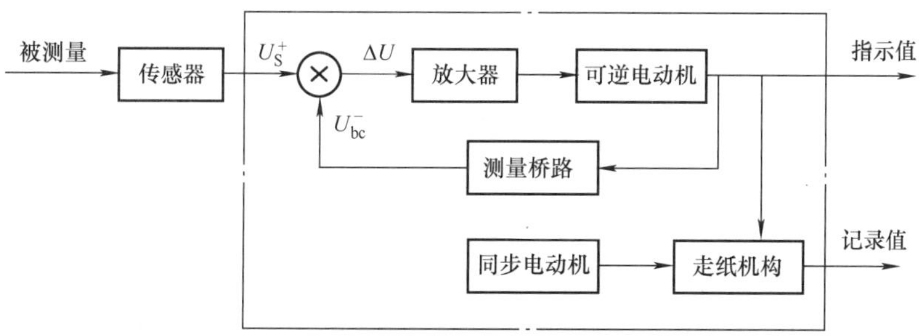

图 9-6　自动平衡显示仪表框图

2. 自动电位差计的类型和工作过程

自动电位差计一般分两大类：一类用于测温，另一类用于测量直流电压或电流。测温的自动电位差计为 XW 系列，它是利用不平衡电桥的输出电压 U_{AB} 来补偿热电偶的热电势 U_x，若 $U_{AB} \neq U_x$，其差值 ΔU 经放大器放大输出，控制可逆电动机转动，它带动滑线电阻的滑点移动，自动调节电桥输出电压，直到 $U_{AB}=U_x$，可逆电动机停转，整个系统达到了平衡。

自动电位差计的测量桥路如图 9-7 所示。以电源对角线 CF 为界，分为上、下两个支路，电流分别为 I_1 和 I_2。按照统一设计的规定，有滑线电阻 R_H 的上支路，工作电流 $I_1=4$mA；有铜电阻 R_{Cu} 的下支路，工作电流 $I_2=2$mA，总工作电流为 6mA。也有些自动电位差计，上、下支路都用 2mA，总工作电流为 4mA。桥路电源一律采用 $E=1$V 的晶体管直流稳压电源。不用标准电池，也无需用标准电池整定，其精度即可满足工业仪表的要求。

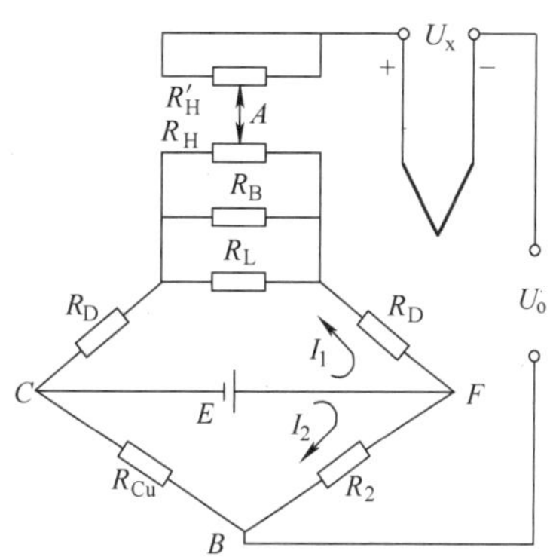

图 9-7　自动电位差计测量桥路

3. 自动平衡电桥

自动平衡电桥为 XQ 系列，与热电阻配合，用来测量温度。与自动电位差计桥路所不同的是传感器接在桥臂之中。图 9-8 所示为自动平衡电桥的测量桥路。图中 C_1、C_2 和 C_3 点是自动平衡电桥与测温热电阻的连接点，采用 2.5Ω 定值导线三线制接法。定值导线是规定每根导线（包括热电阻的引线及连接导线）的电阻应为 2.5Ω，不足部分用锰铜调整电阻 R_W 补足。为了便于生产，将 R_3 和 R_4 的阻值做成一样的。其他电阻计算方法与自动电位差计相仿。

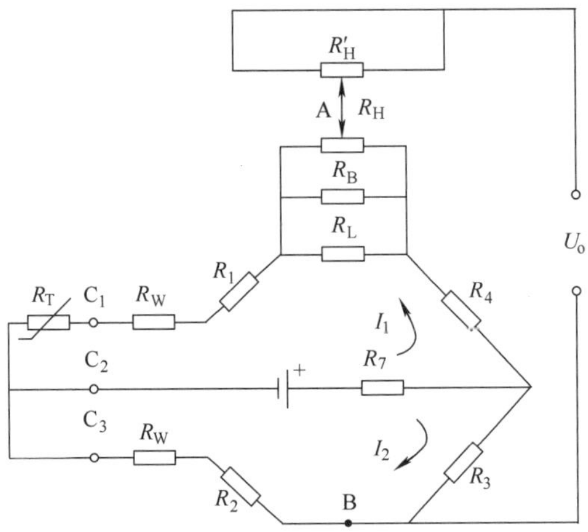

图 9-8 自动平衡电桥测量桥路

任务三 了解电动单元组合仪表及其应用

电动单元组合仪表是根据检测和调节系统中各个环节的功能，将整套仪表分为若干个能独立完成某项功能的典型单元。各单元之间的联系采用统一的标准电信号。单元的类别不多，但可以按照生产工艺要求加以组合，可以构成多样复杂、程序各异的自动检测或自动调节系统。

[学习知识]

1. 电动单元组合仪表调节系统

图 9-9a 所示为由电动单元组合仪表构成的简单调节系统框图，图 9-9b 所示为仪表外观。图中调节对象代表生产过程中的某个设备，其输出为被调参数（如压力、流量、温度等工艺参数）。这些工艺参数经变送单元转换成相应的电信号后，一方面送到显示单元供指示或记录，另一方面又送到调节单元中，与给定单元送来的给定值相比较。调节单元按照比

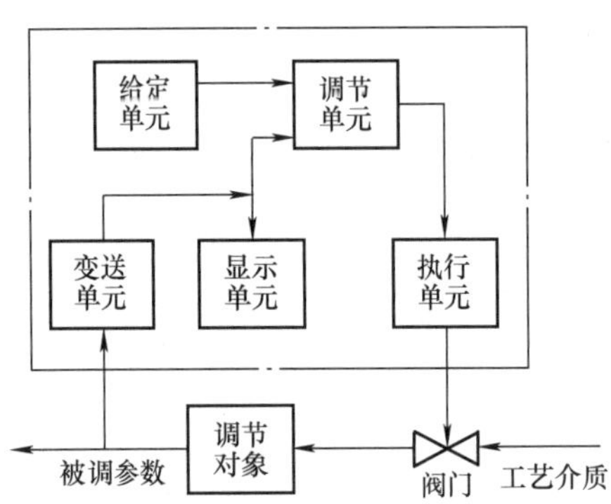

a)

b)

图 9-9 电动组合仪表构成的简单调节系统

较后输出的偏差，经过某种运算后发出调节信号，控制执行单元的动作，直到被调参数与给定值相等为止。

2. 电动单元组合仪表的信号制

电动单元组合仪表有三代产品。其中电子管式的 DDZ－Ⅰ系列已淘汰，DDZ－Ⅱ和 DDZ－Ⅲ系列在我国尚有应用。DDZ 系列仪表的组成单元主要有变送单元、调节单元、执行单元、显示仪表、给定单元、计算单元、转换单元、辅助单元。

DDZ－Ⅱ系列仪表以晶体管为主要元器件，采用交流 220V 电源，各单元之间的联络信号为直流 0～10mA，精度一般为 0.5 级。各单元仪表串联，可保证各单元接受的信号完全一致；适合于远距离传送；与磁场作用可产生机械力，便于利用力平衡原理；信号的起始值为零，便于对模拟量进行运算，但无法识别断线，不易避开元件的死区和非线性段。

DDZ－Ⅲ系列的绝大多数核心电路是线性运算放大器或逻辑组件，采用 4～20mA 信号制，提高了可靠性和带负载能力，克服了 DDZ－Ⅱ系列的弊端，已基本取代了 DDZ－Ⅱ系列仪表。如图 9-10 所示，DDZ－Ⅲ系列各单元仪表采用现场串联，室内并联（并联 250Ω 电阻，可转换为 1～5V 的电压信号）的联络方式，直流 24V 集中供电（在电路内部分成 14V 和－10V 双电源），采用低压供电易于构成安全火花防爆系统。

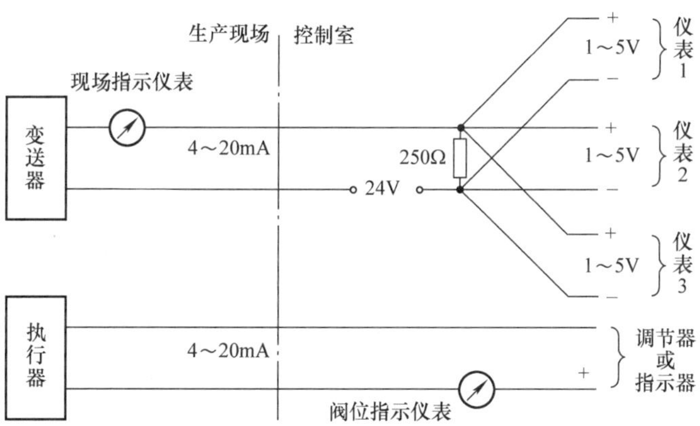

图 9-10　DDZ－Ⅲ系列仪表的联络方式

3. 电动仪表的安全火花防爆技术

防爆是电动单元组合仪表能否广泛应用的一个重要问题，特别是在石油化工部门，电动仪表的防爆问题尤为重要。DDZ－Ⅱ系列仪表在防爆等级上只能做到隔爆，仍不能用于高度危险的场所（含氢、甲烷、乙烯、乙炔等现场）。而在 DDZ－Ⅲ仪表里，通过采用直流 24V 低压供电、设置安全栅等办法，并对现场变送器采取种种措施之后，可以将送往危险场所仪表的能量限制在周围气体的最小点火能量值以下。这样，仪表无论在正常运行还是在故障状态下，即使由于某种原因产生了火花，此火花的能量也不足以引爆周围易燃易爆气体。这种防爆能力就称为安全火花防爆。并不是所有仪表都防爆，只有现场变送器在配了安全栅之后才可能构成安全火花防爆系统。

[拓展知识]　电磁式和电动式仪表简介

模拟式仪表除了上述磁电式以外，还有电磁式、电动式等结构，也分别称为电磁系和电动系仪表。

电磁系仪表由固定线圈（定铁）和置于线圈内的可动铁心（动铁）组成。

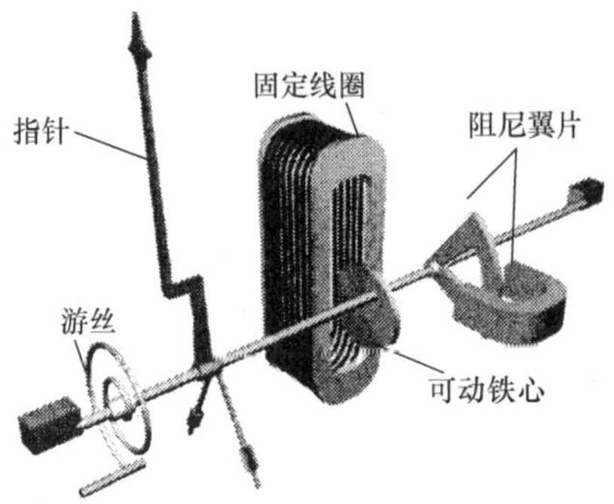

a) 吸引型结构

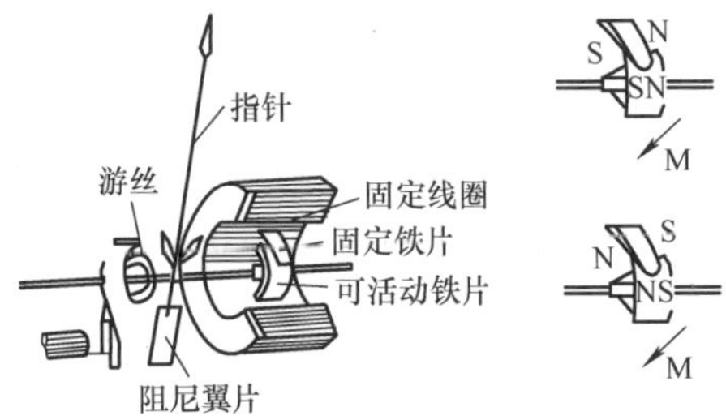

b) 排斥型结构

图 9-11　电磁系仪表结构

图 9-11a 所示为吸引型电磁系仪表。动铁在轴和轴承的支承下可以转动，轴上有产生反作用力矩的游丝。当线圈通电时，定铁和动铁同时被磁化，定铁和动铁之间产生排斥力矩，使动铁转动，在游丝反作用力作用下，停于其刻度值对应线圈电流值的一点。从工作原理可知，动铁的转动与电流方向无关，因此电磁系仪表既可用于交流电路，又可用于直流电路。这是电磁系仪表的优点，相比之下，磁电系仪表仅适用于直流电路。

另外一种称为排斥型电磁系仪表，其结构如图 9-11b 所示。

图 9-12 所示为电动系仪表。电动系仪表常做成瓦特表和功率因数表。

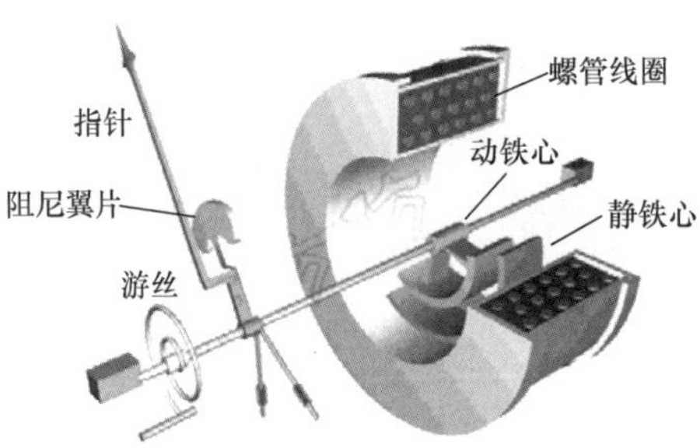

a) 结构

b) 外观

图 9-12　电动系仪表

电动系仪表的原理是：仪表内部有两个线圈，一个是电压线圈，一个是电流线圈。电压线圈与用电器并联，电流线圈与用电器串联。可以证明，动线圈的偏转角度是与两个线圈中电流的乘积成正比。所以，该仪表就可以用来测量用电器的功率。

电动式仪表的特点是：

1）刻度是均匀的。

2）交流、直流两用。因为当使用交流电时，两个线圈中电流方向同时改变，动线圈受力的方向不变。所以电动式仪表可以交直流两用。

单元二　数字式仪表

单元目标　通过本单元的学习与实践，了解数字式仪表的基本特征和技术指标，理解数字式仪表的基本原理；根据数字仪表说明书，安装和使用普通数字式仪表。

数字式仪表可与多种传感器或变送器相连接，对温度、压力、流量、液位以及电工量、机械量进行测量，并将被测变量变换成数字量，以数字形式显示出来或对被测变量进行调节。

任务一　了解数字式仪表的分类和组成

[学习知识]

1. 数字式显示仪表的分类

(1) 按输入信号的形式分类　分为电压型和频率型两类。

(2) 按被测信号的点数分类　分为单点和多点两种。

(3) 按仪表的功能分类　分为显示仪、显示报警仪、显示输出仪、显示记录仪及具有复合功能的数字显示报警输出记录仪等。

(4) 按调节方式分类　分为继电器触点输出的二位调节、三位调节，时间比例调节，连续 PID 调节。

2. 数字显示调节仪表的组成

数字显示调节仪表一般由信号变换、前置放大器、线性化器、模 - 数转换、标度变换、数字面板表、调节器、继电器、V/I 变换电路以及电源等部分组成。其中，模/数转换和数字显示可直接采用数字面板表。图 9-13 所示为数字显示调节仪表构成原理。

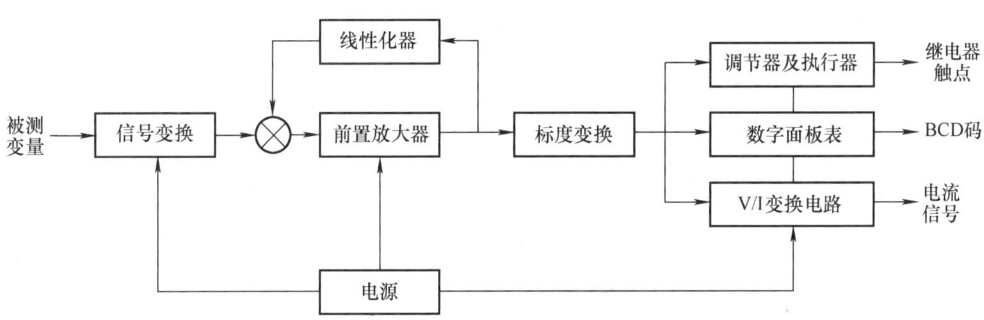

图 9-13　数字显示调节仪表构成原理

[拓展知识]　数字显示仪表的基本构成方法

根据线性化器在数字仪表电路中的位置不同，数字式显示仪表有以下三种构成方法：

(1) 模拟线性化方案　它是在模拟电路部分实现线性化。其特点是线路简单、可靠，可以直接输出线性化的模拟信号，但精度低、通用性差。

（2）模－数转换线性化方案　它是用非线性 A－D 转换器完成的，结构紧凑，精度也高，但通用性差、测量范围窄。

（3）数字线性化方案　它是在数字电路部分实现线性化的方案，其特点是精度高，适用面广，但是电路较复杂，给仪表的可靠性带来一些影响。

任务二　了解数字面板表

数字面板表简称 DPM，是一个由双积分 A－D 转换器构成的不带外壳的直流数字电压表，可将直流电压信号线性地转为数字显示。它像一个表头那样可以装在仪表的外壳上，与各种传感器及相应电路配合构成各种非电量检测仪表。常用的显示位数为两位半（$2\frac{1}{2}$位）、三位半（$3\frac{1}{2}$位）、四位半（$4\frac{1}{2}$位）等。

［学习知识］

1. 三位半数字面板表

图 9-14 为 UP5135 三位半数字面板电压表。它是以 IC7107 为核心，再加上少许电子器件和显示器构成的，在线路板的扩展空间上装上适当的电阻，就能构成不同范围的直流电压表和电流表。同类芯片有国产 CH7106 等，其内部有时基电路、极性显示电路、自动稳零电路和驱动电路（可直接驱动发光二极管显示），其稳定性高，功耗低，输入阻抗大于 $10^7\Omega$。三位半的显示范围为 －1999～1999，测量范围为 －199.9～199.9mV。

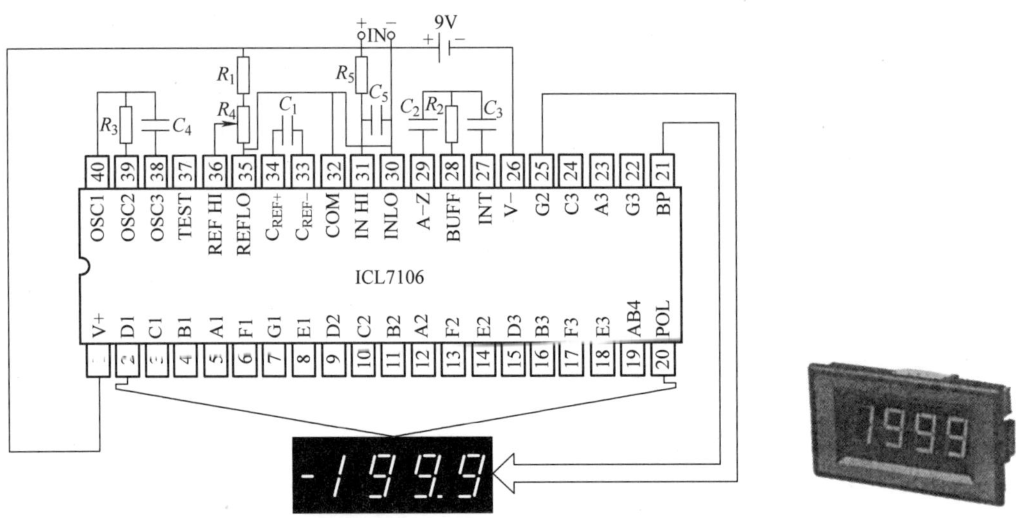

a)电路原理图　　b)外观

图 9-14　UP5135 三位半数字面板电压表

2. 四位半单量程数字电压表

ICL7135 四位半单量程数字电压表电路原理图如图 9-15 所示。ICL7135 的 B_8、B_4、B_2、B_1 各端送出的 BCD 码，经过 74LS47BCD 码/七段译码器转换后，可同时使 5 个共阳极数码管显示数字；$D_5 \sim D_1$ 提供位选通信号，经 $VD_5 \sim VD_1$ 对数码管由高位到低位分时扫描显示；利用 D_5 信号经 V_7 反相后控制 74LS47 的 RBI 端，可实现“万”位显示的控制。RBI = 0，74LS47 只能输出“0”以外的数字所对应的七段码，RBI = 1 则能输出包括“0”在内的任何数字所对应的七段码。

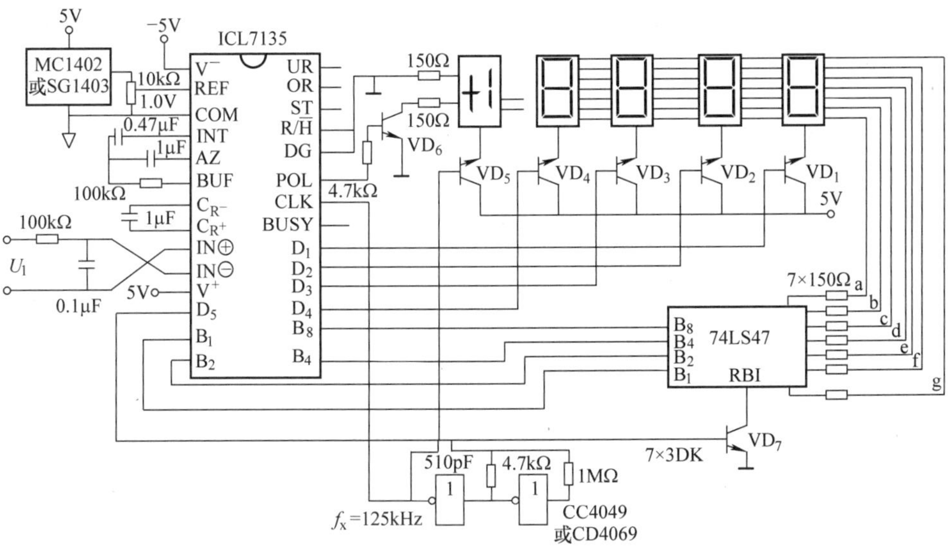

图 9-15　四位半单量程数字电压表电路原理图

任务三　学习数字显示调节仪的使用

1. 数字显示调节仪表的主要技术指标

（1）显示方法　$3\frac{1}{2}$位或 $4\frac{1}{2}$位 LED 数字直接显示被测量。

（2）显示误差　小于 ±0.5% F · S ±1 字，F · S 为量程。

（3）设定点偏差　小于 ±1 个字（数字显示设定值）。

（4）控制点不灵敏区　小于 0.5%　。

（5）冷端补偿　0 ~ 40℃内误差小于 2℃。

（6）时间比例调节

1）比例带 4%。

2）周期(40 ±10)s。

（7）PID 调节

1）输出 0 ~ 10mA 或 4 ~ 20mA。

2）负载(800 ±80)Ω。

3）P（比例带）4%。

4）I（积分时间）2.5min。

5）D（微分时间）30s。

(8) 输出脉冲信号　幅值大于3V、宽度大于40μs的移相脉冲或过零触发脉冲。

(9) 输出触点容量　交流220V/3A(阻性负载)。

(10) 温度系数　在0~50℃范围内偏离(20±2)℃使用时，其温度系数小于0.05%/℃。

(11) 工作电源　220(1±10%)V、50Hz、功率小于5W。

(12) 工作环境　温度0~50℃，相对湿度不超过85%RH的无腐蚀性气体场合。

(13) 外形尺寸(单位：mm)　XMT为160×80×150，XMTA为96×96×15，XMTE为48×96×130，XMTD为72×72×150。

(14) 重量　0.6~0.8kg。

2. 数字显示调节仪表的型号命名

数字显示调节仪表的型号一般有三节。第一节有三位，用大写汉语拼音字母表示仪表的名称和类型。第一位X表示显示仪表；第二位M表示模拟输入数字式；第三位Z表示显示仪，T表示显示调节仪，B表示显示报警仪，D表示巡回检测仪。

第二节由若干位拼音字母组成，表示仪表的某些附加功能和结构特点，A表示带变送器输出，B表示外供24V电源，G表示面板尺寸为72mm×72mm，J表示面板尺寸为96mm×96mm，H表示竖式面板尺寸为80mm×160mm。

第三节由三位阿拉伯数字和一位拼音字母组成。第一位通常为1，表示一个被测量；第二位表示调节方式：0表示两位调节，1表示三位狭带调节，2表示三位宽带调节，3表示时间比例调节，4表示时间比例调节加两位调节，6表示连续PID调节加两位调节，9表示连续PID调节；第三位表示配接的检测元件或传感器、变送器类型，1表示热电偶或辐射温度计，2表示热电阻，3表示霍尔式压力变送器，4表示电阻式远传压力计，5表示输入电流电压信号，6表示热敏电阻；第四位用拼音字母表示仪表的适用场合，C表示船用，F表示耐大气腐蚀。

3. XMT仪表的型号与功能

表9-2所示为XMT仪表的型号与功能。

表9-2　XMT仪表的型号与功能

型　号		功　能
XMZ-101/2	XMZ□-2001/2	全量程显示
XMT-101/2	XMT□-2001/2	全量程显示，二位式调节(可附加报警)
XMT-121/2	XMT□-2201/2	全量程显示，三位式调节或一位作控制，另一位作报警
XMT-131/2	XMT□-2301/2	全量程显示，时间比例式调节(可附加报警)
XMT-161/2	XMT□-2601/2	全量程显示，单相可控硅相触发调节(可附加报警)
XMT-171/2	XMT□-2701/2	全量程显示，单相可控硅过零触发调节(可附加报警)
XMT-181/2	XMT□-2801/2	全量程显示，三相可控硅过零触发调节
XMT-191/2	XMT□-2901/2	全量程显示，PID调节

4. XMT 仪表测量范围

表 9-3 所示为 XMT 仪表配用热电偶和热电阻时的测温范围。

表 9-3　XMT 仪表配用热电偶和热电阻时的测温范围

<table>
<tr><th colspan="2">配用感温元件</th><th>分度号</th><th>范围/℃</th><th>分辨力/℃</th></tr>
<tr><td rowspan="5">热电偶</td><td>镍铬－铜镍</td><td rowspan="2">E</td><td rowspan="2">0～300/600/800</td><td rowspan="5">1</td></tr>
<tr><td>镍铬－铐铜</td></tr>
<tr><td>镍铬－镍硅</td><td>K</td><td>0～400/800/1200</td></tr>
<tr><td>铂铑$_{10}$－铂</td><td>S</td><td>800～1600、0～1600</td></tr>
<tr><td>铂铑$_{30}$－铂铑$_{6}$</td><td>B</td><td>50～1800、700～1800</td></tr>
<tr><td rowspan="3">热电阻</td><td>铜电阻</td><td>Cu50</td><td>－50. 0～150. 0、0～150</td><td rowspan="2">0. 1</td></tr>
<tr><td rowspan="2">铂电阻</td><td rowspan="2">Pt100</td><td>－199. 9～199. 9、0～199. 9</td></tr>
<tr><td>－199～650、0～850</td><td>1</td></tr>
</table>

［**实践操作**］

1. XMT 仪表的安装与接线

（1）安装孔　仪表安装前应按仪表尺寸在安装屏上开孔（单位：mm）：XMT 仪表开孔为(150＋1)×(76＋1)；XMTA 仪表开孔为(92＋1)×(92＋1)；XMTE 仪表开孔为(92＋1)×(44. 5＋1)；XMTD 仪表开孔为(66＋1)×(66＋1)；XMTB 仪表开孔为 55×115。

（2）安装注意事项

1）检查仪表的分度号与感温元件的分度号是否相同。

2）配用热电偶时可不接 15Ω 外阻，不影响精度；配用热电阻时一般不接三个 5Ω 外阻，但热电阻三根连接的规格要相同，如引线较长时建议使用定值导线，并在订货时声明。

3）把仪表插入安装孔，将 2 个安装螺杆适当旋紧，并用所附螺母紧锁。

4）仪表接线图如图 9-16 所示。图 9-16a 为 XMTA、XMTD 仪表接线图，XMT□－2002 系列与热电阻的接法可参照此图。图 9-16b 为 XMT 仪表接线图，XMT－101 系列与热电偶的

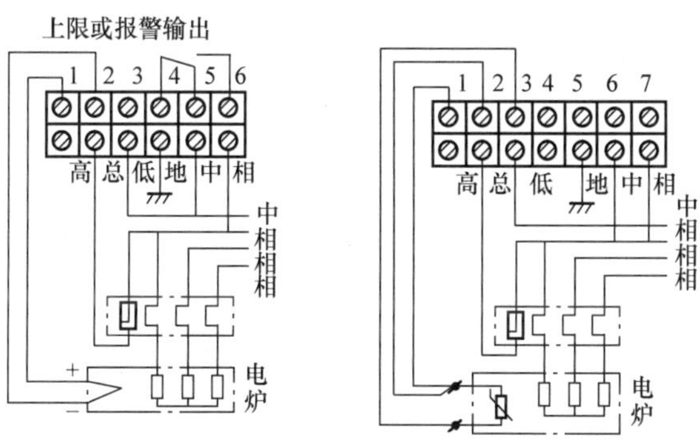

a) XMT□－2001上限控制与报警　　b) XMT－102上限控制

图 9-16　XMT 数字调节仪表接线图

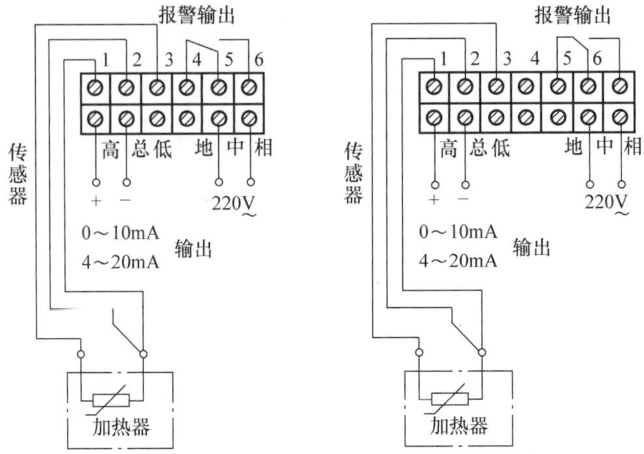

c) XMT-2902接线　　d) XMT-182接线

图 9-16　XMT 数字调节仪表接线图（续）

接法可参考此图，XMT－121/122 的 5、6、7 端子分别为上限继电器的高、总、低。图 9-16c为 PID 调节仪表接线图，配热电偶的 XMT－2901 接法可参考此图。图 9-16d 为三相过零触发仪表接线图，配热电偶的仪表 XMT－181 接法可参考此图。

2. XMT 仪表的使用与调整

（1）XMT□型　接上电源和传感器即能显示被测温度值，无需调整。

（2）XMT－101/102 及 XMT□－2001/2002 型　将仪表连线接好后，把开关拨往“设定”位置，旋转设定电位器，此时数字显示所需的温度值；调好后，把开关拨往“测量”位置，此时数字显示的是实际温度值。当实际值低于设定值时绿灯亮，继电器的总－低通、总－高断。当实际值达到或高于设定值后红灯亮，继电器的总－高通、总－低断。

（3）XMT－121/122 及 XMT□－2201/2202 型　将仪表连线接好后，把开关拨往“下限设定”位置，旋转相对应的下限设定电位器，此时显示所需的下限温度值；再把开关拨往“上限设定”位置，旋转相对应的上限设定电位器，此时显示所需的上限温度值；再把开关拨往“测量”位置，数字显示的是实际温度值。当实际值低于下限设定值时绿灯亮，上下限继电器均为总－低通、总－高断。当实际值达到或超过下限设定值而仍低于上限设定值时，绿灯和红灯均熄灭，下限继电器总－低断、总－高通；上限继电器仍为总－低通、总－高断。当实际值达到或超过上限设定值时，上下限继电器均为总－低断、总－高通。一般用作温度控制时可把下限继电器输出用作辅助加热控制，上限用作加热控制；也可把下限继电器输出用作温度控制，而把上限继电器输出用作超温报警。

（4）XMT－161/162/171/172 及 XMT□－2601/2602/2701/2702 型　将仪表连线接好后，把开关拨往“设定”位置，转动设定旋钮，此时数字显示的是所需温度值；把开关拨往“测量”位置，此时数字显示的是实际温度值。当实际温度值低于比例带时，负载上的加热电压为供电电压的 90% 以上，温度上升。当进入比例带后，负载上的加热电压逐渐下降，直至降到供电电压的 5% 以下。由于该仪表是采用改变加热功率来改变温度值的调节方式，所以当散热功率和加热平衡时，温度可稳定在某一值上。如稳定值与所需值有偏差

（与加热器功率和散热等有关）可转动“手动再调”电位器，直至与所需值相符即可。一般控温精度可优于0.1℃，如发现负载端电压有抖动现象，可把仪表2根输出线对调，并保证晶闸管的温度低于100℃。

（5）XMT－131/132及XMT□－2301/2302型　当实际温度未进入比例带时，继电器的总－低通、总－高断，负载升温；当进入比例带后，继电器开始有规律地进行开机动作，温度越高，总－低通的时间越短。仪表用改变负载平均加热功率来调温。其他同XMT□－2601/2602型。

（6）XMT－191/192及XMT□－2901/2902型　当实际温度未进入比例带时，输出为10mA，负载升温；进入比例带后，输出电流逐渐减少，直至0.2mA以下。仪表用PID调节方式通过配接的ZK型晶闸管电压调整器改变负载加热功率。其他使用方法同XMT□－2601/2602。

（7）数码设定式仪表　除设定方式是用手按设定、显示窗直接显示温度值外，其余使用方法均同以上各条。

[项目九小结]

常用显示仪表分为模拟式仪表和数字式仪表。

模拟式测量仪表的测量机构分为磁电式、电磁式、电动式等。常用的有动圈式指示调节仪、自动平衡调节仪表和电动单元组合仪表。目前最常用的DDZ－Ⅲ系列电动单元组合仪表，采用4～20mA标准信号，有很高的可靠性和带负载能力，直流24V集中供电，易于构成安全火花防爆系统。

数字显示调节仪表一般由信号变换、前置放大器、线性化器、模/数转换、标度变换、数字面板表、调节器、继电器、V/I变换电路以及电源等部分所组成。数字式仪表将被测变量变换成数字量，以数字形式显示出来或对被测变量进行调节。

[课后作业九]

9-1　什么是动圈式指示仪表的测量机构和测量线路？

9-2　动圈式仪表有哪几种？配热电偶和热电阻的动圈式仪表各是什么型号？

9-3　配热电偶的动圈式指示仪表如何配接外接电阻？

9-4　说明自动平衡仪表的组成和特点。

9-5　电动组合仪表有哪些单元？

9-6　DDZ－Ⅲ系列仪表的信号制是什么？如何联络？

9-7　数字式显示调节仪表主要由哪几部分组成？其几种构成方案各有什么特点？

9-8　数字式显示调节仪表按功能分为哪些类型？其调节方式有哪几种？

9-9　XMZ－101和XMZ－102各配哪种传感器？

9-10　试画出XMT－101和XMT－102的温度上限报警接线图。

项目十　传感器的综合应用

项目描述

在现代控制系统中，传感器随处可见。随着技术发展，传感器的应用正在逐渐渗透到生产、生活中的各个领域。本项目主要了解和分析传感器在家用电器、汽车及自动生产线等方面的应用。讨论简单控制项目的解决方案，学习一般工程问题中的传感器系统设计方法。

技能要点

会识别生产线上、家用电器中常见的传感器。学会典型传感器的使用方法。能根据简单任务要求，设计搭接传感器检测系统，画出设计图。

知识要点

熟悉家用电器和汽车中的传感器特性与作用。掌握自动生产线上常用传感器的原理。了解汽车中的控制系统基本原理。

单元一　家用电器中的传感器

单元目标　通过本单元的学习，掌握家用电器中传感器的普遍规律和特性，识别家用电器传感器并描述基本原理。能够判断常用小家电的检测系统故障。

家用电器是家庭自动化的基础。家用电器和防火防盗报警系统是智能建筑的重要组成部分，也是传感器的重要应用领域。

[学习知识]

一、电冰箱中的传感器

电冰箱是靠压缩机压缩成液态的工作物质汽化时吸热来达到致冷目的的。电冰箱有一套电路控制系统，用来控制和保护压缩机正常工作，以维持电冰箱恒温。电路控制系统一般由温度控制器（简称温控器）、起动继电器、热保护器等构成。图 10-1 所示为普通电冰箱的控制电路。温控器、热保护器、起动继电器等均跟压缩机电路串联，照明灯和压缩机并联。

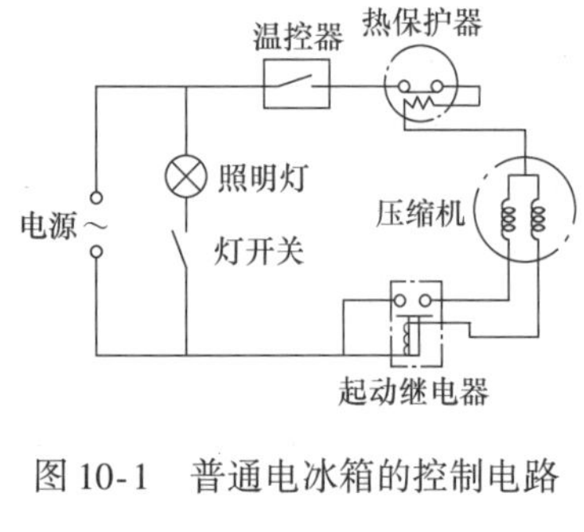

图 10-1　普通电冰箱的控制电路

1. 温度控制传感器

电冰箱的工作温度是通过温控器控制压缩机的起、停来维持恒定的。图 10-2 所示为温控器工作原理示意图。感温包内充有感温剂气体，一般采用氯甲烷（CH_3Cl）。当压缩机停止工作后，蒸发器表面温度逐渐上升，感温包和膜盒中感温剂气体的温度也随着上升，压强增大，膜片向外伸胀，推动活动触点 3 与固定触点 4 闭合，电路接通，压缩机开始工作，继续制冷，电冰箱内温度下降。

当电冰箱内温度降低到一定程度，感温包和膜盒内气体压强降低到某个值时，由于弹簧的弹力，使活动触点 3 和固定触点 4 断开，切断电源，压缩机停止工作，制冷停止。如此反复，使箱内温度保持在调定的范围内。

图 10-2 中的 1 为温度控制调节旋钮，通过凸轮调节拉杆使弹簧 5 拉紧程度不同，达到改变温度控制点的目的。

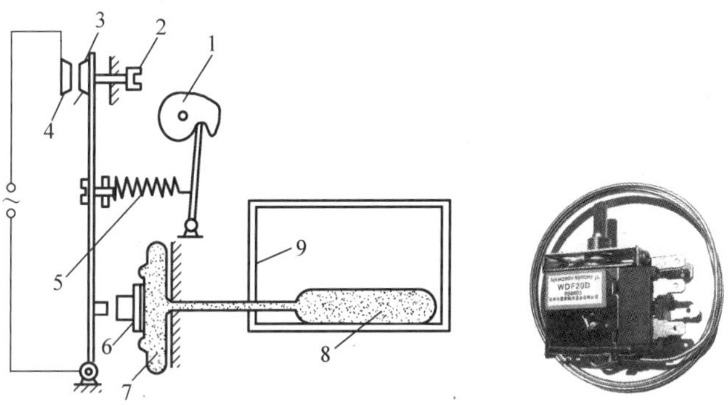

图 10-2　温控器工作原理示意图

1—温度控制调节旋钮　2—温差调节螺钉　3—活动触点　4—固定触点

5—主弹簧　6—传动膜片　7—膜盒　8—感温包　9—蒸发器

2. 电冰箱压缩机热保护器

压缩机热保护装置主要由双金属片和电热丝组成，图 10-3 所示为热保护器工作原理图。热保护器装在压缩机外壳表面。当压缩机过载而不能运转时，电流增大，电热丝 1 温度升高，使附近的双金属片 2 受热变形，触点 3 跳开，切断电路。当压缩机机壳温度过高时，也将使双金属片受热变形，切断电路，从而保护压缩机不致烧毁。

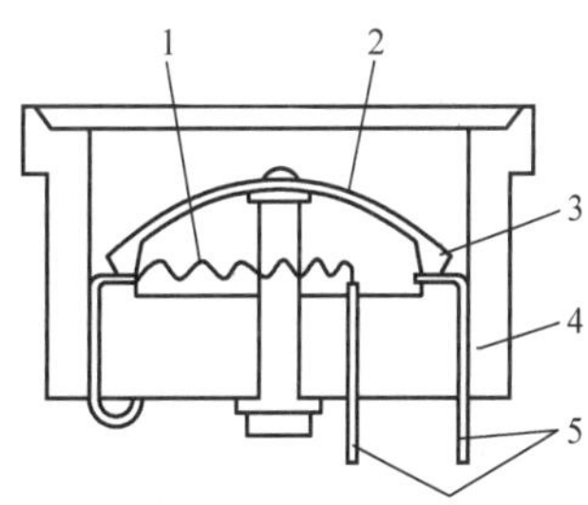

图 10-3　压缩机热保护器

1—电热丝　2—双金属片

3—触点　4—外壳　5—接线端子

3. 自动除霜控制传感器

图 10-3 所示结构还用于除霜温度传感器。图示的常闭状态接通除霜开关，除霜加热器经双金属片构成回路，进行除霜。随着除霜的进行，电冰箱内温度升高，双金属热敏元件发生变形，触点 3 与 4 断开，停止除霜。

二、室内空调器中的传感器

家用空调器目前大都采用温湿度传感器进行检测，并使用计算机进行控制。典型的家用空调器控制系统框图如图 10-4 所示。

控制系统中，室内机安装热敏电阻和气敏传感器，室外机安装有热敏电阻。通过 NTC（负温度系数）热敏电阻和计算机可完成室内室外的温差控制、室内温度控制及冬季热泵除霜控制等功能。气体传感器用于测量室内空气污染度，控制换气装置进行自动换气。

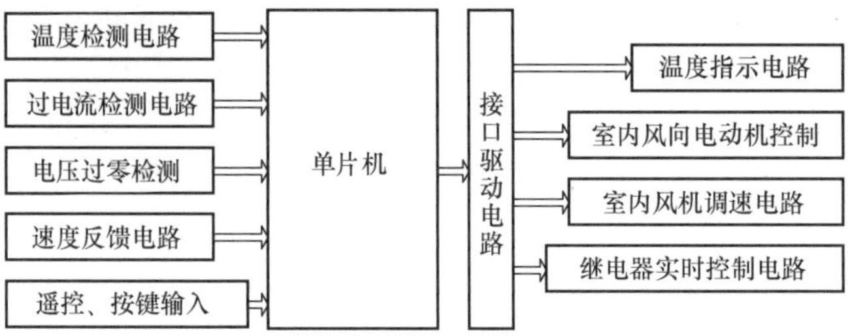

图 10-4 家用空调器控制系统框图

系统 CPU 根据遥控器或按键输入的命令，对采集到的温度进行智能判断，然后作出相应的制冷、制热或除霜温运行。再通过接口电路，驱动压缩机、换向阀、风向电动机和室内风机做相应动作，并将温度用 LED 指示。

三、洗衣机中的传感器

在全自动洗衣机使用的传感器可以完成水位控制、衣物量检测、进水控制、温度控制、洗涤时间控制、脱水控制等。

1. 衣物量传感器

用于检测洗涤物的重量。

2. 水位传感器

洗衣机水位传感器是一种带集成放大电路的硅压力传感器，通过压力来检测洗衣机中的水位。图 10-5 所示为洗衣机水位传感器外形。也可采用光电元件检测水位的方法，检测装置由三个发光元件和一个光敏元件组成，根据依次点亮三个发光元件并达到光敏元件动作而得到水位的数据。

图 10-5 洗衣机水位传感器的外形

3. 洗净度传感器

将光电传感器安装在排水口上部，根据排水口上部的光透射率，检测洗涤净度，判断排水、漂净度以及脱水情况。在微处理器控制下，每隔一定时间检测一次，当检测到透射率恒定时，判断洗涤物已干净，结束洗涤程序。在排水过程中，传感器根据排水口的洗涤泡沫引起的散射情况，来判断排水过程。漂洗时，传感器可通过测定光的透射率来判断漂净度。脱水时，排水口有紊流空气使透光散射，光电传感器每隔一定时间检测一次光的透射率，当透射率为恒定值时，判定脱水过程结束，通过微处理器控制结束全部洗涤过程。

四、电饭锅中的传感器

电饭锅利用电热发热板，在铝质锅的底部煮饭。发热板内藏电热线，电热线由自动开关控制。自动开关控制装置如图 10-6 所示。

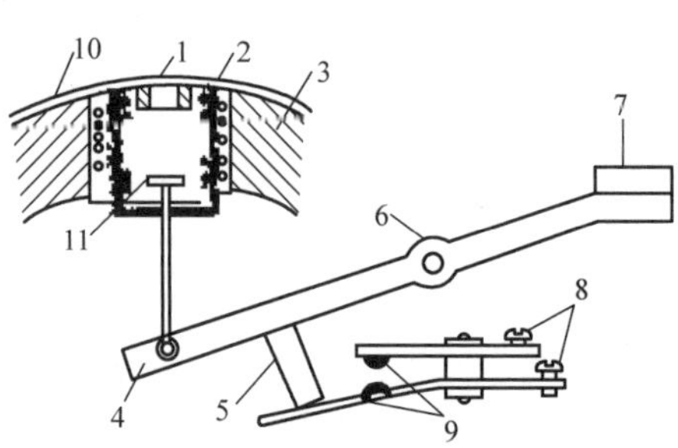

图 10-6 电饭锅温度自动开关控制原理图
1—热敏铁氧体 2—弹簧 3—电热体 4—杠杆 5—凸起物 6—支撑轴 7—操作按钮 8—接线端子 9—电触点 10—发热板 11—永磁体

发热板的中央孔内有一个感温热敏铁氧体，它靠弹簧向上顶贴着锅底。热敏铁氧体在 100℃或以下时，与普通铁磁材料一样，可以被永久磁铁吸引。但当升至 103℃时，铁氧体则失去磁性，不再受永久磁铁吸引。

当按下开关按键，开关横杆把磁铁向上顶贴热敏铁氧体。这时，电热体接通，开始加热。当锅内的饭沸腾后，锅内的水就渐渐减少。当水开始蒸干，锅内的温度就由 100℃上升。锅内温度当升至 103℃时，热敏铁氧体失磁而不受磁铁吸引，开关的杠杆因弹簧的弹力及本身的重力而下降，压使接触点分开，电热体断电，同时接通另一保温电路，保持饭的温度在 70℃左右。图 10-6 没有画出保温控制电路的结构。

[观察现象]

1）观察运行中的家用电冰箱，看一看其压缩机的运行和暂停时间比例大约是多少。调节冷藏室的温度控制调节旋钮（比如从“3”调至“6”），再看一看压缩机的运行和暂停时间比例是否有所改变？注意这个观察可能需要较长时间。

2）观察家用电饭锅，找到其热敏铁氧体和弹簧结构。比较一下在煮饭和烧水两种情况下电饭锅的工作状态控制有什么不同？

单元二　汽车中的传感器

单元目标　通过本单元的学习，掌握汽车整车的物理量测量方式，熟悉汽车中典型检测组件的外形和基本原理。能判断汽车传感器检测系统的简单故障。

近年来由于消费者对安全的日益重视，大部分汽车都已选择自动防抱死系统（ABS）作为标准配备。在没有 ABS 时代，当紧急制动时通常会造成轮胎抱死，此时制动时距离反而变长，并且如果是前轮抱死时车子由于失去侧向转向力，会造成仍会一直向前行无法转向的现象，而如果为后轮抱死时则可能会造成后轮失去侧向抓地力，而变成车行方向无法控制。

[学习知识]

一、ABS 中的传感器

ABS 是自动防抱死系统的简称，是汽车在常规制动装置基础上的改进型技术。它的工作原理是，依靠装在车轮上的转速传感器，检测车轮转速。紧急制动时，一旦检测到某个车轮抱死（转速接近零），控制器立即调节制动力的大小，使车辆始终处于临界抱死的间隙滚动状态，有效地克服紧急制动时的跑偏、侧滑、甩尾，防止车身失控等情况的发生。

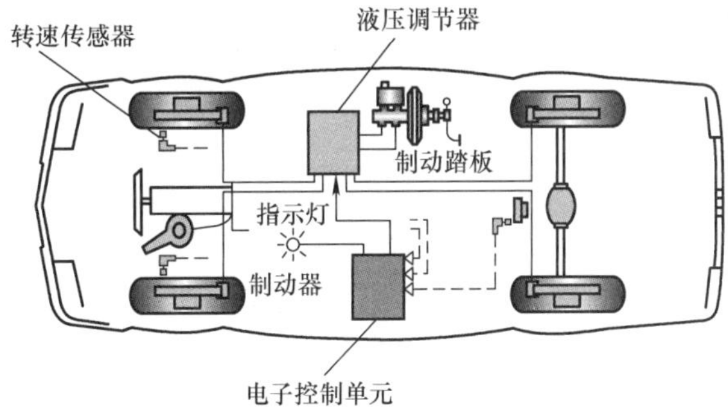

图 10-7　汽车 ABS 中的转速传感器在车轮上的安装位置

用于 ABS 的速度传感器主要有电磁式和霍尔式两种。转速传感器检测车轮的速度，并将速度信号输入 ABS 的电子控制单元。图 10-7 所示为汽车 ABS 中的转速传感器在车轮上的安装位置。

ABS 中的霍尔转速传感器如图 10-8 所示。转速传感器多采用霍尔式，也称轮速传感器。霍尔轮速传感器由传感头和安装在轮毂上的齿圈组成。传感头由永磁体、霍尔元件和电子电路等组成，永磁体的磁力线穿过霍尔元件通向齿圈。传感器检测转速的原理如图 10-9 所示。

当齿圈位于图 10-9a 所示位置时，穿过霍尔元件的磁力线分散，磁场相对较弱；而当齿圈位于图 10-9b 所示位置时，穿过霍尔元件的磁力线集中，磁场相对较强。齿圈转动时，使

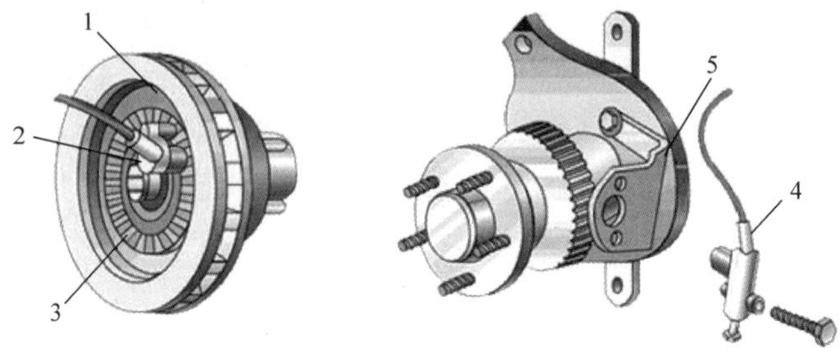

a)前轮　　b)后轮

图 10-8　ABS 中的霍尔转速传感器

1—制动盘　2—传感器　3—齿圈　4—传感器　5—支架

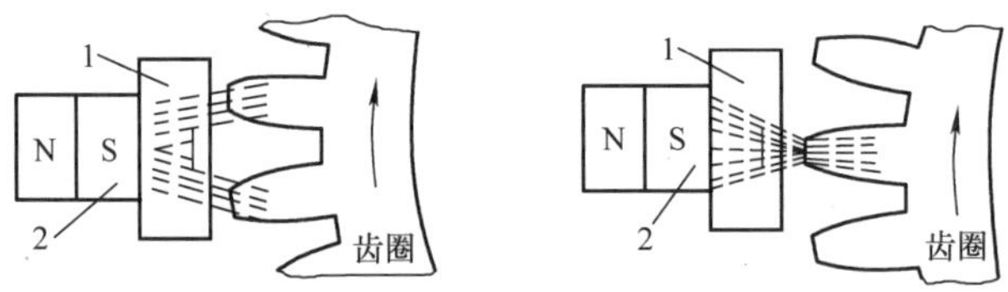

a)磁场较弱　　b)磁场较强

图 10-9　传感器检测转速的原理

1—霍尔元件　2—磁体

得穿过霍尔元件的磁力线密度发生变化，因而引起霍尔电压的变化，霍尔元件将输出一个毫伏级的准正弦波电压信号。此信号还需由电子电路转换成标准的脉冲电压。

霍尔轮速传感器具有以下优点：一是输出信号电压幅值不受转速的影响；二是频率响应高，其响应频率高达 20kHz，相当于车速为 1000km/h 时所检测的信号频率；三是抗电磁波干扰能力强。因此，霍尔传感器不仅广泛应用于 ABS 轮速检测，也广泛应用于其他控制系统的转速检测。

二、发动机无触点电子点火装置

汽车（汽油）发动机起动时以及整个工作过程中，为了持续运转做功，必须依次将各个气缸中被压缩的可燃混合气点燃，驱动汽车行驶。这种点燃过程，称为点火。

传统的点火装置主要由分电器、点火线圈、高压线和火花塞等部件组成，点火线圈产生 15 ~ 50kV 高电压，通过火花塞完成点燃过程。分电器通过机械凸轮来控制触点的开闭，通过分缸线实现在不同的时刻点燃不同的气缸。传统点火系统各部分的布置如图 10-10 所示。

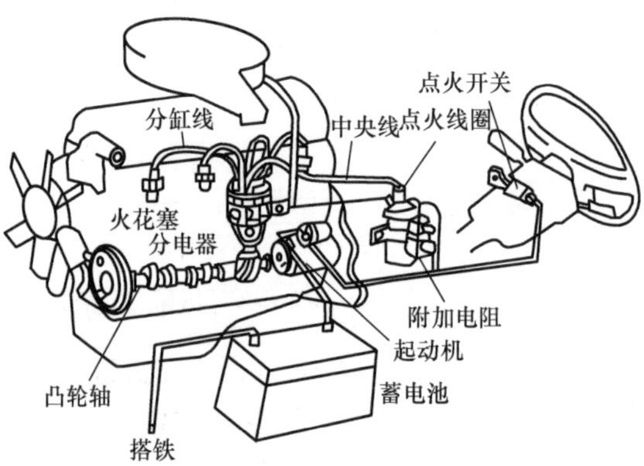

图 10-10　传统点火系统

现代轿车的汽油发动机转速可达6000r/min，瞬间点火时间极短，传统点火装置已经不能适应现代发动机的点火要求。因此，许多汽车用无触点电子点火装置代替了传统的点火装置。

目前使用比较广泛的是磁感应无触点点火装置，也即霍尔式无触点电子点火装置，它能较好地克服普通合金触点点火时间不准确、触点易烧坏、高速时动力不足等缺点。图 10-11 所示为桑塔纳汽车霍尔式分电器示意图。

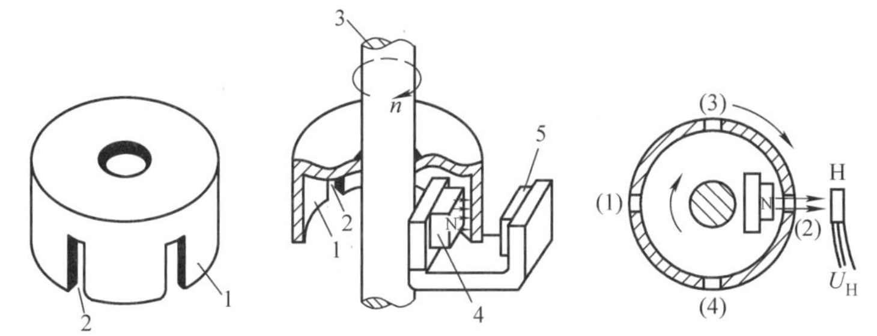

a) 带缺口的触发器叶片　b) 触发器叶片与永久磁铁　c) 霍尔集成电路的安装

图 10-11　桑塔纳汽车霍尔式分电器示意图

1—触发器叶片　2—槽口　3—分电器转轴　4—永久磁铁　5—霍尔集成电路（PNP 型霍尔 IC）

当叶片遮挡在霍尔 IC 面前时，PNP 型霍尔 IC 的输出为低电平，晶体管功率开关处于导通状态，点火线圈低压侧有较大电流通过，并以磁场能量的形式储存在点火线圈的铁心中。当叶片槽口转到霍尔 IC 面前时，霍尔 IC 输出跳变为高电平，经反相变为低电平，达林顿管截止，切断点火线圈的低压侧电流。由于没有续流元件，所以存储在点火线圈铁心中的磁场能量在高压侧感应出 30～50kV 的高电压。

用上述分电器构成的电子点火系统电路及波形如图 10-12 所示。

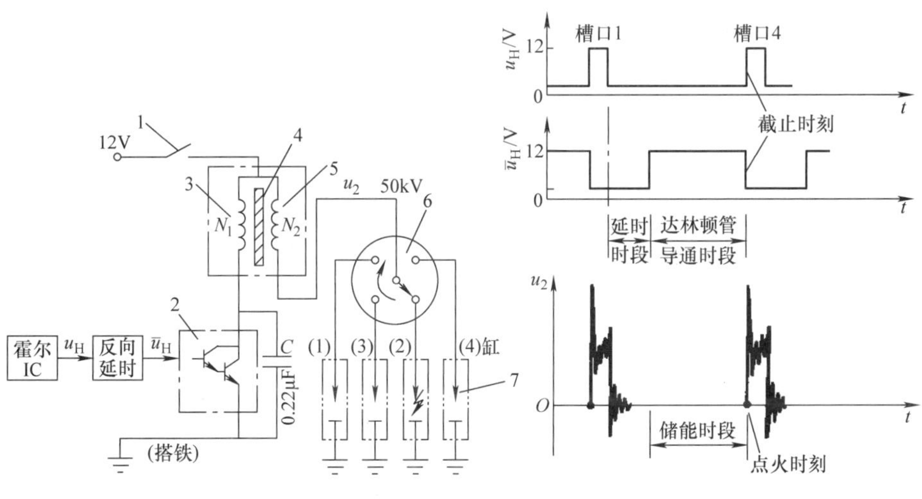

a) 电路　b) 霍尔IC及点火线圈高压侧输出波形

图 10-12　汽车电子点火电路及波形

1—点火开关　2—达林顿晶体管功率开关　3—点火线圈低压侧　4—点火线圈铁心

5—点火线圈高压侧　6—分火头　7—火花塞

［拓展知识］汽车中的其他传感器

目前，普通轿车上一般用到几十到上百个传感器，在某些豪华汽车中使用的传感器可能多达二百个以上。除了介绍过的几种典型应用以外，汽车传感器还有以下一些类型。

1. 温度传感器

温度传感器主要用于检测发动机温度、发电机进气温度、冷却液温度、燃油温度等。图10-13所示为两种汽车用温度传感器外形。

实际使用的传感器有线绕电阻式、热敏电阻式和热电偶式等类型。不同类型的传感器使用场合有所不同。线绕电阻式热敏电阻精度高但响应速度慢；热敏电阻式传感器灵敏度高但线性差，适用于温度较低的环境；热电偶精度高，测量范围宽，但处理电路较复杂。

2. 压力传感器

压力传感器如图10-14所示，它主要用于检测气缸负压、大气压、涡轮发动机的升压比、气缸内压、油压等。汽车压力传感器使用较多的有压阻式、电容式、差动变压器式、声表面波（SAW）式等。

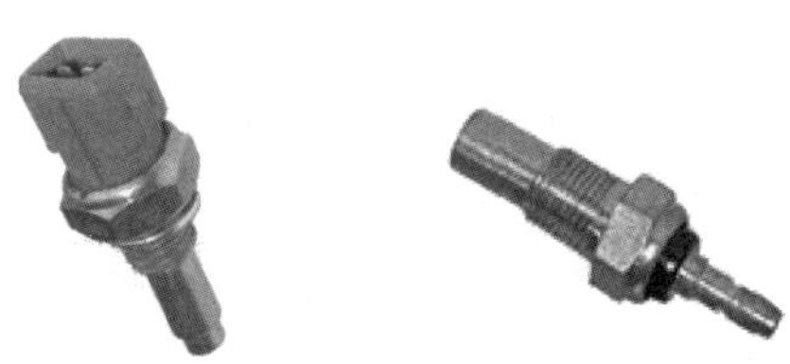

图10-13　汽车用温度传感器外形

图10-14　汽车压力传感器

压阻式压力传感器适合于批量生产，但需要温度补偿电路；电容式压力传感器灵敏度高、动态特性好、耐受恶劣环境，用于检测负压、液压、气压等；差动变压器式压力传感器输出较大易于数字化，但抗干扰性能差；声表面波式压力传感器体积小、功耗低、分辨率高、数字输出，用于吸气阀压力检测，可以在高温下稳定工作。

3. 流量传感器

汽车用流量传感器如图10-15所示。

图10-15　汽车流量传感器

流量传感器主要用于发动机空气流量和燃料流量的测量。空气流量的测量用于发动机控制系统确定燃烧条件、控制空燃比、起动、点火等。空气流量传感器主要有旋转翼片式、卡门涡旋式、热线式等几种。旋转翼片式（叶片式）空气流量计结构简单，但测量精度较低，测量结果需要进行补偿；卡门涡旋式流量计灵敏度和精度均较高，但也需温度补偿；热线式测量精度高，不用温度补偿但动态响应差，易损耗。热线式的改进型即热膜式气体流量计，原理与热线式相同而成本较低，适合大量应用。

燃料流量的测量主要有水轮式和循环球式流量传感器。

4. 气体浓度传感器

气体浓度传感器主要用于车内气体和废气排放的检测。常见的气体浓度传感器——汽车用尾气监测仪如图10-16所示。其中最常用的是氧传感器，主要有氧化锆传感器、氧化锆浓差电池型气体传感器、固体电解质式氧化锆传感器以及二氧化钛氧传感器等。与二氧化锆传感器相比，二氧化钛氧传感器结构简单、成本低、抗污染能力强。

5. 爆燃传感器

爆燃传感器用于检测发动机的振动，振动信号变换后，用来控制发动机点火提前角，以减小和避免发动机发生爆燃。图 10-17 所示为汽车用爆燃传感器的外形。

图 10-16　汽车用尾气监测仪

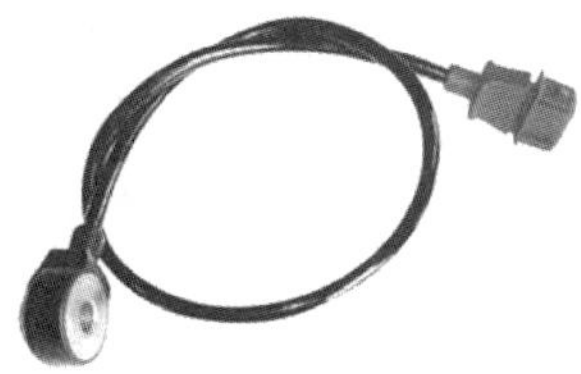

图 10-17　汽车用爆燃传感器

汽车爆燃的检测方法可以有：检测气缸压力、检测发动机机体振动、检测燃烧噪声。爆燃传感器有磁致伸缩式和压电式两种。前者使用温度为 $-40\sim125$℃，频率范围是 $5\sim10$kHz；压电式爆燃传感器在中心频率 5.417kHz 处，灵敏度可达 200mV/g，在振幅为 $0.1\sim10$g 范围内具有良好的线性度。

单元三　自动生产线中的传感器

单元目标　掌握工业自动生产线上常用传感器的特点，熟悉各类接近开关的外形和基本原理。能够判断生产设备检测系统的简单故障。

自动生产线是典型的顺序控制系统。有些教学实验室采用模拟生产系统（MPS）进行实践训练。

[观察现象] 观察和了解机电一体化柔性生产实训系统

图 10-18 所示为机电一体化柔性生产实训系统。它采用气压驱动，S7-300 型可编程控制器控制。系统模拟实际工业生产制造系统过程，主要由教师总控站、下料站、模拟喷涂烘干站、加盖站、顶销站、整体检测站、成废品分拣站、提升与仓储站组成。为完成系统的工作，还配置了直线及旋转输送单元、圆带转角单元、废品输送单元、链条传送单元等辅助单元。整个系统由现场工业总线进行数据通信，每一个站可单独操作，也可联机工作。

[学习知识] 机电一体化柔性生产实训系统中的传感器

一、落料单元中的传感器

落料单元的任务是送料。传送带将托盘输送到托盘检测位置后，由电动机带动齿轮及传送带使工件下落，当托盘落入工件后，托盘及工件移出落料单元。落料单元如图 10-19 所示。

系统起动后，该单元传送带开始转动。当托盘运动到落料单元时，由限位电磁铁挡住托盘，禁止其放行。该单元开始一个新的工作周期。此时，电感传感器检测到有托盘到位，落料电动机起动，带动拨销轮转动，使工件下落。当电容传感器检测到托盘上有工件时，落料电动机停车，电磁铁通电，将托盘和工件放行。

图 10-18　机电一体化柔性生产实训系统

图 10-19　落料单元

二、喷涂单元中的传感器

喷涂单元模拟对工件进行喷漆和烘干处理。工件进入该单元时，加热器工作，传感器检测工件达到一定温度时停止加热，或开启压缩空气冷却。这一单元中用热电偶检测温度，电感式传感器检测托盘到位，电容式传感器检测工件位置。喷涂单元如图 10-20 所示。

三、加盖单元中的传感器

加盖单元如图 10-21 所示。本单元使用了一个电感式接近开关、两个电容式接近开关、两个微动开关作为传感器。

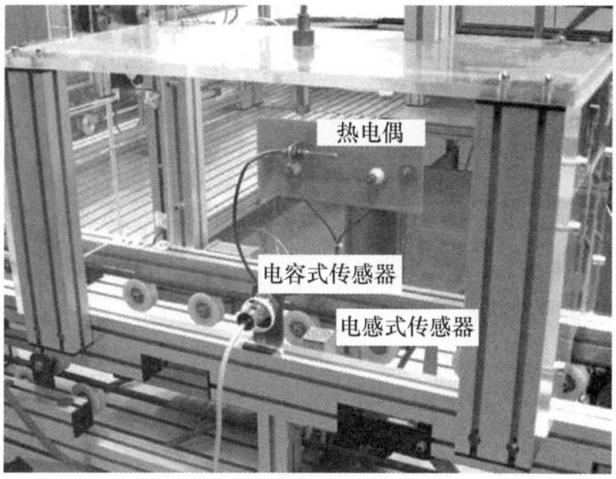

图 10-20　喷涂单元

图 10-21　加盖单元

当托盘及工件运动到该单元时，限位电磁铁阻止其放行，该单元开始一个新的工作周期。此时，电感式传感器和电容式传感器检测到有托盘和工件到位，2s 延时后，电磁铁将盖子吸起并保持 2s，然后，直流减速电动机通电正转，摆动臂向传送带一侧摆动，当碰到行程开关时，减速电动机断电停车，摆动臂在该位置静止 2s 后，吸盖电磁铁断电，将盖子加在工件上。2s 后，当电容式传感器检测到盖子时，直流减速电动机通电反转，使摆动臂回到原位。此后，限位电磁铁通电，允许托盘和工件通行，2s 延时后，电磁阀断电，一个工作周期结束。

当摆动臂做完加盖动作后，电容式传感器未检测到工件上有盖子时，则本站有报警情况发生，即该单元缺料，需要续加工件。此后，直流减速电动机通电反转，当碰到行程开关后，重新吸盖，摆动臂向工件一侧摆动做加盖动作。这一动作重复执行，直至为该单元续料后，电容式传感器检测到工件。

四、顶销单元中的传感器

本单元使用了电感式传感器、电容式传感器、数字式光纤传感器和行程开关，如图 10-22所示。

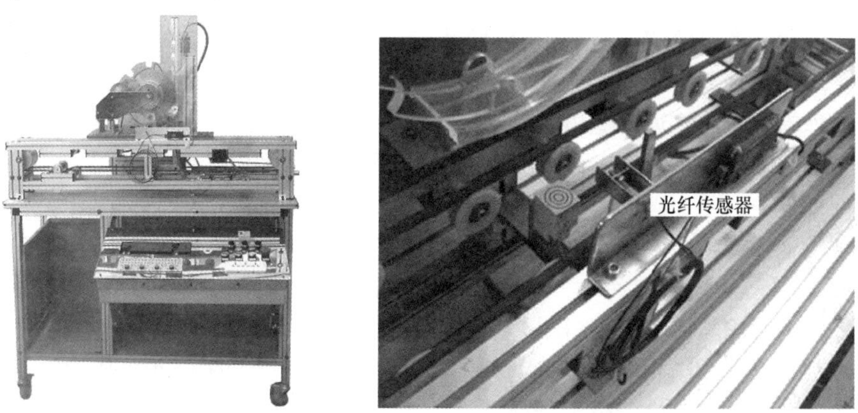

图 10-22　顶销单元及传感器

起动后，该单元传送带开始转动，本站指示灯点亮。当托盘及工件运动到该单元时，限位气缸阻止其放行，该单元开始一个新的工作周期。此时，电感式传感器检测到有托盘到位，电动机起动，带动拨销轮旋转，当另一个电感式传感器检测到拨销轮上的定位金属时，电动机断电停车。延时2s后，气缸电磁阀通电，将销钉顶入工件。当传感器感应到气缸运动到穿销位时，销钉被顶入工件内，然后直线气缸电磁阀断电。2s后，若数字式光纤传感器检测到工件中有销钉时，限位气缸电磁阀通电，允许托盘通行，经延时2s后，限位气缸电磁阀断电。

五、检测与链条单元中的接近传感器和色标传感器

检测与链条传送单元如图10-23所示。该单元配置了两个电感式传感器、一个电容式传感器、一个光电传感器、一个色标传感器。

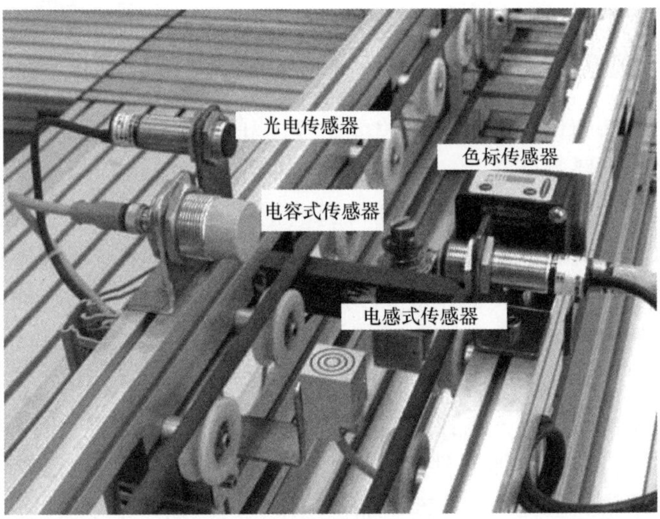

图10-23 检测与链条传送单元

当检测单元位于运行原点时，按下起动按钮后，该单元传送带及链条传送单元传送带开始转动，运行指示灯点亮。当托盘及工件运动到该单元时，限位电磁铁阻止其放行，该单元一个新的工作周期开始。此时，电感式传感器检测到托盘到位，分别对前4单元加工后的工件进行盖子检测、销钉检测、金属销钉检测、工件颜色检测，检测时间为10s。然后，电磁铁通电3s，将工件放行，工件通过链条传送单元后，一个工作周期结束。

六、分拣单元中的接近传感器

分拣单元如图10-24所示。该单元使用电感式传感器和电容式传感器各一个，还有10个舌簧式行程开关。

当托盘及工件运动到该单元时，限位气缸阻止其放行，电感式传感器检测到托盘到位，延时2s后，提升气缸电磁阀通电，机械臂下降，到位后加紧气缸电磁阀通电，将工件加紧，然后提升气缸电磁阀断电，机械臂上升。此时，限位气缸电磁阀通电，放行托盘。然后，该单元对工件按照正品、废品交替形式处理工件，并对成、废品做不同处理。

七、提升与仓储单元中的位置传感器

该单元按照先放底层后高层的顺序放置工件，每层放置1个，放完7层后，从仓库1的第二层开始重新放置。提升与仓储单元如图10-25所示。

按下起动按钮后，若该单元未碰到微动开关构成的两个限位开关时，则按照先步进后伺

图 10-24　分拣单元

a)　b)　c)

图 10-25　提升与仓储单元

服的顺序发多段脉冲，先后起动步进电动机和伺服电动机，直至该单元碰到伺服原点和提升下限位。然后该单元的直流减速电动机及仓库 1 的一层传送带电动机起动，带动传送带旋转。当电容式传感器检测到工件到位时，直流减速电动机停止运行。若工件需放到仓库 2，则起动伺服电动机，将提升单元向后水平拖动到仓库 2，否则根据工件被放置的层数发不同数量的脉冲启动步进电动机，将提升单元的升降台垂直向上拖动。当升降台移动到相应的仓库和层时，该单元的直流减速电动机及相应仓库相应层的传送带电动机起动，带动传送带运行。当该层的工件检测传感器检测到工件到位时，该层的传送带延时通电 0.5s 后与直流减速电动机均断电。而后，起动步进电动机，使提升单元垂直向下运动，直至碰到提升下限位开关。若提升单元位于仓库 2，则起动伺服电动机带动该单元水平向前运动到伺服原点。而后，直流减速电动机再次起动。

图 10-26 所示为实训系统的工件装配示意图。装配零件有底盘、上盖、顶销等。

图 10-26　工件装配示意图

单元四　传感器测量系统的设计

单元目标　通过本单元的学习，熟悉实际工程中传感器系统的设计流程。能对简单测量任务设计出实施方案。能借助说明书分析小型设备的传感器系统原理，判断传感器检测单元的一般故障。

本单元给出三个实际工作中的综合应用任务，针对每个任务中提出的问题提供一种可能的解决方案。通过实例可以了解一般的设计原则和方法。请读者注意，方案只是为更进一步的设计做基础，方案中的许多细节有待进一步研究。

任务一　了解传感器测量系统的设计流程

工程中检测系统的设计，一般由设计人员和工程师来完成。一个完整的测量系统，须通过多方面人员共同努力才可以完成。实际工作中，最大限度地利用已知信息是极为重要的。

针对每个实例，解决方案可能不止一种。下面任务的设计方案主要是举一反三，读者应体会设计的示范性，尽可能综合运用从本书中学习到的各种知识。传感器测量系统的一般设计流程如下：

（1）了解工程问题　这是最重要的一步，即首先应了解工程现场需要测量什么。

（2）解决问题的基本思路　问题确定后，会有很多解决方法。如何选择一个适当和有效的方案，需要很多学习和实践。很多因素会影响到最终的设计结果，所以应对基本思路这一步给予重视。

（3）选用什么传感器　确定了基本思路以后，下一步是决定要选择哪种传感器。通过以往各章节的学习我们知道，检测同一参数也许有多样可选择的传感器，但选择适当的传感器尤为重要。有些传感器可能会获得较好的检测效果，但可能由于传感器的价格或使用环境问题，而不得不选择其他传感器件，甚至选择特别的传感器。

（4）显示仪表的选配　显示和记录装置的选择也同样重要。显示记录设备必须适合对应的测量数据性质，选择显示或记录装置的主要考虑因素是精确度和响应速度。

（5）传感器信号如何变换　测量系统中，必须使传感器的输出信号与显示记录仪相匹配，这往往是测量系统设计中最繁杂的部分，经常需要广泛的综合知识，如电工、电子技术、信号处理技术、相关设备的应用、相关信息等。还要解决系统如何合理连接的问题。

（6）方案的评价或改进　以上各步完成之后，还必须确定所设计的内容是否合理，方案是否最佳。综合考虑设计方案的成本、性能、效率等问题。

任务二　检测生产线上的工件尺寸

加工工件时，要确保工件达到设计要求，工件尺寸的公差直接影响到制造成本。公差值越小，工件的制造成本越高。

1. 了解工程问题

某生产线输送的加工工件如图 10-27 所示，图中工件高度的位置是需要测量的尺寸。

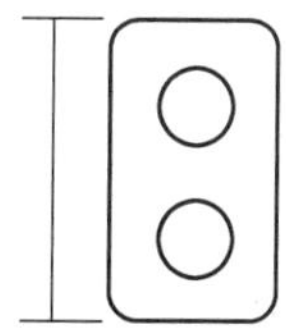

图 10-27　加工工件

手工检测操作是由检验员用某种测量器具（如游标卡尺）来检查每个工件的尺寸。为了适应生产线上的快速测量，需要设计实现一个系统，自动地测量和显示工件尺寸是否在其要求的公差范围内。系统要求正确定位工件且能显示工件是否合乎尺寸要求，还要求系统工作可靠，维护工作量小，测量精度不受操作者个人因素影响。同时，该装置要具有良好的柔性，即当工件尺寸变化时，系统仍能完成检测显示功能。

2. 设计思路

根据功能要求，一种可能的方案是采用位移传感器做探头，检测生产线上的工件尺寸，操作者只需监视显示器上的数据，就能知道工件尺寸的状况。方案框图如图 10-28 所示。

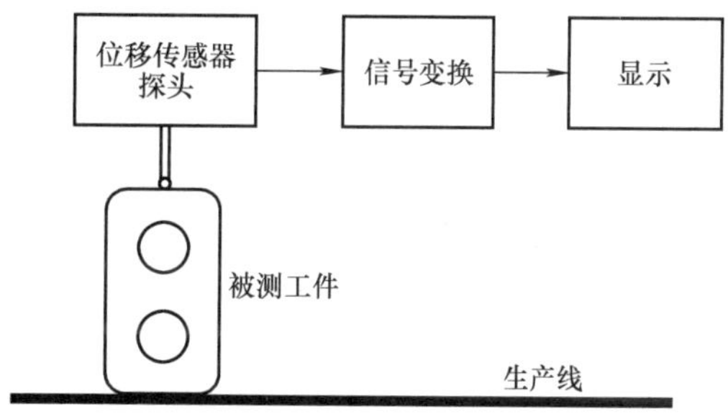

图 10-28　工件尺寸检测方案框图

3. 传感器的选择

尺寸检测即测量线性位移，根据所学知识，可供选择的传感器有：百分表、电位差计、差动变压器、电容传感器（变面积或变极距式）。

首先考虑检测精度的要求。在中等精度前提下，以上各类传感器均能实现检测。在此基础上，考虑减少维护工作量和保证使用性能。线性电位差计含有滑动接触元件，会加大维护频繁度，不予选用；百分表的机械装置比较复杂，维护比较麻烦，且百分表不能以电学量的形式显示测量结果，其测量精度较大地依赖于操作者的经验，因此也不予选用；差动变压器和电容式传感器都具有良好的线性和可重复性，生产线环境下取用电源也很方便。

根据测量系统要求柔性可调（适应不同尺寸工件的检验），电容式传感器测量位移的范围一般较小，而且电容式传感器容易受到外界电磁干扰，所以否定选择电容传感器。

差动变压器式传感器的精度和分辨力最高，使用维护工作量比较少，但是成本高于其他三种设备。精度因素在系统中是最重要的。

综合所述，选择差动变压器作为测量系统的传感器。

4. 显示方式的设计

差动变压器输出电压信号，如果输入数字仪表来显示工件尺寸，操作员仍需读表，还得计算工件是否超出公差范围。这种显示方法成本高，而且单个工件测量操作时间将会很长。

可以设计一个简单的显示器（如 LED 显示），用于检查工件是否在允许的公差范围之内。比如安排三个显示灯，分别对应“合适”“过大”和“过小”。合适的工件继续下一道工序；过大工件还可以再加工；过小工件流入报废区间。

为了降低成本，可以只用两个显示灯表示检测结果，比如红灯表示工件过大或过小，绿灯表示工件在公差范围内。

5. 传感器信号转换

差动变压器的信号转换装置可以由差动变压器供货商提供。这里设计一个简单的信号处理装置以满足信号显示要求。

差动变压器通过测试探头检测工件尺寸，当尺寸合格时产生零输出，尺寸过大时产生正输出，尺寸过小时产生负输出。显示器要显示出两种情况，即尺寸在公差范围内、尺寸超出公差范围，设计如图10-29所示的窗口比较器来实现检测状态的显示。

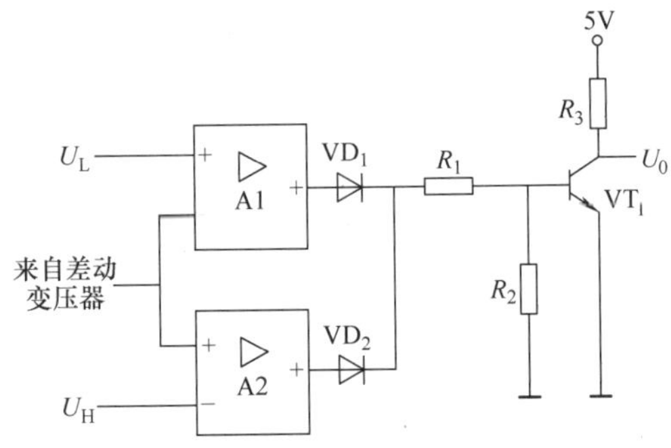

图 10-29 窗口比较器

参考电压 U_L 等于差动变压器输出的最小值，对应于工件尺寸的下偏差；U_H 等于差动变压器输出的最大值，对应于工件尺寸的上偏差。差动变压器采取单端输出（一个输出端接地）时，如果差动变压器输出小于 U_L，则 A1 输出高电位，VT_1 导通，U_0 输出低电位；如果差动变压器输出大于 U_H，则 A2 输出高电位，VT_1 导通，U_0 也输出低电位；如果差动变压器输出介于 U_L 和 U_H 之间，则 A1 和 A2 都输出低电位，VT_1 截止，U_0 输出高电位。VD_1 和 VD_2 形成一个“或”的逻辑关系，保证当超出允许的公差范围时，输出 U_0 为低电位。

另外设计一个合格与废品指示器，如图 10-30 所示。

当工件在公差范围内时，差动变压器输出在 U_L 与 U_H 之间时，A1 和 A2 都输出低电位，VT_1 截止，VT_1 集电极为高电位（“1”），两个与非门输出均为“0”，使得绿灯亮而红灯不亮；当超出公差范围时，A1 或 A2 端为高电位，使 VT_1 导通，VT_1 集电极为低电位（“0”），两个与非门输出高电位，使得红灯亮而绿灯不亮。

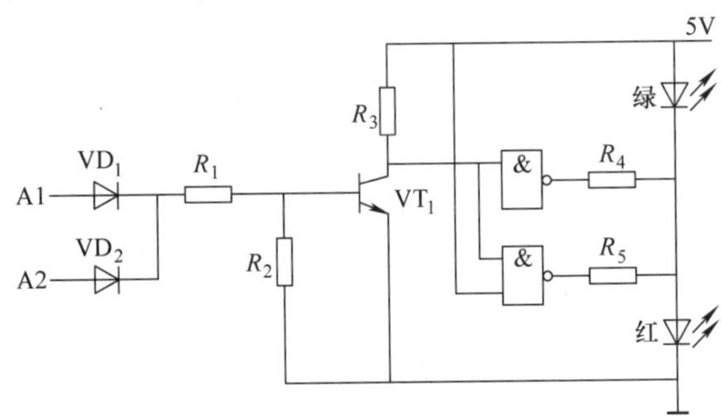

图 10-30 合格与废品指示器

6. 方案的评价

以上方案是手工测量工件的改进，检测速度快，误差减少，降低线上操作工的劳动强度。方案的缺点是只能给出工件的不合格范围（过大或过小），而不能具体给出工件公差的具体值。一种改进的思路是，可以设置多个差动变压器探头，对应还需要更复杂的处理电路。能同时满足显示公差过大过小以及具体公差值的方案，成本必将更高，而且维护也会比较复杂。

综上所述。本方案具有改进空间，但是成本会有增加。

任务三　检测容器内液体的液位

液位检测是石油化工等许多生产部门经常遇到的一个重要问题，生产过程经常需要精确、实时的液位检测。

1. 了解工程问题

以往液位的人工检测，是由检验员用某种测量器具（如连通器读数）来检查液位状态，手工调节相关阀门，以满足生产过程的工艺要求。为了适应生产的快速测量和控制，需要设计实现一个系统，自动地测量和显示容器的液位，判别是否在要求的公差范围内。系统要求正确实时地显示液位是否合乎工艺要求，还要求系统工作可靠，维护工作量小，测量精度不受操作者个人因素影响。同时，该装置要具有良好的柔性，即当工艺要求变化时，系统仍能完成检测显示功能。液位控制器的测量部分要求：储液罐是密闭的，只允许在储液罐的玻璃连通器外壁和管腔内设置传感元件，当液位高于某一设定值时，水泵停止运转。图 10-31 所示为液位测量的示意图。

2. 设计思路

根据功能要求，一种可能的方案是采用位置传感器来检测储液罐中液体的位置，操作者只需监视显示器上的数据，就能知道液位的状况。液位信号经过变换后，由控制器控制水泵的运转，满足储液罐的液位工艺要求。方案框图如图 10-32 所示。

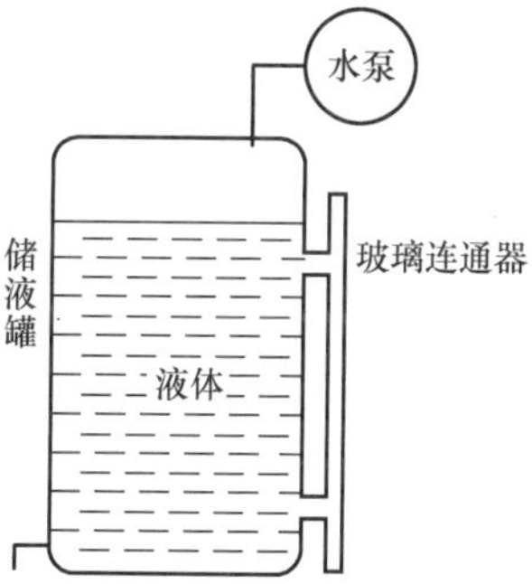

图 10-31　液位测量

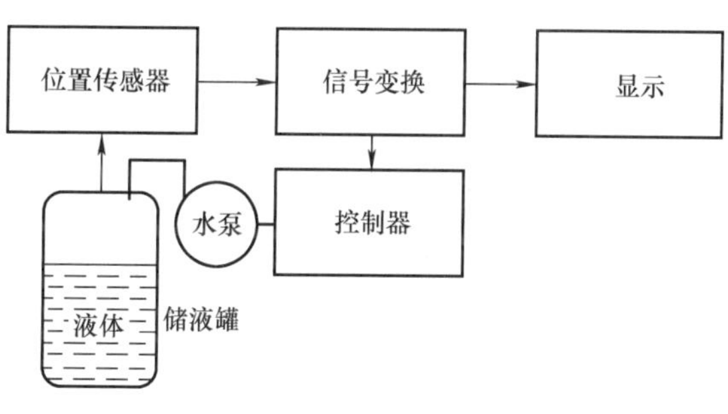

图 10-32　储液罐液位检测方案框图

3. 传感器的选择

为了测量储液罐液位，可选择的传感器有：连通管、重锤式液位计、差压传感器、霍尔传感器、电容式液位计。

首先考虑检测精度的要求。在精度要求一般的前提下，以上各类方法均能实现检测。再考虑减少维护工作量和保证使用性能。连通管只能人工读数，不能以电学量的形式显示测量结果，不能实现自动控制。重锤式液位计含有机械滑动部件，精度也较低且重复性差，维护比较麻烦，也不能进行自动控制。因此前两种传感器不予选用。

差压传感器和电容式传感器都具有良好的线性和可重复性，测量范围柔性可调（适应不同液位的检验），现场环境下取用电源也很方便。但是电容式液位计容易受到外界电磁干扰，且差压传感器成本较高，所以否定选择电容式液位计和差压传感器。

霍尔传感器的位置分辨力较高，磁路的设计方便在连通管实现，安装容易，使用维护工作量比较少，而且成本低于电容式液位计或差压传感器。

综合所述，选择霍尔传感器作为测量控制系统的传感器。

4. 显示方式的设计

采用开关型霍尔传感器（IC），其输出信号是脉冲电压，若只连接数字仪表来显示液位，还不能达到控制液位的目的，而且这种显示方法成本高。

液位范围内选取三点，可采用电接点液位计的原理显示液位，或在连通器液位全程范围内选取两处，安装接近传感器来显示液位。

考虑低成本和可靠性，采取直接从连通器的玻璃柱上读出液位，这需要安装一个普通的标尺型液位表，在连通器外壁平行设置一标尺杆，霍尔传感器可在标尺杆上移动并固定，这样就可以控制不同的液位高度了，可供操作人员监视液位。液位控制部分将采用霍尔传感器实现。

5. 传感器信号转换和控制功能

由于霍尔传感器是开关型的，需要有磁性元件才能产生霍尔电动势，为此，在连通器内设置一磁性浮子，在玻璃外壁相应高度设置霍尔传感器。当泵将液体泵入储液罐后，连通器内的液位也相应上升，当磁性浮子与霍尔传感器持平时，霍尔传感器的输出突变，表示液位已达到设定高度。该信号经控制电路使水泵停止运转。

以上液位控制的设计如图 10-33 所示。

6. 方案的评价和改进

设计方案是人工测量液位的改进，检测数据可以直接用来控制液位的上限，即液位达到高位，水泵停止运转。控制方式有利于降低劳动强度。

方案只给出液位上限的控制，没有设计更多的控制点。如果需要，可以根据类似原理得到低液位的控制设计。如果考虑设置多个读数和控制的液位，还可以在连通管外壁上设置多个霍尔传感器，能同时满足多段液位显示和液位控制，但成本必将更高，而且维护也会比较复杂。

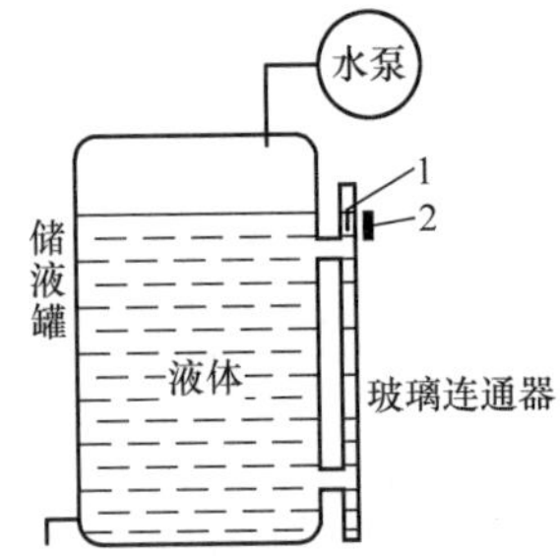

图 10-33　液位控制功能的设计
1—磁性浮子　2—霍尔传感器

本装置只能控制液位的状态量，请读者考虑如何对液位进行远程监控和数字显示。请注意到本方案具有很多改进空间，但是成本会有增加。

任务四　汽车 ABS 中转速的测量

本项目单元二中介绍过汽车 ABS 中转速的测量以及使用的传感器。下面通过设计过程，综合以往知识，看一看工程设计的几个主要步骤，并进一步了解整个系统的运作。系统设计中的传感器位置已在前面叙述过。

1. 了解工程问题

汽车 ABS 需要比较来自每个车轮的传感器信号，根据传感器信号来操纵制动器，减小被抱死的车轮制动力，或者改变车轮的转速。最终目的是防止制动器滑动并以此提高车辆运行的安全性。

选择的传感器应有较宽的温度适应范围。设计的系统应能够承受较大的振动和灰尘、油污等的浸蚀。考虑到 ABS 系统的作用和特征，系统还应有比较高的可靠性，并且维护简单。

2. 设计思路

根据功能要求，可以在车轮的每根轴上安装一个转速传感器，四个传感器的信号经过调制后传输到控制元件上。控制元件输出的信号将控制车轮的制动力。

当转速传感器检测到某个车轮的转速明显低于其他三个车轮转速时（或转速为零），说明制动将失控，控制元件检测到这个转速信号，松开相应的车轮制动系统，直到前述情况被改变。图 10-34 所示为设计的 ABS 示意图。

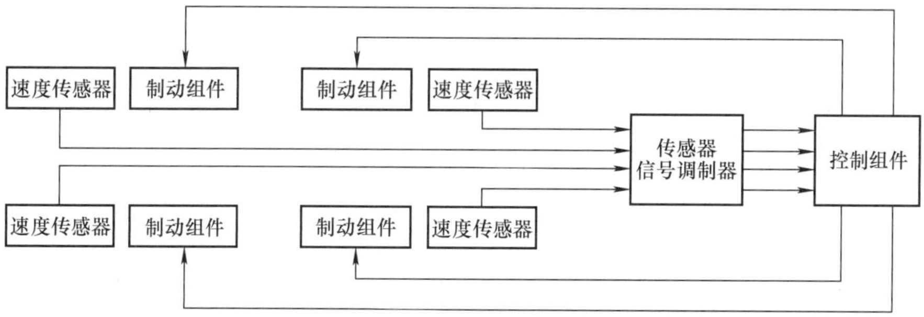

图 10-34　ABS 示意图

3. 传感器的选择

ABS 需要测量的速度信号为角速度，根据所学知识，可供选择的传感器有：角编码器、干簧式接近开关、霍尔接近开关、磁敏电阻、测速发电机。

首先考虑采用光电式码盘。可以将码盘安装在汽车的轮轴上，光电式码盘可以输出脉冲电压信号，正比于车轮转速。可采取格雷码的输出方式，以利于消除误码。角编码器因为没有机械接触而磨损极小，但是都要求隔绝灰尘和潮湿。另外，光电元件的最大问题是不耐振动，而且光检波器的性能受温度影响严重。所以不考虑采用光电式码盘。

干簧式接近开关可以嵌入到每个轮轴，而且安装位置可以在每个支承轴上，车轮每转一周可以输出固定数量的开关脉冲。干簧式接近开关的响应速度快，价格便宜，没有磨损，不易受灰尘和污垢影响；其缺点是开关比较脆弱，高频率工作时寿命不长，且易受振动影响可靠性不强，因此舍弃这个选择。

直流测速发电机输出正比于转速的电压信号。安装在每个车轮上的测速发电机的输出电压，可以通过控制系统进行快速比较，从而判断出车轮运行状态。测试发电机的信号调制比较简单。一般测速发电机工作频率较高，会高于车轮转速，需要由齿轮系统构成一个减速装置，以满足测量速度要求。但测速发电机还需要有密封环境，有机械磨损，自身重量较大。

霍尔传感器可以安装成每个车轮支承轴上的探头，用于检测传动轴上的齿轮速度。例如，钢制齿轮每周制造 50 个齿，则车轮的每一周将使传感器输出 50 个脉冲。每一个车轮会产生一个脉冲信号（频率），任何车轮输出的频率信号都是独立的。检测系统没有机械磨损。霍尔传感器适合于低速场合，需要适当防尘。

磁敏电阻成本低，维护简单，其他指标很接近霍尔传感器。

综合上述，可以选择霍尔传感器或者磁敏电阻传感器，如果有强烈的低成本要求，则选择磁敏电阻传感器较合适。

4. 显示方式的设计

本案例不需要显示，不考虑显示设备。

5. 传感器信号转换

霍尔传感器的信号转换装置可以利用比较器电路完成，比较器将霍尔传感器的三角波或正弦波转换为输出脉冲序列，如图 10-35 所示。

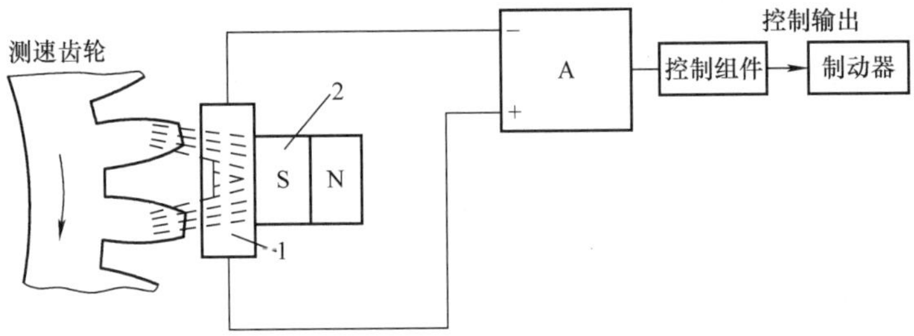

图 10-35　霍尔传感器与控制单元的连接

1—霍尔传感器　2—磁极

6. 方案的评价

霍尔传感器输出的是脉冲信号，可以由上述设计构成一个 ABS。它工作可靠，维护简单，成本不高，尤其采用磁敏电阻。由于 ABS 是很重要的安全系统，所以可靠性应该首先考虑，成本放在第二位。正由于此，设计中采用了霍尔传感器，未使用磁敏电阻。

[项目十小结]

传感器在家用电器中的应用非常广泛，在电冰箱、家用空调器、电视机、洗衣机、电饭锅等都有很多应用。在家用电器控制系统中，主要使用各种温度和环境量传感器、红外传感器、光敏传感器、热敏铁氧体等。

传感器在汽车上主要用于车身控制系统、发动机控制系统、底盘控制系统和导航系统等。

在自动化生产线中大量使用各类非接触式的接近开关，主要有电感式、电容式、光电式、超声波式和磁敏开关等。

检测系统的综合设计一般分为：确定工程问题、系统整体设计、传感器选择、显示仪表选配、信号处理设计、方案评价改进等几个步骤。

[课后作业十]

10-1　传感器在家用电器中还有哪些应用？根据搜集到的资料，给出一些应用的实例。

10-2　说明家用电冰箱和洗衣机中所使用的传感器及其主要原理。

10-3　解释电饭煲中所用的热敏铁氧体传感器的工作原理。

10-4　汽车中使用的传感器主要分为几种类型？汽车尾气检测应用的是哪一种传感器？

10-5　根据霍尔传感器的特点，解释为什么在汽车 ABS 中选用霍尔传感器？

10-6　在模拟生产系统（MPS）中一般有哪些传感器？各起到何种作用？

10-7　解释模拟生产系统（MPS）中每个单元内电感和电容接近开关的作用。

10-8　研究任务四中的三个实例，分别讨论其他的方案或建议。

10-9　在工件尺寸检测实例中，两种显示方式各有什么优缺点？

10-10　针对液位检测任务，设计一个对液位进行远程监控和数字显示的简单系统。

10-11　根据液位检测实例，设计一个水位的两位控制系统。画出框图和解释主要设计思路。

10-12　在 ABS 综合应用实例中，为什么没有将交流测速发电机作为备选传感器？

附　录

附录 A　常用传感器的性能比较

传感器类型	典型示值范围	主要优缺点		应用场合与领域
电位器	500mm 以下 或 360°以下	结构简单、输出信号大、测量电路简单	摩擦力大、需要较大的输入能量、动态响应差。应用于无腐蚀性气体的环境中	直线和角位移测量
应变片	2000μm 以下	体积小、价格低廉、精度高、频率特性较好	输出信号小、测量电路较复杂、易损坏	力、应力、应变、小位移、振动、速度、加速度及扭矩测量
电感	0.001 ~ 20mm	结构简单、分辨力高、输出电压高	体积大、动态响应较差、需要较大的激励功率、易受环境振动的影响	小位移、液体及气体压力测量、振动测量
电涡流	100mm 以下	体积小、灵敏度高、非接触测量、使用方便、频响好、应用领域宽	标定复杂、须远离非被测金属物体	小位移、振动、加速度、振幅、转速、表面温度及状态测量、无损探伤
电容	0.001 ~ 0.5mm	体积小、动态响应好、能在恶劣条件下工作、需要的激励功率小	测量电路复杂、对湿度影响较敏感、需要良好屏蔽	小位移、气体及液体压力测量、湿度、含水量、液位测量
压电	0.5mm 以下	体积小、高频响应好、属发电型传感器、测量电路简单	受潮后易漏电	振动、加速度、速度测量
光电	视应用情况而定	非接触式测量、动态响应好、精度高、应用范围广	易受杂光干扰、需要防光护罩	亮度、温度、转速、位移、振动、透明度测量、其他特殊领域应用
霍尔	5mm 以下	体积小、灵敏度高、线性好、动态响应好、非接触式、测量电路简单、应用范围广	易受外界磁场和温度影响	磁场强度、角度、位移、振动、转速、压力测量、其他特殊场合应用
热电偶	-200 ~ 1300℃	体积小、精度高、安装方便、属发电型传感器、测量电路简单	冷端补偿复杂	测温
超声波	视应用情况而定	灵敏度高、动态响应好、非接触测量、应用范围广	测量电路复杂、标定复杂	距离、速度、位移、流量、流速、厚度、液位、物位测量和无损探伤
光栅	$0.001 \sim 1 \times 10^4$mm	测量结果易数字化、精度高、温度影响小	成本高、不耐冲击、易受油污及灰尘影响、需要遮光防尘护罩	大位移、静动态测量、多应用于自动化机床
磁栅	$0.001 \sim 1 \times 10^4$mm	测量结果易数字化、精度高、温度影响小、录磁方便	成本高、易受外界磁场影响、需要磁屏蔽	大位移、静动态测量、多应用于自动化机床
感应同步器	0.005mm 至几米	测量结果易数字化、精度较高、受温度影响小、对环境要求低	易产生接长误差	大位移、静动态测量、多应用于自动化机床

附录 B 热电偶分度表

表 B-1 镍铬-镍硅热电偶分度表（分度号：K） （参考端温度：0℃）

工作端温度/℃	0	10	20	30	40	50	60	70	80	90
	热电动势/mV									
-0	-0.000	-0.392	-0.777	-1.156	-1.527	-1.889	-2.243	-2.586	-2.920	-3.242
0	0.000	0.397	0.798	1.203	1.611	2.022	2.436	2.850	3.266	3.681
100	4.095	4.508	4.919	5.327	5.733	6.137	6.539	6.939	7.338	7.737
200	8.137	8.537	8.938	9.341	9.745	10.151	10.560	10.969	11.381	11.793
300	12.207	12.623	13.039	13.456	13.874	14.292	14.712	15.132	15.552	15.974
400	16.395	16.818	17.241	17.664	18.088	18.513	18.938	19.363	19.788	20.214
500	20.640	21.066	21.493	21.919	22.346	22.772	23.198	23.624	24.050	24.476
600	24.902	25.327	25.751	26.176	26.599	27.022	27.445	27.867	28.288	28.709
700	29.128	29.547	29.965	30.383	30.799	31.214	31.629	32.042	32.455	32.866
800	33.277	33.686	34.095	34.502	34.909	35.314	35.718	36.121	36.524	36.925
900	37.325	37.724	38.122	38.519	38.915	39.310	39.703	40.096	40.488	40.897
1000	41.269	41.657	42.045	42.432	42.817	43.202	43.585	43.968	44.349	44.729
1100	45.108	45.486	45.863	46.238	46.612	46.985	47.356	47.726	48.095	48.462
1200	48.828	49.192	49.555	49.916	50.276	50.633	50.990	51.344	51.697	52.049
1300	52.398	52.747	53.093	53.439	53.782	54.125	54.466	54.807	—	—

表 B-2 铂铑$_{10}$-铂热电偶分度表（分度号：S） （参考端温度：0℃）

工作端温度/℃	0	10	20	30	40	50	60	70	80	90
	热电动势/mV									
0	0.000	0.055	0.113	0.173	0.235	0.299	0.365	0.432	0.502	0.573
100	0.645	0.719	0.795	0.872	0.950	1.029	1.109	1.190	1.273	1.356
200	1.440	1.525	1.611	1.698	1.785	1.873	1.962	2.051	2.141	2.232
300	2.323	2.414	2.506	2.599	2.692	2.786	2.880	2.974	3.069	3.164
400	3.260	3.356	3.452	3.549	3.645	3.743	3.840	3.938	4.036	4.135
500	4.234	4.333	4.432	4.532	4.632	4.732	4.832	4.933	5.034	5.136
600	5.237	5.339	5.442	5.544	5.648	5.751	5.855	5.960	6.065	6.169
700	6.274	6.380	6.486	6.592	6.699	6.805	6.913	7.020	7.128	7.236
800	7.345	7.454	7.563	7.672	7.782	7.892	8.003	8.114	8.255	8.336
900	8.448	8.560	8.673	8.786	8.899	9.012	9.126	9.240	9.355	9.470
1000	9.585	9.700	9.816	9.932	10.048	10.165	10.282	10.400	10.517	10.635
1100	10.754	10.872	10.991	11.110	11.229	11.348	11.467	11.587	11.707	11.827
1200	11.947	12.067	12.188	12.308	12.429	12.550	12.671	12.792	12.912	13.034
1300	13.155	13.397	13.397	13.519	13.640	13.761	13.883	14.004	14.125	14.247
1400	14.368	14.610	14.610	14.731	14.852	14.973	15.094	15.215	15.336	15.456
1500	15.576	15.697	15.817	15.937	16.057	16.176	16.296	16.415	16.534	16.653
1600	16.771	16.890	17.008	17.125	17.243	17.360	17.477	17.594	17.711	17.826
1700	17.942	18.056	18.170	18.282	18.394	18.504	18.612	—	—	—

附录 C　热电阻分度表

表 C-1　铂热电阻 Pt100 分度表

t/℃	-200	-190	-180	-170	-160	-150	-140	-130	-120	-110	-100
R/Ω	18.52	22.83	27.10	31.34	35.54	39.72	43.88	48.00	52.11	56.19	60.26
t/℃	-90	-80	-70	-60	-50	-40	-30	-20	-10	0	
R/Ω	64.30	68.33	72.33	76.33	80.31	84.27	88.22	92.16	96.09	100.00	
t/℃	0	10	20	30	40	50	60	70	80	90	100
R/Ω	100.00	103.90	107.79	111.67	115.54	119.40	123.24	127.08	130.90	134.71	138.51
t/℃	110	120	130	140	150	160	170	180	190	200	210
R/Ω	142.29	146.07	149.83	153.58	157.33	161.05	164.77	168.48	172.17	175.86	179.53
t/℃	220	230	240	250	260	270	280	290	300	310	320
R/Ω	183.19	186.84	190.47	194.10	197.71	201.31	204.90	208.48	212.05	215.61	219.15
t/℃	330	340	350	360	370	380	390	400	410	420	430
R/Ω	222.68	226.21	229.72	233.21	236.70	240.18	243.64	247.09	250.53	253.96	257.38
t/℃	440	450	460	470	480	490	500	510	520	530	540
R/Ω	260.78	264.18	267.56	270.93	274.29	277.64	280.98	284.30	287.62	290.92	294.21
t/℃	550	560	570	580	590	600	610	620	630	640	650
R/Ω	297.49	300.75	304.01	307.25	310.49	313.71	316.92	320.12	323.30	326.48	329.64
t/℃	660	670	680	690	700	710	720	730	740	750	760
R/Ω	332.79	335.93	339.06	342.18	345.28	348.38	351.46	354.53	357.59	360.64	363.67
t/℃	770	780	790	800	810	820	830	840	850		
R/Ω	366.70	369.71	372.71	375.70	378.68	381.65	384.60	387.55	390.48		

表 C-2　铜电阻 Cu50 分度表

t/℃	-50	-40	-30	-20	-10	-0		
R/Ω	39.242	41.400	43.555	45.706	47.854	50.000		
t/℃	0	10	20	30	40	50	60	70
R/Ω	50.000	52.144	54.285	56.426	58.565	60.704	62.842	64.981
t/℃	80	90	100	110	120	130	140	150
R/Ω	67.120	69.259	71.400	73.542	75.686	77.833	79.982	82.134

附录 D　传感器综合实验设备简介

一、TVT-99B 材料分拣装置

TVT-99B 材料分拣装置是天津源峰科技公司生产的传感器实验装置。利用实验平台上的不同传感器，可以将不同材料的方形工件检测分类，并由气动机构分拣工件到不同的仓库中。分拣装置采用一台西门子 S7-200 型 PLC 控制。该装置采用台式结构，内置电源，配装 FP0 系列主机，转接面板上设计了可与其他 PLC 或单片机连接的转接口。该装置中，选用了颜色识别传感器及对不同材质敏感的电容式和电感式传感器，分别被固定在网板上。允许重新安装传感器排列位置或选择网板不同区域安装（如三个传感器集中装在气缸 5 附近的网板区域)。PLC 可自行编程，训练学生综合能力。本装置还设置了气动机构，如减压器、滤清器、气压指示等，可与各类气源相连接。实验装置外观如图 D-1 所示。

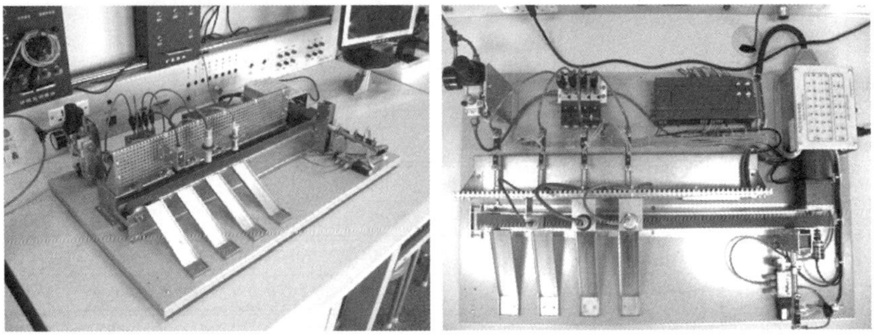

图 D-1 材料分拣装置

图 D-2 所示为分拣装置传感器布置和信号板图。

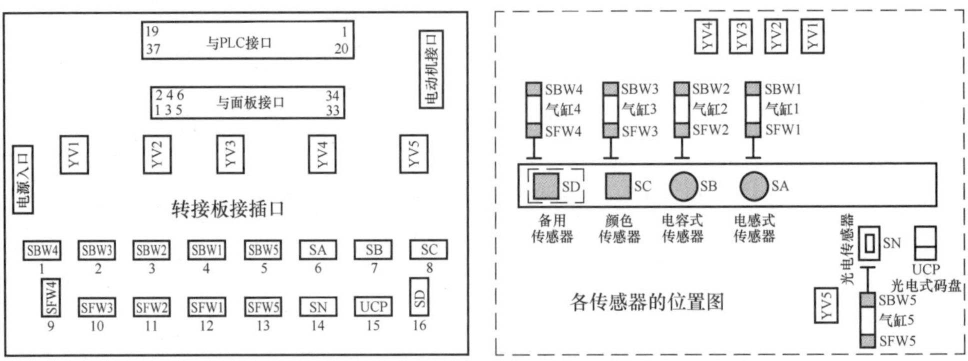

a) 信号板图　　b) 传感器位置图

图 D-2 各传感器位置及信号板接口

气源由二联体左侧进气口连接 $\phi6$ 气管，另一端接至气源（非长期使用，不要向油杯里注油）。当选用外部 PLC 时，可通过转接板与 I/O 接口连接，见表 D-1。

表 D-1 DB37 针 D 形接口

接口序号	对 PLC 的 I/O 口	硬板位置号	接口序号	对 PLC 的 I/O 口	硬板位置号
1	I1. 3	1	13	I0. 6	7
2	I0. 3	9	14	I0. 0	15
3	I1. 2	2	15	I0. 7	8
4	I0. 2	10	16	I1. 5	16
5	I1. 1	3	17、18	Q0. 2	C
6	I0. 1	11	21、22	Q0. 0	A
7	I1. 0	4	23、24	Q0. 1	B
8	I1. 7	12	25、26	Q0. 3	D
9	I1. 4	5	27、28	Q0. 4	E
10	I0. 4	13	29、30	Q0. 5	KA
11	I0. 5	6	19、33 ~ 37	COM	+24V
12	I1. 6	14	20	(0)	0V

表 D-2 为 I/O 地址分配表。

表 D-2　I/O 地址分配表

西门子 PLC（I/O）		分拣系统接口（I/O）	备　　注
输入部分	I2.1	SFW1（推气缸 1 动作限位）	
	I0.1	SFW2（推气缸 2 动作限位）	
	I0.2	SFW3（推气缸 3 动作限位）	
	I0.3	SFW4（推气缸 4 动作限位）	
	I0.4	SFW5（下料气缸动作限位）	
	I0.5	SA（电感传感器）	
	I0.6	SB（电容传感器）	
	I0.7	SC（颜色 1 传感器）	
	I1.0	SBW1（推气缸 1 回位限位）	
	I1.1	SBW2（推气缸 2 回位限位）	
	I1.2	SBW3（推气缸 3 回位限位）	
	I1.3	SBW4（推气缸 4 回位限位）	
	I1.4	SBW5（下料气缸回位限位）	
	I1.5	SD（颜色 2 传感器）	预留传感器
	I2.0	SN（下料传感器）	判断下料有无
	I0.0	UCP（计数传感器）	
输出部分	Q0.0	YV1（推气缸 1 电磁阀）	
	Q0.1	YV2（推气缸 2 电磁阀）	
	Q0.2	YV3（推气缸 3 电磁阀）	
	Q0.3	YV4（推气缸 4 电磁阀）	
	Q0.4	YV5（下料气缸电磁阀）	
	Q0.5	M（传送带电动机）	

运行及调试过程如下：

通电状态下，在颜色传感器下方的传送带上，放置带有某一颜色料块，调节传感器上的电位器，观察窗口中红黄（或绿）指示灯，当两灯恰同时发光时，该灵敏点即为料块颜色检出点。（注：顺时针旋转检测色温向低端移动，否则相反）

在电感传感器下方的传送带上，放置铁质料块，调整传感器上两螺母，使传感器上下移动，恰好使传感器上端指示灯发光，该高度即为传感器对铁质材料的检出点。不同检测体的修正系数如图 D-3 所示。

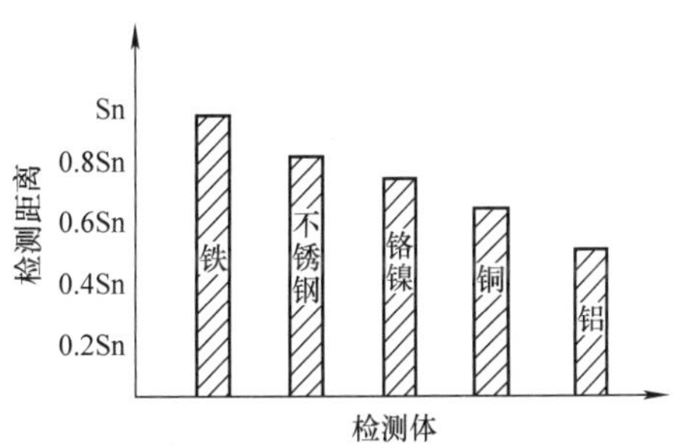

图 D-3　不同检测体的修正系数

（注：Sn 表示动作距离）

在电容传感器下方的传送带上，放置铝质料块，调整传感器上两螺母，使传感器上下移动，恰好使传感器上端指示灯发光，该高度即为传感器对铝质材料的检出点。气压表标值建议调定在 0.12MPa。

二、DR－Lab 传感器综合实验台

1. DRVI 可重组虚拟仪器平台简介

DRVI 实验平台由深圳德普施公司研制，结合职业院校的需求做了不同开发和变形。外观如图 D-4 所示。

图 D-4　DRVI 实验平台外观

平台基于软件总线和软件芯片技术构造，采用软件总线开放结构和 COM/DCOM 组件的即插即用特性，具有 PC 开放结构、模块化、组件化的特点，是面向用户的可在线编程、调试和重组的新型虚拟实验技术。DRVI 平台实验组建过程没有编译、链接环节，支持软件模块热插拔和即插即用，系统开发平台和运行平台一体化，实验环节功能可根据需要完全由用户自己设计、定义。

DRVI 实验平台的主体为一个带软件控制线和数据线的软主板，其上可插接软内存条、软仪表盘、软信号发生器、软信号处理电路、软 FFT 计算芯片、软波形显示芯片等软件芯片组，并能与 A/D 卡、I/O 卡等信号采集硬件进行组合与连接并进行实际信号的测量，通过在 DRVI 实验平台上进行简单的可视化插拔软件芯片和连线，就可以完成对检测环节的快速裁减、重组和定制过程，构成一个能根据应用需求快速重组的在线综合检测系统。

2. 检测技术及传感器实验台架简介

DR－Lab 实验台由转子实验台子系统、环行输送线实验台子系统、环境状况监测子系统、悬臂梁实验台、无损检测实验台、数据采集仪、开关电源模块和实验桌等模块构成。其中数据采集仪和开关电源模块作为公共模块，与其他子系统共享，放置于实验桌的公共部分；转子实验台子系统、环行输送线实验台子系统和环境状况监测子系统的信号处理部分，采用模块化的结构，安装于实验桌的背板上，其接线在实验桌内部进行；它们既可自成体系，也可综合起来一起使用。每个传感器可以单独使用，自成一个小的子系统，便于拆装和使用。

所有传感器和实验台架采用电源模块集中供电的方式，接线在综合实验台的内部进行。每个传感器子系统分别简要介绍如下。

（1）环境状况监测子系统　环境状况测量子系统由湿度传感器、温度传感器、光传感

器、气体传感器和酒精传感器构成，可完成实验室一些基本环境参量的测量。这些传感器作为一个单独模块安装在综合实验台的背板上。

环境测量子系统配置及实验内容见表 D-3。

表 D-3 环境测量子系统配置及实验内容

组 成	名 称	型 号	数 量	备 注
配置的传感器	温度传感器	DRWZ－5－B	1 套	
	湿度传感器	DRSD－5－A	1 套	
	光传感器	DRGS－12－A	1 套	
	二氧化碳传感器	DRQZ－5－A	1 套	
	酒精传感器	DRJJ－5－A	1 套	
	噪声传感器	DRZS－5－A	1 套	
	K 型热电偶套件	DRKTC－5－A	1 套	
可完成的实验内容	环境温度测量、环境湿度测量、光照强度测量、环境二氧化碳浓度测量、酒精测量、环境噪声测量			

（2）环行输送线实验台子系统 环行输送线实验台架由直流电动机、环行输送带、支撑架、称重台等部件构成，它是以实际生产线中的一段为原型简化而成，配以相应的应变式力传感器、霍尔传感器、红外传感器、电涡流传感器、颜色识别传感器和传感器支架，可完成传输速度测量、产品计数、物料称重、铁磁性物料检测、物件颜色识别等实验内容。

输送线传输速度利用对射式红外传感器进行输送线传输速度的测量。

利用由应变片和测力环组成的力传感器，进行物料重量的测量，在进行测量前，还需对力传感器进行标定，从而了解传感器标定的基本方法。

利用红外传感器的反射效应，当物件经过它们时会产生电脉冲，对电脉冲进行计数即可完成产品的计数实验。

利用铁磁性物体经过电涡流传感器时产生的磁场变化，判别出该物体的性质，进行铁磁性物体的检测实验。

利用配套的颜色识别传感器，对物体的颜色进行判别，并可利用机械手进行分捡。

环行输送线实验台子系统配置及实验内容见表 D-4。

表 D-4 环行输送线实验台子系统配置及实验内容

组 成	名 称	型 号	数 量	备 注
配置的传感器	应变式力传感器	DRYB－5－A	1 套	
	称重台	DRCZ－A	1 套	
	霍尔传感器	DRHG－5－A	1 套	
	红外反射传感器	DRHF－12－A	1 套	
	电涡流接近开关	DRDG－12－A	1 套	
	红外对射传感器	DRHD－12－A	1 套	
	颜色识别传感器	DRCOL－12－A	1 套	
实验台架组成	环行输送线	DRCSX－12－A	1 套	
可完成的实验内容	传输速度测量、产品计数、传感器标定及物料称重、铁磁性物体检测，颜色识别、物料分捡			

（3）转子实验台子系统 转子实验台可以安装振动、转速、噪声、位移等机械参量测

量的传感器，可以综合应用到传感器检测中学到的诸多知识，进行传感器检测实验。该实验项目既可作为传感器检测综合性实验，也可作为课程设计项目。教师可以只提出实验的目的、基本原理和实验结果要求，学生根据这些要求自己选择传感器、测量软件，进行检测平台的设计和搭建，包括传感器的布置位置、测量方式、信号获取质量的判别、软件的检测分析环节、对缺陷或不稳定状态的调整等。

在偏心盘上添加不同的试重产生振动，起动电动机，进行底座振动的测量。

利用动平衡算法，在偏心盘上合适的位置添加配重，进行现场动平衡实验。

利用电涡流传感器的涡流效应，进行轴的振动、位移以及轴心轨迹测量实验。

将声传感器对准噪声源，进行噪声测量，并利用在机罩上添加阻尼，或通过加固机罩进行降噪处理。

利用光电传感器的反射特性，在配重盘上贴上反光纸，然后对反射回来的脉冲信号进行计数，从而实现电动机转速的测量。

转子实验台子系统配置及实验内容见表 D-5。

表 D-5　转子实验台子系统配置及实验内容

组　成	名　称	型　号	数　量	备　注
配置的传感器	速度传感器	CD－21	1 套	
	加速度传感器	YD－37	1 套	
	电涡流传感器	RS9008	2 套	
	光电转速传感器	DRHYF－12－A	1 套	
	磁电转速传感器	DRCD－12－A	1 套	
	噪声传感器	DRZS－5－A	1 套	
实验台架组成	转子实验台	DRZZS－A	1 套	
	传感器支架	DRZJ－A	1 套	
可完成的实验内容	振动测量、转速测量、噪声测量、转子动平衡、轴心轨迹测量			

（4）悬臂梁实验台　该实验台架由底座、悬臂梁、加速度传感器、激振锤等构成。可进行悬臂梁机械阻抗的测量。实验中通过激振锤敲击悬臂梁，产生脉冲激振，通过安装在悬臂梁上的加速度传感器获取振动信号，经信号调理设备放大后，通过数据采集仪输入计算机中，利用功率谱计算芯片计算出悬臂梁的固有频率。悬臂梁实验台配置及实验内容见表 D-6。

表 D-6　悬臂梁实验台配置及实验内容

组　成	名　称	型　号	参　数	数　量	备　注
配置的传感器	加速度传感器	YD－37		1 套	
实验台架组成	底座			1 个	
	悬臂梁	DRXBL－A		1 个	
	激振锤	DRMC－A		1 只	
实验内容	悬臂梁机械阻抗测量				

（5）无损检测实验台　该实验台架由支座、钢管、传感器探头、霍尔传感器构成。实验中通过霍尔传感器来检测钢管上磁场的变化，在钢管上没有缺陷的时候，通过传感器检测

到的磁场变化是均匀的，当钢管上有裂纹或漏孔的时候，霍尔传感器会检测到一个磁场的跳变，通过捕获该跳变即可进行缺陷检测和分析。无损检测实验台配置及实验内容见表 D-7。

表 D-7　无损检测实验台配置及实验内容

组　成	名　称	型　号	参　数	数　量	备　注
配置的传感器	霍尔传感器	DRHN－5－A		1 套	
实验台架组成	支架	DRWS－5－A		1 套	
	钢管			1 根	
实验内容	无损探伤检测				

（6）传感器目录　实验台各系统中，将一些工业上常用的传感器进行二次封装，将信号调理等二次仪表和传感器封装在一起，采用一体化供电及信号输出，并且所有输出信号均调理到 ±5V 之间，便于使用，实验中所采用的传感器见表 D-8。

表 D-8　实验中所采用的传感器

序号	名　　称	使用场合
1	噪声传感器	噪声测量
2	应变式力传感器	应变测量，重力测量
3	速度传感器	振动测量
4	加速度传感器	振动测量
5	电涡流传感器	位移和振动测量、无损检测
6	霍尔传感器	转速测量，无损检测
7	光电转速传感器	转速测量
8	磁电转速传感器	转速测量
9	红外反射式传感器	产品计数
10	红外对射式传感器	转速测量，传输速度测量
11	电涡流接近开关	产品计数，铁磁性物体检测
12	颜色识别传感器	颜色识别
13	温度传感器	温度测量
14	湿度传感器	湿度测量
15	二氧化碳传感器	环境二氧化碳浓度测量
16	酒精传感器	酒精浓度测量
17	光传感器	光强，光闪烁频率测量
18	K 型热电偶	温度测量（开放式电路，可调整）

三、CSY2000 系列传感器与检测技术实验台简介

CSY2000 系列传感器与检测技术实验台主要采用工业结构传感器，便于学生了解实际器件并实验。通过信号的拾取、转换、分析和显示，培养学生基本操作与分析能力。CSY2000 系列传感器与检测技术实验台外观如图 D-5 所示。

1. 实验台组成

CSY2000 系列传感器与检测技术实验台由主控台、三源板（加热源、转动源、振动源）、15 个基本型和 7 个增强型传感器实验模块、数据采集卡及处理软件、实验台桌六部分组成。

(1) 主控台部分　提供高稳定的 ±15V、+5V、±2V ~ ±10V 可调、+2V ~ +24V 可调四种直流稳压电源；主控台面板上还装有电压、频率、转速的三位半数显表。音频信号源（音频振荡器）0.4 ~ 10kHz（可调）；低频信号源（低频振荡器）1 ~ 30Hz（可调）；气压源 0 ~ 15kPa 可调；高精度温度控制仪表（控制精度 ±0.5℃）；RS232 计算机串行接口；流量计。

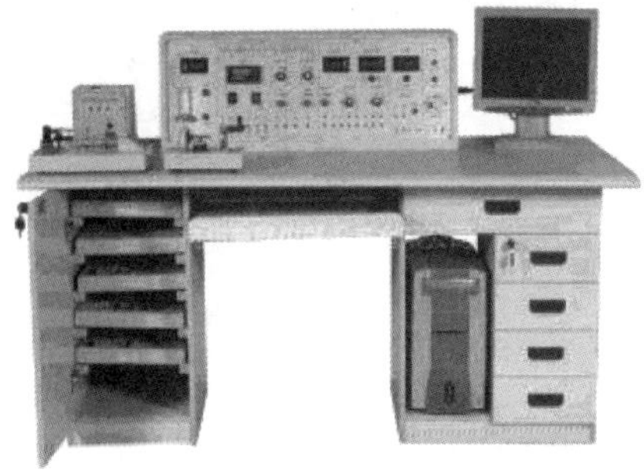

图 D-5　CSY2000 系列传感器与检测技术实验台

(2) 三源板　装有振动台 1 ~ 30Hz（可调）；旋转源 0 ~ 2400r/min（可调）；加热源 <200℃（可调）。

(3) 传感器　基本型传感器包括电阻应变式传感器、扩散硅压力传感器、差动变压器、电容式传感器、霍尔式位移传感器、霍尔式转速传感器、磁电转速传感器、压电式传感器、电涡流位移传感器、光线位移传感器、光电转速传感器、集成温度传感器、K 型热电偶、E 型热电偶、Pt100 铂电阻，共 15 个。

增强型部分：可增加湿敏传感器、气敏传感器、PSD 位置传感器、扭矩传感器、超生位移传感器、CCD 电荷耦合器件、光栅位移传感器等七种传感器和冲击实验台。

(4) 实验模块部分　普通型有应变式、压力、差动变压器、电容式、霍尔式、压电式、电涡流、光线位移、温度、移相/相敏检波/滤波十个模块。增强型还增加 PSD、扭矩、超声波、CCD、光栅、冲击实验六个模块。

(5) 数据采集卡及处理软件　数据采集卡采用 12 位 A/D 转换、采样速度为 1500 点/s，采样速度可以选择，既可单采样亦能连续采样。标准 RS232 接口，与计算机串行工作。提供的软件有良好的计算机显示界面，可以进行实验项目选择与编辑，数据采集，特性曲线的分析、比较、文件存取、打印等。

(6) 实验台桌尺寸　实验台桌尺寸为 1600mm × 800mm × 280mm，实验台桌上预留计算机及示波器安放位置。

2. 主要传感器性能指标

CSY2000 系列传感器与检测技术实验台中的主要传感器及其性能如表 D-9 所示。

表 D-9　主要传感器及其性能指标

序号	传感器名称	实验模板	量程	线性	实验项目	备注
1	电阻应变式传感器	电阻应变式实验模块	0 ~ 500g（200）	±0.5%	1 ~ 7	全桥
2	扩散硅压力传感器	压力传感器实验模块	4 ~ 20kPa	±1%	8	
3	差动变压器	差动变压器实验模块	±4mm	±2%	9 ~ 12	
4	电容式传感器	电容式传感器实验模块	±2.5mm	±3%	13 ~ 14	
5	集成霍尔位移传感器	霍尔式传感器实验模块	±1mm	±3%	15 ~ 16	
6	霍尔式转速传感器		2400r/min	±0.5%	17	
7	磁电式传感器		2400r/min	±0.1%	18 ~ 19	

（续）

序号	传感器名称	实 验 模 板	量程	线性	实验项目	备 注
8	压电式传感器	压电式传感器实验模块			20	
9	电涡流位移传感器	电涡流位移实验模块	1mm	±2%	21 ~ 25	
10	光纤位移传感器	光纤位移实验模块	1mm	±5%	26 ~ 27	
11	光电转速传感器		2400r/min	±0.5%	28 ~ 29	
12	集成温度传感器		常温 – 120℃	±3%		
13	Pt100 铂电阻		常温 – 150℃	±3%	30	三线制
14	Cu50 铜电阻	温度传感器实验模块	常温 – 100℃	±3%	31	可选配
15	K 型热电偶		常温 – 150℃	±2%	32	
16	E 型热电偶		常温 – 150℃	±2%	33	
17	气敏传感器		$(50 \sim 2000) \times 10^{-6}$		35	对酒精敏感
18	湿敏传感器		10% RH ~ 95% RH		36	
19		相敏检波、移相、滤波				

3. 实验项目

实验 1　金属箔式应变片单臂电桥性能实验

实验 2　金属箔式应变片半桥性能实验

实验 3　金属箔式应变片全桥性能实验

实验 4　金属箔式应变片信号处理电路实验

实验 5　金属箔式应变片温度影响实验

实验 6　直流全桥的应用——电子秤实验

实验 7　交流全桥的应用——振动测量实验

实验 8　扩散硅压阻式压力传感器的压力测量实验

实验 9　差动变压器的性能实验

实验 10　激励频率对差动变压器特性的影响实验

实验 11　差动变压器零点残余电压补偿实验

实验 12　差动变压器的应用——振动测量实验

实验 13　电容式传感器的位移特性实验

实验 14　电容式传感器动态特性实验

实验 15　直流激励时集成霍尔位移传感器的位移特性实验

实验 16　交流激励时集成霍尔位移传感器的位移特性实验

实验 17　霍尔测速实验

实验 18　磁电式转速传感器的测速实验

实验 19　用磁电式原理测量地震

实验 20　压电式传感器的测振动实验

实验 21　电涡流位移传感器的位移特性实验

实验 22　被测体材质对电涡流位移传感器的特性影响实验

实验 23　被测定面积大小对电涡流位移传感器的特性影响实验

实验 24　电涡流位移传感器测量振动实验
实验 25　电涡流位移传感器测转速实验
实验 26　光纤位移传感器的位移特性实验
实验 27　光纤位移传感器测量振动实验
实验 28　光电转速传感器测转速测量实验
实验 29　利用光电传感器测转速的其他方案
实验 30　铂电阻温度特性实验
实验 31　铜电阻测温实验
实验 32　K 型热电偶测温实验
实验 33　E 型热电偶测温实验
实验 34　K 型热电偶温控实验
实验 35　对酒精敏感的气敏传感器的原理实验
实验 36　湿敏传感器的实验

参考文献

[1] 李方园．图解传感器与仪表应用．2 版［M］．北京：机械工业出版社，2013.
[2] 贾海瀛．传感器技术与应用［M］．北京：清华大学出版社，2011.
[3] 于彤．传感器应用［M］．北京：人民邮电出版社，2010.
[4] 秦志强．现代传感器技术及应用［M］．北京：电子工业出版社，2010.
[5] 胡向东，等．传感器与检测技术［M］．北京：机械工业出版社，2009.
[6] 纪宗南．现代传感器［M］．北京：中国电力出版社，2009.
[7] 家电产品维修工国家职业技能标准［S］．北京：国家职业技能鉴定指导中心，2009.
[8] 维修电工国家职业技能标准［S］．北京：国家职业技能鉴定指导中心，2009.
[9] 于彤．检测技术实训系统的研制［J］．实验技术与管理，2009，26（11）．
[10] Peter Elgar．测控传感器［M］．同长虹等译．北京：机械工业出版社，2008.
[11] 苗玲玉．传感器应用基础［M］．北京：机械工业出版社，2008.
[12] 王煜东．传感器及应用．2 版［M］北京：机械工业出版社，2008.
[13] 金发庆．传感器原理及应用［M］．北京：机械工业出版社，2008.
[14] 周云水．传感器应用易读通［M］．北京：中国电力出版社，2007.
[15] 刘伟．传感器原理及实用技术［M］．北京：电子工业出版社，2006.
[16] 王俊峰等．现代传感器应用技术［M］．北京：机械工业出版社，2006.
[17] 蔡夕忠．传感器应用技能训练［M］．北京：高等教育出版社，2006.
[18] 周瑞兰．巧用打火机演示压电效应［J］．中学物理教学参考，2005.
[19] 任致程．经典智能电路 300 例［M］．北京：机械工业出版社，2004.
[20] 刘灿军．实用传感器［M］．北京：国防工业出版社，2004.
[21] 吴桂秀．传感器应用制作入门［M］．杭州：浙江科学技术出版社，2004.
[22] 岩本洋．机电一体化入门［M］．北京：科学出版社，2003.
[23] 雨宫好文．传感器入门［M］．北京：科学出版社，2000.